U0186666

國家社科基金重大項目“中國歷史上的災害與國家治理能力建設研究”階段性成果

全國高等院校古籍整理研究工作委員會直接資助項目資助成果

明代氣象史料編年

第二册

展龍◎编

社會科學文獻出版社
SOCIAL SCIENCES ACADEMIC PRESS (CHINA)

英宗正統年間

（一四三六至一四四九）

正統元年（丙辰，一四三六）

正月

丁丑，夜，有流星大如杯，色赤有光，出天囷，東南行至天社，後有四小星隨之。（《明英宗實録》卷一三，第232頁）

大雪彌旬。夏，水。（崇禎《吴縣志》卷一一《祥異》）

大雪彌旬，郊外之民有凍餒死者。（正德《姑蘇志》卷四一《宦績》）

二月

己酉，夜，五鼓，月犯軒轅右角星，白虹一道貫月。（《明英宗實録》卷一四，第258頁）

乙卯，夜，月生五色暈。（《明英宗實録》卷一四，第262頁）

乙丑，夜，火星犯天街下星。（《明英宗實録》卷一四，第273頁）

丙寅，夜，有流星大如杯，色青白，有光，出星宿，西北行至濁。（《明英宗實録》卷一四，第274頁）

三月

癸未，夜，月生左右珥，色黄白鮮明。（《明英宗實録》卷一五，第289頁）

丙戌，夜，有流星大如杯，色青白，有光，出軫宿，東南行至庫樓。（《明英宗實録》卷一五，第291頁）

丙申，夜，有流星大如杯，色青白，有光，出貫索，東南行至漸臺，尾跡炸散。（《明英宗實録》卷一五，第302頁）

四月

辛丑，直隷保定府清苑縣奏："本縣旱蝗無收，人民艱難，逃移者九百七十三户，糧草無從追徵，乞暫停止。"事下行在户部覆實，從之。（《明英宗實録》卷一六，第306頁）

戊申，日生暈，色赤黄，圍圓鮮明。（《明英宗實録》卷一六，第310頁）

壬子，夜，月生右珥，色蒼白。（《明英宗實録》卷一六，第312頁）

乙卯，夜，月犯牛宿。（《明英宗實録》卷一六，第314頁）

己未，陜西西寧衛奏："本衙召商開中鹽糧，緣連年旱災，糧價騰湧，乞減則例。"（《明英宗實録》卷一六，第319頁）

蝗，旱。（民國《文安縣志》卷終《志餘》）

五月

癸酉，夜，有流星大如杯，色赤光明，出亢宿，東南行至濁。（《明英宗實録》卷一七，第332頁）

丁丑，日生暈，并左右珥，又生背氣一道，色青赤鮮明。（《明英宗實録》卷一七，第334頁）

戊寅，日生左右珥，色赤黄鮮明。夜，金星與火星相犯在井宿。（《明英宗實録》卷一七，第336頁）

戊子，禮科給事中李性奉命祭中嶽嵩山之神，還奏："河南自冬徂春，雨雪不降，土燥麥枯，臣祭甫畢，陰雲即布，甘雨三日，民咸歌舞稱慶。今本廟兩廡及墻垣神厨牲房俱傾頽踈漏，乞量加修理。"從之。（《明英宗實録》卷一七，第341頁）

己丑，曉刻，東方有星，大如雞彈，色青白，尾跡有光，後有三小星随

之，南行至游氣中没。(《明英宗實録》卷一七，第341頁)

河决堤没田，詔築堤，蠲租。(乾隆《東明縣志》卷七《灾祥》)

蝗。(民國《成安縣志》卷一五《故事》)

河决堤，没田。(康熙《長垣縣志》卷二《災異》)

乙未，海陽縣大雨水。(《國榷》卷二三，第1518頁)

乙未，懷仁縣雨雹傷稼。(《國榷》卷二三，第1518頁)

六月

丁酉，日上生背氣，色青赤鮮明。(《明英宗實録》卷一八，第350頁)

丙辰，夜，月生左珥，色蒼白。(《明英宗實録》卷一八，第363頁)

丁巳，日有暈，色黄赤。(《明英宗實録》卷一八，第365頁)

初五日，天墜一片雲，若青絲狀於終蘭村。村民暮見江中有雲連地，吸水而上，閃閃靡定。(康熙《上思州志》卷一《祥異》)

至二年四月，淫雨連綿，壞稼，巡撫于謙奏免本年租糧。是年九月秋雨，河漲决堤。(乾隆《原武縣志》卷一〇《祥異》)

閏六月

壬申，昏刻，月犯氐宿。(《明英宗實録》卷一九，第372頁)

癸酉，昏刻，月犯鍵閉星。(《明英宗實録》卷一九，第372頁)

乙亥，夜，月犯南斗杓第一星。(《明英宗實録》卷一九，第373頁)

庚辰，直隸河間府静海縣四月蝗蝻徧野，田禾被傷，民拾草子充食，而府官徵索如故，事聞。上命行在户部移文巡撫巡按官，分投按視被災處，即加撫慰，一應税糧、物料等項，悉皆蠲免，以蘇民困。(《明英宗實録》卷一九，第378頁)

壬午，行在禮部右侍郎王士嘉奏："順天府所屬州縣，蝗蝻傷稼，官員考滿者，請暫留督捕。"事下行在吏部覆奏，從之。(《明英宗實録》卷一九，第379頁)

丙戌，巡按陝西監察御史房威奏："陝西秦州衛，是年六月癸未，風雷雨雹大作，山水泛漲，衝入城内，浸塌官員軍民廬舍倉庫，其粟米、二麥、黑豆共一萬八千餘石，綿布三千三百餘疋盡行漂流。”上命行在户部覆視以聞。（《明英宗實録》卷一九，第381頁）

大水害禾。（民國《德縣志》卷二《紀事》）

山東霪雨傷稼。（民國《增修膠志》卷五三《祥異》）

大水。（乾隆《歷城縣志》卷二《總紀》；嘉慶《禹城縣志》卷一一《灾祥》；道光《新城縣志》卷一五《祥異》；光緒《正定縣志》卷八《災祥》；光緒《保定府志》卷四〇《祥異》）

大水。七月，霪雨傷稼。（道光《濟南府志》卷二〇《災祥》）

大水傷稼。（乾隆《德州志》卷二《紀事》）

順天、真定、保定、濟南、開封、彰德六府俱大水。（《明史·五行志》，第448頁）

癸巳，是月，西安驟雨，水溢，傷稼。（《國榷》卷二三，第1522頁）

七月

乙未，命行在工部左侍郎李庸修狼窩口等處隄。先是，大雨浹旬，水溢渾河，狼窩口及盧溝橋、小屯厰西湖（疑作“隄”）、東芭（一作“笆”）口高梁等閘隄岸皆決，命庸治之。至是，庸奏請工匠千五百人，役夫二萬人。（《明英宗實録》卷二〇，第388頁）

己亥，日生背氣，色青赤，生半暈，色赤黄。（《明英宗實録》卷二〇，第389頁）

庚子，夜，月犯房宿，光芒相接。（《明英宗實録》卷二〇，第389頁）

癸卯，順天真定等府、山東濟南府、河南開封府、廣東潮州府各奏：“淫雨連綿，河堤衝決，傷害稼穡。”遼東廣寧等衛、直隸高郵州、山西平定州、山東兖州府各奏：“蝗蝻生發，撲之未絶。”上命行在户部遣官覆視以聞。（《明英宗實録》卷二〇，第390頁）

丙午，夜，有流星大如杯，色赤有光，出牛宿，西南行至游氣，後一小星隨之。（《明英宗實録》卷二〇，第391頁）

丁未，日生背氣，色青赤。(《明英宗實録》卷二〇，第391頁)

壬寅，夜，月生暈，色蒼白。(《明英宗實録》卷二〇，第391頁)

壬子，夜，有流星大如椀，色赤，光明燭地，起壘壁陣，東北行至室宿旁，尾跡炸散。(《明英宗實録》卷二〇，第395頁)

辛酉，是月，臨洮縣霜傷稼，彰德久雨。(《國榷》卷二三，第1523頁)

二十一日，潮漲傷禾，事聞，蠲秋糧十之七。十月朔，復溢，壞屋傷人甚衆。(康熙《崇明縣志》卷七《祲祥》)

霪雨傷稼。(乾隆《平原縣志》卷九《災祥》；道光《佛岡直隸軍民廳志》卷三《庶徵》；道光《高要縣志》卷一〇《前事》；道光《廣東通志》卷一八七《前事》；民國《靈山縣志》卷五《災祥》)

大雨，饑。(嘉靖《隨志》卷上)

淮水泛漲，壞壽州西北城垣。(民國《安徽通志稿·水工稿》)

順天、山東、河南、廣東霪雨傷稼。(《明史·五行志》，第473頁)

八月

丁卯，夜，有黑雲二道，東西竟天，良久散。(《明英宗實録》卷二一，第405頁)

甲戌，廣東潮州府海陽縣奏："五月内驟雨，水決登雲、都雲、步村等處隄，漂流房屋，溺死人畜，請起潮陽等縣人夫協力修築。"從之。(《明英宗實録》卷二一，第411頁)

乙亥，巡撫直隸右侍郎周忱奏："直隸鎮江府丹徒、丹陽二縣，邊臨大江，田之没入江者二百三十五頃有奇，租税未除，民甚艱苦。本府又有國初蠲税之家，子孫乏絶，其田併歸富室，而官司仍蠲其租（抱本作'税'），以此富者益富，貧者益貧。臣竊以為併田者宜徵其税，没入江者除之，則税額不損，而百姓均矣。"上命行在户部，如其言行之。(《明英宗實録》卷二一，第411頁)

己卯，自癸酉至是日，月出入時，四方俱有游氣，月赤無光。(《明英宗實録》卷二一，第414頁)

乙酉，昏刻至曉，大小流星一百餘。（《明英宗實録》卷二一，第416頁）

丙戌，夜，有流星大如杯，色青白，有光，出昴宿，西南行至濁，後有二小星隨之。（《明英宗實録》卷二一，第417頁）

丁亥，昏刻，土星退犯壘壁陣。（《明英宗實録》卷二一，第417頁）

辛卯，直隷保定等府、河南彰德府各奏："所屬州縣自閏六月至七月，天雨連綿，河水泛漲，田禾渰没。"直隷淮安等府各奏："自四月至六月不雨，田禾焦枯。"山西大同府懷仁縣奏："六月十四日雨雹大作，傷民稼穡。"上命行在户部遣官覆視以聞。（《明英宗實録》卷二一，第418頁）

九月

甲午，直隷河間府獻縣奏："滹沱河溢，决大郭黿（抱本作'灶'）窩口隄，乞命河間府遣官及河間等衛，與獻縣協力修築。"從之。（《明英宗實録》卷二二，第426頁）

丙申，夜，有流星大如杯，色青白，有光，出參宿，東南行至狼星旁，後（抱本"後"作"有"）二小星隨之。（《明英宗實録》卷二二，第428頁）

己亥，免兩浙都轉運盐使司黄巖場鹽課。先是，六月二十六日颶風霖雨，潮水衝溢，公宇倉厫俱被渰没，在倉鹽課七百六十餘引，漂流殆盡。事聞。（《明英宗實録》卷二二，第430～431頁）

辛丑，夜，有流星大如杯，赤光燭地，出弧矢，東南行至濁。（《明英宗實録》卷二二，第432頁）

甲辰，大寧都司保定等衛奏："八月以來，天雨連綿，河水衝溢各衛屯種，黍穀渰没，無收子粒，辦納為難。"（《明英宗實録》卷二二，第434頁）

甲辰，夜，有流星大如杯，出井宿，東北行至柳宿。（《明英宗實録》卷二二，第435頁）

丁未，（西寧）今年嚴霜早降，秋田無收。（《明英宗實録》卷二二，第438頁）

丁未，夜，白虹貫月。（《明英宗實録》卷二二，第438頁）

辛亥，直隷鳳陽府壽州奏："本年四月以来，乆旱不雨，田禾稿死，不

能成實，秋糧無從營辦，乞徇民情，以黄、菉豆抵斗輸官。”事下行在户部覆奏，從之。（《明英宗實録》卷二二，第442頁）

辛亥，未刻，黑氣一道，兩旁色蒼白，闊餘二丈，西南東北亘天。（《明英宗實録》卷二二，第442頁）

乙卯，日生背氣，色青赤（抱本作“白”）鮮明。（《明英宗實録》卷二二，第445頁）

丁巳，夜，參宿狼星動摇。（《明英宗實録》卷二二，第447頁）

壬戌，是月，大寧都司大雨水，大無禾。（《國榷》卷二三，第1526頁）

辛亥，未刻，黑氣亙天，自西南屬東北。（《明史・五行志》，第456頁）

白虹貫日。（民國《漢南續修郡志》卷二三《祥異》）

十月

丙寅，直隸順德府内丘縣奏：“今年六月以來，天雨連綿，河水漫漲，田禾俱已渰没，高阜之處僅種穀豆，又被雨雹傷損，人民缺食，見徵税糧，辦納艱難。”上命行在户部遣官勘實除之。（《明英宗實録》卷二三，第457頁）

丙寅，夜，有流星大如椀，赤光燭地，出天囷，東南行至天苑，後二小星随之。（《明英宗實録》卷二三，第457頁）

甲戌，日生背氣，色青赤鮮明。（《明英宗實録》卷二三，第462頁）

丙子，直隸松江府奏：“所屬二縣六月以来，久旱不雨，稻禾枯槁，秋糧無從營辦，乞為優免。”事下行在户部，請覆實行之。（《明英宗實録》卷二三，第462~463頁）

丙子，湖廣荆州府奏：“江陵、公安二縣及荆門州大雨，江水泛漲，衝决圩岸，實為民患。”事下行在工部覆奏：“請令荆州府暨荆州衛協力修築。”從之。（《明英宗實録》卷二三，第463頁）

癸未，直隸保定府唐縣奏：“本縣連年旱澇相仍，蝗蝻生發，田禾災傷，逃移之人遺下税糧，又令見在人户包納，實非民便，乞為優貸。”上命行在户部勘實，除之。（《明英宗實録》卷二三，第467頁）

十一月

癸巳，夜，月犯牛宿中星。（《明英宗實録》卷二四，第473頁）

甲午，鎮守陕西右副都御史陳鎰奏："西安府閏六月驟雨，山水泛漲，慶陽府六月雹，臨洮縣七月霜，俱傷稼穡。"上命行在户部遣官覆視以聞。（《明英宗實録》卷二四，第473頁）

甲辰，夜，月犯畢宿。三鼓，生暈，色蒼白，圍圓，良久散。（《明英宗實録》卷二四，第477頁）

乙巳，河南臨漳縣奏："漳、滏二河，因沙土填淤，以致水溢，壞杜村西南隄，請及時疏濬，使水順流，然後修築壞隄。"從之。（《明英宗實録》卷二四，第478頁）

辛亥，日生背氣，色青赤鮮明。（《明英宗實録》卷二四，第484頁）

甲寅，夜，月犯角宿。（《明英宗實録》卷二四，第484頁）

丙辰，曉刻，月犯木星。（《明英宗實録》卷二四，第486～487頁）

己未，直隷揚州、蘇州、常州府各奏："十月初一日，颶風大作，海潮漲湧，所屬州縣居民漂蕩者各數百家。"湖廣荆州府所屬州縣各奏："六月至七月，天雨連綿，江水泛漲，渰没民田。"（《明英宗實録》卷二四，第488頁）

十二月

癸亥，直隷壽州衛奏："七月間淮水泛漲，壞西北城垣，請修治。"從之。（《明英宗實録》卷二五，第492頁）

癸亥，日生五色雲鮮明，良久乃散。（《明英宗實録》卷二五，第492頁）

甲子，夜，火星犯天江星。（《明英宗實録》卷二五，第492頁）

丁卯，夜，有流星大如杯，赤光燭地，出折威，北行至天市西垣外炸散，有聲，後三小星隨之。（《明英宗實録》卷二五，第494頁）

壬午，曉刻，月犯亢宿南第一星，月在上。（《明英宗實録》卷二五，第503頁）

丙戌，夜，月生背氣，隨生白虹貫（廣本、抱本“貫”下有“兩”字）珥，色各蒼白。（《明英宗實録》卷二五，第508頁）

是年

夏，漳、滏並溢。（民國《廣平縣志》卷一二《災異》）

夏，蝗。（民國《萊陽縣志》卷首《大事記》；民國《福山縣志稿》卷八《災祥》）

水復衝堤，縣丞周亶重修。（道光《豐城縣志》卷三《河渠》）

霪雨傷稼，大水。（民國《順義縣志》卷一六《雜事記》）

真定等府大水。（民國《冀縣志》卷三《河流》）

河決胙城，漂滑縣馬村、大關等三十餘里。（民國《重修滑縣志》卷一一《河務》）

河決胙城，漂滑縣馬村、大關以下三十餘里，東達長垣。詔築隄蠲租。（嘉慶《長垣縣志》卷九《祥異》）

海溢常熟，傷禾。（光緒《蘇州府志》卷一四三《祥異》）

海風潮傷禾，命官田准民田起科，仍減額有差。（崇禎《太倉州志》卷一五《災祥》）

夏，各屬蝗。（光緒《登州府志》卷二三《水旱豐饑》）

蝗。（康熙《文安縣志》卷八《事異》）

滱、沙、滋大水。（光緒《祁州鄉土志》第一章《河渠》）

滹沱河溢獻縣，決大郭黿窩口堤。（《明史·河渠志》，第2135頁）

漳河決杜村西南隄。（光緒《臨漳縣志》卷一《紀事沿革》）

霪雨，河水溢。是歲泰府饑。（弘治《泰安州志》卷三《祥異》）

大水。（乾隆《曲阜縣志》卷二八《通編》）

水災，蠲官田租。（乾隆《嘉定縣志》卷三《類蠲》）

海溢傷禾。（光緒《常昭合志稿》卷四七《祥異》）

水。（乾隆《吴江縣志》卷四〇《災變》）

淮安等處荒歉，留倉糧六萬石於本處交納，以甦民困。（光緒《安東縣

志》卷五《災異》）

海大溢，塘盡潰。（康熙《嘉興府志》卷八《海塘》）

淮河清一月。（光緒《安徽通志》卷二四七《祥異》）

旱，蝗。（萬曆《衛輝府志·災祥》；道光《輝縣志》卷四《祥異》）

河水溢，巡撫于謙奏免糧税。（道光《武陟縣志》卷五《紀事沿革》）

大水，决隄没田。（光緒《開州志》卷一《祥異》）

大旱，蝗。（順治《淇縣志》卷一〇《灾祥》）

江東雲步堤决，知府王源脩。（嘉靖《潮州府志》卷一《地理》）

夏秋旱。（同治《續修東湖縣志》卷二《禨祥》）

水泛壞城。（乾隆《壽州志》卷二《城池》）

正統初年，時值蝗旱，五穀不登。邑民大飢，子父不相援顧，（馮）壽慨然輸麥一千二百石於官以賑之。（正德《臨漳縣志》卷八《孝義》）

正統年間，（彌陀寺）河水衝没。（乾隆《東鹿縣志》卷三《建置》）

正統二年（丁巳，一四三七）

正月

乙未，夜，有流星大如杯，色赤有光，出紫微東藩内，北行至游氣。（《明英宗實録》卷二六，第516頁）

庚戌，日生背氣，色青赤。（《明英宗實録》卷二六，第524頁）

辛亥，夜，月掩木星。（《明英宗實録》卷二六，第525頁）

癸丑，直隷保定府蠡縣奏：“去歲水決鐵埽、王家等口，傷民田稼，請及今農暇，令茂山等衛軍餘屯種縣境内者，與民協力修築，以防水患。”從之。（《明英宗實録》卷二六，第525~526頁）

二月

戊辰，有流星大如盞，赤光燭地，出宗正，西南行至濁。（《明英宗實

録》卷二七，第 536 頁）

庚午，免直隷揚州府興化縣歲辦藥材，以屢遭荒旱，人民饑甚也。（《明英宗實録》卷二七，第 537 頁）

三月

乙巳，夜，月食。（《明英宗實録》卷二八，第 562 頁）

四月

辛酉，直隷保定府安州新安縣奏："去歲六月以來，霖雨連綿，河水泛溢，田畝無收，至今卑者停潦，高者淤泥，不能布種二麥，請蠲夏税。"上命覆實以聞。（《明英宗實録》卷二九，第 574 頁）

癸酉，夜，月犯木星。（《明英宗實録》卷二九，第 581 頁）

乙亥，曉刻，有流星大如杯，色赤，出天船，西行，入紫微西藩内，後有小星随之。火星犯壘壁陣。（《明英宗實録》卷二九，第 581 頁）

己卯，初行在户部奏："去年，山東、河南、順天等府蝗，已命官督捕，今恐復生。"上命衛所、府州縣設法捕之。既而，蝗果復滋蔓。於是，復命户部差主事等官馳驛督捕。（《明英宗實録》卷二九，第 585 頁）

壬午，行在兵部右侍郎柴車奏："直隷廣平、順德二府所屬各縣蝗，未能盡捕，黍穀俱傷，已令覆實田畝税糧，乞為除免。"從之。（《明英宗實録》卷二九，第 586 頁）

壬午，巡撫河南山西行在兵部右侍郎于謙奏："開封、彰德、河南、懷慶、衛輝五府所屬州縣自去年閏六月以來，天雨連綿，河水衝溢，渰没田土，其被災地畝糧芻乞為除免。"從之。（《明英宗實録》卷二九，第 586 ~ 587 頁）

甲申，鎮守陝西都督同知鄭銘，并巡按御史布按二司累奏："西安等六府、乾州、咸寧等十三州縣連年乾旱，二麥不收，人民饑餒，已移文各處，發官糧驗口給濟，俟秋成償官。"上是之。（《明英宗實録》卷二九，第 588 頁）

乙酉，日生暈，色赤黄。夜，有流星大如杯，色青白，出天市西垣内，西北行入游氣，後一小星隨之。(《明英宗實録》卷二九，第588～589頁)

丁亥，浙江嚴州府知府萬觀言："本府平田不多，山隘土瘠，低患雨水，高慮乾旱，歲無全收，以此洪武初額定秋糧，折收絲絹。今户口食鹽，反令納米，民困可矜，乞依舊例納鈔為便。"……上納其言，即命該部議行。(《明英宗實録》卷二九，第589頁)

郡屬大水，壞民田舍。(光緒《吉安府志》卷五三《祥異》)

蝗。(乾隆《德州志》卷二《紀事》；乾隆《平原縣志》卷九《災祥》；民國《德縣志》卷二《紀事》；民國《增修膠志》卷五三《祥異》)

大旱。秋，雨雹，斗米百錢，民多流殍。(康熙《平山縣志》卷一《事紀》)

大水，壅塞田地，淹没廬舍。(同治《泰和縣志》卷三〇《祥異》)

大水，壞民田舍。(乾隆《安福縣志》卷二《祥異》)

旱，蝗。(乾隆《曲阜縣志》卷二八《通編》)

蝗。(宣統《山東通志》卷一〇《通紀》)

鳳陽諸府四、五月，淮水泛漲，漂民人禾稼。是年夏大水，城東北陴垣崩，水内注，高與薝齊，泗人奔盱山。(光緒《盱眙縣志稿》卷一四《祥祲》)

北畿、山東、河南蝗。(《明史·五行志》，第437頁)

鳳陽、淮安、揚州諸府，徐、和、滁諸州，河南開封，四、五月河、淮泛漲，漂居民禾稼。(《明史·五行志》，第448頁)

五月

甲午，山東兖州府、直隷順德府、山西蒲州俱奏："春夏亢旱，二麥槁死，黍穀不生，恐負租税。"上命行在户部勘實蠲之。(《明英宗實録》卷三〇，第596頁)

丁酉，巡撫山東兩淮刑部右侍郎曹弘奏："淮安、邳州蝗。"上命行在户部遣官馳驛往督軍衛、有司捕之。(《明英宗實録》卷三〇，第597頁)

庚子，夜，月犯木星。(《明英宗實録》卷三〇，第597頁)

辛丑，夜，月犯罰星，火犯土。(《明英宗實録》卷三〇，第597頁)

丁未，鎮守陝西都督同知鄭銘奏："陝西平涼等六府所屬州縣今歲亢陽，所種豆（抱本作'夏'）麥災傷，秋田乾燥，播種甚艱。今徵納夏税，民力消耗，不能營辦。"上命行在户部遣官勘實蠲之。(《明英宗實録》卷三〇，第602頁)

辛亥，夜，有流星大如杯，色赤有光，出卷舌，西北行入文昌，後五小星随之。(《明英宗實録》卷三〇，第604頁)

壬子，夜，有流星大如杯，色赤有光，出奚仲，東北行至濁。(《明英宗實録》卷三〇，第605頁)

淮水汎濫，居民漂溺甚衆。(康熙《五河縣志》卷一《祥異》)

大雨，水深數尺，城内行舟，損房屋無算，禾苗蕩然。(光緒《淮安府志》卷四〇《雜記》)

揚州府四、五月連雨，河淮泛漲，漂居民禾稼。(光緒《增修甘泉縣志》卷一《祥異附》)

夜，大雷雨，平地水深四五尺，銅梁等處剗山拔木，漂没田廬人畜無算。(同治《湘鄉縣志》卷五上《祥異》)

大水，民饑。(順治《息縣志》卷一〇《災異》)

大雨水，破壽城。(嘉靖《壽州志》卷八《災祥》)

大雨，水入城市。(雍正《懷遠縣志》卷八《災異》)

丁未，免陝西平涼六府旱災夏税。(《明史·英宗前紀》，第129頁)

六月

辛未，陝西西安等府、秦州衛階州右千户所、河南懷慶府各奏："天久不雨，蝗蝻傷稼。"(《明英宗實録》卷三一，第615頁)

癸酉，日入後，東南有蒼白雲氣一道，東西約長十丈餘。(《明英宗實録》卷三一，第616頁)

乙亥，皇陵神宫監太監雷春等奏："鳳陽五月大雨，淮水泛漲，白塔墳殿宇垣墻傾頽，乞俟水落修治。”上勑行在工部遣官馳驛，與留守蕭讓、知府熊觀等會議以聞。（《明英宗實録》卷三一，第618頁）

乙亥，四川馬湖府同知楊禮奏：“湖廣黄州等府連年亢旱，人民流移，其子女或為人奴，或被略賣，深為可憫。今年已豐稔，而向之為奴被賣者如故，宜命有司贖還，令得完聚。”從之。（《明英宗實録》卷三一，第619～620頁）

己卯，夜，有流星大如杯，色赤，尾跡有光，出紫微東藩内，行至文昌。（《明英宗實録》卷三一，第620～621頁）

庚辰，命行在都察院右副都御史賈諒等賑濟飢民。時直隸鳳陽、淮安、揚州諸府，徐、和、滁諸州，河南開封府各奏：“自四月至五月，陰雨連綿，河淮泛漲，民居禾稼，多致漂没，人不聊生，勢將流徙。”上命諒及工部侍郎鄭辰往視之。諒陛辭，諭之曰：“民困已甚，卿等速往發廪賑之，撫恤得宜，毋令失所，河堤衝決，相機築塞，毋興大役，重困吾民。”（《明英宗實録》卷三一，第621頁）

徐州大水。（同治《徐州府志》卷五下《祥異》；民國《銅山縣志》卷四《紀事表》）

六月、七月連雨，大饑。（康熙《德安安陸郡縣志》卷八《災異》；道光《安陸縣志》卷一四《祥異》；光緒《德安府志》卷二〇《祥異》；光緒《咸甯縣志》卷八《災祥》）

自六月雨，至於秋七月，大饑。（康熙《應山縣志》卷二《兵荒》）

七月

己丑朔，日生背氣，青（抱本“青”上有“色”字）赤。（《明英宗實録》卷三二，第625頁）

庚寅，行在工部尚書吴中言：“直隸淮安衛歲造軍器，近因水旱相仍，軍士乏食，乞暫止，以俟年豐。”從之。（《明英宗實録》卷三二，第626頁）

庚寅，日生背氣，色青赤。（《明英宗實録》卷三二，第626頁）

癸巳，日生左珥，色赤黄。(《明英宗實録》卷三二，第628頁)

庚子，夜，月生五色雲。(《明英宗實録》卷三二，第632頁)

壬寅，夜，北方生白虹一道，兩頭至地。(《明英宗實録》卷三二，第633頁)

戊申，夜，月掩火星。(《明英宗實録》卷三二，第635頁)

丙辰，日生右珥，色黄赤。(《明英宗實録》卷三二，第637頁)

庚戌，武清縣大雨雹，傷稼。(《國榷》卷二三，第1540頁)

保定等府蝗災，遣都察院右佥都御史張楷督守令捕之。(民國《新城縣志》卷二二《災禍》)

蝗為災。(乾隆《直隸易州志》卷一一《政事》)

八月

戊午，行在户部言："湖廣衡州府所屬州縣，并桂陽守禦千户所俱奏蟲傷禾苗，秋糧子粒無從辦納，已移文巡撫侍郎吴政覈實，宜照數蠲免。"從之。(《明英宗實録》卷三三，第639頁)

壬戌，日生暈，色黄赤鮮明。(《明英宗實録》卷三三，第640頁)

戊辰，掌直隸清河縣事知州李信圭奏："本縣四月終霖雨壞麥，五月終淮水泛溢，漂流房屋、孳畜甚衆，民不堪命，乞賜賑貸；其歲辦、買辦、物料等項，軍匠、厨役、濬河人夫，俱乞暫免其額，辦商税課鈔，乞暫存本縣給用。"上命有司勘實，從之。(《明英宗實録》卷三三，第642頁)

壬申，夜，有（廣本、抱本"有"下有"流"字）星大如杯，色青白，尾跡有光，出參宿，東北行至游氣。(《明英宗實録》卷三三，第644頁)

乙亥，夜，有流星大如杯，赤光燭地，出文昌，東行至濁。(《明英宗實録》卷三三，第646頁)

戊寅，巡按河南監察御史薛希璉奏："近因天雨連綿，河水泛漲，開封府所屬祥符等縣民居、學舍、田禾、頭畜，多被渰没。"上命行在户部遣官覆視，仍戒三司官善加撫諭，其一應買辦并未納錢糧、勾軍等項，悉暫停

止。(《明英宗實録》卷三三，第648頁)

己卯，夜，月犯井宿。(《明英宗實録》卷三三，第649頁)

甲申，夜，北方有黑氣一道，東西亘天，西行而散。(《明英宗實録》卷三三，第650頁)

海寧海溢。(乾隆《杭州府志》卷五六《祥異》)

甲申，北方黑氣東西亙天。(《明史·五行志》，第456頁)

乙丑，固安縣雨雹傷稼。(《國榷》卷二三，第1541頁)

九月

己丑，直隸鳳陽、揚州、淮安、廣平府，湖廣漢陽府所屬州縣各奏："五月以來，淫雨連綿，洪水泛濫，二麥渰没，人民流移，當徵糧草，無由辦納。"上命行在户部遣官覆實蠲之。(《明英宗實録》卷三四，第657頁)

癸巳，順天府武清縣奏："七月二十二日大雨雹，禾稼損傷，民無所仰。"(《明英宗實録》卷三四，第658頁)

甲辰，夜，月犯畢宿。(《明英宗實録》卷三四，第664頁)

戊申，直隸大河衛奏："舊置軍器局，以軍餘造器械供用，近因淮水泛漲，決堤漂屋，請停造。"從之。(《明英宗實録》卷三四，第667頁)

己酉，河南開封府陽武、原武、滎澤三縣，秋雨漲漫，決堤岸三十餘處，有司請發民夫二萬，軍餘一千，協力修築。從之。(《明英宗實録》卷三四，第667頁)

壬子，順天府固安縣奏："八月八日，雨雹傷稼。"(《明英宗實録》卷三四，第669頁)

乙卯，山東寧海州壽張、東阿、汶上、陽穀、鄆城、范等縣各奏："六月以来，淫雨河漲，衝决堤防，渰漂田廬、牲畜等物。"上命行在户部遣官覆視賑恤其民。(《明英宗實録》卷三四，第671頁)

原武、陽武、滎澤三縣秋雨河漲，決堤岸三十餘丈。(乾隆《原武縣志》卷五《河防》)

十月

己未，都察院右副都御史周銓奏：“泗州等州縣廣儲五倉，中都留守司長淮衛倉被水渰，漂米、麥、豆一千六百餘石。”（《明英宗實録》卷三五，第674頁）

己未，濮州范縣奏：“八月，黄河溢决，民居、牲畜、禾稼皆被漂没。”上命該部勘實從宜修築優恤。（《明英宗實録》卷三五，第674頁）

己未，湖廣江陵、松滋、公安、石首、潛江、監利六縣各奏：“近江堤岸俱為水决，渰没禾苗甚多。”事下，行在工部覆奏請移文勘實修治。從之。（《明英宗實録》卷三五，第674頁）

庚申，日生左右珥，色黄赤，随生背氣，色青赤鮮明。（《明英宗實録》卷三五，第675頁）

乙丑，修直隸六安衛城，山東聊城、陽穀二縣堤岸，山西汾州、陝西金州二守禦千户所城，以積雨衝决故也。（《明英宗實録》卷三五，第680頁）

丁卯，夜，月犯外屏星。（《明英宗實録》卷三五，第682頁）

壬申，夜，月生暈，色蒼白濃厚。（《明英宗實録》卷三五，第684頁）

甲戌，夜，月生背氣，色蒼白，生左珥，色赤黄鮮明，有流星大如杯，色青白，有光，出闕丘，東北行至雲中。（《明英宗實録》卷三五，第686頁）

戊寅，直隸開州、滑縣，河南陝州靈寶縣，湖廣湘鄉縣各奏：“久旱不雨，苗稼災傷。”上命户部覈實以聞。（《明英宗實録》卷三五，第688頁）

河溢濮州范縣。（民國《續修范縣縣志》卷一四《災異》）

十一月

乙巳，河南左參議吴傑奏：“所轄各府州縣今年春旱傷麥，五月淫雨河溢，田禾盡損，民饑特甚。乞將原定本布政司起運并兑軍糧米二十九萬八千五百石，存留以備賑濟。”上從其言，仍遣勑諭巡撫侍郎于謙、巡按監察御史等官，令其親詣各府、州、縣，覈實被災田畝，奏免税糧缺食者，發廪賑恤。明春，仍給穀種，毋致流移夫〔失〕所，其非軍需事務，悉皆停止，

以寬小民。(《明英宗實録》卷三六，第704頁)

十二月

己未，直隸淮安府奏："所屬邳、海二州，贛、榆等六縣今年旱潦，田糧有徵者少，乞存遠（?）運糧，以備守禦官軍支用。"從之。(《明英宗實録》卷三七，第711頁)

辛酉，夜，有流星大如栝，色青白，有光，出南河，東行至濁。(《明英宗實録》卷三七，第712頁)

丙寅，夜，月入畢宿中。(《明英宗實録》卷三七，第714頁)

丁卯，曉刻，霜，附木如雪，竟日不消，自卯至巳，昏霧四塞。(《明英宗實録》卷三七，第715頁)

壬午，日生背氣，色青赤鮮明。(《明英宗實録》卷三七，第725頁)

是年

春，大雨雹。(天啟《舟山志》卷二《災祥》)

夏，旱蝗。(萬曆《安邱縣志》卷一下《總紀》；同治《江夏縣志》卷八《祥異》；民國《壽光縣志》卷一五《大事記》)

夏，旱。(康熙《杞紀》卷五《繫年》)

大雨雹。(康熙《衢州府志》卷三〇《五行》)

雹。(民國《龍游縣志》卷一〇《雜識》)

揚州所屬并運使鹽場各奏水旱等災。(雍正《揚州府志》卷三《祥異》)

淮安等處雨多，河漲害稼，遣官振饑，民弛川澤之禁，應徵糧草蠲之。(光緒《安東縣志》卷五《民賦下》)

河決泛濮州。(道光《觀城縣志》卷一〇《祥異》)

河南春旱。(《明史・五行志》，第482頁)

順德春夏，旱。(《明史・五行志》，第482頁)

兗州春夏，旱。(宣統《山東通志》卷一〇《通紀》；《明史・五行

志》，第 482 頁）

夏，淮水溢，城北老君堂後崩圮，水因以入，高與簷齊，居民咸奔盱山及樓城上。（萬曆《帝鄉紀略》卷六《災患》）

夏，旱，蝗，饑。五月，邑民劉嵩等出穀賑濟，詔旌表。（嘉慶《昌樂縣志》卷一《總紀》）

自夏至秋，大雨雹。（乾隆《正寧縣志》卷一三《祥眚》）

大水。（天啟《鳳陽新書》卷四《星土》；乾隆《潁州府志》卷一〇《祥異》；同治《江夏縣志》卷八《祥異》；同治《霍邱縣志》卷一六《祥異》）

霪雨，大饑。（康熙《孝感縣志》卷一四《祥異》）

京師旱。（光緒《順天府志》卷六九《祥異》）

文安蝗。（光緒《順天府志》卷六九《祥異》）

蝗。（乾隆《歷城縣志》卷二《總紀》）

淫雨，汶上運河泛溢。河決陽武，灌金鄉、魚臺、嘉祥。（道光《濟甯直隸州志》卷一《五行》）

所屬并運司鹽場各奏水旱等灾，命巡撫南直隸工部右侍郎周忱巡視賑濟。（萬曆《揚州府志》卷二二《異考》）

大旱，免田租半，命户部主事鄒來學賑之。時有邑人侯觀捐麥二千四百石，詔旌其門。（康熙《儀徵縣志》卷七《祥異》）

大水，運河决。（萬曆《寶應縣志》卷一〇《藝文》）

淮水泛溢，清河縣漂流房屋、孳畜甚衆。（乾隆《清河縣志》卷五《河防》）

水，既而旱。運司奏鹽場水旱災，有賑。（嘉慶《東臺縣志》卷七《祥異》）

大旱。（道光《新修東陽縣志》卷一二《禨祥》）

大雹如雞子，鳥巢、屋瓦皆碎，人亦中傷。（民國《衢縣志》卷一《五行》）

沙河水泛溢，街市民舍水浸者旬日，卧榻下盡魚鱉，李黄門牌坊為之傾

圮。（順治《潁上縣志》卷一一《災祥》）

鎮安橋，在朝天門外，跨于何潭之上，正統二年水圮。（嘉靖《建寧縣志》卷二《建置》）

開封、懷慶五府所屬州縣自去年閏六月以來，天雨連綿，河水泛溢。（乾隆《重修懷慶府志》卷六《河防》）

沁河決，遣官脩築沁隄。（道光《武陟縣志》卷五《紀事沿革》）

漢江漲，大堤水決，衝激不存。（天順《重刊襄陽郡志》卷二《橋梁》）

霪雨。（同治《瀏陽縣志》卷一四《祥異》）

秋，東明蝗。（咸豐《大名府志》卷四《年紀》）

湖廣沿江六縣大水決江堤。（《明史・五行志》，第 448 頁）

平涼等六府，秋，旱。（《明史・五行志》，第 482 頁）

正統三年（戊午，一四三八）

正月

乙巳，曉刻，東方有星，大如杯，色青白，流光至雲中。（《明英宗實録》卷三八，第 741 頁）

丙午，夜，西方有星大如杯，色青白，流光，出西北游氣。（《明英宗實録》卷三八，第 741 頁）

辛亥，夜，月犯牛宿。（《明英宗實録》卷三八，第 745 頁）

癸丑，陝西文縣守禦軍民千户所、河南永寧縣各奏："天雨淋漓，田禾渰没，辦納粮草艱難。"上命行在户部遣官覈實免之。（《明英宗實録》卷三八，第 747 頁）

二月

庚申，日生背氣，色青赤。（《明英宗實録》卷三九，第 751 ~ 752 頁）

甲子，夜，月犯井宿。（《明英宗實録》卷三九，第 753 頁）

庚午，夜，月食。（《明英宗實録》卷三九，第 756 頁）

辛未，夜，有星大如杯，色赤，流光，起天乳，至游氣中，有三小星隨之。（《明英宗實録》卷三九，第 757 頁）

丙子，山東武定州海豐縣奏："本縣地方去歲二麥旱傷，晚稻不實，今農功方興，人民阻饑，乞為賑濟。"上命行在户部速移文所司賑之。（《明英宗實録》卷三九，第 761 頁）

丁丑，夜，有流星大如杯，赤光，起玄戈至游氣。（《明英宗實録》卷三九，第 761 頁）

戊寅，夜，月生暈，隨生冠氣，色蒼白。（《明英宗實録》卷三九，第 762 頁）

三月

丙戌，夜，有流星大如椀，赤光照地，起心宿，西北行至游氣。（《明英宗實録》卷四〇，第 770 頁）

戊子，夜，月犯畢宿。（《明英宗實録》卷四〇，第 771 頁）

甲午，南京守備襄城伯李隆等奏："今年二月二日黎明，龍江關風浪驟起，坍塌關西南岸洲埂約長四十餘丈，壞直隸蘇州府崑山等縣糧船五艘，漂流糧米一千五百八十餘石。"上命移文户部及巡按侍郎周忱驗實蠲免。（《明英宗實録》卷四〇，第 774 頁）

戊戌，直隸歸德衛奏："本衛去歲春夏亢旱，子粒無收，軍士饑饉，乞暫於附近徐州有糧倉所關支接濟。"從之。（《明英宗實録》卷四〇，第 775 ~776 頁）

己亥，夜四鼓，地震，五鼓復震。（《明英宗實録》卷四〇，第 776 頁）

庚子，夜，地震。（《明英宗實録》卷四〇，第 777 頁）

甲辰，晝，地震，至暮復震。昏刻，火星犯井宿。（《明英宗實録》卷四〇，第 781 頁）

壬子，酉刻，東方有流星，大如椀，色青白，光燭地，南行至游氣。（《明英宗實録》卷四〇，第 787 頁）

四月

己卯，夜，有流星大如杯，色青白，有尾光，出柳宿，西南行至游氣。（《明英宗實録》卷四一，第792頁）

庚午，直隸鳳陽府泗川、淮安府清河等縣各奏："去歲天雨連綿，淮水漲漫，沙淤地畝，不能布種，今年夏税無從辦納。"上命行在户部遣官覆視除之。（《明英宗實録》卷四一，第804頁）

庚辰，旦，日生白虹，貫兩珥。至午，有暈，色黄赤，圍圓鮮明。至未，漸散。（《明英宗實録》卷四一，第811~812頁）

庚辰，夜，東方有星大如杯，尾（廣本"尾"下有"跡"字）有赤光，出危宿，西北行至梗河。（《明英宗實録》卷四一，第812頁）

烈風連日，麥苗盡敗。（乾隆《歷城縣志》卷二《總紀》）

五月

乙酉，夜，有流星大如杯，色赤，尾（廣本"尾"下有"跡"字）有光，出南斗，西南行至雲中。（《明英宗實録》卷四二，第813頁）

戊子，夜，月犯軒轅右角星。有流星大如杯，色赤，有光燭地，出天津，東南行至雲中。（《明英宗實録》卷四二，第814頁）

庚寅，昏刻，火星犯積屍氣星，光芒相接。（《明英宗實録》卷四二，第817頁）

辛丑，日生半暈，隨生冠氣右珥，色黄赤，背氣一道，色青赤鮮明。（《明英宗實録》卷四二，第821頁）

不雨，至於十月。（康熙《孝感縣志》卷一四《祥異》；康熙《鼎修德安府全志》卷二《災異》；光緒《孝感縣志》卷七《災祥》）

大水。（萬曆《帝鄉紀略》卷六《災患》）

六月

甲寅，曉刻，有星大如杯，色赤，流光，起正南，行至近濁。夜，有星

大如杯，色青白，流光，出天囷，東行至雲中。（《明英宗實録》卷四三，第 829 頁）

丁卯，遣官祭大小青龍之神，以久不雨故也。（《明英宗實録》卷四三，第 839 頁）

戊辰，夜，月犯牛宿。（《明英宗實録》卷四三，第 841 頁）

丁丑，夜，月行畢宿中。（《明英宗實録》卷四三，第 845 頁）

七月

甲申，陝西西安、延安、慶陽、平凉、鞏昌、臨洮諸府，秦州、河州、岷州、金州諸衛所屬各奏："自夏迨秋，雨雹大作，霜降不時，傷害禾稼。"上命行在户部遣官覆視以聞。（《明英宗實録》卷四四，第 851 頁）

甲申，夜，西方有星大如杯，色青白，尾有光，出七公，西北行至雲中。（《明英宗實録》卷四四，第 851 頁）

丙戌，日生暈，色黄赤。（《明英宗實録》卷四四，第 851 頁）

戊子，夜，西方有星大如椀，色赤有光，起右旗，西北行至近濁。（《明英宗實録》卷四四，第 852 頁）

己亥，夜，中天有蒼白雲氣一道，南北亘天，貫南北斗中。（《明英宗實録》卷四四，第 857 頁）

甲辰，夜，月入畢宿。（《明英宗實録》卷四四，第 860 頁）

壬子，晝，有星大如椀，色赤有光，出正南，西南行至雲中。（《明英宗實録》卷四四，第 863 頁）

驟雨，河溢。（同治《徐州府志》卷五下《祥異》）

開封府陽武縣河決，武陟縣沁河決。直隸廣平、順德二府亦奏漳水決，俱傷禾稼。（雍正《河南通志》卷一四《河防》）

八月

戊午，日生背氣一道，色青赤。（《明英宗實録》卷四五，第 869 頁）

乙亥，免直隸鳳陽、淮安、揚州等府軍民所負官馬，以其地水旱災傷故

也。（《明英宗實録》卷四五，第880頁）

太湖水忽漲四尺許，浸洞庭山麓，尋退。（康熙《吴縣志》卷二一《祥異》）

九月

癸未，山東濟寧州、東平川〔州〕，直隸徐州屬縣各奏："七月中驟雨，河溢，軍民廬舍俱被傾蕩，田畝禾稼渰没無遺。"上命行在户部遣官覆視。（《明英宗實録》卷四六，第886～887頁）

己丑，夜，月掩建星。曉刻，金星犯軒轅左角星。（《明英宗實録》卷四六，第890頁）

庚寅，夜，月犯牛宿。（《明英宗實録》卷四六，第891頁）

辛卯，巡按山東監察御史陳韶奏："膠州新、沽二河，東平州、嘉祥等縣，皆因大雨，隄岍衝決，民居渰没，濟寧州城北門及寧衛軍器局亦被灌塌。"上命布政司及管河官，俟農隙時發民修築。（《明英宗實録》卷四六，第891頁）

己亥，夜，月入畢宿。（《明英宗實録》卷四六，第894頁）

癸卯，巡按浙江監察御史俞本等奏："杭州錢塘等縣五月以後，彌旬不雨，田禾稿死，金、衢、嚴、紹、温、處、台、寧八府亦亢旱無收。"（《明英宗實録》卷四六，第896～897頁）

甲辰，直隸鳳陽府，河南汝寧府，湖廣岳州府、德安府、沔陽州各奏所屬六月以來，亢旱不雨，禾苗枯稿，秋成無望。（《明英宗實録》卷四六，第897～898頁）

十月

癸丑，鎮守陝西右副都御史陳鎰奏："平涼、鳳翔、西安、鞏昌、漢中、慶陽等府衛連年旱澇，人民缺食，老稚多至餓死，已將在官糧三十一萬七千六百四十餘石委官賑濟。"其（廣本、抱本作'具'）以数聞。（《明英宗實録》卷四七，第905～906頁）

癸丑，夜，北方有黑雲氣一道，東西約長十餘丈，闊三尺餘。（《明英宗實録》卷四七，第907頁）

甲寅，夜，有二（抱本“二”下有“流”字）星大如杯，俱色赤（廣本作“赤色”），尾有光。一起八穀，西北行至北斗杓，有二小星隨之。一起五諸侯，東北行至近濁。（《明英宗實録》卷四七，第907頁）

戊午，巡按江西監察御史張善奏：“江西所屬九江等府彭澤等縣，并南昌前等衛地方六月以來，不雨，無收秋粮子粒，輸納不敷。”（《明英宗實録》卷四七，第911頁）

戊午，是日，東北雷鳴。（《明英宗實録》卷四七，第911頁）

庚申，直隸楊〔揚〕州府如皋縣、江西贛州府興國縣俱奏：“歲旱無收，人民缺食，已將預備倉粮驗口賑給。”具以數聞。（《明英宗實録》卷四七，第911頁）

庚申，直隸順德府廣宗、平鄉二縣各奏：“河岸衝決，田廬渰没，百姓艱窘，乞免歲辦真定衛軍器物料。”上曰：“民固可恤，軍器亦不可缺，其命巡按御史勘實，泒豐熟州縣代辦。”（《明英宗實録》卷四七，第911～912頁）

壬戌，昏刻，西北有星大如杯，色赤，流光，出雲中，東行至游氣，有二小星隨之。（《明英宗實録》卷四七，第913頁）

癸亥，月與土星同度相合。（《明英宗實録》卷四七，第913頁）

丙寅，應天府并直隸常州、徽州、池州、安慶等府所屬州縣各奏：“今年夏秋不雨，田禾槁死，人民缺食，税粮納辦艱難。”（《明英宗實録》卷四七，第916頁）

癸酉，直隸壽州衛奏：“本衛城西北隅，因雨傾頽，乞令隣縣民同本衛軍餘修築。”上曰：“鳳陽一府，多被災傷，豈可復勞民力？其令屯守軍餘次第脩之，毋為民害。”（《明英宗實録》卷四七，第918頁）

丁丑，河南河南府奏：“本府比年水災，逋負存留糧米一十四萬七千八十餘石，類皆貧難小户（廣本作‘民’）及逃移復業之人，徵納艱難，乞折納濶布，運赴陝西布政司，以備邊軍支用。”從之。（《明英宗實録》卷四

七，第919頁）

丁丑，曉，木稼，至辰漸消。晡（廣本、抱本“晡”下有“時”字）日生背氣一道，色青赤。（《明英宗實録》卷四七，第920頁）

戊寅，夜，月與金星相合。（《明英宗實録》卷四七，第921頁）

十一月

壬午，浙江金華、紹興、台州，湖廣武昌、荆州、襄陽，直隷陽州、鳳陽諸府俱奏：“五月以來，天時亢旱，田禾焦枯，秋糧無從徵納。”（《明英宗實録》卷四八，第923頁）

甲申，夜，土星犯外屏星。（《明英宗實録》卷四八，第926頁）

甲午，夜，月犯畢宿。（《明英宗實録》卷四八，第929頁）

十二月

甲寅，巡撫山東兩淮行在刑部右侍郎曹弘奏：“直隷鳳陽府徐州，山東兗州府所屬州縣水旱災傷，人民缺食，請借官倉糧賑給。”上命發預備倉糧，及勸借賑恤不敷，則于官倉量給之。（《明英宗實録》卷四九，第940頁）

辛酉，夜，月犯畢宿。（《明英宗實録》卷四九，第944頁）

戊辰，夜，月生暈，色蒼白。（《明英宗實録》卷四九，第947頁）

癸酉，夜，月生左右珥，尋生背氣一道，白虹貫兩珥。（《明英宗實録》卷四九，第952頁）

戊寅，夜，金星犯木星。（《明英宗實録》卷四九，第954頁）

是年

春，兗州饑。（宣統《山東通志》卷一〇《通紀》）

夏，大水。（乾隆《震澤縣志》卷二七《災祥》）

夏，南畿旱，饑。（光緒《金陵通紀》卷一〇上）

祁門大旱，大饑。（弘治《徽州府志》卷一〇《祥異》）

廣平漳水决。（民國《廣平縣志》卷一二《灾異》）

浙江旱，饑，太湖水忽漲數尺，尋退。（同治《湖州府志》卷四四《祥異》）

旱，饑。（光緒《歸安縣志》卷二七《祥異》；光緒《溧水縣志》卷一《庶徵》）

旱。（乾隆《松陽縣志》卷一二《祥異》；乾隆《小海場新志》卷一〇《災異》；嘉慶《長沙縣志》卷二六《祥異》；同治《瀏陽縣志》卷一四《祥異》）

縉雲大飢，遂昌旱。（雍正《處州府志》卷一六《雜事》）

大旱。（康熙《遂昌縣志》卷一〇《災眚》；乾隆《武昌縣志》卷一《祥異》；道光《新修東陽縣志》卷一二《禨祥》）

旱，免糧四百六十七石。（光緒《江陰縣志》卷八《祥異》）

秋，湖廣旱。（道光《永州府志》卷一七《事紀畧》）

夏，大水。冬，大雪四十日。（乾隆《吴江縣志》卷四〇《災變》）

陽武河決，武陟沁決，廣平、順德漳決，通州白河溢。（《明史·五行志》，第448頁）

南畿、浙江、湖廣、江西九府旱。（《明史·五行志》，第482頁）

春，平涼、鳳翔、西安、鞏昌、漢中、慶陽、兖州七府及南畿三州二縣，江西、浙江六縣饑。（《明史·五行志》，第508頁）

大雨，山洪暴漲，河溢。（民國《通縣編纂省志材料·大事記》）

東平、嘉祥大雨，隄潰，水没州北門。（道光《濟甯直隸州志》卷一《五行》）

河決陽武及邳州，灌魚臺、金鄉、嘉祥。（乾隆《魚臺縣志》卷三《災祥》）

南畿旱，饑，詔蠲逋賦。（民國《首都志》卷一六《大事表》）

震澤溢，不風不雨，湖水忽漲四尺許，莫知其故。（康熙《武進縣志》卷三《災祥》）

本府災傷免田租五千石。（萬曆《揚州府志》卷二二《異考》）

旱，減田租。（嘉靖《靖江縣志》卷四《編年》）

浙江旱，錢塘等縣自五月以後彌旬不雨，田禾槁死。（乾隆《杭州府志》卷五六《祥異》）

處州旱。（康熙《浙江通志》卷二《祥異附》）

大水。（康熙《廬州府志》卷九《祥異》；嘉慶《廬江縣志》卷二《祥異》）

六邑大旱，人相食，輸粟五千石送府助賑。（民國《潛山縣志》卷一七《篤行》）

郡境旱，民大饑。（順治《汝陽縣志》卷九《義烈》）

自夏逮秋，大雨雹。（乾隆《新修慶陽府志》卷三七《祥眚》；乾隆《環縣志》卷一〇《紀事》）

秦州自夏逮秋，大雨雹，饑。（乾隆《直隸秦州新志》卷六《災祥》）

夏秋旱，免税粮。（嘉靖《重修如皋縣志》卷六《災祥》）

秋，河决淮安、邳州，南入洪澤湖，桃源、宿遷諸縣并罹水患。（民國《泗陽縣志》卷三《大事》）

白河溢。（民國《順義縣志》卷一六《雜事記》）

南畿旱，饑。（同治《上江兩縣志》卷二下《大事下》）

正統四年（己未，一四三九）

正月

乙酉，夜，月掩食土星。（《明英宗實録》卷五〇，第960頁）

戊子，月生暈，色蒼白，圍圓濃厚。（《明英宗實録》卷五〇，第962頁）

乙未，夜，北方有流星大如杯，色赤有光，出西北雲中，行近濁。（《明英宗實録》卷五〇，第963頁）

二月

丙辰，夜，月犯天高星。（《明英宗實録》卷五一，第976頁）

己未，河南河南府宜陽縣奏："洛水流經本縣，每年霖潦泛漲，至是尤甚，渰没禾稼，人民艱食。該徵秋糧三萬三千九百九十餘石，乞以三分之一，如永樂中例折收闊白綿布，運赴陝西布政司備邊。"從之。（《明英宗實録》卷五一，第979頁）

丁丑，命河南武安縣逃民糧草折徵布疋。先是，武安縣旱蝗，民轉徙者一千六百四十八户，有司招回復業者三之一，遂併徵未納糧草。至是，民乞每石折綿布一疋。事下行在户部覆奏，從之。（《明英宗實録》卷五一，第990頁）

丁丑，夜，南方有流星如盞大（廣本作"大如盞"），色赤有光，出屏星，西南行至近濁。（《明英宗實録》卷五一，第990頁）

閏二月

己卯朔，曉刻，火星犯壘壁陣。（《明英宗實録》卷五二，第991頁）

己丑，夜，東南張宿旁生彗星，大如彈，色白，西行。（《明英宗實録》卷五二，第998頁）

甲午，日生背氣一道，色青赤，随生左右珥，色黄赤鮮明。（《明英宗實録》卷五二，第1001頁）

乙未，夜，月犯亢宿。（《明英宗實録》卷五二，第1001頁）

丁酉，是夜，彗星芒長五（廣本無"五"字）尺餘，西北行，掃酒旗。（《明英宗實録》卷五二，第1003頁）

庚子，夜，彗星西北行，長七尺餘，犯鬼宿。（《明英宗實録》卷五二，第1005頁）

三月

戊午，夜，西方有流星大如椀（抱本作"碗"），色赤有光，有聲，出貫索，北行至文昌，後二小星随之。（《明英宗實録》卷五三，第1019頁）

辛未，上以久不雨，遣官遍祈在京寺觀、祠廟、神祇。（《明英宗實録》卷五三，第1027頁）

天寧寺佛棹冰結，隱然成花十有三朵，大者如盎，小者如盂，紋理若松葉，輕綴雪米，纖細精密，巧妙不可名狀。郡人邊寧撰碑。（乾隆《禹州志》卷一三《災祥》）

四月

丁亥，夜，月犯左執法星。（《明英宗實録》卷五四，第1039頁）

己丑，夜，東方有白虹一道，南北至地。（《明英宗實録》卷五四，第1040頁）

壬辰，夜，月食。（《明英宗實録》卷五四，第1042頁）

水壞壇廟廨舍。（光緒《吉安府志》卷五三《祥異》）

丁酉，平涼諸府大雨雹，傷人畜田禾。（光緒《甘肅新通志》卷二《附祥異》）

五月

庚戌，直隸鳳陽、淮安二府，徐州，河南開封府，山東兖州、濟南二府各奏："屬縣有蝗。"上謂户部臣曰："不速撲滅，恐遺民患，即遣人馳傳，令所司捕之。"（《明英宗實録》卷五五，第1050～1051頁）

乙卯，陝西洮州衛言："去夏水澇，秋復早霜，隴畝無收，人多饑饉，請以今年自正月至七月，軍粮全支本色米為便。"從之。（《明英宗實録》卷五五，第1051頁）

壬戌，大雨雹。（《明英宗實録》卷五五，第1057頁）

庚午，直隸真定、保定、廣平、順德、大名、河間并陝西延安諸府各奏："自正月至四月不雨。河南彰德、懷慶、開封、衛輝諸府亦奏自二月至四月不雨。高阜之地，夏麥無收。"上命行在户部遣官覆視以聞。（《明英宗實録》卷五五，第1061頁）

壬申，大雨，京師水溢，壞官舍民居三千三百九十區，溺男婦二十有一人，富者僦屋以居，貧者露宿，長安街皆滿。先是，京師久旱，至是大雨驟降，自昏達旦，城中溝渠未及疏濬，城外隍池新甃狹窄，視舊減半，又作新橋閘次第

壅遏，水無所泄，故有是患。（《明英宗實録》卷五五，第 1062 頁）

壬戌，京師大雨雹，京師大水壞官舍民居三千三百九十區。（《明史·五行志》，第 429 頁）

大水。（乾隆《衛輝府志》卷四《祥異》；同治《武邑縣志》卷一〇《雜事》；光緒《正定縣志》卷八《災祥》）

大旱。（乾隆《武昌縣志》卷一《祥異》）

六月

戊寅，彗星見畢宿，光芒長一丈餘，指西南，至七月二十五日乃没。（《明英宗實録》卷五六，第 1066 頁）

壬午，小屯廠西隄為渾河水所決，通州至直沽隄閒三十一處為雨潦所決，詔發附近丁夫修築，以工部侍郎李庸董之。（《明英宗實録》卷五六，第 1067 頁）

丙戌，夜，月犯氐宿。（《明英宗實録》卷五六，第 1069 頁）

己丑，陝西按察司僉事卜謙奏："蘭州衛并蘭縣數月不雨，人民艱食，邇者明詔一下，瑞雲密佈，甘雨霈施。此皇上大德格天所致。"上曰："小人貢諛，不足信。"民之艱食，户部仍令所司賑濟之。（《明英宗實録》卷五六，第 1070 頁）

癸巳，順天府涿、通、霸、薊四州，并所屬縣直隸真定府晉州，保定府安、祁二州，新城、新安、定興、雄四縣，河南開封、衛輝、彰德三府各奏："自五月至今，淫雨河漲，漂民居舍禾稼。"上命行在户部遣官勘實以聞。（《明英宗實録》卷五六，第 1071 頁）

乙未，京師地震。（《明英宗實録》卷五六，第 1072 頁）

戊戌，勑諭公侯伯五府六部都察院等衙門官曰："朕恭嗣大統，夙夜祗勤，惟天惟祖宗付託之重，不敢怠逸。比年以來，停罷一切徵斂，除逋負，薄刑罰，所冀四方，咸遂生息。今歲以來，災沴數見，京畿尤甚。自三月至五月，亢陽不雨，甚傷農麥，五月中至六月連雨不止，河決隄岸，渰没田稼，城中傾塌官民廬舍，亦有壓溺死者，深用兢惕，洪範咎徵，皆由人事，

蓋朕不德之所致也。”（《明英宗實録》卷五六，第 1072～1073 頁）

戊戌，夜，月犯畢宿。（《明英宗實録》卷五六，第 1080 頁）

甲辰，鎮守居庸關署都指揮僉事李景奏：“久雨不已，壞居庸關一帶山口城垣九十餘處、橋二十二座，乞撥軍民夫協力修理。”事下行在工部覆奏，欲令順天府屬縣人民應役。上以京城人民役使已過勞矣，豈可復遣？宜令附近隆慶、永寧、懷來等衛僉夫修築。（《明英宗實録》卷五六，第 1082 頁）

大水，官賑之。（嘉靖《宣府鎮志》卷六《災祥考》；康熙《龍門縣志》卷二《災祥》；康熙《懷來縣志》卷二《災異》；康熙《西寧縣志》卷一《災祥》；乾隆《宣化縣志》卷五《災祥》；乾隆《懷安縣志》卷二二《灾祥》；乾隆《萬全縣志》卷一《災祥》；道光《保安州志》卷一《祥異》）

大水。（康熙《通州志》卷一一《災異》；乾隆《蔚縣志》卷二九《祥異》；民國《文安縣志》卷終《志餘》）

蝗。（光緒《正定縣志》卷八《災祥》；民國《寧晉縣志》卷一《災祥》）

蝗，民饑。（民國《無極縣志》卷一九《大事表》）

霪雨，開封、衛輝、彰德三府河漲，漂民居傷稼。（雍正《河南通志》卷一四《河防》）

保定等府蝗災，遣吏部侍郎魏驥撫安之。（萬曆《保定府志》卷一四《政事》）

七月

戊申，行在户部言：“順天府薊州及遵化縣，直隸保定府易州、淶水縣各奏境内蝗傷稼，宜馳文令巡按監察御史嚴督軍民衙門撲捕。”從之。（《明英宗實録》卷五七，第 1085～1086 頁）

庚戌，免山東、江西、河南、直隸各府被災田畝税糧。先是，山東兖州、萊州二府，江西九江、瑞州、撫州、贛州四府，河南彰德府，南北直隸淮安、揚州、鎮江、常州、大名、廣平、順德七府，及江西南昌、九江二衛各奏：“去歲水旱相仍，禾苗卑窪者渰没，高阜者焦枯，租税無徵。”至是，行在户部勘實覆奏。上以民被旱潦，不獲收成，租税奚從而出？悉免之，凡免秋糧二十一萬三千七百五十石，草二十七萬四千一百八十束，稻穀一萬一千一百一十五石。(《明英宗實録》卷五七，第1086~1087頁)

庚戌，久雨，滹沱、沁、漳等水决饒陽醜女堤、獻縣郭家口堤、衛輝彰德等處堤，有司以聞，詔隨宜修築。(《明英宗實録》卷五七，第1087頁)

壬子，金星晝見於未位。(《明英宗實録》卷五七，第1087頁)

丁巳，夜，月犯建星。(《明英宗實録》卷五七，第1088頁)

辛酉，夜，月食。(《明英宗實録》卷五七，第1090頁)

庚午，直隷宿州衛、宿州、徐州，并浙江蕭山縣各奏境内蝗。上命行在户部移文巡按御史嚴督軍民官司撲滅盡絶以聞。(《明英宗實録》卷五七，第1098頁)

辛未，夜，北方有星大如鷄彈，流二丈餘，發光，大如椀，有聲，尾跡赤光燭地，出紫微垣右樞星旁，東南行至天囷，尾跡化為赤白雲，徐徐南行，良久乃散。(《明英宗實録》卷五七，第1099頁)

甲戌，夜，北方有流星大如桮（廣本作“杯”），色赤，有尾，出文昌，北行至近濁，後一小星隨之。(《明英宗實録》卷五七，第1103頁)

大風，拔木傷稼。(同治《上海縣志》卷三〇《祥異》；光緒《蘇州府志》卷一四三《祥異》；光緒《川沙廳志》卷一四《祥異》；民國《南匯縣續志》卷二二《祥異》)

蘇、松、常、鎮四府大風，拔木殺稼。(嘉慶《松江府志》卷八〇《祥異》)

鎮江大風，拔木殺稼。(光緒《丹徒縣志》卷五八《祥異》)

秋，江甯水。七月，免南畿被災税糧。(光緒《金陵通紀》卷一〇上)

秋，江甯水。七月庚戌，免被災税糧。(同治《上江兩縣志》卷二下《大事下》；民國《首都志》卷一六《大事表》)

滹、沱、漳三水溢。(民國《獻縣志》卷一九《故實》)

滹、沱河溢。(光緒《正定縣志》卷八《災祥》)

沁水决壞堤岸。(乾隆《衛輝府志》卷四《祥異》)

八月

丙子朔，久雨，白溝、渾河二水溢，决順天府保定縣及保定府安州隄五十餘處，有司乞借附近丁夫協力修理，從之。（《明英宗實録》卷五八，第1105頁）

己卯，夜，東方有流星大如杯，色青白，尾跡有光，起參宿，東北行至近濁，後有二小星隨之。（《明英宗實録》卷五八，第1106頁）

壬午，先是，雨水决河西務隄岸，發順天府寶坻〔坻〕等縣民夫修築。至是，行在大理寺右少卿李畛奉勑存問被災州縣，具疏請罷修不急隄堰，徵回督工官員。從之。（《明英宗實録》卷五八，第1108頁）

丙戌，夜，東北方有黑雲一道，約長二丈，闊五尺。（《明英宗實録》卷五八，第1109頁）

戊子，廵按直隸監察御史蕭鑾奏："順天等六府水澇民饑，今雖賑濟，恐官糧不敷，乞遣官設法勸借，以備冬春接濟。"（《明英宗實録》卷五八，第1110頁）

庚寅，都察院右副都御史朱與言奏："伏覩制詔，以災沴數見，引咎自責，且令臣等誠心體國，以回天意。竊惟皇上嗣位以來，省刑罰，蠲徭賦，敬天愛民之心至矣。夫出罪己之言，甘雨時降，陛下省躬引咎之心，即成湯之心也。"（《明英宗實録》卷五八，第1113頁）

癸巳，夜，月犯畢宿。（《明英宗實録》卷五八，第1116頁）

丁酉，夜，月犯井宿。（《明英宗實録》卷五八，第1120頁）

己亥，京師地震。（《明英宗實録》卷五八，第1120頁）

庚子，日生右珥，色赤黄。（《明英宗實録》卷五八，第1123頁）

辛丑，夜，東（抱本"東"下有"南"字）方有黑雲，闊二丈，南北亘天。（《明英宗實録》卷五八，第1123頁）

癸卯，自夜達旦，有流星大小二百六十餘。（《明英宗實録》卷五八，第1124頁）

水，溺死男婦甚衆。（民國《吴縣志》卷五五《祥異考》）

大水。(光緒《丹徒縣志》卷五八《祥異》)

白溝、渾河二水溢，決保定安州堤。(《明史·五行志》，第 448 頁)

水，溺死男婦甚衆。(光緒《蘇州府志》卷一四三《祥異》)

鎮江水，溺死男婦甚衆。(嘉慶《丹徒縣志》卷四六《祥異》)

大風，時揚子江渡江者多覆没。(萬曆《江浦縣志》卷一《縣紀》)

九月

丙午朔，直隸定州衛奏："本衛城垣因夏雨浸頽五百餘丈，乞以軍餘及鄰近有司不被災傷者，暫倩工力修築。"從之。(《明英宗實録》卷五九，第 1127～1128 頁)

丙午朔，夜，有流星大如杯，色赤有光，出羽林軍，西南行至近濁。(《明英宗實録》卷五九，第 1128 頁)

壬子，直隸深州滹沱河決，渰民居田稼百餘里，命有司修築之。(《明英宗實録》卷五九，第 1131 頁)

戊午，曉刻，南方有流星，大如杯，色赤，尾跡有光，出參宿，東南行至游氣，後二小星隨之。(《明英宗實録》卷五九，第 1133 頁)

甲子，應天府奏："所屬溧水、溧陽、句容、上元、江寧五縣因天雨，山水泛漲，衝渰人口、頭畜、倉庫、糧鈔、官民房屋、田地，已委官賑濟踏勘，謹具以聞。"(《明英宗實録》卷五九，第 1136 頁)

己巳，夜，有流星大如杯，色有青白光，西行至壁宿。曉刻，月犯平道西星。(《明英宗實録》卷五九，第 1139 頁)

癸酉，曉刻，月犯亢宿。(《明英宗實録》卷五九，第 1140 頁)

滹沱溢壞堤岸，命有司修築。(民國《獻縣志》卷一九《故實》)

十月

己卯，直隸蘇、常、鎮三府各奏："所屬諸縣八月以來，霖雨不止，渰浸禾稻，漂流房屋，男女溺死者衆。"(《明英宗實録》卷六〇，第 1142 頁)

甲申，大同宣府偏頭諸關各奏："今歲旱澇不一，又兼早霜傷稼，軍民乏食。"上命行在户部覆視優恤之。（《明英宗實録》卷六〇，第 1145 頁）

甲申，夜，有流星大如杯，色青白，有光，出北斗魁。（《明英宗實録》卷六〇，第 1145 頁）

丁亥，湖廣常德、襄陽、岳州三府所屬州縣各奏："五月以来，久旱不雨，禾稻無成，其該徵粮草，無從辦納。"（《明英宗實録》卷六〇，第 1146～1147 頁）

戊子，直隷廬州、揚州，陝西延安、浙江嚴州四府屬縣各奏："水旱災傷，人民饑窘，已發倉廩，驗口賑貸。"（《明英宗實録》卷六〇，第 1147 頁）

甲午，日生背氣一道，色青赤鮮明。（《明英宗實録》卷六〇，第 1148 頁）

丙申，晝，金星見於午。昏刻，金星有暈。（《明英宗實録》卷六〇，第 1150 頁）

戊戌，月生淡暈，白雲一道，東西約長十丈餘，濶三丈，横貫暈中。（《明英宗實録》卷六〇，第 1150 頁）

十一月

丙午，山西隰州奏："歲旱，人民缺食流移，今年糧草乞姑停徵。"（《明英宗實録》卷六一，第 1159 頁）

丙辰，直隷壽州奏境内蝗。（《明英宗實録》卷六一，第 1161 頁）

丁巳，行在瀋陽左衛奏："宣德八年，軍士已採運秋青草一萬一千八十餘束，其餘七千一百餘束於 <實> 寶坻堆積，雨水浥漂無存，屢蒙恩宥，乞除其數。"從之。（《明英宗實録》卷六一，第 1161～1162 頁）

辛未，日生背氣一道，色青赤鮮明。（《明英宗實録》卷六一，第 1170 頁）

甲戌，武驤左右、騰驤左右、忠義後、蔚州左、神武后、大興左、直隷河間等衛各奏："今年五月以来，天雨連綿，河水泛漲，渰没屯田，子粒無

收。"（《明英宗實録》卷六一，第 1171 頁）

十二月

丁丑，行在金吾、左寬河二衛各奏："五月以来，陰雨連綿，河水泛漲，屯田無收，子粒辦納艱難。"（《明英宗實録》卷六二，第 1176 頁）

甲申，直隸保定府蠡縣知縣張霖奏："本縣四月以来，淫雨不止，山水漲漫，田苗渰損，饑民一千九百三十八户，已計口發官廩賑給。謹具以聞。"（《明英宗實録》卷六二，第 1182～1183 頁）

己丑，直隸揚州府高郵州奏："田禾被水渰没無收。"山西太原府、平陽府奏："春夏不雨，秋初嚴霜傷稼，租税無從辦納。"（《明英宗實録》卷六二，第 1186 頁）

甲午，夜，有流星大如杯，色赤，光明燭地，出天苑，西南行至游氣。（《明英宗實録》卷六二，第 1187 頁）

丙申，陝西洮州衛指揮徐貴奏："本衛城臨洮河，比水泛漲，壞城一百五十餘丈，宜速修理，請去其舊基十丈，修築為便。"從之。（《明英宗實録》卷六二，第 1188 頁）

戊戌，巡按直隸監察御史李匡奏："比者行在户部奏准，將在京并通州漷縣等縣官員、軍民之家驢騾車輛關粮運實口外缺粮衛倉，是雖備邊良策，然今歲水旱相仍，人民饑饉。其有車之家，營生僅足日給，若令出口，動經旬月，家人何所仰食？驢騾在途，缺乏秣飼，多致倒死，小民寧不嗟怨。乞勑該部計議，如邊糧未至急缺，暫可停止，俟来年麥秋裝運，不然必須别畫遠謀，使軍民兩便。"事下行在户部覆奏，以為今所令運糧車户，多出官家，及軍餘民人僅八之二，豈得槩稱貧難？況已皆免納課鈔半年，又各給與口糧，借倩裝運，止於二次，今又每車減運二石，及此（農）閑時，月儹運完，備本部給與文憑，聽其生理，亦未至于甚勞。從之。（《明英宗實録》卷六二，第 1189 頁）

己亥，直隸天津衛奏："本衛屯田皆在河間地方，比因夏秋雨多，衝决河岸百有餘里，屯田渰没，請築塞，以免後患。"上命行在工部移文有司，

俟明年春暖築之。(《明英宗實録》卷六二，第1191頁)

辛丑，雲南大理府雲南縣奏："縣治臨水坑洞，每歲多雨，墻垣衝頹，雖即修築，輒復損壞。永樂間，曾開銀冶，因置銀庫于縣城内。今冶罷而庫空，乞易為縣治。"從之。(《明英宗實録》卷六二，第1192~1193頁)

大雪三旬，積五尺有餘。(乾隆《吴江縣志》卷四〇《災變》)

是年

春夏之間，邑境旱甚。(民國《南皮縣志》卷一三《故實》)

春夏旱。(乾隆《新修曲沃縣志》卷三七《祥異》)

夏，連日烈風，禾苗盡敗。(乾隆《德州志》卷二《紀事》；民國《德縣志》卷二《紀事》)

夏，霪雨，壞居庸關城。(光緒《昌平州志》卷六《大事表》)

大水，淫雨壞居庸城。(光緒《延慶州志》卷一二《祥異》)

旱，饑。(民國《鄉寧縣志》卷八《大事記》)

夏，大旱，饑，知縣高偉發義民藍懋忠粟賑之。(康熙《廣濟縣志》卷二《灾祥》)

夏，蝗。(萬曆《棗强縣志》卷一《災祥》)

夏，大水，决隄。(宣統《高要縣志》卷二五《紀事》)

夏，居庸關及定州衛霪雨壞城。(《明史·五行志》，第473頁)

烈風傷稼。(光緒《續修故城縣志》卷一《紀事》)

畿内飛蝗蔽天，人民缺食。(嘉靖《真定府志》卷九《事紀》)

大水，官賑贍之。(嘉靖《隆慶志》卷八《祥異》)

大水。(光緒《密雲縣志》卷二二《災祥》)

大蝗。(崇禎《蠡縣志》卷八《災祥》；順治《易水志》卷上《災異》；康熙《安州志》卷八《祥異》；雍正《高陽縣志》卷六《禨祥》；乾隆《滿城縣志》卷八《災祥》；光緒《定興縣志》卷一九《災祥》；光緒《新河縣志》卷二《災祥》；民國《清苑縣志》卷六《災祥表》)

大水，又大蝗。(民國《新城縣志》卷二二《災禍》)

河間州縣蝗。（乾隆《肅寧縣志》卷一《祥異》）

（滹沱河）溢饒陽，决醜女堤及獻縣郭家口堤，淹深州田百餘里，皆命有司修築。（《明史·河渠志》，第2135頁）

雨水。七月，免災田税粮。（乾隆《吴江縣志》卷四〇《災變》）

彰德府河漲，漂民居傷稼。（乾隆《安陽縣志》卷一二《祥異》）

大水。河決朱家口，泛長垣，没田廬，農民大饑。（咸豐《大名府志》卷四《年紀》）

蝗四起，隣邑被灾者甚衆。志道徧禱於神，蝗不入境，歲仍大熟。（乾隆《陳州府志》卷一四《名宦》）

大旱。（同治《臨湘縣志》卷二《祥異》）

正統五年（庚申，一四四〇）

正月

甲寅，上諭行在户部臣曰："去歲畿甸及山東、山西、河南蝗。今恐遺種復生為患，卿等速移文令所司設法捕滅，毋致滋蔓。"（《明英宗實録》卷六三，第1200頁）

甲子，夜，月犯氐宿。（《明英宗實録》卷六三，第1207頁）

大雪二旬，積丈餘。夏，大水，漂没田廬。秋，亢旱，高原苗槁，斗米千錢，大疫，餓殍載道。（乾隆《吴江縣志》卷四〇《災變》；乾隆《震澤縣志》卷二七《災祥》）

大雪二旬，積丈餘，嘉湖水灾，大饑。（同治《湖州府志》卷四四《祥異》）

大雪二旬，積丈餘，水災。（光緒《歸安縣志》卷二七《祥異》）

二月

壬午，夜，火星犯井宿。（《明英宗實録》卷六四，第1221頁）

乙未，是日夜，南京大風雨，壞北上門脊，破官民舟，溺死者甚眾，漂官糧三百餘石。（《明英宗實録》卷六四，第1231頁）

庚子，夜，有流星大如鷄弾，色赤有光，出角宿，東南行至近濁。（《明英宗實録》卷六四，第1234頁）

南京大風雨，壞北上門脊，覆官民舟。（光緒《金陵通紀》卷一〇上）

南京大風雨，壞北上門脊，覆舟。（同治《上江兩縣志》卷二下《大事下》；民國《首都志》卷一六《大事表》）

三月

丁未，日生左右珥，色黄赤鮮明。（《明英宗實録》卷六五，第1240頁）

庚戌，夜，有流星大如鷄彈，色赤有光，出軒轅，西北行至井宿。（《明英宗實録》卷六五，第1242～1243頁）

壬子，浙江海門衛百户羅賢奏："海水決蠣巉頭等處隄，浸熟田七十餘頃為鹵地，潮漲輒灌桃渚千户所城，乞筑塞之。"事下行在工部覆奏，下浙江三司核實，請令俟農隙興役。從之。（《明英宗實録》卷六五，第1244頁）

庚申，巡撫河南山西行在兵部左侍郎于謙奏："山西太原等府澤潞等州、陽曲等縣各因旱傷，田禾無收，民甚饑窘。"（《明英宗實録》卷六五，第1252～1253頁）

辛酉，上以兩京風雨為災，遣駙馬都尉西寧侯宋瑛祭告天地。（《明英宗實録》卷六五，第1254頁）

壬戌，行在大理寺右少卿李畛奏："直隸真定府靈壽等縣民各訴去歲旱澇無收，今復起取採運柴夫乞賜賑濟。臣已發官倉粟貸之，人給五斗，候秋成還官。"上是之。（《明英宗實録》卷六五，第1254～1255頁）

辛未，夜，火星犯井宿。（《明英宗實録》卷六五，第1259頁）

四月

己卯，夜，有流星大如雞彈，色青白，有光，出北斗杓，入紫微東藩。

（《明英宗實録》卷六六，第 1267 頁）

庚寅，河南開封、彰德二府，并山東兖州府所屬州縣俱蝗。上命行在户部遣人馳驛，令所在官司捕絶，毋使滋蔓。（《明英宗實録》卷六六，第 1274 頁）

丁酉，是日，陝西平凉等府大雨雹，傷人及田禾畜産。（《明英宗實録》卷六六，第 1277 頁）

戊戌，是日，直隸保定府滿城等縣大雨雹。（《明英宗實録》卷六六，第 1278 頁）

五月

丙午，曉刻，金星犯土星。（《明英宗實録》卷六七，第 1285 頁）

壬子，應天、鳳陽、淮安三府多蝗。上命行在户部速令有司設法捕之。（《明英宗實録》卷六七，第 1288 頁）

戊辰，浙江湖州、紹興二府各奏："自正月以来，雨水傷麥。"（《明英宗實録》卷六七，第 1298 頁）

戊辰，日生右珥，色黄赤鮮明。（《明英宗實録》卷六七，第 1298 頁）

至七月，江西江溢，河南河溢。（《明史・五行志》，第 448 頁）

以水災命松屬上海二縣今年折糧内免徵。（乾隆《上海縣志》卷五《荒政》）

六月

戊寅，巡撫南直隸工部侍郎周忱奏："蘇、松、常、鎮四府屬縣自去年八月至今五月大水，民饑，已發廩賑之，具數以聞。"（《明英宗實録》卷六八，第 1306 頁）

甲申，陝西延安府宜川縣奏："四月，雨雹傷稼，人民乏食。"上命有司發粟賑之。（《明英宗實録》卷六八，第 1308 ~ 1309 頁）

丙戌，錦衣衛奏："直隸太平府丹陽湖，五月雨水，渰没草場，羣象無食，已俾原差官旗軍奴領回本所象房。"移文户部，暫如舊関，支草料飼

之。俟湖水消日，仍發牧放。（《明英宗實録》卷六八，第1309～1310頁）

庚寅，山東德州、清平、觀城、臨清、館陶、范、冠、丘、恩八縣蝗。（《明英宗實録》卷六八，第1312頁）

辛卯，運（抱本作“渾”）河水漲，决龍王廟南石隄，詔遣侍郎李庸往治之。（《明英宗實録》卷六八，第1313頁）

甲午，南京守備襄城伯李隆奏：“積雨壞南京中新河、上新河隄，并濟川衛新江口防水隄。請俟水退，量撥丁夫修築。”從之。（《明英宗實録》卷六八，第1318頁）

乙未，行在翰林院侍講劉球奏：“天雨連綿，宣武街西河决漫流，與街東河會合，二水泛溢，渰没民居，請修築，以消其患。仍會官計議于城外宣武橋西等處，量作減水河，以洩城中諸水，使毋壅滯。”命行在工部右侍郎邵旻會同太子太保成國公朱勇勘視。旻等報球言實，具修築事宜以聞，上從之，仍命欽天監正皇甫仲和等審視作減水河利否。仲和言：“宣武門西，舊有涼水河，其東城河南岸，亦有舊溝，皆可疏通以泄水勢，不利新作。”上復是其言。（《明英宗實録》卷六八，第1318頁）

丙申，行在工部言：“大明門以西，地勢卑下，雨潦所集，以是民皆徙居，留者無幾。近日，取土者又相尋不絶，遂成坑塹，其留者亦不能安。且今將徙，置兵部衙門，宜預填築，以俟興役。”從之。（《明英宗實録》卷六八，第1319～1320頁）

戊戌，夜，有流星二枚，大如雞彈，一大如杯，俱色赤，東行至近濁。（《明英宗實録》卷六八，第1321頁）

庚子，山東濟寧州汶上縣雨水渰没田禾。（《明英宗實録》卷六八，第1322頁）

壬申至丙子，山西行都司及蔚州連日雨雹，其深尺餘，傷稼。（《明史·五行志》，第429頁）

亢旱。（同治《南康府志》卷二三《祥異》）

全郡被水。（崇禎《横谿録》卷五《水患》）

敘屬旱，自六月至八月不雨。（光緒《興文縣志》卷五《祥異》）

四川自六月不雨，至于八月。（光緒《内江縣志》卷一五《祥異》）

不雨，至八月。（光緒《增修灌縣志》卷一四《祥異》）

不雨，至於八月。（民國《重修四川通志金堂採訪録》卷二〇三《祥異》）

夏秋，湖廣自六月不雨至八月。（民國《湖北通志》卷七五《祥異》）

七月

壬寅，順天、保定、河間、順德、廣平，并浙江金華、衢州，山東兖州諸府，自六月迨今，淫雨連綿，江河泛溢。河南懷慶、衛輝二府蝗生。陝西臨洮府狄道等縣六月初十日雨雹。山西行都司及蔚州六月初二日（廣本、抱本無“日”字）至初六，連日雨雹，其深尺餘，傷害稼穡，事聞。（《明英宗實録》卷六九，第1332頁）

庚戌，夜，有流星大如雞彈，色赤有光，出宗人，西行至雲中。（《明英宗實録》卷六九，第1338頁）

壬子，久雨，水決容城縣杜村口等隄七處、郎家口等隄三處，有司以聞，詔令随宜修築，無妨農事。（《明英宗實録》卷六九，第1339～1340頁）

甲寅，夜，木星犯壘壁陣。（《明英宗實録》卷六九，第1340頁）

戊午，曉刻，四方有濃霧，至辰漸散。（《明英宗實録》卷六九，第1342頁）

己未，曉刻，四方濃霧，至巳漸散。（《明英宗實録》卷六九，第1344頁）

癸亥，曉刻，四方濃霧，至午漸散。（《明英宗實録》卷六九，第1344頁）

戊辰，夜，有流星二，俱大如雞彈，色赤有光。一出天市西垣，一出羽林軍，俱南行至近濁。（《明英宗實録》卷六九，第1348頁）

癸丑，臨洮衛大雨雹，傷稼。（《國榷》卷二四，第1591頁）

戊午、己未、癸亥三日，天大霧，晝晦。（道光《永州府志》卷一七《事紀畧》）

賑南畿水災。（光緒《金陵通紀》卷一〇上）

大雨彌旬，山崩水溢，衝没田畝，不可勝計。（光緒《順甯府志》卷二《祥異》）

望，海溢。（乾隆《象山縣志》卷一二《禨祥》）

望，象山縣海溢。（嘉靖《寧波府志》卷一四《禨祥》）

十四日，淘之西隄决。俄頃，門巷水深三尺許，欲渡無船，欲徙無室，家人二十三口坐立波濤五日夜。（嘉慶《東臺縣志》卷三八《藝文》）

大雨彌旬，山崩水溢，衝没田廬不可勝計。（隆慶《雲南通志》卷一七《災祥》）

戊午、己未及癸亥，曉刻，陰沉，四方濃霧不辨。秋旱。（乾隆《湖南通志》卷一四二《祥異》）

開封、彰德諸府自五月至七月霪雨，河漲。（雍正《河南通志》卷一四《河防》）

八月

丁丑，夜，月犯東咸。（《明英宗實録》卷七〇，第1353頁）

庚辰，江西南昌、饒州、九江、南康，河南開封、彰德諸府自五月至七月，淫雨，江河泛漲。直隸河間、真定諸府，河南洛陽等縣蝗。陝西洮州衛六月二十八日、臨洮衛七月十三日、甘州中護衛七月十八日、直隸保定府八月十一日各大雨雹，深尺餘，傷民稼穡，事聞。（《明英宗實録》卷七〇，第1356頁）

乙未，詔免直隸真定府平山縣償官馬牛八十餘匹，以其為大水漂没故也。（《明英宗實録》卷七〇，第1366頁）

丁酉，夜，南方有流星大如雞彈，色青白，尾跡有光，出弧矢，東南行至雲中。（《明英宗實録》卷七〇，第1368頁）

潮决蕭山海塘。（乾隆《紹興府志》卷八〇《祥異》）

九月

甲辰，日生左右珥，色黄赤鮮明。（《明英宗實録》卷七一，第

1375 頁）

丁未，曉刻，四方濃霧，至巳漸散。（《明英宗實録》卷七一，第 1377 頁）

癸亥，月犯軒轅星。（《明英宗實録》卷七一，第 1386 頁）

甲子，江西饒州守禦千户所奏："本所城邊湖港比因久雨水泛，頹六百餘丈，請於附近有司倩民夫同軍餘相衆修築。"從之。（《明英宗實録》卷七一，第 1386 頁）

乙丑，夜，有流星大如雞彈，色赤有光，出五諸侯，入參宿。（《明英宗實録》卷七一，第 1386 頁）

十月

庚午朔，是日，陝西蘭縣莊浪空中有聲如雷，地震。（《明英宗實録》卷七二，第 1389 頁）

乙亥，直隷蘇、松、常、鎮，浙江嘉湖等府先被水災。（《明英宗實録》卷七二，第 1391 頁）

乙亥，浙江杭州、台州、嚴州、紹興、寧波等府，湖廣武昌、常德、黄州、荆州、漢陽、德安、岳州、長沙，直隷鳳陽、淮安、揚州等府各奏："自五月至今，水旱傷稼，秋糧無徵。"（《明英宗實録》卷七二，第 1392 頁）

戊寅，命修香河縣白河堤，從知縣張嵩言河水衝决民田被渰故也。（《明英宗實録》卷七二，第 1394 頁）

庚辰，陝西蘭縣莊浪自是月朔，地震十日乃止，壞城堡官民廬舍，壓死男女二百餘，馬騾牛羊八百有奇，事聞。（《明英宗實録》卷七二，第 1395 頁）

庚寅，夜，月犯軒轅大星。（《明英宗實録》卷七二，第 1400 頁）

辛卯，曉刻，月犯靈臺中星。（《明英宗實録》卷七二，第 1402 頁）

杭州飢，詔户部覈實以聞。本府奏："五月至今，水旱傷稼，秋糧無徵。"上命行在户部覈實以聞。十一月巡撫侍郎周忱奏："以參議武達、副使王豫惠理杭、嘉、湖預備之政，時三府水患未消，流移未復，綜理庶務必得專官。”故有是命。（康熙《杭州府志》卷一二《郵政》）

十一月

甲辰，江西布政司奏：“南昌等府衛所屬地方自正月以來，雨水渰没早禾。六月以後亢旱，晚禾枯死，税糧子粒無從輸辦。”（《明英宗實録》卷七三，第1409頁）

丁卯，河東陜西都轉運鹽使司奏：“黑龍大等堰歲久傾壞，山水衝溢，流入鹽池。”（《明英宗實録》卷七三，第1427頁）

十二月

庚午，直隸淮安府桃源縣、揚州府江都縣、四川夔州府萬縣俱水旱凶荒，人民缺食，有司發官倉并預備粮驗口賑濟，各具數以聞。（《明英宗實録》卷七四，第1431頁）

是年

春夏，旱，無麥，遣官賑濟。（康熙《商丘縣志》卷三《災祥》）

旱，蝗，饑。（民國《淮陽縣志》卷八《災異》）

安化、湘鄉、寧鄉大旱。（乾隆《長沙府志》卷三七《災祥》）

大旱。（康熙《湘鄉縣志》卷一〇《兵災附》；乾隆《寧鄉縣志》卷八《災祥》；嘉慶《重刊宜興縣舊志》卷末《祥異》；嘉慶《如皋縣志》卷二三《祥祲》；嘉慶《東臺縣志》卷七《祥異》）

大水。（康熙《大冶縣志》卷四《災異》；同治《麗水縣志》卷一四《災祥附》；民國《金壇縣志》卷一二《祥異》）

水災。（同治《上海縣志》卷三〇《祥異》；光緒《川沙廳志》卷一四《祥異》；民國《南匯縣續志》卷二二《祥異》）

大旱，饑。（乾隆《直隸通州志》卷二二《祥祲》；光緒《通州直隸州志》卷末《祥異》）

免蘇、松水災税糧。（光緒《常昭合志稿》卷一二《蠲賑》）

丹陽、金壇大水。（光緒《丹陽縣志》卷三〇《祥異》）

旱，免糧一萬一百四十九石。（光緒《江陰縣志》卷八《祥異》）

夏，霖雨。（同治《南康府志》卷二三《祥異》）

蔚州連日雨雹，其深尺餘。（乾隆《宣化府志》卷三《灾祥附》；乾隆《蔚州志補》卷一《災祥》）

嘉湖水災，大饑。（民國《德清縣新志》卷一三《雜志》）

臨海、天台等縣五、六月間，大旱傷稼。（民國《台州府志》卷一三四《大事略》）

旱。（萬曆《黄巖縣志》卷七《紀變》；康熙《太平縣志》卷八《祥異》；嘉慶《蘭谿縣志》卷一八《祥異》；光緒《壽昌縣志》卷一一《祥異》；光緒《黄巖縣志》卷三八《變異》）

麗水大水。（光緒《處州府志》卷二五《祥異》）

塞海寧蠣巖，决堤口。（乾隆《杭州府志》卷五六《祥異》）

春，大風拔木。（同治《滑縣志》卷一一《祥異》）

春夏，旱，無麥，遣官賑濟。（順治《歸德府志》卷一〇《災祥》）

春夏，南昌府屬淫雨，江漲，渰没早禾。六月以後亢旱，晚禾枯死。布政使司以聞，命户部撫卹。（康熙《南昌郡乘》卷五四《祥異》）

初夏霖雨，六月亢旱。布政司以聞，命户部撫卹。（同治《建昌縣志》卷一二《祥異》）

夏，鳳陽蝗。（光緒《鳳陽縣志》卷四下《紀事表下》）

夏，蝗，民饑。（民國《項城縣志》卷三一《祥異》）

夏，蝗。（康熙《永平府志》卷三《災祥》；乾隆《行唐縣新志》卷一六《事紀》；光緒《正定縣志》卷八《災祥》；光緒《永年縣志》卷一九《祥異》）

夏，順天、河間、真定、順德、廣平、應天、鳳陽、淮安、開封、彰德、兖州蝗。（《明史·五行志》，第437頁）

夏，順天、河間、真定、廣平蝗。（光緒《東光縣志》卷一一《祥異》）

江西夏秋旱。南畿、湖廣、四川府五、州衛各一，自六月不雨至於八月。(《明史·五行志》，第482頁)

夏大水。秋亢旱，斗米千錢。大疫，饑殍載道。(光緒《烏程縣志》卷二七《祥異》)

直省十府、一州、二縣饑。陝西大饑。(《明史·五行志》，第508頁)

夏，滄州蝗。(民國《滄縣志》卷一六《事實》)

夏，兖州蝗。冬十二月，免山東被災税糧。(民國《山東通志》卷一〇《通紀》)

蝗，遣吏部侍郎魏驥巡行捕之。(萬曆《保定府志》卷一五《祥異》)

蝗。(崇禎《蠡縣志》卷八《災祥》；康熙《新城縣志》卷一〇《災祥》；雍正《高陽縣志》卷六《禨祥》；乾隆《三河縣志》卷七《風物》；乾隆《滿城縣志》卷八《災祥》；民國《順義縣志》卷一六《雜事記》)

又蝗。(光緒《定興縣志》卷一九《災祥》)

復蝗。(康熙《安州志》卷八《祥異》)

白溝、渾河二水俱溢，決保定縣安州堤五十餘處。復命庸治之，築龍王廟南石堤。(《明史·河渠志》，第2137～2138頁)

鎮、常、蘇、松等府潦水為患，農不及耕。(成化《重修毗陵志》卷五《詔令》)

大水渰禾，民饑。(崇禎《吴縣志》卷一一《祥異》)

揚州大旱，命户部主事鄒來學賑之。(萬曆《揚州府志》卷二二《異考》)

旱，减田租。(嘉靖《靖江縣志》卷四《編年》)

金華、衢州自六月至七月淫雨連綿，江河泛溢。會稽、臨海、天台等縣五、六月間大旱，傷稼。(雍正《浙江通志》卷一〇九《祥異》)

免水災田租。(光緒《嘉善縣志》卷九《郵政》)

旱，尋大水。(光緒《蘭谿縣志》卷八《祥異》)

雨，淹没早禾。(同治《靖安縣志》卷一六《祥異》)

霪雨江漲，没早禾。六月後大旱，枯晚禾，命户部軫恤。（同治《進賢縣志》卷二二《機祥》）

旱，蝗，民饑。（康熙《續修陳州志》卷四《災異》）

大雨，水溢。（民國《湖北通志》卷七五《災異》）

秋，蝗。（光緒《唐縣志》卷一一《祥異》）

秋。旱。（嘉慶《臨武縣志》卷四五《祥異》）

夏，應天旱，蝗，六月免被災税糧，冬十二月再免之。（光緒《金陵通紀》卷一〇上）

夏，應天旱，蝗，六月免被災田糧，冬十二月再免。（同治《上江兩縣志》卷二下《大事下》；民國《首都志》卷一六《大事表》）

夏，鳳陽、淮安等府蝗。（光緒《盱眙縣志稿》卷一四《祥祲》）

正統五、六、七年，連歲蝗。（光緒《吴橋縣志》卷一〇《雜記》）

正統六年（辛酉，一四四一）

正月

丙午，夜，有流星大如雞彈，色青白，有光，起張宿，西南行至近濁。（《明英宗實録》卷七五，第1455頁）

二月

乙亥，夜，月犯井宿。（《明英宗實録》卷七六，第1487頁）

辛巳，夜，月犯上將星。（《明英宗實録》卷七六，第1493頁）

蝗。（嘉靖《廣州志》卷四《事紀》）

三月

癸亥，是日，南京大風折孝陵樹三百餘株，壞官民舟，溺死者五十餘人。（《明英宗實録》卷七七，第1529頁）

四月

庚午，浙江按察司副使王豫言："蕭山縣長山浦等處海塘，去歲八月為潮水所决者三千餘丈。今欲修築，其費鉅萬。而蕭山數旱澇，民不能辦，請令三司及杭州等府衛獄囚罪當贖者，罰輸木石等料以就之，庶民不困。"事下，行在工部請行廵撫侍郎周忱會議以聞。從之。（《明英宗實録》卷七八，第1534～1535頁）

乙亥，命行在户部右侍郎陳瑺、通政司右參議王錫、大理寺右少卿顧惟敬、左寺丞仰瞻，光禄寺少卿王賢，分往順天、保定、真定、河間、順德、廣平、大名、淮安、鳳陽等府州捕蝗，各賜勑戒諭之。先是，行在户部尚書劉中敷等言："去歲，蝗生近郊，所過州縣遺落種子，今已有復生者，雖嘗命各府官屬設法廵捕，縁無官統領，恐至誤事。"故有是命。（《明英宗實録》卷七八，第1537頁）

濟南、東昌、青、萊、兗、登諸府蝗。（民國《萊陽縣志》卷首《大事記》）

濟南、東昌、青、萊、兗、登諸府蝗；冬十一月，免山東被災税糧。（民國《山東通志》卷一〇《通紀》）

五月

壬寅，行在通政使司右參議王錫奏："近奉勑往北直隷捕蝗，訪得保定府新城縣知縣周義善於撫民，今六載任滿，例應赴部，乞暫留協同捕蝗。"上謂行在吏部臣曰："蝗為民患，宵旰在心，考課固不可廢，而民事尤所當急，其從錫請。"（《明英宗實録》卷七九，第1559～1560頁）

庚戌，金星晝見午位。（《明英宗實録》卷七九，第1567頁）

壬子，湖廣貴州副總兵都督僉事吴亮奏："湖廣偏橋、清浪、平溪、瞿塘、鎮遠、九溪、永定諸衛，近因屯軍選徵麓川，秋糧又以旱傷除豁，所積甚少，供軍不敷。"（《明英宗實録》卷七九，第1568頁）

壬子，山東武城縣、直隷静海縣各奏："蝗旱相繼，麥盡槁死，夏税無

徵。”上命行在户部覆視以聞。（《明英宗實録》卷七九，第1568～1569頁）

甲寅，免中都留守司所屬諸衛所旱傷屯種子粒八千七百四十五石。（《明英宗實録》卷七九，第1572頁）

庚申，泗州大雨，水溢高丈餘，漂廬舍，官民咸走盱眙山。（《國榷》卷二五，第1610頁）

泗水、淮水溢丈餘，漂廬舍。（光緒《盱眙縣志稿》卷一四《祥祲》）

巡按張鏞奏：“武昌、德安等郡連年旱澇，人民缺食。”（康熙《孝感縣志》卷一三《蠲賑》）

六月

庚午，行在禮部尚書胡濙等言：“今年四月以來，亢陽不雨，蝗蝻為患。揆之天意，驗諸人事，皆由臣下才德踈庸，政事缺失，有乖陰陽之和，以致下累民生、上貽聖慮，臣等不勝惶悚。乞令文武百官自本月初七日為始，齋沐思過，仍令大臣於在京各寺觀行香，及行道錄司慎選道流，盡誠祈禱，庶幾少回天意。”上曰：“應天以實不以文，今上天降灾，在脩德以弭之，豈區區禱祠所能免也？不必行。”（《明英宗實録》卷八〇，第1583頁）

辛未，夜，有流星大如雞彈，色青白，出天江，西南行入尾宿。（《明英宗實録》卷八〇，第1584頁）

甲戌，巡按山東監察御史等官何永芳奏：“山東樂陵、陽信、海豐，因與直隸滄州、天津衛地相接，蝗飛入境，延及章丘、歷城、新城，并青、莱等府，博興等縣，已專委指揮江源，添委左參議李雯等設法捕瘞。”（《明英宗實録》卷八〇，第1585～1586頁）

丁丑，鎮遠侯顧興祖、安鄉伯張安等官捕蝗，事竣，還京。大同都司、薊州、永平亦奏捕滅已盡。（《明英宗實録》卷八〇，第1591頁）

庚辰，行在山西道監察御史劉克彦言：“近命臣往順天府所屬捕蝗，所過涿州等一十州縣，穀麥間有傷損，猶未為害，惟房山縣地僻蝗多，麥苗殆盡。”（《明英宗實録》卷八〇，第1592頁）

庚辰，行在户部奏：“御馬監光禄寺并象、馬、牛房草束俱取辦於山

東、河南并北直隷府州縣，緣今順天等府蝗旱，穀草少收。”（《明英宗實録》卷八〇，第1593頁）

甲申，日生左右珥，色黄赤鮮明。（《明英宗實録》卷八〇，第1599頁）

丁亥，直隷海州，并河間府屬縣各奏：“五月中，大雨雹，六月旱。”山東壽光、臨淄二縣各奏：“旱蝗，民食不給，稅糧無從辦納。”（《明英宗實録》卷八〇，第1599頁）

己丑，夜，有流星大如杯，色青白，出尾宿，西北行至房宿，後七小星隨之。（《明英宗實録》卷八〇，第1602頁）

庚寅，夜，月犯畢宿。（《明英宗實録》卷八〇，第1605頁）

七月

丁酉，河南彰德、衛輝、開封、南陽、懷慶五府，山西太原府，山東濟南、東昌、青、萊、兖、登六府，遼東廣寧前、中屯二衛，直隷東勝、興州（疑“州”下有“前屯”二字）二衛蝗生。上命行在户部速移文鎮守、巡按、三司官，嚴督軍衛、有司捕滅。（《明英宗實録》卷八一，第1610頁）

己亥，巡撫大同宣府右僉都御史羅亨信言：“大同今歲春夏少雨，人皆艱食，新撥屯田旗軍二千九百名，該徵子粒一萬七千四百石，乞減半徵收。”從之。（《明英宗實録》卷八一，第1612～1613頁）

甲辰，夜，有流星大如杯，色赤有光，出天棓，西南行至天弁。（《明英宗實録》卷八一，第1617頁）

丁未，直隷河間、順德二府所屬州縣復蝗。命大理寺少卿顧惟敬，并監察御史郎中、主事分捕之。（《明英宗實録》卷八一，第1622頁）

辛酉，總督糧儲都督僉事武興言：“湖廣都司德安守禦千户所漕舟遭風破壞，其撈曬糧米二千九百九十餘石，雖堪食用，不耐久積，乞將湖廣都司所屬衛分該納京倉糧内摘撥一萬九千九百四十六石於通州倉納，撙出脚錢，補納撈曬米數，仍將前米給與本都司各衛旗軍食用，准作次年該給口糧。”從之。（《明英宗實録》卷八一，第1632頁）

賑旱饑。（道光《永州府志》卷一七《事紀畧》）

白河決武清、漷縣堤二十二處。（《明史·五行志》，第448頁）

八月

乙丑朔，順天府、直隸真定府、山西平陽府所屬州縣各奏：“春夏不雨，田禾旱傷，租税無徵。”上命行在户部覆視以聞。（《明英宗實録》卷八二，第1635頁）

甲戌，直隸蘇州府屬縣水灾民饑，有司發官廩米四十三萬五千餘石賑貸之。（《明英宗實録》卷八二，第1639頁）

丙子，行在刑科給事中廖莊自陝西還，言九事：一今年陝西灾旱，而有司催徵逋税迫甚，宜蠲減之，以甦民困……上命所司議行之。（《明英宗實録》卷八二，第1640頁）

己卯，是日晡時，有雲見於西方昴胃之間，五色圓光，形如半璧。竊惟昴宿屬金，刑法所象，五色之雲，和氣所蒸。（《明英宗實録》卷八二，第1644頁）

己丑，巡按直隸監察御史鄭觀奏：“直隸并山東等處春夏亢旱，蝗蝻生發，乞命清軍御史暫且還京，令有司陸續清解。”從之。（《明英宗實録》卷八二，第1651～1652頁）

庚辰，真定縣雨雹傷稼。（《國榷》卷二五，第1614頁）

寧夏久雨，水泛，壞屯堡墩臺甚眾。（《明史·五行志》，第448頁）

九月

己亥，巡按直隸監察御史陳璞奏：“真定府真定縣八月十六日雨雹，傷害田禾，租税無徵。”（《明英宗實録》卷八三，第1660頁）

乙巳，直隸揚州、淮安，山東濟南、青州諸府各奏：“六月，霖雨傷稼，租税無徵。”上命行在户部覆視以聞。（《明英宗實録》卷八三，第1661～1662頁）

庚戌，直隸安肅縣奏：“去歲蝗，民因乏食，以歲辦皮翎，於今年補納。

今民艱窘如昔，而併以二歲所辦追之，誠弗能堪？乞将去歲者，如時直折鈔。”從之。（《明英宗實録》卷八三，第1663頁）

丙辰，巡按直隸監察御史邢端奏：“順天府所屬宛平等七縣，并隆慶等衛所俱蝗，黍穀被傷，懷柔等縣又被雨雹，軍民無半歲之儲，乞将鹽糧免徵。”上命行在户部遣人驗視以聞。（《明英宗實録》卷八三，第1663~1664頁）

丙辰，直隸松江府奏：“所屬華亭、上海二縣五月以来不雨，旱傷田土八千八百五十九（广本作‘九十五’）頃，該徵税糧十三萬九千八百五十餘石，請量收綿布，以甦民困。”命行在户部議行之。（《明英宗實録》卷八三，第1664頁）

庚申，行在湖廣道監察御史王通奏：“直隸河間府所屬州縣，蝗傷禾稼，興濟等縣復被霜雹，其逋負租税馬匹，一時併徵，民實不堪。”（《明英宗實録》卷八三，第1665頁）

十月

乙亥，順天府薊州軍民奏：“正統五年以來，負欠孳牧騎操馬匹，已因災沴，許待次年秋後償官。不意今秋苗稼又為蝗蝻所害，乞待明年秋後，通行買補，免致拘迫逃竄。”從之。（《明英宗實録》卷八四，第1672頁）

戊寅，巡按山西監察御史李彬等奏：“山西平陽府踰夏不雨，穀豆槁死，民用艱食，已發官粟七萬二百五十餘石賑濟之，其所負税糧，乞暫停徵。”（《明英宗實録》卷八四，第1675頁）

癸未，夜，有流星大如杯，色青白，有光，出弧矢，東南行至游氣，後二小星隨之。（《明英宗實録》卷八四，第1677頁）

丙戌，曉刻，月犯靈臺上星。（《明英宗實録》卷八四，第1679頁）

己丑，山東按察司副使王裕言：“山東密邇京畿，今年旱蝗，水潦相仍，人民缺食，逃竄者多，慮其易於惑動，嘯聚為非，其害不小。乞勑廷臣會議，凡被災傷之處，如例豁除税糧，一切科徵悉皆停免，委布政司、按察司堂上官一員，專於府、州、縣巡視，撫安人民，務令得所。有司貪殘者，擒治以罪，遇有盜賊嘯聚，即發兵勦捕，則朝廷恩威兼濟，而民獲安矣。”上命行在户部移文，委叅政洪預（廣本、抱本作“豫”）、僉事蕭啟專一撫安接濟，府、州、縣官有不才者，即與究治，務使民不失所。（《明英宗實録》卷八四，第1680～1681頁）

庚寅，山東濟南府利津縣奏：“本縣六月淫雨，渰没田畝，人民領養官馬，俱乏草料，恐致瘦損，縣倉收有折糧黑豆七千餘石，存積年遠，乞量借與民，候秋成抵斗還官。”從之。（《明英宗實録》卷八四，第1682頁）

永明星夜，雷電忽至。永明《災異志》：“十月十六夜，星明天皎，電光忽四起，西北雷震，雞犬驚鳴，居人大駭。”（道光《永州府志》卷一七《事紀畧》）

雨麥。（康熙《上饒縣志》卷一一《祥異》）

十一月

戊戌，免順天府、直隷保定等五府所屬州縣，并大寧都司諸衛災傷糧草子粒，凡免糧一萬七千一百六十餘石，草六十一萬四千四百四十餘束，夏税并屯田小麥六千五百三十餘石。（《明英宗實録》卷八五，第1700～1701頁）

己亥，增給遼東廣寧等十衛官吏軍士月糧。指揮、千百户、衛所鎮撫每月增四斗，總小旗及有家小軍月增三斗，經歷、知事、倉副使并隻身軍月增二斗，紀録幼軍月增一斗。以各衛今歲旱蝗無收，從巡撫左副都御史李濬奏請也。（《明英宗實録》卷八五，第1701頁）

庚子，巡撫河南、山西大理寺左少卿于謙言：“近工部移文有司，為晉憲王營葬，欲發軍夫四千，派買物料太多，繪飾房屋過侈。臣以山西地瘠民貧，況今年春夏旱蝗，秋月霜蚤，田禾薄收，饑窘逃移者衆。乞勑該部軍夫減半，物料但令足用，房屋可已者已之，庶工程得以蚤完，軍民免于勞擾。”事下工部，請軍夫宜如謙言，房屋當仍舊制，從之。（《明英宗實録》卷八五，第1702頁）

丙午，夜，昏刻，月犯畢宿。（《明英宗實録》卷八五，第1706頁）

壬子，昏刻，東方有星如碗大，色青白，尾跡有光，起自天苑，東南行

至濁。（《明英宗實録》卷八五，第 1710 頁）

癸丑，鎮守陜西右僉都御史王翱奏："陜西西安等七府并衛所地方亢旱，田畝無收，乞減免今年存留秋糧，并軍衛屯粮之半，庶不逼民失所。"事下户部請遣官，會同陜西三司，斟酌以聞。（《明英宗實録》卷八五，第 1710 頁）

丙辰，浙江嘉興、台州、寧波、紹興四府，湖廣辰州、岳州、常德、長沙、荆州五府屬縣各奏："今年夏秋亢旱，禾稼枯槁，乞蠲税糧。"（《明英宗實録》卷八五，第 1712 頁）

閏十一月

丁卯，免直隷徽州府所屬六縣旱災税糧四萬五千九十餘石。（《明英宗實録》卷八六，第 1716 頁）

戊辰，夜，有流星大如杯，色赤有光，出軫宿，行至庫樓。（《明英宗實録》卷八六，第 1717 頁）

甲戌，大風有聲，揚沙蔽天。（《明英宗實録》卷八六，第 1722 頁）

丁亥，户部言："山東濟南府淄川縣蝗災，其原該運臨清、德州及本府縣倉細米九千七百一十餘石，民願折布，宜令每米一石折徵布一疋，赴京庫交納，庶不重困。"從之。（《明英宗實録》卷八六，第 1729 頁）

十二月

甲午，廵撫遼東左副都御史李濬奏："今歳遼東廣寧、寧遠等十衛屯田，俱被飛蝗食傷禾稼，屯軍缺食，并乏下年種糧，願於官廩借給，俱候秋成，抵數還官。"從之。（《明英宗實録》卷八七，第 1735～1736 頁）

癸卯，巳時，日生暈，并左右珥，上又生背氣一道，各色淡。至未時，雲遮。（《明英宗實録》卷八七，第 1741 頁）

戊申，日生左右珥，色赤黄鮮明。（《明英宗實録》卷八七，第 1745 頁）

壬戌，夜，南方有星大如雞彈，色青白，有光，出天廟，西南行至近

濁。(《明英宗實録》卷八七，第1756頁)

是年

春夏，旱蝗無麥，詔民出粟助賑。(嘉靖《夏邑縣志》卷五《災異》)

浙江春夏，旱，大饑。(同治《湖州府志》卷四四《祥異》)

浙江春夏並旱。(乾隆《杭州府志》卷五六《祥異》)

夏，南畿旱，饑。(光緒《金陵通紀》卷一〇上)

夏，鳳陽、淮安蝗。(光緒《盱眙縣志稿》卷一四《祥祲》)

旱，蝗。(嘉慶《五河縣志》卷一一《紀事》)

旱。(萬曆《慈利縣志》卷一五《義行》；嘉慶《安仁縣志》卷一三《災異》；同治《餘干縣志》卷二〇《祥異》；同治《漢川縣志》卷一四《祥祲》)

大旱，饑。(乾隆《蒲縣志》卷九《祥異》)

旱蝗，明年又饑。(民國《嵊縣志》卷三一《祥異》)

夏秋，湖廣旱。(道光《永州府志》卷一七《事紀畧》)

秋，蝗。(乾隆《平原縣志》卷九《災祥》；同治《黄縣志》卷五《祥異》；民國《牟平縣志》卷一〇《通紀》；民國《福山縣志稿》卷八《災祥》；民國《項城縣志》卷三一《祥異》)

春夏並旱。(光緒《於潛縣志》卷二〇《事異》)

夏，蝗。(乾隆《歷城縣志》卷二《總紀》；乾隆《曲阜縣志》卷二八《通編》；光緒《保定府志》卷四〇《祥異》)

夏，大旱。(嘉靖《隨志》卷上)

蝗水相災，野多饑殍。(乾隆《天津府志》卷二八《人物》)

順天、河間大蝗，野無青草。(光緒《東光縣志》卷一一《祥異》)

蝗。(康熙《南海縣志》卷三《災祥》；乾隆《三河縣志》卷七《風物》；道光《新城縣志》卷一五《祥異》；光緒《永年縣志》卷一九《祥異》；民國《大名縣志》卷二六《祥異》；民國《順義縣志》卷一六《雜事記》)

蝗食野草，木葉皆盡。(民國《滄縣志》卷一六《事實》)

連歲蝗。(光緒《吴橋縣志》卷一〇《雜志》)

旱，饑。（萬曆《沃史》卷二《今總紀》）

萊州蝗。（乾隆《掖縣志》卷五《祥異》）

旱蝗傷稼，米貴，民益饑。（崇禎《吴縣志》卷二一《祥異》）

江水泛漲，（廣通鎮）壩大決，蘇、常潦甚，國税無所出。（康熙《高淳縣志》卷二二《藝文》）

湖南北武昌、長沙、衡州等處連年旱澇，人民缺食，已散預備倉并貯官倉粮，驗田賑貸，俟秋粮成還官。（嘉慶《常寧縣志》卷三〇《事紀》）

大旱。（同治《瀏陽縣志》卷一四《祥異》）

四川府縣衛多旱。（同治《德陽縣志》卷四二《災祥》）

秋，蝗生，免税粮。（光緒《臨朐縣志》卷一〇《大事表》）

秋，南陽蝗。（光緒《南陽縣志》卷一二《雜記》）

六年、十一年，俱大旱。（康熙《孝感縣志》卷一四《祥異》）

六年、七年懷慶旱。（乾隆《重修懷慶府志》卷三二《物異》）

六年、十一年俱旱。（康熙《鼎修德安府全志》卷二《災異》）

正統七年（壬戌，一四四二）

正月

甲子，夜，有流星大如盃，色赤有光，出氐宿，東北行至天市。（《明英宗實録》卷八八，第1759頁）

己巳，夜，月犯畢宿。（《明英宗實録》卷八八，第1761頁）

癸酉，夜，月犯鬼宿。（《明英宗實録》卷八八，第1763頁）

甲戌，夜，東方有星，大如雞彈，色赤有光，東南行至燭（廣本、抱本作“濁”）。（《明英宗實録》卷八八，第1763頁）

二月

乙未，山東濟南府蒲臺縣比歲旱澇，傷豆無收，民間所牧官馬，不能餧

飼，而縣倉多儲折糧黑豆，所司以聞。(《明英宗實録》卷八九，第1782～1783頁)

庚子，夜，有流星大如盃，色赤有光，出天鉤，東北行至閣道。(《明英宗實録》卷八九，第1787頁)

三月

壬午，昏刻，南方有星，大如雞彈，色赤有光，起東南，行至近濁。(《明英宗實録》卷九〇，第1822頁)

四月

甲午，鎮守陝西都督同知鄭銘奏："西安府所屬州縣，去年秋冬及今春不雨，鞏昌、平涼、臨洮、鳳翔、慶陽、延安等府今春亦不雨，田苗枯槁，人民乏食，已分委布按二司官設法賑濟，謹具以聞。"(《明英宗實録》卷九一，第1831頁)

丙申，夜，有流星大如雞彈，色青白，尾跡有光，出七公，北行至文昌，後一小星随之。(《明英宗實録》卷九一，第1832頁)

戊戌，日生背氣一道，色青赤。夜，月生五色雲，暈色鮮明。(《明英宗實録》卷九一，第1833頁)

己酉，河南布政司奏："開封等府所屬州縣蝗蝻生發，傷害苗稼。"(《明英宗實録》卷九一，第1837頁)

山東旱蝗，復免被災税糧。(民國《萊陽縣志》卷首《大事記》)

旱蝗。(民國《增修膠志》卷五三《祥異》)

蝗。(嘉慶《昌樂縣志》卷一《總紀》)

山東旱蝗，免被災税糧。(宣統《山東通志》卷一〇《通紀》)

五月

戊辰，順天府并直隸廣平、大名、鳳陽三府，河南開封、懷慶、河南三府所屬州縣各奏蝗蝻生發。上曰："民以稼穡為生，今蝗蝻為災，民將何

依？爾户部速移文，督責有司，捕燎（疑當作‘滅’）盡絶。”（《明英宗實録》卷九二，第1859～1860頁）

乙亥，月食。（《明英宗實録》卷九二，第1865頁）

辛巳，山西平陽府奏：“所屬州縣春夏不雨，麥苗枯槁，人民缺食。”（《明英宗實録》卷九二，第1869頁）

己丑，夜昏刻，火星犯右執法。（《明英宗實録》卷九二，第1873頁）

順天、廣平、大名、河間、鳳陽、開封、懷慶、河南蝗。（《明史·五行志》，第437～438頁）

濟南、青、萊、淮、鳳、徐州五月至六月霪雨傷稼。（光緒《盱眙縣志稿》卷一四《祥祲》；《明史·五行志》，第473頁）

南畿、浙江、湖廣、江西府州縣衛二十餘，大旱。（《明史·五行志》，第482頁）

蝗。（乾隆《洛陽縣志》卷一〇《祥異》；道光《河内縣志》卷一一《祥異》；光緒《鳳陽縣志》卷四下《祥異》；民國《項城縣志》卷三一《祥異》；民國《大名縣志》卷二六《祥異》）

至六月，霪雨傷稼，免被災者田糧。（光緒《臨朐縣志》卷一〇《大事表》）

至六月，霪雨傷稼。（嘉慶《五河縣志》卷一一《紀事》；光緒《五河縣志》卷一九《祥異》；民國《牟平縣志》卷一〇《通紀》）

徐州五月至六月，霪雨傷稼。（同治《徐州府志》卷五下《祥異》；民國《銅山縣志》卷四《紀事表》）

淮、鳳、徐等州，五月至六月霪雨傷稼。（咸豐《邳州志》卷六《民賦下》）

至六月，濟南、青、萊霪雨害稼。（民國《山東通志》卷一〇《通紀》）

六月

辛卯，日下承氣一道，色青亦（廣本、抱本作“赤”）鮮明。（《明英宗實録》卷九三，第1877頁）

癸巳，昏刻，南方有星，大如雞彈，色赤有光，起心宿，西行至濁。（《明英宗實録》卷九三，第1877頁）

甲午，夜，有（抱本“有”下有“流”字）星大如杯，色青白，光明，出天市西垣外，入右攝提。（《明英宗實録》卷九三，第1877～1878頁）

甲辰，户部言：“先因徐州小麥無收，已奏准聽折布。今直隸淮安、鳳陽、廣平三府所屬沭陽、臨淮、永年等縣亦奏風霧傷麥，恐各府災傷如此者多，宜從民便，願折布者如例折布，願折鈔者每石折鈔一百貫，俱解京交納。”從之。（《明英宗實録》卷九三，第1881頁）

遇亢旱。（嘉靖《湖廣圖經志書》卷五《德安府文類》）

七月

己未朔，山東濟南府、青州、萊州三府各奏五月、六月淫雨傷稼；直隸松江、楊〔揚〕州，江西南昌、吉安、袁州諸府，湖廣辰州府各奏久旱不雨；陝西西安府同州奏蝗蟲傷稼；淮安府、鳳陽府、徐州各奏四月以後，陰雨冷霧，禾穗不實。（《明英宗實録》卷九四，第1889頁）

庚申，勅諭寧夏總兵官都督史昭、叅將都督僉事丁信、叅贊軍務右僉都御史金濂曰：“得爾濂奏，今年四月以來，寧夏緣山地屢震。五月間，風雷擊玉泉、營門。此皆上天示戒。爾等皆朝廷重臣，受朕一方之寄，災異之來，必有其由，或平白（廣本、抱本作‘日’）貪圖無厭，倚勢掊尅，或顛倒是非，縱惡欺善，或横役軍士，營幹家私，或不公不法，相為黨蔽，有一於此，必致下人嗟怨，召（廣本作‘招’）此災異。敕至，爾等即互相勸戒，省躬改過，及詢察軍民利病，思為處置，務使各得其所，庶幾上弭天災，副朕委任，仍須戒飭守邊官軍，嚴切（廣本作‘加’）兵備，以防不虞。”（《明英宗實録》卷九四，第1889～1890頁）

癸亥，久雨，水決武清縣筐兒港、漷縣中馬頭、小蒙村河西務上（抱本作“工”）馬頭、隄岸共二十二處，詔修。其易為功者、其功力繁多者，計費以聞。（《明英宗實録》卷九四，第1891頁）

己卯，巡撫河南、山西大理寺左（廣本作“右”）少卿于謙奏：“河南水旱，蝗蟲相仍，該徵租税，乞暫停止。山西夏麥薄收，該輸邊餉，乞布麥兼收。”事下户部言：“夏麥雖云薄收，烁禾尚有可望，請河南折收布貨，山西全徵米麥。”上曰：“國以養民為本，宜從謙言，俟秋成，仍具豐凶以聞。”（《明英宗實録》卷九四，第1899頁）

庚辰，夜，月犯畢宿。（《明英宗實録》卷九四，第1900頁）

癸未，命山東所屬府州縣該徵夏麥，俱折收布鈔，以自春至夏不雨故也。（《明英宗實録》卷九四，第1902頁）

甲申，夜，有流星大如雞彈，色青白，尾跡有光，起天棓，行至貫索。（《明英宗實録》卷九四，第1902頁）

十七日，颶風拔苗。巡撫侍郎周忱預奏存留崑山縣糧米五六萬石賑之。（光緒《崑新兩縣續修合志》卷五一《祥異》）

十七日，大風潮，圩岸俱坍。（乾隆《震澤縣志》卷二七《災祥》）

吴中大水，繼以七月十七日颶風。（乾隆《吴江縣志》卷四一《治水》）

大水，七月十七日，颶風大作，圩岸俱圮。（光緒《嘉善縣志》卷三四《祥眚》）

吴中大水，繼以七月十七日颶風。時巡撫侍郎周忱預奏量留官糧，府一十二萬石，縣亦五六萬石賑濟。（乾隆《吴江縣志》卷四一《治水》）

八月

乙巳，夜，月生暈，木星在暈内。（《明英宗實録》卷九五，第1913～1914頁）

丙午，陝西寧夏久雨水泛，壞屯堡、倉房、墩臺甚衆，詔有司修築之。（《明英宗實録》卷九五，第1915頁）

天雨雹，雹大如雞卵，鳥巢、屋瓦皆碎，人亦中傷。後復大旱，人多饑死。（同治《江山縣志》卷一二《祥異》）

九月

戊午朔，昏刻，金星與火星相犯在氐宿。（《明英宗實録》卷九六，第

1923 頁）

壬戌，直隸松江、池州、楊〔揚〕州、淮安，湖廣武昌、黄州、岳州、常德、衡州、荆州等府，浙江會稽、臨海、天台等縣各奏：“五、六月間大旱傷稼；直隸武平衛奏六月河水衝溢，山東掖縣并濟南衛奏久雨傷稼，俱請免其租税。”（《明英宗實録》卷九六，第 1924 頁）

丁丑，户部奏：“山東海滄場鹽課局言今年七月大雨，海溢郭家等五厫，鹽課衝塌，消散無存，請令山東布政司并鹽運司委官覈實。”從之。（《明英宗實録》卷九六，第 1932 頁）

應天旱蝗。（光緒《金陵通紀》卷一〇上）

十月

丁未，夜，北方有星大如雞彈，色赤有光，起中台，東北行至濁。（《明英宗實録》卷九七，第 1955 頁）

辛亥，夜，有二流星，俱大如雞彈，色青白。一出文昌，西北行至近濁；一出上台，東行至近濁。（《明英宗實録》卷九七，第 1955 頁）

癸丑，山東靈山、萊州二衛各言：“城邊海洋，今夏久雨，浸頽數多，欲修完之，工力不敷，乞分命附近有司協助。”從之。（《明英宗實録》卷九七，第 1955 頁）

丙辰，夜，四鼓，天鳴有聲，如風水相薄，自東南至西南漸息。（《明英宗實録》卷九七，第 1958 頁）

湖水竭。（萬曆《錢塘縣志・灾祥》）

十一月

丁巳朔，夜，五鼓，西南天鳴有聲，如風水相薄。（《明英宗實録》卷九八，第 1963 頁）

戊午，夜，西北天鳴有聲，如瀉水。五鼓，有流星大如鷄彈，色赤有光，出翼宿，入土司空，尾跡炸散。（《明英宗實録》卷九八，第 1964 頁）

己未，夜，東南（廣本作“北”）方天鳴有聲，如瀉水。（《明英宗實

録》卷九八，第 1964 頁）

辛酉，直隸揚州府泰州奏："今年四月至七月不雨，繼又大風驟雨，晝夜不息，晚田俱被渰没，乞命所司覆視。"從之。（《明英宗實録》卷九八，第 1967 頁）

辛酉，旦，西北方天鳴有聲，如風水相薄。夜，有流星大如杯，色青白，有光，出天苑，東南行至天園〔囷〕。（《明英宗實録》卷九八，第 1967 頁）

壬申，夜，月食在井。（《明英宗實録》卷九八，第 1975 頁）

庚辰，浙江金華府，湖廣茶陵、九谿衛，直隸六安衛各奏："今年四月至七月不雨，禾稼旱傷。"（《明英宗實録》卷九八，第 1977 頁）

十二月

甲午，是日，曉刻，霜附木（抱本"附木"作"霧"）濃厚，至巳乃消，明日復然。（《明英宗實録》卷九九，第 1980 頁）

己亥，夜，月犯井宿。（《明英宗實録》卷九九，第 1991 頁）

辛丑，夜，月生暈，隨生白虹貫之。（《明英宗實録》卷九九，第 1991 頁）

丁未，夜，有流星大如鷄彈，色青白，有光，出大陵，南行至六諸王。（《明英宗實録》卷九九，第 2000 頁）

是年

春，南畿恒雨。（光緒《金陵通紀》卷一〇上）

暮春之季，平涼府同知安本行部，至彼時旱三月矣。（嘉靖《固原州志》卷二《碑記》）

夏，南畿大旱。（光緒《金陵通紀》卷一〇上）

夏，大水。（光緒《崑新兩縣續修合志》卷五一《祥異》）

河水淹没民田無算。（民國《林縣志》卷一六《大事表》）

湖海湧漲，平地水高數尺。（乾隆《震澤縣志》卷二七《災祥》）

大水。（康熙《嘉興府志》卷二《祥異》；光緒《嘉善縣志》卷三四

《祥眚》）

浙江大旱。（乾隆《杭州府志》卷五六《祥異》；同治《湖州府志》卷四四《祥異》）

旱。（乾隆《玉屏縣志》卷一《祥異》；同治《漢川縣志》卷一四《祥祲》；光緒《歸安縣志》卷二七《祥異》）

秋，海溢。（光緒《餘姚縣志》卷七《祥異》）

秋，餘姚海溢。（萬曆《紹興府志》卷一三《災祥》）

南畿大旱。（同治《上江兩縣志》卷二下《大事下》；民國《首都志》卷一六《大事表》）

夏，旱，蝗。（道光《定遠縣志》卷二《祥異》）

順天、河間大蝗，野無青草。（光緒《東光縣志》卷一一《祥異》）

蝗。（乾隆《三河縣志》卷七《風物》；光緒《永年縣志》卷一九《祥異》；民國《順義縣志》卷一六《雜事記》）

連歲蝗。（光緒《吴橋縣志》卷一〇《雜記》）

歲大旱，縣令郭元遣行屬往濟源致禱，霖雨隨降，累歲大熟。（雍正《山西通志》卷五七《古跡》）

歲在壬戌，亢陽久旱。三月既望，萬里無雲，長天一色。（禱雨）甲寅連雨，乙卯又雨，沾濡潤澤，禾、麻、菽、麥將枯而復蘇，梧、槓、槭、棘將槁而復茂。（咸豐《澄城縣志》卷二三《藝文》）

霪雨傷稼。（乾隆《高密縣志》卷一〇《紀事》）

大水、颶風壞隄岸。（隆慶《長洲縣志》卷二《水利》）

海風潮傷禾，命官田准民田起科，仍減額有差。（嘉慶《直隸太倉州志》卷五八《祥異》）

湖海湧漲，平地水高數尺。七月十七日，大風潮，圩岸俱坍。巡撫侍郎周忱預奏留官粮十七萬賑濟，吴江居其四。（乾隆《吴江縣志》卷四〇《災變》）

是年大旱，明年暴水。魏村沿河上下四十餘里蓄洩有備。（光緒《武陽志餘》卷二《橋閘》）

興化等縣水旱。（萬曆《揚州府志》卷二二《異考》）

水。（嘉慶《東臺縣志》卷七《祥異》）

大水，太湖溢。七月大風，無秋。（光緒《烏程縣志》卷二七《祥異》）

南嶽新廟成，高不及舊五丈，忽風雷交作，白晝晦暝，至霽，廟去柱基半里。（嘉靖《衡州府志》卷七《祥異》）

七年、九年、十年、十四年，大水。（萬曆《興化縣新志》卷一〇《外紀》）

正統八年（癸亥，一四四三）

正月

丁卯，巡撫遼東副都御史李濬奏："去歲遼東地方俱被水災，官軍用度艱難。廣寧等衛官軍臣嘗奏，蒙添支本色俸糧，其定遼左等衛官（廣本、抱本'官'下有'軍'字），乞照例添支。"從之。（《明英宗實録》卷一〇〇，第2015頁）

丁卯，夜，有流星大如雞彈，色青白，有光，出張宿，東南行至游氣。（《明英宗實録》卷一〇〇，第2015頁）

乙酉，夜，有流星大如雞彈，色赤有光，出鈎陳，西北行至天鈎，後二小星隨之。（《明英宗實録》卷一〇〇，第2030頁）

二月

庚子，夜，有星（廣本"有"下有"流"字，"星"下有"大"字）如雞彈，色赤有光，出鈎陳，東（廣本無"東"字）北行至紫微東藩。（《明英宗實録》卷一〇一，第2042頁）

癸卯，免直隸廣平府所屬旱傷田地夏税一千三百七石有奇。（《明英宗實録》卷一〇一，第2043頁）

辛亥，曉刻，有流星大如盃，色青白，光明燭地，出北斗杓，東北行至

閣道，有五小星隨之。(《明英宗實録》卷一〇一，第 2047 頁)

三月

戊午，山東高苑、博興、齊東三縣俱奏：“連年大水，浸淫低窪之處，水未疏洩。今年二、三月，天復陰雨，二麥不能布種，夏税無徵。”(《明英宗實録》卷一〇二，第 2053 頁)

庚申，夜，月犯土星。(《明英宗實録》卷一〇二，第 2055 頁)

戊寅，夜，有流星大如雞彈，色青白，尾跡有光，出上台，東南行至庫樓，後五小星隨之。(《明英宗實録》卷一〇二，第 2068 ~ 2069 頁)

己卯，昏刻，東方有流星大如杯，色青白，光明（廣本無“明”字）燭地，出貫索，東行至雲中（廣本“雲中”作“濁”），後有二小星隨之。(《明英宗實録》卷一〇二，第 2069 頁)

大雨雹，有大如雞卵者。(光緒《長治縣志》卷八《大事記》)

台州大霜如雪，殺草木，蠶無食葉。(康熙《浙江通志》卷二《祥異附》)

穀雨，隕霜如雪，殺草木，蚕無食葉。(康熙《天台縣志》卷一五《災祥》)

隕霜如雪，殺草木，蠶無葉，自四月雨至於八月，麥腐，禾苗不長。(民國《台州府志》卷一三四《大事略》)

四月

辛丑，漕運總兵官都督武興奏：“南京水軍左等衛官軍兑運糧七千二百六十餘石，皆因風浪碎舟，漂流無存。請將原定京倉糧扣數改於通州輸納，存省耗費腳錢，陪補漂流糧數。”從之。(《明英宗實録》卷一〇三，第 2086 頁)

甲辰，巡按江西監察御史李匡奏：“江西十一府五十六縣三衛九千户所田畝旱傷，請應徵秋糧，子粒薄收者折納銀兩，無收者蠲免。”(《明英宗實録》卷一〇三，第 2088 頁)

庚戌，夜，有流星大如杯，色青白，有光燭地，出天市，東南行至箕宿。(《明英宗實録》卷一〇三，第 2091 頁)

月初，臨濟以南天氣亢旱，田禾枯槁，河道淺澀，漕艦難行……沿河郡邑禱求雨澤，卜於五月十二日，濟上設壇躬懇祈，遣州衛官經行廟前龍井，投詞取水。次日果獲大雨，秋成有望，漕運亦得通行。（乾隆《嘉祥縣志》卷四《藝文》）

至八月，連雨水溢，麥禾無收。（康熙《天台縣志》卷一五《災祥》）

（台州）至八月連雨，麥腐。（雍正《浙江通志》卷一〇九《祥異》）

五月

乙卯朔，順天府霸州文安縣奏春夏不雨；直隷保定府清苑縣奏四月雨雹傷稼。（《明英宗實録》卷一〇四，第2098~2099頁）

戊寅，雷震奉先殿鴟吻。（《明史・英宗紀》，第133頁）

旱蝗。（康熙《通州志》卷一一《災異》）

六月

己亥，生背氣一道，色青赤，隨生右珥，色黄赤，俱鮮明。（《明英宗實録》卷一〇五，第2138頁）

壬寅，直隷淮安府邳、海二州奏五月以來，連陰霧雨，夏麥盡傷。徐州奏數月不雨。山東濟南府鄒平縣奏飛蝗驟盛。（《明英宗實録》卷一〇五，第2140頁）

壬寅，日生右珥，色赤黄。（《明英宗實録》卷一〇五，第2140頁）

戊申，勑諭朝鮮國王李祹曰："近浙江都司海門衛擒獲倭寇七名解京，審係爾國臘州官莫連公木判官下部屬，駕船下海捕魚，遇大風雨，漂至海門桃渚千户所長跳沙灣地方，被官軍連船擒獲。所言如，但慮各人飾詞脱免。然風濤之患，理或有之，已令所司日給糗糧，羈候勑至，王即查勘是否國中之人，明白奏來區處。"（《明英宗實録》卷一〇五，第2143頁）

己酉，日生承氣一道，色青赤。（《明英宗實録》卷一〇五，第2143頁）

渾河水溢，決固安縣賈家口、張家口等隄，詔鄰近州縣協力修築。（咸豐《固安縣志》卷一《輿地》）

七月

甲寅，夜，北方有星大如雞彈，色赤有光，出八穀，北行至近濁，後三小星隨之。（《明英宗實録》卷一〇六，第2147～2148頁）

辛酉，漕運右叅將都指揮湯節奏：“浙江紹興、台州二衛漕船被風浪損壞，漂流糧米一千六百一十五石，乞將原定京倉粮數改撥通州倉交納，撙出脚錢陪補漂流之數。”從之。（《明英宗實録》卷一〇六，第2152頁）

甲子，久雨，黄河、汴水泛溢，壞隄堰甚多，詔随宜浚築之。（《明英宗實録》卷一〇六，第2153頁）

乙丑，直隷淮安府海州奏：“自去秋至今春不雨，二麥少種，夏初又被風霧，損枯子粒，乞將税糧折鈔。”事下户部，請令每石折鈔百貫，解京庫備用。從之。（《明英宗實録》卷一〇六，第2154頁）

辛未，雷震南京西角門西角樓獸吻。（《明英宗實録》卷一〇六，第2156頁）

辛未，大同官軍巡警至沙溝，風雪驟至，裂膚斷指者二百餘人。上聞之，命人給毛襖一件。（《明英宗實録》卷一〇六，第2156頁）

乙亥，山東水利場鹽課司奏：“竈户因蝗旱災傷，賦役煩重，挈家逃移，鹽課乞為開豁，見在竈户乞優免差徭。”上謂户部臣曰：“優免竈户，祖宗令典，有司奈何不行。其已逃竄者，逋負額課，悉為停徵，見在者，不許泛差。”（《明英宗實録》卷一〇六，第2157～2158頁）

辛未，雷震南京西角門樓獸吻。（同治《上江兩縣志》卷二下《大事下》；光緒《金陵通紀》卷一〇上；民國《首都志》卷一六《大事表》）

海溢。（民國《餘姚六倉志》卷一九《災異》）

八月

庚寅，免山東濟南府鄒平、蒲臺、商河三縣積水田地夏税三千六百餘

石，秋糧四百六十石，草七百二十餘束。(《明英宗實録》卷一〇七，第2168頁)

辛丑，夜，火星犯鬼宿，積屍氣星。(《明英宗實録》卷一〇七，第2175頁)

己酉，是月，台州大雨水。(《國榷》卷二五，第1653頁)

二十日，大風潮，田禾悉漂没。（乾隆《吴江縣志》卷四〇《災變》；乾隆《震澤縣志》卷二七《災祥》）

大風雨害稼。(康熙《嘉興府志》卷二《祥異》；光緒《嘉興府志》卷三五《祥異》)

大風潮，田禾悉漂没。(同治《湖州府志》卷四四《祥異》；光緒《烏程縣志》卷二七《祥異》)

又大風雨，水溢，六種無收。是月，郡大水。(民國《台州府志》卷一三四《大事略》)

九月

壬子朔，夜，有流（廣本無“流”字）星大如碗（廣本作“杯”），色赤光明，出華蓋，北行至紫微（抱本作“薇”）西蕃外，尾跡炸散，後二小星隨之。(《明英宗實録》卷一〇八，第2182頁)

癸亥，夜，有流星大如雞彈，色赤有光，出參宿，東行入游氣。(《明英宗實録》卷一〇八，第2188頁)

己巳，夜，月犯畢宿。(《明英宗實録》卷一〇八，第2191頁)

丙子，户部言：“山東登州府所屬莱陽、文登、棲霞三縣各奏今年夏秋不雨，禾稼無收，乞除税粮。”(《明英宗實録》卷一〇八，第2194頁)

己卯，夜，有流星大如雞彈，色赤有光，出北斗魁，西行至鈎陳。(《明英宗實録》卷一〇八，第2196～2197頁)

十月

辛卯，昏刻，天中黑氣一道，南北亘天，東南行，良久方散。(《明英

宗實録》卷一〇九，第 2204 頁）

乙未，夜，有星大如鷄彈，赤色，有光，出五帝座，東北行至紫薇藩外。（《明英宗實録》卷一〇九，第 2205 頁）

庚子，昏刻，南方有星，大如雞彈，色赤有光，起東（抱本作“西”）南雲中，發光大如碗，尾跡炸散，南行至雲中没。（《明英宗實録》卷一〇九，第 2210 ~ 2211 頁）

癸卯，夜，月掩軒轅南第五星。（《明英宗實録》卷一〇九，第 2211 頁）

甲辰，浙江寧海衛澉浦、乍浦二十户所城邊臨海口，久雨傾頽，户部侍郎焦宏以聞，命修完之。（《明英宗實録》卷一〇九，第 2211 頁）

十一月

壬子朔，直隸保定府新安縣民百餘人俱奏：“今年水旱相仍，田無收穫，所負官馬，乞寬期買補。”從之。（《明英宗實録》卷一一〇，第 2215 頁）

甲寅，鎮守陝西都督同知鄭銘等奏：“新置鎮虜衛軍士開荒屯種田地，今年收成者夏秋税糧以十分為率，乞減徵二分，其餘旱鼠災傷無收者，乞全免徵。”（《明英宗實録》卷一一〇，第 2216 頁）

甲寅，浙江黄巖、樂清二縣奏：“秋多雨水，禾稼渰傷人畜，漂流無算。”上命户部覆視以聞。（《明英宗實録》卷一一〇，第 2216 頁）

乙丑，直隸揚州府興化縣奏：“本縣十年之内，八年旱澇災傷，歲額段匹等物尚不能完，而况追徵其逋負者，民實不堪。”事下廵按御史覈實，工部請更待豐饒之歲，如數漸補，從之。（《明英宗實録》卷一一〇，第 2219 頁）

丙寅，夜，月掩木星。（《明英宗實録》卷一一〇，第 2220 頁）

戊辰，夜，東南方生蒼白雲一道，闊餘二尺，東西亘天。（《明英宗實録》卷一一〇，第 2222 頁）

庚午，夜，土星犯井宿。（《明英宗實録》卷一一〇，第 2223 頁）

庚辰，免直隸安慶府所屬旱災糧八萬五千七百餘石，草一十四萬四千四百餘束。（《明英宗實録》卷一一〇，第 2227 頁）

十二月

壬午，土星犯井宿。（《明英宗實録》卷一一一，第 2229 頁）

乙酉，日生左右珥，色黄赤鮮明。（《明英宗實録》卷一一一，第 2230 頁）

癸巳，巡按直隸監察御史孫鼎奏："直隸通州旱災糧三千四百六十九石，草八千六百九十九包，無從徵收。"（《明英宗實録》卷一一一，第 2235 頁）

是年

夏，諸暨淫雨害稼。（萬曆《紹興府志》卷一三《災祥》）

夏，南畿蝗。秋，應天饑。（光緒《金陵通紀》卷一〇上）

夏，旱。秋，澇。（嘉慶《溧陽縣志》卷一六《雜類》）

夏，旱。秋，大水。（弘治《重修無錫縣志》卷二七《祥異》；光緒《無錫金匱縣志》卷三一《祥異》）

夏，旱。秋，大水，免租一萬六千九百六十九石。（光緒《江陰縣志》卷八《祥異》）

常州夏，旱。秋，大水。（成化《重修毗陵志》卷三二《祥異》）

峽江大水。（同治《宜昌府志》卷一《祥異》；同治《續修東湖縣志》卷二《天文》）

邳州陰霧彌月，夏麥多損。（同治《徐州府志》卷五下《祥異》）

大風雨傷稼，承天能仁寺災。（崇禎《吴縣志》卷一一《祥異》）

大風雨害稼。（光緒《嘉善縣志》卷三四《祥眚》）

大水。（康熙《臨海縣志》卷一一《災變》；嘉靖《巴陵縣志》卷二九《事纪》）

夏秋霖雨為災。（崇禎《寧海縣志》卷一二《災祲》）

淫雨害稼，饑。（光緒《綏德直隸州志》卷三《祥異》）

廣平府各屬旱，蝗。（民國《永年縣志料・故事》）

旱。（道光《濟甯直隸州志》卷一《五行》；咸豐《金鄉縣志略》卷一

〇下《事紀》）

大水，城不浸者數版，漂没室廬人畜不可勝記。（嘉靖《臨海志》卷三《災變》）

大雹。（康熙《浙江通志》卷二《祥異附》）

河决滎陽東南，自亳入渦，至懷遠入淮。（萬曆《帝鄉紀略》卷六《災患》）

水，民饑。户部行文，令義民出粟賑濟者，冠帶榮身。（康熙《南海縣志》卷三《災祥》）

秋，鳳陽蝗。（乾隆《壽州志》卷一一《災祥》）

秋，淫雨害稼，飢。（乾隆《綏德州直隸州志》卷一《歲徵》）

辛丑、癸卯兩冬大雪，積幾盈丈，（文廟）閣復損。（道光《增補廣德州志》卷一《關津》）

夏，南畿蝗。秋，應天饑。（同治《上江兩縣志》卷二下《大事下》；民國《首都志》卷一六《大事表》）

水入城市。（光緒《蘭谿縣志》卷八《祥異》）

大水入□市。（康熙《金華縣志》卷三《祥異》）

大水入城市。（萬曆《金華府志》卷二五《祥異》）

夏，旱。秋，大潮，詔免田租。（嘉靖《靖江縣志》卷四《編年》）

正統九年（甲子，一四四四）

正月

辛亥朔，雷電大雨。（《明英宗實録》卷一一二，第2247頁）

辛亥朔，夜，有流（抱本無“流”字）星大如杯，色青白，尾跡有光，出霹靂，西行至近濁。（《明英宗實録》卷一一二，第2247頁）

丙寅，湖廣宜城縣知縣廖仕奏：“本縣柳林等套河泊所領潭套，或湮塞，或衝决，而課徵仍舊，民實貧困，請罷其徵，革其官吏。”從之。（《明

英宗實録》卷一一二，第2253頁）

己卯，户部尚書王佐言："去歲南北直隸府州縣俱蝗，恐今春復生，宜委在京堂上官前去廵視，提督軍民官司尋掘蝗種，務令盡絶，遇有生發，随即捕滅。"上允所請。（《明英宗實録》卷一一二，第2263～2264頁）

二月

辛巳朔，夜，有流星大如雞彈，色青白，有光，出華蓋，北行至近濁。（《明英宗實録》卷一一三，第2267頁）

戊子，夜，月犯木星。（《明英宗實録》卷一一三，第2271頁）

三月

乙丑，以雨雪愆期，遣官祭天地、社稷、太歲、風雲、雷雨、嶽鎮、海瀆之神，其文曰："祁鎮嗣位以來，仰荷天眷，以安民為重，宵旰惓惓，惟民食是念。乃自去冬迄今春暮，雨雪愆期，麥苗將槁，穀種未布，為農之憂，此不德所致，懔乎兢惕，謹殫誠籲，乞賜霈澤，以潤羣生，以蘇民望。"（《明英宗實録》卷一一四，第2302～2303頁）

丁卯，刑科右給事中使臣奏："京畿内外，冬無雪，春不雨，農功艱甚，天道咎徵，未有不因人者。去秋，以刑部囚越獄，論决數多。今春，又以犯邊達賊及强盗諸囚論奏，夫罪苟至此，法固當誅。但刑戮太多，恐傷和氣，請見鞫重囚，俱俟秋後，庶幾可以去沴召和。"上從之，仍令情罪可疑者具聞請讞，執訴冤枉者皆與詳勘，務在刑當其罪，毋令濫及無辜。（《明英宗實録》卷一一四，第2304～2305頁）

乙亥，廣西柳州府知府曹衡奏："比年鎮守總兵等官，皆屯兵桂林府，去柳州府窵遠，蠻賊出没，卒難援救。每年九月至次年三月，天氣清和，宜於柳州府操備，四月至八月天氣炎瘴，回桂林府，駐劄為便。"上從之。（《明英宗實録》卷一一四，第2308頁）

四月

庚辰朔，上以雨澤愆期，遣太師英國公張輔等官遍告于寺觀、城隍及大小青龍之神，曰：“朕憂念民難，靡遑寧處，特遣祭告，尚祈神化昭彰，早降甘澍，以慰民望。”（《明英宗實録》卷一一五，第2313頁）

乙酉，江西道監察御史俞本等言三事：“一去冬少雪，今春不雨，禾麥枯槁，饑饉荐臻，寔由臣下不職所致。乞敕大臣各率其屬，咸加修省，不悛者許令言官指實糾劾，以憑黜罷，仍乞考覈天下貪酷官吏，庶幾感召天和……”上納其言。（《明英宗實録》卷一一五，第2315~2316頁）

丙戌，河南滎澤縣知縣李永安言：“汴河水溢，决隄壞田，舊有減水溝閘湮廢，請令旁近州縣協力修浚，遇水溢則分入黄河。”事下河南布政司覈實，許之。（《明英宗實録》卷一一五，第2317頁）

壬寅，日生暈，赤黄色，圍圓鮮明。（《明英宗實録》卷一一五，第2328頁）

己酉，夜，有星大如鷄彈，色青白，有光，出軒轅，西北行至雲中。（《明英宗實録》卷一一五，第2331頁）

以久旱遣翰林編修吕原祭西嶽。（光緒《華嶽志》卷七《紀事》）

大旱，遣使禱雨於北嶽。（光緒《曲陽縣志》卷五《大事記》）

大旱……禱雨北岳。（順治《渾源州志》附《恒岳志》卷上）

旱。（順治《真定縣志》卷四《祥異》）

以大旱禱雨。（康熙《登封縣志》卷三《嶽祀》）

五月

壬子，巡撫河南山西大理寺左少卿于謙奏：“河南山西今歲旱災，凡一應買辦及夏税屯糧，俱乞停免減，以寬民力。”既而，山東東昌等衛、北直隸真定等府亦各訴旱災。下户部議，宜令各司、府、縣該運在京大、小二麥及各邊折布者，仍舊運納，餘本色并折色，俱量（抱本作“盡”）數停減。從之。（《明英宗實録》卷一一六，第2334頁）

癸丑，免直隸淮安府所屬州縣旱傷夏麥五萬五千餘石。（《明英宗實録》卷一一六，第2335頁）

壬戌，初浙江湖州府烏程等五（廣本作“六”）縣俱被水患，有司遲於申報，其該徵粮草不得除豁，户部復移文促完。巡撫侍郎周忱言："如此，則民愈困矣，乞折徵銀。"從之。（《明英宗實録》卷一一六，第2340～2341頁）

癸亥，夜，月食。（《明英宗實録》卷一一六，第2343頁）

癸酉，詔停徵浙江杭州、嘉興、紹興、温州、台州五府屬縣被災秋糧十四萬五千五十餘石，馬草六百六十餘包，台州屯田糧一千六百六十石有奇，又以台州府并所屬永盈倉被水渰没，腐爛不堪，米麥十四萬六千九百餘石，給民糞田，每石折收鈔三貫，俱從户部奏請也。（《明英宗實録》卷一一六，第2351頁）

癸酉，夜，昏刻，火星犯左執法。（《明英宗實録》卷一一六，第2351頁）

丁丑，免直隸保定府、大名府和州所屬去年災傷糧二萬三百九十餘石，草二十七萬五千九百餘束。（《明英宗實録》卷一一六，第2356頁）

免淮屬州縣旱傷夏麥五萬五千餘石。（雍正《安東縣志》卷一六《恩卹》）

六月

庚辰，雷雨，大風拔樹。（《明英宗實録》卷一一七，第2358頁）

乙未，日生暈，色赤黄，承氣，色青赤，俱鮮明。（《明英宗實録》卷一一七，第2367頁）

丙申，浙江台州、松門、海門等處因去歲八月，風雨連日，山水海潮泛溢，壞城池、岸圩、官亭、民舍、樂器、祭器、軍器甚多。至是，命有司隨宜脩理之。（《明英宗實録》卷一一七，第2368頁）

浙西大水。（乾隆《杭州府志》卷五六《祥異》）

大水。（光緒《烏程縣志》卷二七《祥異》）

七月

己酉，給事中劉益奉香帛往禱雨于西海、河瀆，還奏："二廟隘陋，請起蒲州民夫，免其秋糧，或并免本州採柴炭夫，令修葺之。"上曰："天既

不雨，民方艱食，豈可復有興作，姑罷之。”（《明英宗實録》卷一一八，第2375～2376頁）

己未，夜，月掩（廣本作“犯”）南斗魁。（《明英宗實録》卷一一八，第2382頁）

庚午，昏刻，太微東垣，彗星光芒長一丈，漸長。至閏七月初二日，入角宿没。（《明英宗實録》卷一一八，第2390頁）

十七日，大風，拔木發屋，雨晝夜不息。（正德《松江府志》卷三二《祥異》）

十七日，大風雨，拔木發屋，海溢。（同治《上海縣志》卷三〇《祥異》；光緒《川沙廳志》卷一四《祥異》）

十七日，大風雨，拔木發屋，海漲，有全村決没者。（民國《南匯縣續志》卷二二《祥異》）

十七日，大風暴雨，晝夜不息，太湖水高一二丈，濱湖廬舍無存，諸山木盡拔，漁舟漂没。（同治《湖州府志》卷四四《祥異》；同治《長興縣志》卷九《災祥》）

十七日，狂風驟雨，晝夜不息，海水湧入平地丈餘，人畜漂溺，廬舍城垣俱頹敗。（乾隆《金山縣志》卷一八《祥異》）

十七日，烈風暴雨竟夕，拔木發屋，海潮大溢，壞民居一千餘所，溺死男婦一百六十七口，牛馬牲畜漂没無算。（康熙《崇明縣志》卷七《祲祥》）

十七日後，大風暴雨，晝夜不息，平地水高數尺，太湖水高一二丈，沿湖人畜廬舍四望無存，東西洞庭巨木盡拔，漁舟漂蕩不知所之。（崇禎《吴縣志》卷一一《祥異》）

十七日，大風潮，拔木偃禾，渰田摧屋，邊海溺死者不可勝計，惟吴江幸無死者。（乾隆《吴江縣志》卷四〇《災變》）

十七日，大風潮，拔木偃禾，渰田摧屋。（乾隆《震澤縣志》卷二七《災祥》）

十七日，大風拔木發屋，雨晝夜不息，湖海漲湧，平地水數尺，漂流人畜，壞屋廬無數，瀕海居民，有全村決没者。（光緒《重修華亭縣志》卷二

三《祥異》）

十七日，大風暴雨，晝夜不息，太湖水高一二丈，濱湖廬舍無存，諸山木盡拔，漁舟漂没。（光緒《烏程縣志》卷二七《祥異》）

癸亥，大風拔木，水驟溢。（光緒《無錫金匱縣志》卷三一《祥異》）

癸亥，大風拔木，驟雨溢漲。（弘治《重修無錫縣志》卷二七《祥異》）

揚子江沙洲潮水溢漲，高丈五六尺，溺男女千餘人。（光緒《丹徒縣志》卷五八《祥異》；《明史・五行志》，第448頁）

大風拔木發屋，雨晝夜不息，湖海溢水平地數尺，漂人畜，壞屋廬無算。（光緒《青浦縣志》卷二九《祥異》）

大風雨，太湖水高一二丈，沿湖人畜廬舍，四望無存，東西洞庭巨木盡拔。（民國《吴縣志》卷五五《祥異考》）

大風拔木發屋，雨晝夜不息，湖海漲涌，平地水數尺，漂流人畜，壞室廬無數。（乾隆《婁縣志》卷一五《祥異》）

應天大水。（光緒《金陵通紀》卷一〇上；民國《首都志》卷一六《大事表》）

宜興大風拔木，水溢，漂没千餘家。（成化《重修毗陵志》卷三二《祥異》）

開封、衛輝、懷慶三府河溢。（雍正《河南通志》卷一四《河防》）

山水瀑溢，漂壞廬舍千餘家，大風拔木。廵撫侍郎周忱以聞，詔免秋糧十分之四。（萬曆《宜興縣志》卷一〇《災祥》）

大水，河溢。冬，無雪。（民國《大名縣志》卷二六《祥異》）

閏七月

戊寅，順天、應天并直隷真定、保定、大名、廣平、順德、河間，山東濟南，河南開封、衛輝、懷慶，湖廣岳州，浙江嘉興、湖州、台州諸府亦各奏："江河泛溢，堤防衝决，渰没禾稼，租稅無徵。"（《明英宗實録》卷一一九，第2396頁）

己卯，守備獨石等處右將參（舊校改"將參"作"參將"，抱本"右"

作“左”）左都督楊洪奏：“近者山水泛溢，壞獨石、龍門、雲州、潮河等處城垣、墩臺、壕塹甚多，人少不能修理，乞借開平、龍門二衛屯種軍餘協助。”從之。（《明英宗實録》卷一一九，第2396頁）

辛巳，工部右侍郎王佑言：“臣奉勑與太監阮安往視水决河岸，自蒲溝兒至滎縣二十餘處，其要兒渡尤甚，乞發丁夫物料修築為便。”從之。（《明英宗實録》卷一一九，第2398頁）

甲申，南京守備等官奏：“七月十七日，大風雨雹，壇壝、陵廟樹木，宫殿、門廊、馬（疑‘馬’後脱字，或爲‘廄’字一类）戰舡、城内外大小衙門多被損壞，溺死軍民。”（《明英宗實録》卷一一九，第2399頁）

丙戌，宣府右（抱本作“左”）將參都督僉事朱謙奏：“緣邊野狐嶺等處久雨，壞葛峪等堡、青邊等口城墻、壕塹、壕臺甚多，乞借蔚州等衛所軍餘相兼修理。”永寧等處亦奏：“久雨壞城垣墩臺，且其地近在天壽山後，當治修。”（《明英宗實録》卷一一九，第2403頁）

丙申，巡按直隷監察御史叚（當作“段”）信奏：“江都縣揚子江、沙洲上民户不下數百餘，七月間中夜風雨大作，江潮泛漲，沙洲水高丈五六尺，溺男女千二十人，貲産田禾渰没無算。越三日，風息，水始縮。”上命御史、府（廣本作“州”）縣官出官錢葬溺死者，而給存者以食，渰沒田畝，悉蠲其税。（《明英宗實録》卷一一九，第2408~2409頁）

戊戌，工部言：“直隷保定府容城縣雨水泛溢，决杜村口隄七處，與車道口相連勢成，河道湍急，尤不易築，請委保定府佐貳官發附近丁夫脩築。”從之。（《明英宗實録》卷一一九，第2409頁）

戊戌，夜，月犯天街上星。（《明英宗實録》卷一一九，第2409頁）

庚子，工部言：“河南山水泛溢，灌衙河，没衛輝、開封、懷慶、彰德民舍，壞宣武衛、懷慶守禦千户所城。”上命所在随宜脩理，民失所者撫恤之。（《明英宗實録》卷一一九，第2410頁）

壬寅，雷震奉先殿鴟吻。（《明英宗實録》卷一一九，第2411頁）

癸卯，上以風雨過多，勑户部臣曰：“今歲南北直隷軍民，被水災者甚多，朕甚憫之。爾户部其令所司加意存恤，無重煩擾，有缺食者賑之，仍蠲

其租及歲辦物料。”（《明英宗實録》卷一一九，第2411頁）

永平大水傷稼，遣視。（民國《盧龍縣志》卷二三《史事》）

又大水，堤防衝決，淹没禾稼。（光緒《烏程縣志》卷二七《祥異》）

大水。（乾隆《平原縣志》卷九《災祥》；乾隆《歷城縣志》卷二《總紀》）

湖州水。（同治《湖州府志》卷四四《祥異》；同治《長興縣志》卷九《災祥》）

水，隄防衝決，渰没禾稼。（光緒《歸安縣志》卷二七《祥異》）

戊寅，大名府大水，河溢。冬無雪。（咸豐《大名府志》卷四《年紀》）

大水。冬，瘟疫大作，時台州、紹興、寧波俱瘟疫，及明年，死者三萬餘人。（民國《台州府志》卷一三四《大事略》）

十七日，風雨圮壞（府署）。（弘治《嘉興府志》卷二二《公署》）

濟南大水。（宣統《山東通志》卷一〇《通紀》）

八月

丁未朔，山西平陽府、湖廣荆州府并沔陽州各奏：“六月、七月不雨，禾稼枯槁，租税無徵。”（《明英宗實録》卷一二〇，第2417頁）

庚戌，鎮守陝西右都御史陳鎰奏：“陝西州縣，數月不雨，麥禾俱傷，民之弱者鬻男女，強者肆劫掠。臣發廩賑濟，官為贖還男女四千人，獲劫掠者千九百人，其未獲贖者尚多，乞今歲租税量蠲四分，其六分米布兼收。”從之，凡蠲米四十八萬六千石有奇。（《明英宗實録》卷一二〇，第2421頁）

辛酉，日生左珥，黄赤鮮明。（《明英宗實録》卷一二〇，第2426頁）

甲子，監察御史趙忠奏：“浙江蘇松雨水，經月不消。蘇松地下，西有太湖，東有吴松江、劉家港，北有楊城湖、白茅塘，皆引流注海。今不利泄水者，緣近水居民畏水，預築堤堰自禦，遂令水勢淤遏不泄，乞勑所司去民間私築堤堰。”命巡撫侍郎周忱按實處之。（《明英宗實録》卷一二〇，第2428頁）

丙寅，夜，有星大如杯，色赤，有光燭地，出危宿，東南行至羽林軍，後三小星隨之。（《明英宗實録》卷一二〇，第2429頁）

海溢。（民國《餘姚六倉志》卷一九《災異》）

九月

辛巳，罷修南京吏部、户部、禮部、詹事府。先是，以南京大風雨，勑守備豊城侯李賢等，事有不急可減省停止者以聞，賢等以是為言，故罷之。（《明英宗實録》卷一二一，第2435頁）

辛卯，免直隸鎮江府旱災糧七（抱本作“九”）萬九千八百二十餘石，草六萬八千二百六十餘包。（《明英宗實録》卷一二一，第2438頁）

辛卯，夜，有星大如杯，色青白，有光，出危宿，西行至游氣。（《明英宗實録》卷一二一，第2438～2439頁）

乙未，曉刻，月犯井宿。（《明英宗實録》卷一二一，第2439頁）

辛丑，陝西布政司奏：“往歲所屬官倉積糧數多，奏將甘寧等處官軍月糧增給。今所屬各府連遭亢旱，百姓徵納艱難，况官倉收積漸減於舊，乞加撙節，前所增給者已之為便。”從之。（《明英宗實録》卷一二一，第2440頁）

癸卯，直隸廣德州奏：“本年七月大雨，居民所種田禾俱淹没。”事下户部覆之。（《明英宗實録》卷一二一，第2441頁）

甲辰，南京工部奏請修理操江戰船四十餘艘為風雨所損壞者，從之。（《明英宗實録》卷一二一，第2442頁）

甲辰，夜，有流星大如杯，色赤有光，出奚仲，西北行至天紀，後二小星隨之。（《明英宗實録》卷一二一，第2442頁）

山水灌衛河，没懷慶民舍，懷〔壞〕衛所城。（道光《河内縣志》卷一一《祥異》）

十月

丙午朔，日食。（《明英宗實録》卷一二二，第2443頁）

丙午朔，夜五鼓，北方生黑氣一道，長約餘十丈，闊餘五尺，離地餘三尺（廣本“尺”作“丈”），徐徐北行，漸散。（《明英宗實録》卷一二二，第2443頁）

壬子，户部奏：“山東青州府荒旱，該徵秋糧起運遠倉者，已令殷實之家送納外，其存留本處糧，民願折納綿布，於沿海軍倉抵數。”上憫其饑荒，從之。（《明英宗實録》卷一二二，第2446頁）

辛酉，夜望，月當食不食。（《明英宗實録》卷一二二，第2449頁）

癸亥，夜，有流星大如杯，色青白，尾跡有光，出室宿，西北（抱本無“北”字）行至游氣。（《明英宗實録》卷一二二，第2450頁）

庚午，南京都察院右副都御史周銓言：“洪武間，命官於各布政司、府州縣相其地勢可積水處，即令開挑陂塘溉田，壅塞則疏通之，雨澇則放泄之，民蒙其利，盖有年矣。近來廢弛，臣巡視所至之地，見其禾稼不收，錢糧逋負，人民饑饉，乞勑該部申明疏修，以為久遠之利。”從之。（《明英宗實録》卷一二二，第2455頁）

癸酉，直隸真定府通判陳祥奏：“所屬旱傷，該徵存留糧草，辦納艱難，乞每糧一石折鈔一百貫，草一束折五貫，俱解京庫交收，庶蘇民困。”從之。（《明英宗實録》卷一二二，第2456頁）

祥符、原武等十一州縣河決，淹没民田無算。（乾隆《原武縣志》卷五《河防》）

十一月

庚辰，巡按山西監察御史夏誠奏：“平陽府所屬絳州等州縣今年春夏亢旱，子粒虚粃，人民缺食，除邊粮徵納外，其存留腹里糧芻及借貸預備倉粮，俱乞停徵，以甦民困。”（《明英宗實録》卷一二三，第2460頁）

癸巳，夜，有流星大如雞彈，色赤，尾跡有光，起自室宿，西南行至游氣。（《明英宗實録》卷一二三，第2464頁）

甲午，夜，月生五色雲暈。（《明英宗實録》卷一二三，第2464頁）

壬寅，巡按直隸監察御史李奎奏：“蘇、松、常、鎮四府今年七月大風拔木，洪水衝塌公私廬舍，居民溺死者千數，禾稼盡被渰没，糧草無從辦納。”上命户部覆視以聞。（《明英宗實録》卷一二三，第2467頁）

甲辰，直隸神武右衛奏：“七月大水，禾稼俱傷，秋糧子粒，無從辦納。”（《明英宗實録》卷一二三，第2468頁）

十二月

戊申，夜，有流星大如雞彈，色青白，有光，出北斗魁，東北行至近濁。（《明英宗實録》卷一二四，第2470頁）

癸丑，夜，有流星大如杯，色赤有光，出星宿，西南（廣本作“北”）行至游氣。（《明英宗實録》卷一二四，第2472頁）

壬戌，以甘肅大風晝晦，遣總兵官寧遠伯任禮致祭境内山川之神。（《明英宗實録》卷一二四，第2478頁）

甲戌，鎮守陝西右都御史陳鎰奏：“西安等府、華州等州、高陵等縣今年亢旱，人民缺食，流徙死亡，道路相繼，甚至將男女鬻賣以給日用。請移文陝西鎮守、巡按等官設法撫綏，驗口賑濟，如預備糧不敷，就於有糧官倉支給，仍於富室勸借救濟，凡鬻賣男女官為贖還。”從之。（《明英宗實録》卷一二四，第2489～2490頁）

大雪七晝夜，積一丈二尺。（光緒《南匯縣志》卷二二《祥異》；光緒《川沙廳志》卷一四《祥異》）

大雪七晝夜，積一丈二尺，民不能出入。（同治《上海縣志》卷三〇《祥異》）

大雪七晝夜，積高丈餘，民皆鑿雪開道以行。（光緒《青浦縣志》卷二九《祥異》）

大雪七晝夜，積高一丈二尺，民居不能出入，就雪中開道往來。（乾隆《婁縣志》卷一五《祥異》）

大雪七晝夜，積高一丈二尺，民居不能出入，皆就雪中開道往來，名曰雪際門。（乾隆《金山縣志》卷一八《祥異》）

大雪七晝夜，積高一丈二尺，居民不能出入，皆就雪中開道往來，郡城一望皆白，名曰雪際門。（乾隆《華亭縣志》卷一六《祥異》）

大雪七晝夜，積高一丈二尺，民居不能出入，皆就雪中開道往來，鄉城一望皆白，名曰雪際門。（崇禎《松江府志》卷四七《災異》）

是年

夏，旱，詔免田租。（民國《壽光縣志》卷一五《大事記》）

黄河决滎陽，逕陳州境，由項城入淮。弘治中北徙，故河遂涸。（民國《項城縣志》卷三一《祥異》）

江潮泛溢。（嘉慶《如皋縣志》卷二三《祥祲》）

江水泛溢。（乾隆《直隸通州志》卷二二《祥祲》；光緒《通州直隸州志》卷末《祥異》）

大水。（乾隆《諸城縣志》卷二《總紀上》；乾隆《曲阜縣志》卷二八《通編》）

嘉興、湖州、台州俱大水。嘉興、湖州江湖泛溢，隄防衝决，渰没禾稼。（光緒《嘉興府志》卷三五《祥異》）

大水，江湖泛溢，隄防衝决，淹没禾稼。（光緒《嘉善縣志》卷三四《祥眚》）

大水，堤防衝决，淹没禾稼。（光緒《桐鄉縣志》卷二〇《祥異》）

冬，無雪。（民國《順義縣志》卷一六《雜事記》）

夏，旱。（萬曆《安邱縣志》卷一下《總紀》；嘉慶《昌樂縣志》卷一《總紀》）

夏，旱，遣翰林侍讀習嘉言致祭祈雨。（民國《重修泰安縣志》卷六《歷代巡望》）

夏，旱，大饑。（嘉靖《随志》卷上；康熙《應山縣志》卷二《兵荒》）

濟南、東昌、兗州旱。（民國《臨清縣志·大事記》）

勅諭工部右侍郎周忱："近聞浙江嘉、湖等府，直隸蘇、松等府地方今秋多雨潦，水暴溢，渰没田稼，漂蕩民居，溺死人畜，葢因各處連年將舊通江海河港，乘乾旱之時，築塞為田耕種。及因連年沙漲，以致水不流通，人受其患。”（崇禎《松江府志》卷一六《水利》）

北畿七府及應天、濟南、岳州、嘉興、湖州、台州俱大水。河南山水灌衛河，没衛輝、開封、懷慶、彰德民舍，壞衛所城。（《明史·五行志》，第448頁）

野狐嶺等處霪雨，壞城及濠塹墩台。（《明史·五行志》，第473頁）

雲南、陝西乏食。（《明史·五行志》，第508頁）

水發，流大木。夏四月，大旱。（嘉靖《真定府志》卷九《事紀》）

久旱，禱雨，有御制祭告文。（嘉靖《陝西通志》卷三《山川》）

歲旱，井泉俱涸，汲者行六七里始得水，民甚病之。（康熙《盩厔縣志》卷一《水利》）

旱。（道光《濟甯直隸州志》卷一《五行》；咸豐《金鄉縣志略》卷一〇下《事紀》；民國《濰縣志稿》卷二《通紀》）

水災，無徵糧米共四十萬三千五百六十三石有奇。（康熙《江南通志》卷二三《蠲卹》）

江潮泛漲，漂溺江都等縣一千七百餘人。（萬曆《揚州府志》卷二二《異考》）

江潮漲溢，高丈五六尺，溺男女千餘人。（嘉慶《揚州府志》卷七〇《事略》）

江溢。（萬曆《泰興縣志》卷八《祥異》）

興化、泰興二縣復大水，傷稼。（萬曆《揚州府志》卷二二《異考》）

水。（嘉慶《東臺縣志》卷七《祥異》）

疫大作，亢旱無收。（民國《紹興縣志資料》第一輯《災祥》）

暴水，漂蕩（縣署）公牒。（道光《寧都直隸州志》卷三一《藝文》）

秋，大水没民舍。（乾隆《衛輝府志》卷四《祥異》）

冬，畿内外無雪。（《明史·五行志》，第459頁）

冬，陝西無雪。（乾隆《三原縣志》卷九《祥異》）

正統十年（乙丑，一四四五）

正月

癸未，月生暈，色蒼白，圍圓濃厚。（《明英宗實録》卷一二五，第2496頁）

丁亥，夜，有流星大如杯，色赤，有尾光，出天鈎，行至天津，後五小星随之。（《明英宗實録》卷一二五，第2497頁）

甲午，晨刻，有流星大如椀，色青白，光耀横天，西北行至游氣，尾跡炸散，後有小星随之。（《明英宗實録》卷一二五，2503頁）

二月

乙巳朔，夜，有流星大如杯，色青白，光明燭地，出天津，東行至敗瓜，後二小星随之。（《明英宗實録》卷一二六，第2511頁）

庚戌，以南京太廟、孝陵、社稷壇俱因去歲風雨，樹木折拔，泥飾剥落，門脊損壞，命工部等衙門擇日興工，栽補修理，遣官祭告。（《明英宗實録》卷一二六，第2513頁）

丁巳，免福建福州府永福縣水災并絶户粮米三千二百九十餘石，鈔四十四錠有奇。（《明英宗實録》卷一二六，第2519頁）

丁巳，京師地震。（《明英宗實録》卷一二六，第2519頁）

三月

丁丑，夜，土星犯天樽星。（《明英宗實録》卷一二七，第2529頁）

庚寅，西北方天鳴有聲，如鳥群飛。（《明英宗實録》卷一二七，第2540頁）

壬辰，山西洪洞縣奏："本縣普潤驛濱汾水東，以雨久，隄岸坍决，逼倉廒房宇，請移置，以遠其害。"從之。（《明英宗實録》卷一二七，第

2541 頁）

大風拔木。（光緒《德平縣志》卷一〇《祥異》）

久旱，民遭疾疫。（光緒《慈谿縣志》卷五五《祥異》）

大旱。時寧波、台州久旱，民遭疾疫，遣禮部王英祀南鎮，至日即雨，灌獻之夕，雨止；明日又雨，田野霑足。（民國《台州府志》卷一三四《大事略》）

寧波旱。七月，寧波疫。（同治《鄞縣志》卷六九《祥異》）

四月

戊辰，大雨雹。（《明英宗實録》卷一二八，第 2561 頁）

福建布政使司奏："四月多雨，水溢壞延平府衛城，没侯官、晉江、南安等處田禾民舍，人畜漂流無算，存者不能聊生。"（萬曆《閩書》卷一四八《祥異》）

五月

丁丑，直隸真定、河間二府俱奏："自去年九月至今年四月終亢旱，二麥槁死，夏税無徵。"（《明英宗實録》卷一二九，第 2567 頁）

甲申，河南開封府陽武縣蝗，巡撫少卿于謙已令有司設法捕除，具疏以聞。（《明英宗實録》卷一二九，第 2569 ~ 2570 頁）

丁亥，大同府所轄四州七縣，軍民艱苦，每年夏秋税粮遠運至西貓兒峪等處倉，近年，旱荒相繼，口食艱難，請暫將民粮就撥大同邊衛收納，以甦民困。（《明英宗實録》卷一二九，第 2571 ~ 2572 頁）

丁酉，夜，有流星二，大如栝，一色青白，尾跡有光，出紫微西藩，東北行至閣道；一色赤有光，出正東雲中，北行至游氣。（《明英宗實録》卷一二九，第 2576 頁）

壬寅，曉刻，北方有星大如盞，色青白，尾跡有光，起八穀，行至五車没。（《明英宗實録》卷一二九，第 2579 頁）

大水，壞城郭廬舍。（乾隆《晉江縣志》卷一五《祥異》）

六月

癸卯朔，以浙江台、寧、紹三府，陝西西安府各奏瘟疫故，遣賫香幣（廣本作“帛”）祈靈以庇民物也。（《明英宗實録》卷一三〇，第2581頁）

庚戌，日生右珥，色赤黄鮮明。（《明英宗實録》卷一三〇，第2583頁）

壬子，户部奏：“浙江台州府永盈倉先因洪水浸濕倉粮，其中米五萬二千三百四十餘石，頗可食用，若照例兼支，恐益陳腐。請移文浙江將附近台州、松門、海門、寧波、温州府衛所并合，属官吏俸粮，依資品全米給之，及將台州衛旗軍月粮，添作一石，其運粮官軍行粮，俱于内関支，候米盡絕，仍如舊例為便。”從之。（《明英宗實録》卷一三〇，第2585頁）

丁卯，濃霧四塞。（《明英宗實録》卷一三〇，第2595頁）

漢陽等府久雨，江水泛漲，没民廬田禾。（同治《漢川縣志》卷一四《祥祲》）

大水傷稼。（光緒《開州志》卷一《祥異》）

七月

戊寅，直隸太倉衛運粮指揮曹勝奏：“兑運蘇州府崑山縣秋粮四萬三千餘石，遭風破舡，漂流粮米六百六十八石，乞将該運京倉米内摘撥通州交納，撙出脚錢，補納漂流之數。”從之。（《明英宗實録》卷一三一，第2602頁）

戊寅，直隸保定、真定等府，清苑等縣，山東兖州府濟寧州、曹縣等縣各奏蝗蝻間發。（《明英宗實録》卷一三一，第2602頁）

辛巳，免直隸鎮江、廣平、保定、大名四府所屬州縣，水災粮七萬六千五十餘石，草九十三萬八百四十餘束。（《明英宗實録》卷一三〇，第2604頁）

庚寅，築真定衛護城隄。城舊去滹沱河二里，近以河水屢溢，去城不過四十步，其護城隄，皆已衝决，故築之。（《明英宗實録》卷一三一，第2609頁）

壬辰，廵撫河南山西大理寺左少卿于謙（廣本“謙”下有“等”字）

奏：“山西平陽府并潞州、汾州、沁州所屬地方，自夏至秋，亢陽不雨，田禾悉未耕種，收成難望，粮草無從辦納。乞将今年該徵布花減免二分，秋粮本色折色，亦合減免三分，以紓民力。”從之。（《明英宗實録》卷一三一，第2611～2612頁）

庚子，久雨，壞延安衛護城河隄，有司請修築，從之。（《明英宗實録》卷一三一，第2614頁）

延安衛大水，壞護城河堤。（《明史・五行志》，第449頁）

八月

壬寅朔，夜，有流星大如盃，色青，出天津，北行至女牀，後二小星随之。（《明英宗實録》卷一三二，第2619頁）

丙午，夜，月犯房宿。（《明英宗實録》卷一三二，第2621頁）

壬子，山西按察司副使冦深奏三事：一潞州襄垣縣等處，今歲春夏不雨，民甚饑窘，邊粮無所從出。（《明英宗實録》卷一三二，第2623頁）

癸丑，免湖廣武昌、襄陽、岳州、常德、長沙、辰州、荆州諸府所屬州縣旱傷粮二十八萬八千四十餘石。（《明英宗實録》卷一三二，第2624頁）

丙辰，廵撫直隷工部左侍郎周忱奏：“南直隷并浙江蘇、松、嘉、湖等十四府州正統九年水災無徵粮米共四十九萬三千五百六十三石有奇。”（《明英宗實録》卷一三二，第2627頁）

丁巳，福建布政司奏：“四月多雨，水溢壞延平府衛城，没侯官、晉江、南安等處田禾，民舍人畜，漂流無算，存者不能聊生，而官府徵發工匠嚴急，恐民有去土之思，臣請少緩，以俟豐稔。”（《明英宗實録》卷一三二，第2628頁）

庚申，移置江西九江府彭澤縣峯山磯鎮廵檢司于張家港口，以其廨宇為水渰没故也。（《明英宗實録》卷一三二，第2629頁）

壬戌，直隷大名府長垣縣奏：“本縣今歲雨少，子粒薄收，乞将該納粮草折收鈔貫，每米一石鈔一百貫，草一束鈔五貫。”從之。（《明英宗實録》卷一三二，第2630頁）

癸亥，日生五色雲鮮明。（《明英宗實録》卷一三二，第 2631 頁）

免旱災税糧。（道光《永州府志》卷一七《事紀畧》）

蠲上年水災無徵糧米。（光緒《嘉定縣志》卷五《蠲賑》）

免蘇、松、嘉、湖十四府州水災秋糧。（乾隆《常昭合志》卷三《蠲賑》）

海寧縣海水溢。（康熙《浙江通志》卷二《祥異附》）

免湖廣旱災税糧。（嘉慶《湖南通志》卷四〇《蠲卹》）

九月

壬申，夜，有流星大如杯，色青白，有光，出羽林軍，西南行至近濁，後二小星随之。（《明英宗實録》卷一三三，第 2641 頁）

辛巳，陝西鄜州奏："今夏大雨，河水泛漲，决本州城垣一隅，敗官民廬舍，欲先脩理城垣，而被患之餘，工力不堪，乞分命屬縣協助。"從之。（《明英宗實録》卷一三三，第 2645 頁）

己丑，廣東都司奏："雷州衛及海康等十二守禦千户所皆以大雨水汎，浸决城垣、官舍、倉厫、軍民之家甚多。"（《明英宗實録》卷一三三，第 2651 頁）

己丑，夜，南方有星大如雞彈，行二丈餘，色赤有光，南行至遊氣没。（《明英宗實録》卷一三三，第 2651 頁）

甲午，夜，月犯軒轅南第五星。（《明英宗實録》卷一三三，第 2655 頁）

丁酉，日生五色雲。（《明英宗實録》卷一三三，第 2658 頁）

丁酉，夜，有流星大如杯，色赤光明，出天船，西北行至華蓋（廣本作"榮"）。（《明英宗實録》卷一三三，第 2658 頁）

河决金龍口陽穀堤張家黑龍廟口，溢入祥符，淹没民田。（乾隆《祥符縣志》卷三《河渠》）

河決山東金龍口陽穀隄。是歲，山東饑。（民國《山東通志》卷一〇《通紀》）

十月

辛丑朔，夜，有流星大如杯，色青白，有光，起虚宿，東行至羽林軍。曉刻，火星犯上将星。（《明英宗實録》卷一三四，第2659頁）

壬寅，湖廣茶陵縣奏："去年閏七月螟災。"河南陽武縣奏："今年七月以来，雨水沿河漂流人畜房屋，渰傷田禾。"（《明英宗實録》卷一三四，第2660頁）

癸卯，直隸鳳陽、揚州府，湖廣岳州、荊州、常德、長沙、襄陽府，河南南陽府，山西平陽府所屬州縣各奏："四月以来，旱傷秋糧，無辦。"（《明英宗實録》卷一三四，第2662頁）

辛亥，河南睢州、磁州、祥符、杞縣、陽武、原武、封丘、陳留、安陽、臨漳、武安、湯陰、林縣、涉縣，皆以今夏久雨河決，渰没民田、屋宇、畜産無算，巡撫少卿于謙以聞。上勑河南三司，率夫往修之。（《明英宗實録》卷一三四，第2666～2667頁）

甲寅，日生左右珥，復生背氣一道，俱青赤鮮明。（《明英宗實録》卷一三四，第2668頁）

乙卯，以山西平陽府所屬州縣今年旱災，除大同、宣府、偏頭關邊儲糧草及晉府歲禄如舊輓輸，餘存留府州縣并布政司該納本色、折色者咸與停免，以蘇民困。（《明英宗實録》卷一三四，第2668頁）

丁卯，廣東潮州衛奏："五月，雨水壞城樓鋪舍，所屬五千户所屯田俱被渰傷，而右前二千户所屯田有被沙土壅塞不堪耕種者，乞令潮州府改撥荒田，庶子粒有所出。"（《明英宗實録》卷一三四，第2677頁）

睢州、祥符、杞、陽武、原武、封丘、陳留、安陽、臨漳、武安、湯陰、林縣、涉縣河決，淹没民田無算。（雍正《河南通志》卷一四《河防》）

十一月

癸酉，順天府順義縣民袁大等奏："河水坍塌田地三十餘頃，不堪耕種。"命撥韓貴等還官地畝與種，補辦糧草。（《明英宗實録》卷一三五，第

2681 頁）

癸未，鎮守陝西右都御史陳鎰奏："陝西連年荒旱蝗潦，賑濟饑民，支糧盡絶。看得河南二府相與隣近，乞将河南府并潼關倉糧運至涇陽等處，将懷慶府倉糧運至華陰等處，以備賑濟。仍将浙江、蘇州、松江折糧銀，或於京庫量撥，差官送至陝西布政司，於有收去處糴糧存積便益。"（《明英宗實録》卷一三五，第 2683 頁）

辛卯，夜，月犯火星。（《明英宗實録》卷一三五，第 2689 頁）

甲午，夜，月犯氐宿。（《明英宗實録》卷一三五，第 2690 頁）

十二月

庚子朔，夜，有流星大如杯，色赤有光，出紫微西藩内，北行至螣蛇，尾跡炸散。（《明英宗實録》卷一三六，第 2695 頁）

丁未，户部右侍郎沈固奏："户部鮮〔解〕到糴糧銀，俱係有收處所徵納，每銀一兩折米四石。今大同邊方霜旱時多，豐熟時少，宜照此處糧價，粟米每兩三石，料豆四石，發糴上倉。及准折官軍俸糧，亦依此數給散為便。"從之。（《明英宗實録》卷一三六，第 2701 頁）

甲寅，日生背氣一道，色青赤鮮明。（《明英宗實録》卷一三六，第 2704 頁）

己未，免山東濟南府屬縣旱澇災傷糧一萬二千一百六十餘（原脱"石"字），草一萬三千九百七十餘束，湖廣武昌等府州縣、岳州等衛所旱災秋糧子粒一百一十一萬餘石。（《明英宗實録》卷一三六，第 2706 頁）

庚申，免直隸揚州府屬縣水災糧三千三百餘石，草六千七百四十餘包。（《明英宗實録》卷一三六，第 2707 頁）

辛酉，湖廣廣濟縣奏："本縣及附近黄梅縣每歲輸運秋糧于望牛墩，常不下三萬餘石，皆雇小車盤運，一車止載四石，而雇直二斗。及天陰雨，雇直倍之，民實不堪。臣見本縣連城湖港廖家口舊有溝，直抵望牛墩，第沙塞水淺，不能行船，請同黄梅縣各率夫役疏濬，用船載運，實為民便。"從之。（《明英宗實録》卷一三六，第 2708 頁）

是年

夏，旱，令虞安禱雨于東山。（康熙《休寧縣志》卷八《禨祥》）

夏，湖廣旱。（道光《永州府志》卷一七《事紀畧》）

免蘇、松水災秋糧。（光緒《常昭合志稿》卷一二《蠲賑》）

河决金龍口。（道光《觀城縣志》卷一〇《祥異》）

甯波久旱，民遭疾疫，遣禮部王英祀南鎮以禳災。（光緒《鎮海縣志》卷三七《祥異》）

海寧海溢。（乾隆《寧志餘聞》卷八《災祥》）

大雪，深一丈二尺。（民國《翼城縣志》卷一四《祥異》）

大水，免田賦之半。（民國《文安縣志》卷一〇《恩恤》）

安陽、湯陰、臨漳、林縣、武安、涉縣河水淹没田無算。（乾隆《彰德府志》卷三一《祥異》）

免蘇、松等府水災無徵糧米。（光緒《重修華亭縣志》卷七《田賦》）

水。（崇禎《吴縣志》卷一一《祥異》；嘉慶《東臺縣志》卷七《祥異》）

蠲免揚州府九年水灾無徵糧米。（光緒《通州直隸州志》卷四《蠲恤》）

大水。（康熙《興化縣志》卷一《祥異》）

武安鋪……圮于水。（康熙《長泰縣志》卷二《建置》）

河决原武，淹没民田無算。（乾隆《原武縣志》卷一〇《祥異》）

湯陰河水，淹没民田無算。（乾隆《彰德府志》卷三一《祥異》）

河水淹没民田無筭。（乾隆《林縣志》卷五《風土》）

水浸城郭。（光緒《續修睢州志》卷二《城池》）

大雨水，公廨民居漂没殆盡，十二年復如之。（嘉靖《增城縣志》卷一九《大事通志》）

雨雹。（康熙《南海縣志》卷三《災祥》）

秋，大風。（乾隆《番禺縣志》卷一八《事紀》）

正統十一年（丙寅，一四四六）

正月

乙未，日生背氣一道，色青赤，復生白虹彌天。（《明英宗實録》卷一三七，第2732頁）

丁酉，直隸潼關衛奏："本衛所旗軍餘丁，俱在陝西西安府同、華二州朝邑等縣地方屯種。去歲自春至秋旱澇相仍，禾稼收成分數不等，乞為分豁，以蘇困苦。"事下户部勘實，請炤上年例，全無收成與一分至三分者，悉免之；六分七分者，每糧一石折鈔五十貫，草一束五貫；四分五分者，每糧一石折鈔。（《明英宗實録》卷一三七，第2732頁）

二月

乙卯，夜，火星犯平道東星。（《明英宗實録》卷一三八，第2742頁）

庚申，夜，月犯南斗。（《明英宗實録》卷一三八，第2743頁）

三月

庚午，順天府固安縣奏："吴家口隄岸決，壞渾河及黑洋淀，水俱從此衝入，其勢彌漫，不得閉塞。決岸之西南，有地距水源里許，可鑿溝以泄其勢，庶水落而工力可施。"從之。（《明英宗實録》卷一三九，第2754頁）

庚辰，雲南臨安衛奏："衛城先因地震（廣本、抱本'震'下有'壞'字）二百餘丈，其未壞者，亦皆摇動，請修理。"從之。（《明英宗實録》卷一三九，第2756頁）

癸未，夜，月食。（《明英宗實録》卷一三九，第2759頁）

甲申，夜，有流星大如杯，色赤有光，出左旗，北行至天津，後有一小星隨之。（《明英宗實録》卷一三九，第2760頁）

癸巳，免山東濟南等府、武定等州縣去年水災粮二萬三千九百七十石，

草四萬二千五百五十餘束。（《明英宗實録》卷一三九，第 2764 頁）

丙申，巳時，日生暈，上生背氣、旁生直氣各一道，良久雲遮。（《明英宗實録》卷一三九，第 2767 頁）

四月

癸丑，工部奏："去歲多雨，河水泛溢，没睢陽、祥符等處，其睢州城外皆水，以土塞其四門，城中積水尚深，官亭、民舍、城堞多壞。今有司請修其城，且欲移睢陽衛治于城外高阜處暫住，宜移文委官按實。"從之。（《明英宗實録》卷一四〇，第 2775 頁）

丙寅，鎮守陝西興安侯徐亨等奏："霖潦河溢，渰死人畜，漂流房屋，民饑待賑。"（《明英宗實録》卷一四〇，第 2781 頁）

丁卯，巡撫河南山西大理寺左少卿于謙奏："山西地方連年旱災，逃移者衆，以故負欠税糧，蒙户部令將負欠數折收土茜。緣土不出産，乞暫停緩，俟有秋足食之歲，另行買辦供用。"（《明英宗實録》卷一四〇，第 2781 ~ 2782 頁）

五月

己巳，夜，有流星大如椀，色青白，有光照地，出天市東垣内，東南行至牛宿，尾跡炸散，後有二小星隨之。（《明英宗實録》卷一四一，第 2784 頁）

戊寅，月犯亢宿。（《明英宗實録》卷一四一，第 2790 頁）

庚辰，巡按山东监察御史王永壽等奏："高唐、夏津蝗灾。"上命户部覆视以闻。（《明英宗實録》卷一四一，第 2791 頁）

辛巳，户部言："山東青州府旱災，人民艱食，宜將定撥京庫折鈔，夏税小麥五萬石折收綿布，其定撥遼東折鈔小麥五萬石，查勘所在官庫足用，亦乞折綿布以便民。"從之。（《明英宗實録》卷一四一，第 2793 頁）

戊子，河南布政司奏："彰德府林縣在太行山下，其田地石厚土薄，加以連歲旱澇無收，以此逋逃者衆，抛荒石壓沙積水决田地一千六十五頃，夏秋二税負累見在人户陪納。"户部覆奏請暫停徵。上曰："田既不可耕，則

税當除，若復逼責，豈卹民之道？俟更造版籍時，悉與除豁。”（《明英宗實録》卷一四一，第2795頁）

己丑，南京豹韜等衛官軍兑運直隸蘇州府粮米赴京，至揚子江，風潮險惡，舟為所覆，漂流米七百四十餘石。督運指揮朱諒等奏：“乞將應運京倉米七千四十餘石于通州上納，撙節路費，以補漂流之數。”從之。（《明英宗實録》卷一四一，第2796～2797頁）

大水。（崇禎《吴縣志》卷一一《祥異》；康熙《嘉興府志》卷二《祥異》；乾隆《震澤縣志》卷二七《災祥》；光緒《嘉善縣志》卷三四《祥眚》）

六月

甲寅，曉刻，有流星大如杯，色青白，尾跡有光，出正西雲中，東北行至雲中，後二小星随之。（《明英宗實録》卷一四二，第2816頁）

丙辰，夜，地震有聲。（《明英宗實録》卷一四二，第2817頁）

甲子，户部奏：“直隸蘇州府葛山縣民運白糧一百四十七石赴京，舟至大江，為暴風所覆。”（《明英宗實録》卷一四二，第2819頁）

甲子，久雨，渾（抱本作“澤”）河水泛，决固安縣賈家等里屯、張家等口隄，命有司修築之。（《明英宗實録》卷一四二，第2819～2820頁）

南京山川壇災，南畿旱。（同治《上江兩縣志》卷二下《大事下》）

浙江連月大雨水。（同治《湖州府志》卷四四《祥異》）

大雨水。（光緒《歸安縣志》卷二七《祥異》）

山川壇災，南畿旱。（民國《首都志》卷一六《大事表》）

連月大雨水。（光緒《烏程縣志》卷二七《祥異》）

浙江大雨水。（乾隆《杭州府志》卷五六《祥異》）

渾河溢固安。（《明史·五行志》，第449頁）

七月

丁卯朔，工部奏：“直隸晉州請疏滹沱河故道，及修隄岸之為雨敗者，然今天雨水漲未已，而農務方殷，宜令候秋成水退之日興工。”從之。（《明

英宗實録》卷一四三，第 2821 頁）

辛未，順天府、應天府及直隸河間、保定、蘇州、松江、常州、鎮江、太平、寧國、池州九府，浙江杭州、湖州、嘉興三府，河南開封、衛輝二府各奏：“今年五月、六月，天雨連綿，渰没田苗，漂流居民、廬舍、畜産。”命户部遣官覆視以聞。（《明英宗實録》卷一四三，第 2824 頁）

癸酉，南京工部言：“神策門後湖里城為久雨决三十丈。”勑守備豐城侯李賢等發工修築。（《明英宗實録》卷一四三，第 2826 頁）

甲申，金星晝見於午位。（《明英宗實録》卷一四三，第 2831 頁）

丁亥，夜，火星犯氐宿。（《明英宗實録》卷一四三，第 2832 頁）

八月

壬寅，夜，月掩星宿。（《明英宗實録》卷一四四，第 2839 頁）

丙午，雨頽皇陵墻垣，詔中都留守司及鳳陽府衛興工修之。（《明英宗實録》卷一四四，第 2841 頁）

戊午，岷王楩奏：“欲預造生壙，乞工匠物料。”上以湖广累遭旱涝，百姓艰窘，不允。（《明英宗實録》卷一四四，第 2845 頁）

辛酉，直隸大名、廣平、真定、順德、廬州、淮安、安慶七府，山東濟南、東昌、莱州、青州四府各奏：“六月、七月天雨連綿，河水泛漲，渰没居民田畝。”（《明英宗實録》卷一四四，第 2846 頁）

辛酉，湖廣龍陽縣奏：“今年二月以来大雨，洞庭湖隄决，居民男婦多被溺死，漂没廬舍、禾稼、牲畜無算。”上命布政司亟发人夫修完湖隄，存恤被災民户。（《明英宗實録》卷一四四，第 2846 頁）

九月

丙寅朔，直隸徐州，并河南南陽，山西太原，山東兖州、登州，湖廣武昌府各奏：“五月、六月大雨，江河泛溢，渰没禾稼，漂民居舍。”湖廣襄陽、長沙、岳州、黄州、漢陽、荆州、德安七府各奏：“六月、七月不雨，禾稼旱傷。”湖廣常德府奏：“先水後旱，禾稼盡傷，租税無徵。”（《明英宗

實録》卷一四五，第 2849 頁）

丁卯，直隸太平府當塗縣、寧國府宣城縣各奏：“久雨，决本縣圩塘，田禾盡没，百姓窘甚。今秋税糧尚恐無望，而南京工部派辦物料及起脩造夫役未已，乞暫止之。”事下工部，請下各府覆實水災，仍計脩造夫役緩急，可否踈放以聞，從之。（《明英宗實録》卷一四五，第 2850 頁）

戊辰，直隸淮安府奏：“比因水患，民多缺食，已發廩賑濟，俟来秋償官。”從之。（《明英宗實録》卷一四五，第 2850 頁）

辛未，夜，火星犯天江第二星，金星犯軒轅左角星。（《明英宗實録》卷一四五，第 2853 頁）

丁丑，夜，雷電。（《明英宗實録》卷一四五，第 2855 頁）

己卯，夜，有流星大如杯，色赤有光，出紫微西藩，東北行至近濁。（《明英宗實録》卷一四五，第 2856 頁）

丙戌，夜，月犯五諸侯第三星。（《明英宗實録》卷一四五，第 2860 頁）

丁亥，夜，金星犯木星。（《明英宗實録》卷一四五，第 2861 頁）

己丑，夜，月犯軒轅南第五星。曉刻，金星犯太微垣右執法星。（《明英宗實録》卷一四五，第 2862 頁）

癸巳，夜，東方有星大如盞，色青白，有光，行一丈餘，忽大如碗，光明照地，東行至軒轅没。（《明英宗實録》卷一四五，第 2866 頁）

十月

丙申，曉刻，金星犯太微垣左執法星。（《明英宗實録》卷一四六，第 2868 頁）

戊戌，曉刻，木星犯太微垣右執法星。（《明英宗實録》卷一四六，第 2870 頁）

己亥，夜，北方有星大如盞，青白色，尾跡有光，起自天船，北行至鈎陳。（《明英宗實録》卷一四六，第 2871 頁）

辛丑，曉剆，木星復犯太微垣右執法星。（《明英宗實録》卷一四六，第 2871 頁）

丙午，夜，金星犯進賢星。（《明英宗實録》卷一四六，第 2876 頁）

丁未，免直隸淮安府、徐州，山東濟寧等州縣糧草十之三，仍命有司發廩濟民。時巡按浙江監察御史黄裳奏："臣經歷河上，見水勢瀰漫，迨今未落，近河之民，居舍禾稼盡皆渰没，若不賑卹，恐致失所。"故有是命。（《明英宗實録》卷一四六，第 2876 頁）

癸丑，夜，有流星大如椀，色青白，有光燭地，出正南雲中，西南行至雲中，尾跡炸散，後二小星隨之。（《明英宗實録》卷一四六，第 2878 頁）

乙卯，夜，月犯五諸侯北第三星。（《明英宗實録》卷一四六，第 2878 頁）

十一月

戊辰，鎮守雲南太監蕭保遣千户葉瑛詣京貢馬及金寶石帽頂等物，至湖廣松滋縣界，風浪覆舟，止存馬，餘皆漂没。禮部官欲置瑛於法，上命宥之。（《明英宗實録》卷一四七，第 2886 頁）

己巳，夜，月犯壘璧〔壁〕陣西第一星。東方有星，大如盞，色青白，尾跡有光，忽大如碗，光明照地，後有數小星隨之，東北行至鬼宿没。（《明英宗實録》卷一四七，第 2887 頁）

己卯，夜，月生暈，色蒼白，參、畢、五車諸宿俱在暈中。（《明英宗實録》卷一四七，第 2893 頁）

庚辰，順天府、直隸廬州府、淮安府、徐州、沂州、宿州中都留守司、直隸大同衛俱奏夏秋大水。四川重慶府瀘州、廣安州、瀘州衛俱奏夏秋亢旱，秋糧子粒無徵。（《明英宗實録》卷一四七，第 2894 頁）

戊子，鎮守延安等處都督僉事王禎奏："榆林莊城垣原以沙土修築，天雨頽塌，請俟明年春扣發軍餘，擇土堅築。"從之。（《明英宗實録》卷一四七，第 2898 ~2899 頁）

壬辰，夜，月犯心宿。（《明英宗實録》卷一四七，第 2900 頁）

十二月

壬寅，京城大雨雷電，翼日乃止。（《明英宗實録》卷一四八，第

2906 頁）

戊申，夜，月犯五諸侯第二星。有流星大如杯，色青白，尾跡有光，出房宿，東南行至近濁，後有二小星隨之。（《明英宗實録》卷一四八，第2912 頁）

辛亥，夜，月犯軒轅南第五星。（《明英宗實録》卷一四八，第2913 頁）

甲寅，夜，月犯木星，復犯大微垣左執法星。（《明英宗實録》卷一四八，第 2914 頁）

庚申，日生重半暈及背氣、左右珥。暈、背色皆青赤，珥色赤黄，俱鮮明。（《明英宗實録》卷一四八，第 2917 頁）

是年

祁門大旱。（道光《徽州府志》卷一六《祥異》）

賈家口、張家口復决，命有司築之。（咸豐《固安縣志》卷一《輿地志》）

徐州大水。（民國《銅山縣志》卷四《紀事表》）

淮安府屬奏，比因水患，民多缺食。（雍正《安東縣志》卷一六《恩邺》）

夏秋，湖廣旱。（道光《永州府志》卷一七《事紀畧》）

春，江西七府十六縣霪雨，田禾淹没。（《明史・五行志》，第 473 頁）

夏，湖廣旱。（民國《湖北通志》卷七五《災異》）

兖州大水。（乾隆《曹州府志》卷一〇《災祥》；民國《山東通志》卷一〇《通紀》）

又水。（萬曆《宜興縣志》卷一〇《災祥》）

河决，大饑。（咸豐《大名府志》卷四《年紀》）

大旱。（弘治《徽州府志》卷一〇《祥異》；嘉慶《臨武縣志》卷四五《祥異》；同治《漢川縣志》卷一四《祥祲》；光緒《黄梅縣志》卷三七《祥異》）

蝗。（嘉靖《延津志・祥異》；順治《淇縣志》卷一〇《灾祥》；乾隆《衛輝府志》卷四《祥異》）

旱。（同治《瀏陽縣志》卷一四《祥異》）

大水，饑。（萬曆《南海縣志》卷三《災祥》）

武昌大水。（《明史·五行志》，第449頁）

宜興水。（成化《重修毗陵志》卷三二《祥異》）

夏秋旱。（乾隆《湖南通志》卷一四二《祥異》）

正統十二年（丁卯，一四四七）

正月

乙丑，夜，有流星大如杯，色青白，有光燭地，出玄戈旁，東行至天市垣外，尾跡炸散。（《明英宗實録》卷一四九，第2921頁）

丙子，户部奏："四川瀘州并江安、合江二縣，正統九年奏旱，已經三司覆視，其税糧六萬二千二百七十石有奇，例當蠲免。其納溪縣當時未奏旱，今有司亦欲免其租税，當論以法。"上曰："凶年蠲税（東本作'免'），朝廷仁民之意也，惟在事覈而無僞。爾已奏聞覆視者免之，未奏聞者，令巡按御史覆視以聞，有司姑置勿問。"（《明英宗實録》卷一四九，第2923頁）

辛巳，江西布政司奏："所轄贛州等七府十六縣去春淫雨江漲，田禾渰没，其應輸南京税糧乞折銀，運赴京庫。"從之。（《明英宗實録》卷一四九，第2928頁）

辛巳，夜，月犯木星。（《明英宗實録》卷一四九，第2928頁）

甲申，四川重慶府奏："去歲夏旱，田禾枯槁，租税無徵。"（《明英宗實録》卷一四九，第2930頁）

正月不雨，至于夏四月，亢陽為虐，饑饉薦臻，疫癘大熾。（康熙《麟遊縣志》卷二《寺觀》）

二月

乙未，湖廣都、布、按三司等衙門先是皆燬於火，至是，上命建之，仍

以湖廣頻歲旱澇，命所司量其緩急，務從省約，毋為民擾。（《明英宗實録》卷一五〇，第2936頁）

己未，湖廣寧遠衛奏："去歲夏秋不雨，禾稼枯槁，子粒無徵。"上命户部覆視以聞。（《明英宗實録》卷一五〇，第2952頁）

三月

庚午，山東昌邑、濰縣俱奏："先因水旱，田畝薄收，人民缺食，已發預備倉糧賑恤，不敷。見有存留糧四萬餘石，歲給官吏俸不過三四百石，積久陳腐，請挨陳貸之民間食用，秋成償官。"（《明英宗實録》卷一五一，第2958頁）

癸酉，直隸泰興縣奏："本縣官民地七十六頃，地臨大江，潮水衝激，坍陷入水，不堪耕種。應徵糧一千六百餘石，草九百七十餘包，遞年里甲陪納，乞除其額，以甦民困。"（《明英宗實録》卷一五一，第2960頁）

乙酉，直隸保定府安州奏："本州張豐等口、曹河等河，往歲為雨衝决，未及修築，恐今夏復然，欲趂時用工，而夫役物料皆不足，乞命鄰邑協助。"從之。（《明英宗實録》卷一五一，第2969頁）

丁亥，夜五鼓，南方有星如盞大，青白色，尾跡有光，起自角宿，西南（廣本無"南"字）行至太微西垣内，後有二小星隨之。（《明英宗實録》卷一五一，第2971頁）

免湖州去歲被災税糧。（同治《長興縣志》卷九《災祥》）

四月

辛丑，山東官臺場鹽課司言："本處煎鹽甚艱，况久雨浸灌，鹽課日虧，請折納綿布。"從之。（《明英宗實録》卷一五二，第2977頁）

癸卯，南京雲南道監察御史譚善言："直隸淮安屬縣民因去年春旱秋潦，粟麥無收，饑餒不能聊生，甚至鬻質子女。况道路流民所至成聚，必是各處荒歉，故皆轉徙就食。請令各處巡按御史督同司府州縣官，但是人民缺食，即將官廪穀粟驗口給散，如有不敷，或發鄰近倉糧，或於殷實之家，勸

貸賑卹。”上命户部行之。（《明英宗實録》卷一五二，第2978～2979頁）

辛亥，巡按湖廣監察御史閻寬奏：“岳州、襄陽、荆州等府，郴州、麻城等州縣連年荒旱，民採苦株，掘野菜，食以度日，其預備倉糧賑給不周，即今農務方殷，又缺種子布種。已會官發公廩及於附近有糧之處借支賑卹，請俟秋成抵斗償官。”從之。（《明英宗實録》卷一五二，第2983頁）

大水。（康熙《信豐縣志》卷一一《祥異》）

蝗。（康熙《大城縣志》卷八《災祥》）

閏四月

甲子，免山西太原府所屬文水等縣及汾州水災田地秋粮一萬三千八百八十餘石，草二萬七千七百六十餘束。（《明英宗實録》卷一五三，第2993頁）

丁卯，直隷淮安府、保定府，山東濟南府各奏所屬州縣蝗。（《明英宗實録》卷一五三，第2994頁）

庚午，夜，一更，月犯木星。（《明英宗實録》卷一五三，第2994頁）

辛未，免應天府溧陽等縣水災田地糧三萬六千七百三十餘石，草一萬九千五十餘包。（《明英宗實録》卷一五三，第2995頁）

己卯，十三道監察御史陳璞等奏：“山東、湖廣等布政司，直隷淮安等府州縣，連被水旱，人民艱難，或採食野菜樹皮，苟度朝昏，或鬻賣妻妾子女，不顧廉耻，或流移他鄉，趂食傭工，骨肉離散，甚至相聚為盜。乞命各處鎮守、巡撫等官，巡按監察御史督同布、按二司府州縣官加意賑恤，其買辦物料悉與蠲免，拖欠粮草馬匹俱與停止，候豐收之年補償。賣過人口，官為贖還，流移者招撫復業，不願復業者，聽令就彼附籍，為盜者限三月内自首免罪，一體賑恤。所司官員，果有贪酷不才坐视民患者，亦各究治。庶穷民獲安，仁恩廣被。”（《明英宗實録》卷一五三，第2998頁）

庚寅，免應天、太平、寧國、池州、安慶四府，并南京錦衣等十六衛水災田地粮九萬二千二百一十餘石，草一十七萬八千六百六十餘包。（《明英宗實録》卷一五三，第3006頁）

五月

丙申，江西吉安府奏："所屬今夏驟雨連綿，江水泛溢，渰没田苗。"（《明英宗實録》卷一五四，第3008頁）

甲辰，山西平陽府奏旱，河南開封、河南、彰德三府各奏旱蝗。（《明英宗實録》卷一五四，第3013頁）

吉安江漲淹田。（《明史・五行志》，第449頁）

六月

甲子，南京大風雷雨，山川壇災，殿廡俱燬。（《明英宗實録》卷一五五，第3025頁）

甲子，巡按江西監察御史陳克昌奏："贛州、臨江、吉安三府自今春以来，天雨連綿，山水泛漲，田苗浸没，居民房屋悉被衝塌，人口、畜産漂流損傷甚多。"事下户部行有司，分投（廣本作"頭"）賑濟。（《明英宗實録》卷一五五，3026頁）

丁卯，巡按山東監察御史史濡等奏："兖州府沂州累歲旱澇，民飢逃移者五千五百餘户，遺下税粮等項請蠲免。"上命户部移文布政司，逃移者設法招撫，飢饉者驗口賑濟。（《明英宗實録》卷一五五，第3026頁）

乙亥，夜，昏刻，金星犯太微垣上將星。（《明英宗實録》卷一五五，第3030頁）

戊寅，夜四更，西方有星如椀，流丈餘，發光，如斗大，色青白，光明燭地，起自天津，東南行至羽林軍，尾跡炸散，後有十餘小星隨之，有聲如雷。（《明英宗實録》卷一五五，第3030~3031頁）

甲申，山西平陽府絳州、垣曲縣奏："春夏不雨，二麥無收，即今田土乾燥，難以耕種，民多飢饉逃竄，税糧無從徵納。"（《明英宗實録》卷一五五，第3033頁）

瑞金霪雨，市水丈餘，漂倉庫，溺死二百餘人。（《明史・五行志》，第473頁）

七月

辛卯朔，直隸永平、鳳陽并河南開封等六府旱蝗。(《明英宗實録》卷一五六，第3037頁)

丁酉，巡按直隸监察御史奏："真定、大名二府蝗。"(《明英宗實録》卷一五六，第3039頁)

壬子，户部奏："河南彰德府磁州田地六百九十餘頃，被山水衝塌，又沙鹻荆棘，不堪耕種，已行覆實其該徵粮草，宜與除豁。"從之。(《明英宗實録》卷一五六，第3048頁)

癸丑，夜，金星犯亢宿南第一星。(《明英宗實録》卷一五六，第3048頁)

戊午，曉刻，火星犯土星。(《明英宗實録》卷一五六，第3049頁)

河決。(乾隆《滎澤縣志》卷一二《祥異》)

真定等府蝗災。(嘉靖《真定府志》卷九《事紀》)

蝗。(民國《寧晉縣志》卷一《災祥》)

八月

庚申朔，日食。(《明英宗實録》卷一五七，第3051頁)

壬辰，應天、安慶、廣德等府州，建陽、新安等衛，山東兖州等府，濟寧等衛所州縣各奏："旱蝗相仍，軍民飢窘，鬻子女易食，掘野菜充飢，殍死甚眾。"上覽奏惻然，謂户部臣曰："天災未有若今年之甚者，朕夙夜惶懼，罔知攸措。卿等其思所以弭災恤民之道，速為行之。"(《明英宗實録》卷一五七，第3053頁)

癸亥，山東文登縣奏："本縣先年旱澇，負欠秋粮，擬俟今歲補輔（疑當作'輸'）。今災傷尤甚，乞將補輸粮折收布鈔雜豆。"奏下户部官宜從其請，每米一石或納布一疋，或納鈔五十貫，納雜豆者抵斗，俱送彼處倉庫收貯，以備沿海官軍支用。"從之。(《明英宗實録》卷一五七，第3053頁)

甲戌，夜，月犯外屏西第三星。(《明英宗實録》卷一五七，第3058頁)

丙子，大理寺右少卿張驥奏："直隸淮安、邳州地方飛蝗蔽野，蓋因府州縣、衛所官先遇蝗蟲遺種之時，不行尋掘燒燬，及後復生，又不嚴督撲滅，以遺民患，宜治其罪。”（《明英宗實録》卷一五七，第3059～3060頁）

丁丑，酉刻，日生左珥，赤黄色鮮明，良久漸散。（《明英宗實録》卷一五七，第3060頁）

己卯，月犯五諸侯南第二星。（《明英宗實録》卷一五七，第3061頁）

九月

庚寅朔，夜二鼓，東方有星如盞大，青白色，光明照地，起自天廩，東南行至天苑。（《明英宗實録》卷一五八，第3070頁）

甲午，夜，東南方天鳴有聲。（《明英宗實録》卷一五八，第3072頁）

丁酉，夜二鼓，月犯壘壁陣西第四星。（《明英宗實録》卷一五八，第3074頁）

戊戌，守備南京太監劉寧奏：“六月間，南京大風雷雨，山川壇火，殿廡、樂器、祭器皆焚毁，乞集材修造。”從之。（《明英宗實録》卷一五八，第3074頁）

己亥，直隸揚州、蘇州、太平、安慶，湖廣襄陽、荆州諸府衛各奏：“夏旱苗枯。”山東萊州、青州府各奏：“雨澇蝗生，禾稼無收，人民饑窘，應徵糧草，辦納艱難。”（《明英宗實録》卷一五八，第3074～3075頁）

辛丑，夜，月犯外屏西第一星。（《明英宗實録》卷一五八，第3075頁）

乙巳，山東莒州沂水縣奏：“夏稅豌豆旱傷無收，乞折納黑豆。”下户部議，每黑豆一石二斗折豌豆一石。從之。（《明英宗實録》卷一五八，第3079頁）

乙巳，夜五鼓，北方有星，如盞大，青白色，尾跡有光，起自閣道旁，北行至游氣。（《明英宗實録》卷一五八，第3079頁）

丙午，松滋王豪堊奏：“臣歲禄米，食用不敷，乞准折色五百石，俱給本色。”上以湖廣方旱災，命姑仍舊。（《明英宗實録》卷一五八，第3080頁）

癸丑，夜，月犯太微垣上將星。（《明英宗實録》卷一五八，第3083頁）

丁巳，直隷松江府、浙江紹興府所屬各奏："夏秋亢旱，田畝無收，人民饑窘。"上命户部遣官覆視以聞。（《明英宗實録》卷一五八，第3087頁）

十月

壬申，直隷徽州府廣德州、滁州，山東濟南府，湖廣黄州府、襄陽府、荆州府、岳州府、常德府、沔陽州，四川順慶府各奏："今歲春夏不雨，田禾無收。"（《明英宗實録》卷一五九，第3097頁）

乙亥，卯刻，日生左珥，赤黄色鮮明，未久散。（《明英宗實録》卷一五九，第3099頁）

辛巳，夜五鼓，月犯太微垣右執法星。（《明英宗實録》卷一五九，第3102頁）

十一月

己丑朔，廵按江西監察御史芮釗奏："贛州瑞金縣六月淫雨，縣市水深丈餘，倉庫、錢糧俱被漂爛，居民溺死者二百餘人，并南昌、吉安、臨江、廣信、九江、饒州、撫州七府屬縣亦被水災，人民乏食。"（《明英宗實録》卷一六〇，第3107頁）

癸巳，夜，四鼓，東方有星如盞大，青白色，尾跡有光，起自鬼宿，東北行至近濁。（《明英宗實録》卷一六〇，第3113頁）

己亥，夜，月犯昴宿。（《明英宗實録》卷一六〇，第3114頁）

庚戌，南京府軍等十四衛各奏："所種屯田因亢旱無收，該徵子粒三萬六千餘石，辦納艱難。"（《明英宗實録》卷一六〇，第3118頁）

十二月

辛酉，夜，四鼓，東方有星如盞大，赤色，光明照地，起自貫索，東北行至天市東垣内。（《明英宗實録》卷一六一，第3126頁）

丁卯，巡按山东监察御史史濡奏；“山東濟寧等州縣水旱相繼，田畝無收，起運京倉糧，乞為寬貸。”上命户部議其便。（《明英宗實録》卷一六一，第3129頁）

戊辰，夜二鼓，月犯五車東南星。（《明英宗實録》卷一六一，第3130頁）

辛巳，吏部聽選官王信奏：“紹興府有東小江，南通諸暨縣七十二湖，西通杭州府錢塘江。近為錢塘江潮湧塞，江與田平，舟不能行，久雨水溢，鄰田輒受其害，乞發蕭山、山陰二縣丁夫於農隙時疏濬。”從之。（《明英宗實録》卷一六一，第3135頁）

癸未，夜五鼓，西方有星，如盞大，赤黄色，光明照地，起自中台，南行至太微西垣内，尾跡炸散，後有三小星隨之。（《明英宗實録》卷一六一，第3136頁）

甲申，免四川瀘州、重慶等衛所旗軍去年旱災屯種子粒九萬三千餘石。（《明英宗實録》卷一六一，第3136頁）

是年

夏，南畿旱，六合知縣黄淵齋戒懇禱，蝗不為災。（光緒《金陵通紀》卷一〇上）

大旱，蝗，饑。（乾隆《吴江縣志》卷四〇《災變》；乾隆《震澤縣志》卷二七《災祥》；同治《湖州府志》卷四四《祥異》；同治《長興縣志》卷九《災祥》；光緒《歸安縣志》卷二七《祥異》；光緒《烏程縣志》卷二七《祥異》）

旱。（嘉靖《靖江縣志》卷四《編年》；崇禎《吴縣志》卷一一《祥異》；乾隆《無錫縣志》卷四〇《祥異》；光緒《無錫金匱縣志》卷三一《祥異》）

無錫、江陰旱。（成化《重修毗陵志》卷三二《祥異》）

水災，民飢。（同治《南康府志》卷二三《祥異》）

兖州、東昌俱河決。（乾隆《曹州府志》卷一〇《災祥》；道光《觀城縣志》卷一〇《祥異》）

蝗。（萬曆《新修餘姚縣志》卷二三《禨祥》；崇禎《文安縣志》卷一一《災祥》；乾隆《歷城縣志》卷二《總紀》；乾隆《涿州志》卷五《事蹟》；光緒《餘姚縣志》卷七《祥異》）

夏秋間，紹興各縣亢旱無收。（乾隆《紹興府志》卷八〇《祥異》）

春，贛州、臨江大水。（《明史·五行志》，第449頁）

夏，蝗。（道光《新城縣志》卷一五《祥異》）

夏，大蝗。（萬曆《江浦縣志》卷一《縣紀》）

夏，大蝗，知縣黄淵齋沐詣城隍廟懇禱，次日蝗不復見，是歲大稔。（嘉靖《六合縣志》卷二《災祥》）

夏，鳳陽蝗。（光緒《鳳陽縣志》卷四下《祥異》）

夏，縣官率耆民詹暉等迎二（佛）像至縣，甘雨隨霖，四郊沾之，是年有收。（景泰《建陽縣志》卷三《佛》）

夏，湖廣旱。（民國《湖北通志》卷七五《災異》）

夏，旱。（乾隆《湖南通志》卷一四二《祥異》）

旱，蝗。（康熙《濟寧州志》卷二《灾祥》；咸豐《金鄉縣志略》卷一〇下《事紀》）

旱，荒。（康熙《桃源鄉志》卷八《紀異》）

荒。（嘉靖《象山縣志》卷一三《雜志》）

府屬水災，人民乏食，廵按芮釗奏允賑濟。（康熙《南昌郡乘》卷五四《祥異》）

水災，民饑，巡按奏允賑濟。（同治《建昌縣志》卷一二《祥異》）

水災，人民乏食。（同治《靖安縣志》卷一六《祥異》）

河決於汴，潰而東流。（萬曆《崑山縣志》卷六《人物》）

河溢至城下。（萬曆《原武縣志》卷上《祥異》）

安公郁……明英宗正統十二年知蒲江。時旱魃災，哀鴻滿野，嗷嗷待哺，公民為請命，積薪紫（疑當作“柴”）報覲，誓不雨自焚，迨吉，甘霖沛然，刹那間溝澮皆盈矣。（光緒《蒲江縣鄉土志》卷二《政績》）

秋，蝗。（康熙《永平府志》卷三《災祥》）

冬，無雪。（乾隆《白水縣志》卷一《祥異》；乾隆《重修盩厔縣志》卷一三《祥異》）

海水溢。（乾隆《海寧州志》卷一六《灾祥》）

正統十三年（戊辰，一四四八）

正月

庚寅，日生左右珥，色黄赤鮮明。（《明英宗實録》卷一六二，第3141頁）

壬寅，户部奏："去歲山東、河南并直隸府州縣多有蝗蝻，今春恐移種復生。其山東、河南宜令都、布、按三司各委堂上官分廵嚴督，南北直隸宜令廵撫官，無廵撫官處遣在京堂上官，分廵嚴督軍民官司，尋掘撲滅。"上曰："所請良是，其無廵撫官處，不必遣官，第各委所司，庶不擾人。"（《明英宗實録》卷一六二，第3148頁）

丙午，夜，火星犯房宿北（抱本無"北"字）第一星。（《明英宗實録》卷一六二，第3149頁）

癸丑，直隸河間、保定二府各奏："橋梁、驛路被山水衝壞，乞發軍民相兼修築。"從之。（《明英宗實録》卷一六二，第3151頁）

二月

戊午，夜，火星犯罰星南第一星。（《明英宗實録》卷一六三，第3156頁）

辛酉，金星見於巳位。昏刻，月犯昴宿。（《明英宗實録》卷一六三，第3158～3159頁）

乙丑，夜，月犯五諸侯南等〔第〕二星。（《明英宗實録》卷一六三，第3160頁）

丁卯，雲南鄧川州奏："民田與大理衛屯田相連，俱沿湖澤，每歲雨水

流徙沙土，將湖尾溝渠淤塞，以致水不洩，禾苗渰没，乞命州衛軍民相僉疏濬。”從之。（《明英宗實録》卷一六三，第3161頁）

丙子，夜，月犯星（廣本、抱本作“心”）宿東第一星。（《明英宗實録》卷一六三，第3168頁）

三月

庚寅，夜，月犯五車東南星。（《明英宗實録》卷一六四，第3175頁）

乙巳，夜，月犯箕宿東北星。（《明英宗實録》卷一六四，第3185頁）

戊申，廵按浙江監察御史李賓等奏：“寧波、紹興二府屬縣去年旱災，民今乏食，已會同委官發糧賑貸，俟秋成抵斗償官。”從之。（《明英宗實録》卷一六四，第3185頁）

辛亥，免直隸九江衛旱災無徵屯糧三百二十餘石。（《明英宗實録》卷一六四，第3188頁）

辛亥，晝，有流星大如彈，色赤有光，出正西，西行至游氣。（《明英宗實録》卷一六四，第3188頁）

四月

戊午，江西布政司奏：“所屬新昌、高安、上高三縣去年旱蝗災傷，人民缺食。乞將本處起運南京、淮安二處糧米折銀。”事下户部覆奏，每米一石折銀二錢五分。從之。（《明英宗實録》卷一六五，第3192頁）

庚申，夜，有流星大如栖，色青白，光明燭地，出天市，北行至天弁。（《明英宗實録》卷一六五，第3193頁）

甲子，廵按湖廣監察御史閻寬等奏：“黄梅縣連年旱災，人民俱採菱藕、野蕨等物度日，官倉稻穀，上年已賑濟盡絶，今委官於軍儲倉糧内驗口支給，俟秋成抵斗償官。”從之。（《明英宗實録》卷一六五，第3194頁）

乙丑，夜，月犯太微垣右執法星。（《明英宗實録》卷一六五，第3195頁）

己巳，夜，有流星大如栖，色青白，有光，出天大將軍，東北行至近

濁。(《明英宗實録》卷一六五，第3197~3198頁)

庚午，山東諸城縣奏：“本年境内旱蝗，民逃二千四百餘户，遺下地畝糧草，無從辦納。”上命停徵。(《明英宗實録》卷一六五，第3198頁)

壬申，户部奏：“山東福山縣去年災傷，夏税小麥無收，願折徵鈔布。”從之。(《明英宗實録》卷一六五，第3199頁)

乙亥，夜，月犯十二諸國秦星。(《明英宗實録》卷一六五，第3201頁)

丁丑，順天府古北口邊倉雨水倒塌，上命密雲衛、密雲縣量撥軍民夫修理。(《明英宗實録》卷一六五，第3201~3202頁)

庚辰，命刑部右侍郎薛希璉、都察院右僉都御史張楷分詣南北直隸鳳陽、保定等府衛捕蝗。(《明英宗實録》卷一六五，第3203頁)

庚辰，免湖廣所屬旱災無徵秋糧七十五萬一百餘石，屯糧一十四萬七十餘石。(《明英宗實録》卷一六五，第3203頁)

免旱災無徵秋糧、屯糧。(康熙《孝感縣志》卷一三《蠲賑》)

旱災，免秋糧、屯糧。(光緒《德安府志》卷六《蠲邺》)

旱。(康熙《羅田縣志》卷八《祥異》)

水。(民國《山東通志》卷一〇《通紀》)

五月

乙酉朔，夜，有流星大如椀，色青白，光明燭地，出正南，東行至雲中。(《明英宗實録》卷一六六，第3207頁)

丙戌，山東濟南、青、登、萊等府俱奏：“蝗蟲生發，請差人捕滅。”從之。(《明英宗實録》卷一六六，第3207頁)

己丑，夜，有流星大如杯，色青白，有光，出華盖，東北行至濁。(《明英宗實録》卷一六六，第3208頁)

丙申，午刻，日生暈，赤黄色，圍圓濃厚。(《明英宗實録》卷一六六，第3211頁)

甲辰，勑刑部右侍郎丁鉉：“近聞河南、山東地方旱蝗相仍，人民艱食，特命爾廵視。但有蝗蝻生發，量起軍夫撲滅，或有貪官污吏暴虐小民，即拏問懲治。軍民缺食者發倉賑濟，外境流移之人，亦一體邺賑，願歸者緣途濟接遣歸，災荒之處負欠粮草，悉暫停止，務使人民得所，地方寧静，斯爾稱職。如或因循怠慢，措畫無法，斯爾不任。欽哉。”（《明英宗實録》卷一六六，第 3217 ~ 3218 頁）

己酉，山東沂州奏：“去年春旱，田地荒蕪，即今人民艱食，其負欠粮草，乞折收布鈔，以備沂州衛官軍折俸支用。”事下户部，請每麥一石二斗折闊白綿布一匹，秋粮米一石折布一疋。願納鈔者每米麦一石俱折鈔五十貫，草一束折鈔二貫。從之。（《明英宗實録》卷一六六，第 3219 ~ 3220 頁）

蝗。（乾隆《諸城縣志》卷二《總紀上》；乾隆《歷城縣志》卷二《總紀》）

遣使捕山東蝗，撫輯災民。（民國《山東通志》卷一〇《通紀》）

至六月，徽州久雨傷稼。（道光《徽州府志》卷一六《祥異》）

六月

癸酉，河南陳留縣奏：“今年五月間，河水泛漲，衝决金村隄及黑潭南岸，已倩人夫脩築，将完，復决。比舊深闊難制，乞命軍夫協力脩築。”從之。（《明英宗實録》卷一六七，第 3233 頁）

乙亥，刑部右侍郎薛希璉奏：“淮安府海州等十一州縣連歲水澇，蝗旱相仍，加以大疫，死亡者衆，人民饑窘特甚，淮安府倉粮數少，支用不敷。”事下户部議，将正統十二年折銀小麦秋粮雜豆，并十三年原存小麦秋粮共二十七萬有奇，存本府備淮安等衛官軍俸粮支用，其餘應起運供用者，仍照原定倉分交納。從之。（《明英宗實録》卷一六七，第 3234 ~ 3235 頁）

丙子，廵按河南監察御史奏：“開封府及汝陽縣蝗，有禿鶖萬餘下食之，蝗因盡絶，禾稼無損，秋成可期。”上以鳥能除民患，恐有捕者，命禁之。（《明英宗實録》卷一六七，第 3235 頁）

己卯，夜，有流星大如椀，色赤，光明燭地，出室宿，西南行至羽林軍。（《明英宗實録》卷一六七，第 3238 頁）

壬午，晝，有流星大如椀，色青白，有光，出東北行至雲中。（《明英宗實録》卷一六七，第3239頁）

甲申，大名府淫雨河決，渰三百餘里，壞私舍二萬餘區，溺千餘人。命户部遣官賑卹，除其租税。（《國榷》卷二七，第1743頁）

大名河決，渰三百餘里，壞廬舍二萬餘區，溺死千餘人。（民國《大名縣志》卷二六《祥異》）

濟南、青、兖、東昌俱河決。秋七月，復決。（民國《山東通志》卷一〇《通紀》）

七月

乙酉朔，直隸大名府奏："六月淫雨，河決，渰没三百餘里，壞軍民廬舍二萬區有奇，男婦死者千餘人。"（《明英宗實録》卷一六八，第3243頁）

乙酉朔，直隸河間，山東濟南、青州、兖州、東昌諸府，陜西寧夏諸衛各奏："六月河決，漂没廬舍，禾稼租税無徵。"户部請令所司覆視以聞，從之。（《明英宗實録》卷一六八，第3243頁）

乙酉朔，京師飛蝗蔽天。（《明英宗實録》卷一六八，第3243頁）

丙戌，夜，有流星大如杯，色青白，尾跡有光，出天津，北行至天市東垣内。（《明英宗實録》卷一六八，第3244～3245頁）

丁亥，免陜西西安、平凉二府夏税屯田餘糧二分之一。時鎮守右都御史王文奏："二府去冬無雪，今春不雨，夏麥無收故也。"（《明英宗實録》卷一六八，第3245頁）

戊戌，寧夏久雨，河決漢唐壩，敗黑山營及沿邊汝箕等口關墻墩臺，總兵官都督同知黄真以聞。（《明英宗實録》卷一六八，第3249頁）

己酉，河決河南八柳樹口，漫流山東曹州、濮州，抵東昌，壞沙灣等隄，傷民田廬無算。事聞，工部言："水勢洶湧，恐敗各州縣城垣，請令山東三司於附近不被災府衛，發工修築，視其緩急，而先後之，察其窮乏而撫恤之。"上命工部右侍郎王永和往理其事。（《明英宗實録》卷一六八，第3253頁）

河决滎澤，入渦口，至懷遠入淮。（光緒《盱眙縣志稿》卷一四《祥祲》）

河决滎陽，經曹、濮至縣，水中吼吼有聲，聞數十里。（民國《續修范縣縣志》卷六《災異》）

河决，壞沙灣隄，由大清河入海。（道光《東阿縣志》卷二三《祥異》）

飛蝗蔽天。（《明史·五行志》，第438頁）

縣境飛蝗蔽天。（光緒《東光縣志》卷一一《祥異》）

河决沙灣東堤。（光緒《東平州志》卷二五《五行》）

河决河南八柳樹口，漫曹、濮二州，壞沙灣等隄。（乾隆《曹州府志》卷一〇《災祥》）

河决滎陽東南，經陳留，自亳入渦口，又經蒙城，至懷遠界入淮。（嘉慶《懷遠縣志》卷九《五行》；光緒《鳳陽縣志》卷四下《祥異》）

河又决榮〔滎〕陽東南，經陳留，自亳入渦口，又經蒙城，至懷遠界入淮。（同治《蒙城縣志》卷二《河渠》）

八月

乙卯，直隷鳳陽、徽州二府各奏："五、六月陰雨連綿，傷害稼穡，租税無徵。"（《明英宗實録》卷一六九，第3257頁）

戊午，夜，有流星大如杯，色青白，光明燭地，出天紀，西北行至梗河。（《明英宗實録》卷一六九，第3259頁）

辛酉，昏刻，西方有星大如盞，起大角，發光如碗，西行至雲中没。（《明英宗實録》卷一六九，第3260頁）

乙巳，夜，月犯外屏西第二星。（《明英宗實録》卷一六九，第3263頁）

九月

甲申朔，河南開封府及直隷大名府各奏："所屬州縣六月以來，黄河泛漲，渰没民廬舍，秋田盡被災傷。"（《明英宗實録》卷一七〇，第3273頁）

丙戌，延安、榆林莊塞地震，頹其城百二十丈。（《明英宗實録》卷一七〇，第3273頁）

丁亥，曉刻，土星犯靈臺星。（《明英宗實録》卷一七〇，第3274頁）

甲午，日生左右珥，及生背氣一道，珥色黄赤，背氣青赤，皆鮮明。夜火星犯狗星。（《明英宗實録》卷一七〇，第3280頁）

辛丑，江西寧都縣大雨水壞城垣，其公廨、廟宇、民舍蕩然皆空，軍民男女漂流，傷没者甚多。巡按監察御史韓雍以聞，上詔雍督有司修其所，當先濟其所可恤者，務在民安事集。（《明英宗實録》卷一七〇，第3284頁）

癸卯，夜，月犯五諸侯北第三星。（《明英宗實録》卷一七〇，第3285頁）

十月

丙辰，曉刻，水星犯亢宿。（《明英宗實録》卷一七一，第3290頁）

戊午，直隸真定府定州行唐縣知縣金鼎言："本縣在府南七十里，在州東北九十里，路隔沙河，凡有事赴州，夏月河漲，冬天冰凍路阻，轉往新樂縣繞行，往反二百餘里，動經數日，方得到府，乞將本縣徑屬府轄。"從之。（《明英宗實録》卷一七一，第3291頁）

戊午，免山東兖州府所屬州縣逃户税糧一萬三千九百五十餘石，農桑絹五十疋，馬草二萬六千四十餘束；直隸池州府所屬被災秋糧四萬七千七百七十餘石，馬草六萬八千七百二十餘包。（《明英宗實録》卷一七一，第3291頁）

庚申，夜，月犯壘壁陣。（《明英宗實録》卷一七一，第3292頁）

壬戌，夜，有流星大如杯，色青白，尾跡有光，出天津，北行至漸臺，三小星隨之。（《明英宗實録》卷一七一，第3293頁）

乙丑，免直隸安慶府及安慶、宣州二衛，去年被災秋糧子粒八萬二千八百六十餘石。（《明英宗實録》卷一七一，第3294頁）

丁卯，夜，月犯昴宿。（《明英宗實録》卷一七一，第3295頁）

辛未，夜，有流星大如杯，色赤，尾跡有光，自鬼宿，東南行至翼。

（《明英宗實録》卷一七一，第 3296 頁）

丙子，夜，有流星大如碗，色青白，光明，出五車，東北行至五諸侯。（《明英宗實録》卷一七一，第 3298 頁）

十一月

甲申，燕山衛經歷陳超言："臣原籍廣東南海縣，有水源通海，昔嘗築塞。近年遇旱，民田無水灌溉，乞命有司仍疏通，置石閘，視水盈縮啓閉，用資田畝。其經行道路，或妨人往來，則建木橋。"從之。（《明英宗實録》卷一七二，第 3301 ~3302 頁）

丁亥，鎮守陝西興安侯徐亨等奏："夏秋淫雨，通渭、平凉、華亭三縣山傾，軍民壓死者八十餘口，壅水渰没税地，請蠲其賦。"從之。（《明英宗實録》卷一七二的，第 3304 頁）

己丑，夜，月犯壘壁陣。（《明英宗實録》卷一七二，第 3306 頁）

壬辰，夜，有流星大如雞彈，色青白，流丈餘，發光大如杯，出五車，東北行至中台。（《明英宗實録》卷一七二，第 3308 頁）

乙未，鎮守陝西右都御史王文奏："平凉、鞏昌、臨洮諸府衛，比因水澇，軍民缺食，秋粮子粒，無從辦納。"（《明英宗實録》卷一七二，第 3309 頁）

丙申，昏刻，月犯五車。（《明英宗實録》卷一七二，第 3310 頁）

壬子，直隸鎮江、寧國府，并廣德、滁州、宣州、南京錦衣衛，湖廣辰州府衛俱奏："六、七月中，亢旱，禾苗稿死，秋糧子粒無徵。"（《明英宗實録》卷一七二，第 3320 頁）

十二月

癸丑，朔平旦，有流星，大如杯，色青白，有光，出西南，行至近濁。（《明英宗實録》卷一七三，第 3321 頁）

乙卯，夜，有流星大如杯，色青白，出天園〔困〕，西南行至近濁。（《明英宗實録》卷一七三，第 3322 頁）

甲子，户部奏：“山東濮州比因河水泛溢，衝塌官宇民居，田畝災傷者半，請以該徵税糧，并馬草折納糧俱存本州，備賑濟。”從之。（《明英宗實録》卷一七三，第3327～3328頁）

戊辰，直隸池州、廬州，湖廣辰州等府，南京飛熊、湖廣瞿塘等衛俱奏：“六、七月亢旱，秋糧子粒無徵。”（《明英宗實録》卷一七三，第3331頁）

己巳，户部奏：“山西文水等縣有被水衝成河道，不堪耕種地三十五頃九十六畝，請蠲其税糧。有舊河退出可耕地二十三頃七十餘畝，宜令如例徵納。”從之。（《明英宗實録》卷一七三，第3332頁）

丙子，直隸邢臺縣奏：“今歲蝗蝻，發民捕瘞，踐傷禾苗，計地二百四十二頃，租粟一千二百九十七石，草二萬四千二百餘束無徵。”（《明英宗實録》卷一七三，第3338頁）

是年

夏，龍潭江水奔潰。（光緒《金陵通紀》卷一〇上）

黄河决滎陽，東抵項城，建（疑當作“達”）太和。（民國《太和縣志》卷一二《災祥》）

久雨傷稼。（民國《歙縣志》卷一六《祥異》）

河决陽武，循響子口故道東流，抵濮州張秋入海。命工部尚書石璞、侍郎王永和、都御史王文相繼塞之，績弗成。（乾隆《東明縣志》卷七《灾祥》）

黄河决，淤朱固村民田一百五十餘頃。（民國《中牟縣志·祥異》）

黄河决滎澤東南，至縣出境入淮。（民國《項城縣志》卷三一《祥異》）

河决滎澤，陳州災。是年，河决滎澤，抵陳州等處，没田數十萬頃。（民國《淮陽縣志》卷八《災異》）

旱。（乾隆《杭州府志》卷五六《祥異》；道光《江陰縣志》卷八《祥異》）

河決漫曹、濮二州。（道光《觀城縣志》卷一〇《祥異》）

大水。（乾隆《曲阜縣志》卷二八《通編》；道光《重修曙陽縣志》卷四《藝文》）

河決滎澤，漫流原武，抵祥符、扶溝、通許、洧川、尉氏、臨穎〔潁〕、鄢城、陳州、商水、西華、項城、太康，没田數十萬頃。（道光《淮寧縣志》卷一二《五行》）

黄河決開竹娄口，大薛等保地方坍成大河，渰没民田。（正德《中牟縣志》卷一《災異》）

河決滎陽，自開封城北經曹州、濮、范，至陽穀入漕河，潰沙灣東堤，以達於海。（嘉靖《山東通志》卷三九《災祥》）

河決沙灣，由大清河入海。（康熙《齊河縣志》卷六《災祥》）

雷震城四門。（民國《臨沂縣志》卷一《通紀》）

河決，一北行至壽張、沙灣，壞運道東入海；一南行至懷遠界，入淮，南北渰二千餘里。（咸豐《金鄉縣志略》卷一〇下《事紀》）

河決壞沙灣隄，由大清河入海。（順治《東阿縣志》卷二三《祥異》）

大水傷稼，民艱食。（崇禎《吴縣志》卷一一《祥異》）

水。（乾隆《吴江縣志》卷四〇《災變》）

浙東俱亢旱無收。（光緒《處州府志》卷二五《祥異》）

大水，舟入城。（萬曆《寧都縣志》卷八《雜志》）

黄河決滎澤，背沁而去，乃從武陟東竇家灣開渠三十里，引河入沁。（道光《武陟縣志》卷五《紀事沿革》）

河漲，居民阻飢，景泰五年始平。（嘉靖《長垣縣志》卷八《災祥》）

河決滎陽東南，至陳州出境入淮。（康熙《續修陳州志》卷四《災異》）

河決，自杞縣經此通。（乾隆《太康縣志》卷三《河渠》）

河決滎澤，自省城南流，調襄城民數千築堤，死者過半。（康熙《襄城縣志》卷七《災祥》）

湖廣各屬大旱，免秋粮、屯粮共四十萬石。（雍正《湖廣通志》卷一《祥異》）

大旱。（光緒《黄梅縣志》卷三七《祥異》）

大水，東西抵山麓，廬舍漂蕩，男女溺死甚多。（乾隆《遂寧縣志》卷一二《雜記》）

大水，廬舍漂蕩，男女溺死甚多。（民國《潼南縣志》卷六《祥異》）

夏秋旱。（乾隆《湖南通志》卷一四二《祥異》）

龍潭江水奔潰。（同治《上江兩縣志》卷二下《大事下》；民國《首都志》卷一六《大事表》）

十三、十四連年蝗旱。（光緒《寧津縣志》卷一一《祥異》）

正統十四年（己巳，一四四九）

正月

丁亥，夜，金星犯壘壁陣東第五星。（《明英宗實録》卷一七四，第3345頁）

己丑，蠲山東登州府所屬州縣水衝并逃民抛荒地畝租税三十頃有奇。（《明英宗實録》卷一七四，第3346頁）

辛卯，夜，月生暈，色黄赤，五車、參、畢、井宿俱在暈。復生左右珥，白虹貫其中。（《明英宗實録》卷一七四，第3347頁）

丙申，夜，月當食不食。（《明英宗實録》卷一七四，第3348頁）

丙申，曉刻，木星犯房宿北第一星。（《明英宗實録》卷一七四，第3348～3349頁）

丁酉，夜，月犯靈臺中星。（《明英宗實録》卷一七四，第3349頁）

戊戌，河决山東聊城縣隄。（《明英宗實録》卷一七四，第3349頁）

己亥，户部奏："畿内、山东、河南去歲蝗，恐今春遺種復生，乞分遣廷臣捕之。"上命移文所司撲滅。（《明英宗實録》卷一七四，第3350頁）

庚子，夜二鼓，東方有星大如椀，青白色，光明照地，起自郎將，至大角旁。（《明英宗實録》卷一七四，第3350～3351頁）

辛亥，太白晝見於己位。（《明英宗實録》卷一七四，第3360頁）

六日，太湖中大貢、小貢二山鬬，開闔數次，共沉於水。已而復起，鬬踰時乃止。是年大水，無秋，景泰中復然。（康熙《具區志》卷一四《災異》）

二月

癸丑，夜，有星大如杯，色青白，光明燭地，出東北，行西南雲中。（《明英宗實録》卷一七五，第3361頁）

甲寅，夜三鼓，東方有星大如盞，青白色，光明燭地，起東北，行至西南雲中。（《明英宗實録》卷一七五，第3363頁）

丙辰，夜，月犯昴宿。（《明英宗實録》卷一七五，第3363頁）

戊午，夜昏刻，南方有星大如盞，青白色，有光，起屏星，西南行至近濁。（《明英宗實録》卷一七五，第3364頁）

辛酉，夜，月犯鬼宿東北星。（《明英宗實録》卷一七五，第3367頁）

辛未，北方生白雲一道，東西亘天，良久漸散。（《明英宗實録》卷一七五，第3377頁）

癸酉，蠲山西太原府太原縣天龍寺水衝地九頃八十餘畝租税。（《明英宗實録》卷一七五，第3378頁）

甲戌，四川新津縣儒學被水漂没倉糧四百餘石，所司以聞。户部劾經收官吏不用心救護，合當追償。從之。（《明英宗實録》卷一七五，第3378頁）

丙子，夜，木星退犯房宿。（《明英宗實録》卷一七五，第3382頁）

戊寅，湖廣蘄水縣縣丞李尉言："本縣累年旱澇，人民艱食，乞將預備倉糧放支賑濟，俟豐熟之年如數徵收，以蘇民困。"從之。（《明英宗實録》卷一七五，第3385頁）

戊寅，夜五鼓，南方有星大如盞，青白色，有光，起翼宿，東南行至近濁，尾跡炸散。（《明英宗實録》卷一七五，第3386頁）

己卯，山西平陽府解州奏："去秋淫雨，水没民稼，租税無納。"事下户部覆視之。（《明英宗實録》卷一七五，第3387頁）

庚辰，夜，金星犯火星。（《明英宗實録》卷一七五，第3387頁）

六日，大風，黄塵蔽天，騎驢過大通橋者，風吹人驢皆墮水中溺死。（光緒《順天府志》卷六九《祥異》）

三月

癸未，宥户部尚書王佐等罪。先是，佐等以在京各馬房歲用穀草，皆河南、山東並北直隸人民上納，今彼處連年水旱蝗災，供給不敷。與内官阮忠、侍郎張睿等議，請以通州花園見堆秋青草相兼飼馬。御馬監丞李保住劾佐、忠、睿等擅改舊制。至是，命六部、都察院集議，以為佐等奏用秋青嫩草兼穀草飼馬，今多枯黄，陳浥者當論其罪。上曰："户部職掌國計，宜遵舊制，永樂、宣德間，豈無災傷？在京馬俱飼以穀草，今佐等輒以雜草湊用，法本難恕，姑宥之，再不遵奉舊制，不宥。"（《明英宗實録》卷一七六，第3391頁）

四月

辛亥，夜，有流星大如椀，色赤黄，光明燭地，出氐宿，西北行至角宿。（《明英宗實録》卷一七七，第3408頁）

壬子，昏刻，月犯金星。（《明英宗實録》卷一七七，第3410頁）

庚申，夜，昏刻，金星犯井宿。（《明英宗實録》卷一七七，第3414頁）

癸亥，免山東濟南、東昌二府水災田地秋糧一十八萬七千一百七十餘石，馬草三十七萬七千九百三十餘束。（《明英宗實録》卷一七七，第3415頁）

丙寅，夜，月犯心宿。（《明英宗實録》卷一七七，第3419頁）

壬申，上御奉天門，謂禮部臣曰："自歲首至今，雨澤愆期，穀種未布，麥苗就稿，民事弗遂，朕用惕然。其遣官告祀天地百神，祈降甘霖，以甦吾民。"（《明英宗實録》卷一七七，第3424頁）

吉安、南昌、臨江俱水，壞壇廟廨舍。（《明史・五行志》，第449頁）

五月

辛巳，順天、永平二府所屬州縣蝗。（《明英宗實録》卷一七八，第3430頁）

癸未，日生暈，色黄赤鮮明。（《明英宗實録》卷一七八，第3431頁）

癸未，昏刻，月食金星。（《明英宗實録》卷一七八，第3231頁）

甲申，順天府漷縣奏："春夏少雨，麥苗枯槁，人民缺食，請以應徵稅麥，或停徵，或折鈔，以甦民困。"（《明英宗實録》卷一七八，第3432頁）

丙戌，免山東濮州預備倉、儒學倉、千户所屯田糧共一萬五千一百六十餘石，以被水渰没也。（《明英宗實録》卷一七八，第3433頁）

丙戌，户部奏："順天府所屬州縣夏稅例運口外，并御馬監交納。今旱蝗相繼，二麥無收，請以該輸豌豆、紅花子、大麥徵納本色，小麥准納雜豆，俱存本處。其口外糧料以江南折糧銀一十萬兩，運赴宣府，糴買備用。"從之。（《明英宗實録》卷一七八，第3433頁）

丁亥，夜，金星犯鬼宿。（《明英宗實録》卷一七八，第3434頁）

壬辰，大理寺卿俞士悦等以春夏二時不雨，恐刑獄不清所致，請會審刑部、都察院獄，以消天變。（《明英宗實録》卷一七八，第3437～3438頁）

辛丑，日生背氣一道，色青赤鮮明。（《明英宗實録》卷一七八，第3442頁）

八日，丁亥，天雨，霜。（正德《永康縣志》卷七《祥異》）

京師烈風，晝晦。夏，順天蝗。（光緒《順天府志》卷六九《祥異》）

縉雲隕霜。（雍正《處州府志》卷一六《雜事》）

隕霜。（乾隆《縉雲縣志》卷三《災眚》）

六月

己酉朔，河南布政司奏："開封府諸縣蝗。"（《明英宗實録》卷一七九，第3451頁）

甲寅，巡按山東監察御史常茂奏："濟南、青州二府蝗。"（《明英宗實

録》卷一七九，第3455頁）

乙卯，陝西耀州奏："本州城垣往歲被水衝決二百七十餘丈，欲乘時修築，而工役不敷，乞命附近州縣協助。"從之。（《明英宗實録》卷一七九，第3456頁）

丙辰，是夜，南京風雨雷電，謹身等殿災。（《明英宗實録》卷一七九，第3457頁）

庚申，夜，月犯房宿南第二星。有流星大如杯，色青白，有光，出牛宿旁，南行至近濁。（《明英宗實録》卷一七九，第3460頁）

壬戌，巡撫江西刑部右侍郎楊寧奏："吉安、南昌、臨江三府四月以來驟雨，水泛祀典壇廟，官民廨舍俱被衝塌，麥苗淹没，人畜墊溺，已發預備倉糧賑貸。"從之。（《明英宗實録》卷一七九，第3461頁）

壬戌，直隷保定、河間二府各奏："今年旱災存留稅麥，俟秋成徵納菽粟。"從之。（《明英宗實録》卷一七九，第3461頁）

壬戌，夜，有流星大如雞彈，色赤（廣本作"青色"），尾有光，出氐（"氐"下應有"宿"字），北行至角。（《明英宗實録》卷一七九，第3461頁）

甲子，直隷淮安府奏："上年飛蝗遺種，四月以來，清河等四縣更復生發，已督令捕治。"命户部知之。（《明英宗實録》卷一七九，第3463頁）

辛未，廣西懷集守禦千户所以其城土築，屢因雨水傾圮，請甃以甎。從之。（《明英宗實録》卷一七九，第3474頁）

癸酉，夜，有流星大如椀，色赤（廣本作"青色"）有光，出正南，東行至雲中。（《明英宗實録》卷一七九，第3475頁）

戊寅，曉刻，有流星大如杯，色青白，光明燭地，出昴宿，東北行至井宿，尾跡炸散，後三小星隨之。（《明英宗實録》卷一七九，第3477～3478頁）

丙辰，南京風雨雷電，謹身、奉天、華蓋三殿皆災。（光緒《金陵通紀》卷一〇上）

丙辰，南京風雨雷電，謹身、奉天、華蓋三殿皆災，詔振卹。（同治《上江兩縣志》卷二下《大事下》；民國《首都志》卷一六《大事表》）

順天、保定、河間、真定旱。（《明史・五行志》，第482頁）

旱。（乾隆《行唐縣新志》卷一六《事紀》）

七月

辛巳，夜，有流星大如杯，尾跡光明燭地，出羽林軍，西行至濁。（《明英宗實録》卷一八〇，第 3481 頁）

乙酉，夜，北方有星大如杯，色青白，有光，出北斗杓，北行至近濁。（《明英宗實録》卷一八〇，第 3482 頁）

辛丑，車駕至宣府，風雨大至。邊報益急，扈從群臣復交章請駐蹕，王振怒，俱令畧陣。（《明英宗實録》卷一八〇，第 3492 頁）

癸卯，夜，金星犯亢宿南第一星。（《明英宗實録》卷一八〇，第 3492 頁）

甲辰，夜，四鼓，黑雲一道，闊二尺餘，離地一丈餘，南（抱本無“南”字）北亘天，徐徐北行。（《明英宗實録》卷一八〇，第 3492 頁）

丙午，夜，火星犯土星。（《明英宗實録》卷一八〇，第 3493 頁）

八月

戊申朔，日生暈，旁有戟氣，隨生左右珥及戴氣，東北生虹（廣本作“紅”）蜺，形如杵，至昏漸散。（《明英宗實録》卷一八一，第 3495 頁）

己酉，駐蹕大同。王振尚欲北行，鎮守太監郭敬密告振曰：“若行，正中虜計。”振始懼。自出居庸關，連日非風則雨，及臨大同，驟雨忽至，人皆驚疑，振遂議旋師。（《明英宗實録》卷一八一，第 3495 頁）

庚戌，車駕東還。是夕，次雙寨兒為營，方定，有黑雲如傘蓋覆營上，四外晴明。須臾，雷電風雨交作，營中驚亂，徹夜不止。（《明英宗實録》卷一八一，第 3495 頁）

癸丑，月犯心宿。（《明英宗實録》卷一八一，第 3495 頁）

甲子，也先聞車駕來，驚愕未信。及見，致禮甚恭，奉至宣府城南傳旨，諭楊洪、紀廣、朱謙、羅亨信開門來迎，城上人對曰：“所守者皆皇上城池，天暮，不敢開門。”楊洪已別往，乃移蹕涉宣府河而北，是夕，大雨雷震死。（《明英宗實録》卷一八一，第 3509～3510 頁）

丁卯，東南天鳴，有聲如瀉水。（《明英宗實録》卷一八一，第3514頁）

辛未，太陰晝見，與日並明。（《明英宗實録》卷一八一，第3526頁）

辛未，夜，月掩犯（廣本無“犯”字）五諸侯南第一星。（《明英宗實録》卷一八一，第3526頁）

壬申，夜，西南天鳴，有聲如瀉水。（《明英宗實録》卷一八一，第3527頁）

癸酉，夜，東方天鳴，有聲如瀉水。（《明英宗實録》卷一八一，第3528頁）

丙子，辰刻，金星見於巳位，在張宿。（《明英宗實録》卷一八一，第3535頁）

壬申，夜，西南天鳴有聲。（《國榷》卷二七，第1785頁）

九月

己卯，曉刻，木星犯進賢星。（《明英宗實録》卷一八二，第3539頁）

庚辰，昏刻，金星犯天江南第二（抱本作“三”）星。（《明英宗實録》卷一八二，第3540頁）

壬午，夜，天鳴聲如瀉水，息而復鳴。（《明英宗實録》卷一八二，第3553頁）

癸未，正統十四年各處有被水旱災傷之處，許令申達上司。其該徵粮草，即與除豁。人民有缺食者，即便設法賑濟。（《明英宗實録》卷一八三，第3558頁）

乙酉，夜，月犯壘壁陣西第一星。（《明英宗實録》卷一八三，第3566頁）

丙戌，昏刻，木星犯房宿。（《明英宗實録》卷一八三，第3568～3569頁）

己丑，夜，月犯外屏西第一星。（《明英宗實録》卷一八三，第3571頁）

丙申，曉刻，月犯五車東南星。（《明英宗實録》卷一八三，第3582頁）

辛丑，曉刻，月犯太微垣上將星。（《明英宗實録》卷一八三，第3588頁）

壬寅，夜，金、土、火三星集於翼宿。曉刻，火星犯太微垣左執法星。（《明英宗實録》卷一八三，第3593頁）

甲辰，曉刻，月與金星同度。月下金上為之戴。（《明英宗實録》卷一八三，第3602頁）

壬午，夜，天再鳴。（《國榷》卷二八，第1791頁）

十月

辛亥，户部奏："陝西潼关河溢，衛（疑當作'衝'）鎮撫司所貯紵絲，水濕有跡，命估直，准官員折色俸糧。"（《明英宗實録》卷一八四，第3617頁）

辛亥，夜，狼星動揺。（《明英宗實録》卷一八四，第3617頁）

癸丑，夜，有星大如杯，色赤，光明燭地，出三師，西北行至少弼，尾跡化蒼白氣一道，長餘五尺，状如蛇，徐徐西行。（《明英宗實録》卷一八四，第3623頁）

己未，是日，大雨雪。夜，大風、雷、電、雨。（《明英宗實録》卷一八四，第3633頁）

庚申，晝生蒼白雲一道，西南東北亘天，復化作三道。夜，雲中見月，生蒼白暈，奎、壁、婁三宿俱在暈内（廣本作"中"）。（《明英宗實録》卷一八四，第3634頁）

癸亥，夜，昏刻，西南赤黑氣如火煙。須臾，化蒼白氣重疊六道，徐徐北行，至中天而散。（《明英宗實録》卷一八四，第3642頁）

乙丑，曉刻，火星犯進賢。（《明英宗實録》卷一八四，第3643頁）

己巳，夜，有流星大如鷄彈，色青白，有光，出天廟，約行丈許，發光大如椀，光明燭地，後五小星随之，西行至屏星，尾跡炸散。（《明英宗實録》卷一八四，第3648頁）

壬申，日初出東方，有黑雲五道，中高，兩頭鋭而卑，日上黑雲如煙，尋發紅光，散，焰似火。（《明英宗實録》卷一八四，第3650～3651頁）

十一月

庚辰，夜，黑雲一道，東西亘天，闊餘五尺。（《明英宗實録》卷一八

五，第3674頁）

丁亥，曉刻，金星犯亢宿。（《明英宗實録》卷一八五，第3680頁）

己丑，日晡，西方有黑氣，從地而生，非雲非霧，髣髴煙嵐之狀，徐徐北行而散。（《明英宗實録》卷一八五，第3685頁）

癸巳，曉刻，月犯五諸侯南第一星。（《明英宗實録》卷一八五，第3693頁）

乙未，曉刻，火星入犯亢宿南第一星。（《明英宗實録》卷一八五，第3696頁）

辛丑，夜，有二流星大如杯，一色赤有光，出五帝座，東行至太微東垣外。一色青白，光明燭地，出天棓，東北行至天津。（《明英宗實録》卷一八五，第3703頁）

甲辰，户部奏："順天、河間、保定、真定等府所屬州縣多經達賊虜掠，加以天旱，田畝無收，其正統十四年該徵納粮草，除已徵在官外，其餘俱乞暫與優免，以安人心。"從之。（《明英宗實録》卷一八五，第3705頁）

十二月

丁未朔，夜，火星犯氐宿。（《明英宗實録》卷一八六，第3711頁）

戊申，夜，有流星大如杯，色青白，有聲，光明炤地，出太乙星旁，行丈餘，發光如斗，東南行至天市西垣内，後有四小星随之。（《明英宗實録》卷一八六，第3715頁）

庚戌，夜，有流星大如杯，色赤，光明燭地，出貫索，東北行入天市。（《明英宗實録》卷一八六，第3716頁）

壬子，曉刻，彗星見於天市、垣市（廣本"垣"下無"市"字）、樓星旁。（《明英宗實録》卷一八六，第3718頁）

癸丑，曉刻，彗星見于尾十二度，色蒼白，芒長尺餘，掃正西。（《明英宗實録》卷一八六，第3718頁）

乙卯，曉刻，彗星見于尾十一度，長二尺餘。（《明英宗實録》卷一八六，第3721頁）

丙辰，曉刻，彗星見尾宿十一度，西行至乙亥夜不見。(《明英宗實録》卷一八六，第 3728 頁)

丁巳，夜，月犯昴宿。(《明英宗實録》卷一八六，第 3729 ~ 3730 頁)

己未，夜，月犯五諸侯南第三星。(《明英宗實録》卷一八六，第 3737 頁)

辛未，夜，金木二星合于尾宿。(《明英宗實録》卷一八六，第 3750 頁)

壬申，夜，有流星大如杯，色黄赤，光明燭地，出中台，南行至太微西垣，尾跡炸散，後三小星随之。(《明英宗實録》卷一八六，第 3762 ~ 3763 頁)

丙子，夜，火星犯房宿。(《明英宗實録》卷一八六，第 3766 頁)

是年

夏，蝗。(光緒《臨朐縣志》卷一〇《大事表》)

夏，大水。(康熙《嘉興府志》卷二《祥異》)

大水，溺人畜。(雍正《吴川縣志》卷九《事蹟紀年》)

大水。(萬曆《新昌縣志》卷一三《災異》；康熙《興化縣志》卷一《祥異》；乾隆《化州志》卷九《紀事》；嘉慶《如皋縣志》卷二三《祥祲》；光緒《通州直隸州志》卷末《祥異》；光緒《石城縣志》卷九《紀述》)

河決朱家口，大饑。(乾隆《東明縣志》卷七《灾祥》)

漢水冰。(乾隆《漢陽縣志》卷四《祥異》；同治《鄖陽府志》卷八《祥異》)

大旱。(光緒《黄州府志》卷四〇《祥異》；民國《麻城縣志前編》卷一五《災異》)

大水，無秋。(乾隆《震澤縣志》卷二七《災祥》；道光《震澤鎮志》卷三《災祥》；同治《湖州府志》卷四四《祥異》；同治《長興縣志》卷九《災祥》；光緒《歸安縣志》卷二七《祥異》；光緒《嘉善縣志》卷三四《祥眚》；光緒《烏程縣志》卷二七《祥異》)

新昌大水。(萬曆《紹興府志》卷一三《災祥》)

夏，順天蝗。(《明史・五行志》，第 438 頁)

夏，永平蝗。(《明史・五行志》，第 438 頁)

夏，濟南蝗。（《明史·五行志》，第438頁）

夏，青州蝗。（《明史·五行志》，第438頁）

夏，蝗。（乾隆《歷城縣志》卷二《總紀》）

順天、保定、河間諸路大旱。（光緒《東光縣志》卷一一《祥異》）

大旱，詔發粟賑之。（民國《滄縣志》卷一六《事實》）

飛蝗蔽天。（順治《定陶縣志》卷七《雜稽》；康熙《東平州志》卷六《災祥》；道光《城武縣志》卷一三《祥祲》）

飛蝗蔽天，害稼。（康熙《泗水縣志》卷一一《災祥》）

兖州等處飛蝗蔽天。（嘉靖《山東通志》卷三九《災祥》）

曹、定飛蝗蔽天，歲大饑。（康熙《曹州志》卷一九《災祥》）

泰州等處水災，免田租八萬九千九百餘石。（道光《泰州志》卷九《賦役》）

大水，蠲田租。（萬曆《泰興縣志》卷八《祥異》；乾隆《直隸通州志》卷二二《祥祲》）

大水，民不聊生，免税糧。（嘉靖《重修如皋縣志》卷六《災祥》）

大水，免租課。（嘉慶《東臺縣志》卷七《祥異》）

臨江府水，八分災，巡按御史韓雍奏准免粮四分。（嘉靖《臨江府志》卷四《歲眚》）

水，巡按御史韓雍奏免税糧十分之四。（道光《新喻縣志》卷六《蠲免》）

又大水。（同治《進賢縣志》卷二二《禨祥》）

河決荆隆口。（順治《封邱縣志》卷三《祥災》）

河水大漲，決，水復迴流，衝嚙成（閻家）潭。（嘉靖《長垣縣志》卷一《堤堰》）

大旱，民多流殍。（康熙《鹿邑縣志》卷八《災祥》）

漢水冰。（乾隆《漢陽縣志》卷四《祥異》）

漢水溢。（同治《漢川縣志》卷一四《祥祲》）

旱。（康熙《番禺縣志》卷一四《事紀》；光緒《羅田縣志》卷八《祥

異》)

大旱，流殍載道。(順治《黄梅縣志》卷三《災異》)

寶慶大旱。(光緒《邵陽縣志》卷一《歲時》)

秋，河决西冡村七十余里。(嘉靖《延津志·祥異》)

蝗。(民國《順義縣志》卷一六《雜事記》)

夏，濟南、青州蝗。(民國《山東通志》卷一〇《通紀》)

正統間，大雨雹傷人，鳥巢瓦屋皆碎。(嘉慶《西安縣志》卷二二《祥異》)

景帝景泰年間

（一四五〇至一四五六）

景泰元年（庚午，一四五〇）

正月

壬午，夜，彗星出天市垣外，掃天紀星。（《明英宗實録》卷一八七，第 3775 頁）

丁亥，户部奏："去歲南北直（疑脱'隸'字）并山東、河南間有蝗蝻，恐今春遺種復生，請移文各處巡撫官督令軍衛有司掘捕。"從之。（《明英宗實録》卷一八七，第 3780 頁）

丁亥，夜曉刻，金星犯亢宿南第二星。（《明英宗實録》卷一八七，第 3780 頁）

辛卯，是日，早月食，當在卯正三刻。（《明英宗實録》卷一八七，第 3784 頁）

壬辰，夜，月暈，軒轅、太微、西垣、右執法、明堂、靈臺、長垣、土星俱在暈内。（《明英宗實録》卷一八七，第 3785 頁）

癸巳，夜曉刻，月犯五諸侯南第一星。（《明英宗實録》卷一八七，第 3787 頁）

乙未，揚州府泰州、如皋縣，浙江處州府屬縣各奏："歲歉，人民缺

食，已廢（北大本、抱本、中本作‘發’）廪賑濟，俟秋成抵斗償官。”從之。（《明英宗實録》卷一八七，第 3794 頁）

乙未，直隸真定，山東濟南、青州，湖廣襄陽諸府各奏：“去年夏秋亢旱，禾稼焦枯，租税無徵。”命户部覆視以聞。（《明英宗實録》卷一八七，第 3794 頁）

丙申，夜，有流星大如杯，色赤有光，出自内階，西北行至大陵，尾迹炸散，二小星隨之。（《明英宗實録》卷一八七，第 3795 頁）

己亥，夜，月犯心宿。（《明英宗實録》卷一八七，第 3797 頁）

大雪，二旬不止，間有黑花，凝積丈許，民多饑死，鳥雀幾盡。夏，霪雨傷稼，大饑。（光緒《嘉興府志》卷三五《祥異》）

大雪二旬，間有黑花，凝積丈許。夏，復淫潦，大饑。（同治《湖州府志》卷四四《祥異》）

大雪浹二旬，間有黑花，積丈許，民多餓死，鳥雀幾盡。復霪雨傷稼，大饑。（萬曆《秀水縣志》卷一〇《祥異》）

大雪二旬，間有黑花，凝積丈許，鳥雀幾盡。夏，淫潦，大饑。（光緒《桐鄉縣志》卷二〇《祥異》）

大雪二旬。夏，復淫潦，大饑。（光緒《歸安縣志》卷二七《祥異》）

大雪二旬，間有黑花，凝積至丈餘，民多饑死，鳥鵲幾盡。夏，霪雨傷稼，大饑。（萬曆《嘉善縣志》卷一二《祥眚》；光緒《嘉善縣志》卷三四《祥眚》）

大雪二旬，間有黑花，凝積至丈餘，民多饑死，鳥鵲幾盡。是夏，霪雨傷稼，大饑。（天啟《平湖縣志》卷一八《災祥》）

大雪二旬，間有黑花，凝積丈許。夏，復淫潦，大饑。（光緒《烏程縣志》卷二七《祥異》）

閏正月

丙午，蠲河南開封、衛輝二府被災田地夏税麥二萬六千五百餘石，絲一萬五千六百七十餘兩，秋粮米五萬九千三百五十餘石，草七萬三千八百餘

束。(《明英宗實録》卷一八八，第3807頁)

己酉，昏刻，土星入太微垣，水星在女度，當見不見。(《明英宗實録》卷一八八，第3821頁)

戊午，夜，月犯軒轅大星。(《明英宗實録》卷一八八，第3837頁)

庚申，夜，金星入壘壁陣。(《明英宗實録》卷一八八，第3839頁)

丁卯，夜，火星犯木星。(《明英宗實録》卷一八八，第3849頁)

己巳，夜，有流星大如杯，色青白，有光，出天乳旁，東北行至天市東垣，尾跡炸散。(《明英宗實録》卷一八八，第3851頁)

庚午，曉刻，木星、火星次序入南斗杓。(《明英宗實録》卷一八八，第3852頁)

癸酉，酉刻，西方有氣，上黄下黑，非雲非霧，蔽天掩日，更盡乃散。(《明英宗實録》卷一八八，第3856頁)

甲戌，夜，南方生蒼白雲一道，闊餘二尺，離地十丈許，徐徐西行。須臾，緩如烟霧蔽天，良久方散。(《明英宗實録》卷一八八，第3859頁)

畿輔、山東、河南旱。(《明史·五行志》，第482頁)

烈風。(康熙《大城縣志》卷八《災祥》)

二月

戊寅，平旦，日上有雲氣，如烟火散漫，良久漸消。(《明英宗實録》卷一八九，第3865~3866頁)

己卯，西方生黑氣，如烟火散漫，良久漸息。(《明英宗實録》卷一八九，第3868頁)

壬午，酉刻，日上生黑氣四段，長約三丈，離地丈許，兩頭鋭而貫日，其狀如魚。(《明英宗實録》卷一八九，第3871頁)

甲申，免直隸大名府旱灾田地秋粮一千八百六十餘石，馬草三萬四千七十餘束。(《明英宗實録》卷一八九，第3875頁)

癸巳，吏科給事中翟敬言："法司所問畿内強賊，多兵後貧之不得已者。今雨雪愆期，天變迭見，皆刑獄未平之象，宜從寬減。三法司以為此宜會官審其誠偽，有冤即為便理。”從之。（《明英宗實録》卷一八九，第3888頁）

壬寅，夜，有黑氣一道，南北亘天，良久漸消。（《明英宗實録》卷一八九，第3894頁）

三月

壬子，義寧、順天等八府比年蝗旱相仍，胡虜侵擾，今人下久不雨（抱本、中本“人下久不雨”作“天久不雨”），禾麥無成，人民逃散（抱本、中本作“亡”）。乞令各處鎮守撫民，大臣嚴督官司務加恩惠，逃者必欲其復業，存者亦令其安生命。户部議行之。（《明英宗實録》卷一九〇，第3904頁）

壬子，是日，南京大風拔樹。（《明英宗實録》卷一九〇，第3904頁）

辛酉，昏刻，太陰犯心宿東星。（《明英宗實録》卷一九〇，第3917頁）

丁卯，以天久不雨雪，分遣大臣於京都各祠廟、寺觀祈禱，從太子太傅禮部尚書胡濙奏請也。（《明英宗實録》卷一九〇，第3923頁）

戊辰，日晡，正西生赤黄雲數十段。須臾，散漫如火，有光照耀，不久漸散。（《明英宗實録》卷一九〇，第3924頁）

辛未，停徵山東兖州府東平州、壽張縣被災田地夏税八百六十餘石；免直隸順德府平鄉三縣去年被灾田地秋粮五千六百四十餘石，馬草一十萬五千五百二十餘束。（《明英宗實録》卷一九〇，第3925～3926頁）

四月

甲戌，西北生黑雲如堤，南北亘天，至晡時乃散。（《明英宗實録》卷一九一，第3934頁）

丙子，夜，有流星大如杯，色青白，有光，出宗正，西南行至天江。

（《明英宗實録》卷一九一，第 3939 頁）

戊寅，江西道監察御史許任達言："臣考之經傳，驗之前代，天降灾異，莫不由人為感之。近者自冬徂春，灾異數見，黑氣四塞，烈風拔木，時雨久缺，民不聊生，其必有説矣。臣愚竊以為，此乃天心仁愛人君之惠，必欲盡絕宴安酖毒之私，奮發坐薪嘗胆之志，以成非常之功，以雪非常之恥故也……"奏入，嘉納之。（《明英宗實録》卷一九一，第 3939～3940 頁）

庚辰，正統八年以來，北京雷震春〔奉〕天殿鴟吻，南京謹身殿灾，京師等處旱潦為患，蝗飛蔽天，河水解（北大本、抱本作"改"）決，星象垂異，此皆罪（抱本作"非"）常之變也。（《明英宗實録》卷一九一，第 3942 頁）

庚辰，自古至今，中國之禍，未有若是之甚者也，今幸天命有在，政化一新，然德固允修，灾猶迭見。北京去冬無雪，今春不雨，狂風揚沙，彌月不息，陰霾蔽日，經旬不開；南京大風拔木，洪水決河。（《明英宗實録》卷一九一，第 3943 頁）

辛卯，免山西太原府及汾州所屬文水等縣去年被灾田地秋粮九萬七千四百八十餘石，馬草一十九萬四千九百六十餘束。（《明英宗實録》卷一九一，第 3961 頁）

癸巳，免山西平陽府解州去年水渰田地夏税一百一十餘石，秋粮二百五十七石，馬草五百一十餘束。（《明英宗實録》卷一九一，第 3965 頁）

癸巳，監察御史陳全言："初，黄河水決山東沙灣堤，已脩其大半，止留兩岸二缺口泄水。近者東安縣以西大洪口鯉連河水落，河身漸露，與缺口相去甚近，恐將會通河水掣入東去，不便漕運，乞築其二缺口為便。"從之。（《明英宗實録》卷一九一，第 3965 頁）

丁酉，太僕寺卿李賓奏："臣聞人事著於下，而天道應於上，人事理而天降灾者，未之有也。去歲一冬少雪，今年三春不雨，苗不發生，人民荒懼。臣以為致灾之由，皆臣下不能盡職也。"（《明英宗實録》卷一九一，第 3971 頁）

辛丑，户部奏："順天府房山、良鄉、昌平、武清、漷、固安等縣近被

達賊虜掠，人民驚竄。又兼荒旱無收，缺食艱難，宜免其科差，濟以口糧。”（《明英宗實録》卷一九一，第3975頁）

五月

甲辰，直隸保定府完縣奏：“往者達寇侵擾，民遭殺絶者一十六户，逃散者一千六百一十三户，其見在户口憂惶無措。况值春旱無麥，請以見在户應徵桑絲絹，俟秋收徵納；逃户絲絹、糧草，俟其復業，方可責償；殺絶户一應徵辦，乞為除豁。”從之。（《明英宗實録》卷一九二，第3982頁）

甲辰，夜，有流星大如彈，色赤，出奎宿，東行至外屏。（《明英宗實録》卷一九二，第3982頁）

乙巳，命山西絳州、沁州、汾州、文水、平遥、潞城、黎城、高平等縣，并瀋陽等衛今年夏税減免十分之七，秋糧子粒減免十八〔分〕之四，俱存附近備用。以歲旱薄收，從巡撫右都御史朱鑑奏請也。（《明英宗實録》卷一九二，第3982～3983頁）

乙巳，直隸保定、河間、廣平，河南彰德等府俱奏：“春夏亢旱，麥苗稿死，税麥絲絹，無從營辦。”命户部勘實以聞。（《明英宗實録》卷一九二，第3986頁）

丁未，東方赤雲如火，西北黑雲長餘十丈，闊一丈，徐徐南行。（《明英宗實録》卷一九二，第3987頁）

己酉，河南道監察御史謝琚言：“京師内外，去冬無宿雪，今春無澍雨，二麥未成，五穀未種，民皆疾首痛心災沴，事已極矣。”（《明英宗實録》卷一九二，第3988頁）

乙卯，吏科給事中翟敬等奏：“切見去冬無雪，今春不雨，加以星變月食之異，是皆刑獄失平之象。”（《明英宗實録》卷一九二，第4004頁）

丁巳，昏刻，月與木星同度。（《明英宗實録》卷一九二，第4007頁）

戊午，夜，月犯南斗魁第四星。（《明英宗實録》卷一九二，第4007頁）

己巳，免直隸保定府所屬州縣並大寧都司、保定左等衛正統十四年被災

税糧米麥共三萬六千五十四石，草三十萬二千九百二十束。（《明英宗實録》卷一九二，第4020頁）

辛未，夜，有流星大如雞彈，色青白有光，出北落師門，南行至近濁。（《明英宗實録》卷一九二，第4023頁）

辛未，是夜，南京雷電大雨，水渰没通濟門外軍儲倉米一萬四千三百四十餘石，中和橋草場草一十七萬一千三百六十餘包，并漂没蘆席竹木各十數萬。（《明英宗實録》卷一九二，第4023頁）

壽張河决。（乾隆《兖州府志》卷三〇《災祥》）

六月

癸酉，久雨，决通濟河東西岸，命有司修築之。（《明英宗實録》卷一九三，第4027頁）

甲戌，順天豐潤縣、直隸興州前屯衛蝗生，右副都御史王暹以聞，且言其已遣官督捕。（《明英宗實録》卷一九三，第4027~4028頁）

甲戌，山東布政司奏：“兖州、濟南、東昌、青州等府連歲亢旱，税麥無徵。”詔户部勘實以聞。（《明英宗實録》卷一九三，第4028頁）

甲戌，夜，有流星大如雞彈，色青白，出紫微東藩，西北行至天（廣本作“大”）紀星。（《明英宗實録》卷一九三，第4028頁）

庚辰，日生背氣，色青赤鮮明。（《明英宗實録》卷一九三，第4035頁）

辛巳，日生承氣，色青赤。（《明英宗實録》卷一九三，第4036頁）

壬午，昏刻，月掩心宿西星。（《明英宗實録》卷一九三，第4039頁）

乙酉，日生背氣，色青赤。晡時，生赤雲四道，兩頭鋭，如耕壠之象，徐徐東北行而散。（《明英宗實録》卷一九三，第4046頁）

丙戌，夜，雷電，東方天鳴如瀉水。（《明英宗實録》卷一九三，第4046頁）

丁亥，昏刻，東南方天鳴，至一更乃息。（《明英宗實録》卷一九三，第4048頁）

戊子，夜，月食。（《明英宗實録》卷一九三，第 4049 頁）

己丑，先是南京風雨，江水泛漲，壞城垣、官舍、民居甚眾，拔神宮監樹木二十餘株。至是，詔有司修理之。（《明英宗實録》卷一九三，第4050 頁）

辛卯，月犯雲雨西南星。（《明英宗實録》卷一九三，第 4051 頁）

丙申，先是直隸丹陽等縣風雨，民居、圩岸俱壞，及衝决甘露等壩。至是，詔有司存恤被災民户，其所决隄岸修築之。（《明英宗實録》卷一九三，第 4060 頁）

免被災税糧。（乾隆《歷城縣志》卷二《總紀》）

七月

癸卯，江西吉安府廬陵等四縣被水災傷田地一千二百七十餘頃，夏税米四千三百二十八石，無從辦納。巡撫侍郎楊寧覆實以聞，詔户部蠲之。（《明英宗實録》卷一九四，第 4071 ~4072 頁）

丁未，夜，有流星大如雞彈，色赤，出参宿，西南行至天園〔囷〕。（《明英宗實録》卷一九四，第 4075 頁）

己酉，應天府奏："大水没上元、江寧、句容、溧水、溧陽、江浦、六合七縣官亭民舍。"命俟水落，以漸修理之。（《明英宗實録》卷一九四，第 4077 頁）

庚申，夜，天鳴有聲如瀉水。（《明英宗實録》卷一九四，第 4089 頁）

辛酉，免直隸海州并安東、鹽城二縣被水渰没田畝秋糧米四萬三千五百九十石，馬草十一萬九十餘包。（《明英宗實録》卷一九四，第 4090 頁）

辛酉，直隸廣平府邯鄲縣奏："本縣連歲亢旱無麥，民饑，兼被達賊驚疑，逃徙者眾，應徵糧草，乞暫停免，以蘇民困。"奏下户部議，請移文勘實，除見在人户難免外，其餘逃徙者宜除豁。從之。（《明英宗實録》卷一九四，第 4090 頁）

辛未，夜，有流星大如杯，色青白，有光燭地，出雲雨（廣本、抱本作"南"），西北行至瓠瓜。（《明英宗實録》卷一九四，第 4107 頁）

應天大水，没民田廬，溧水尤甚。（光緒《金陵通紀》卷一〇上）

戊午，隕霜殺穀。（順治《高平縣志》卷九《祥異》；乾隆《鳳臺縣志》卷一二《紀事》）

隕霜殺穀。（乾隆《陽城縣志》卷四《兵祥》）

大水，平地三尺。（光緒《溧水縣志》卷一《庶徵》）

應天大水，没民廬。（同治《上江兩縣志》卷二下《大事下》；民國《首都志》卷一六《歷代大事表》）

八月

甲戌，有黑雲如山。頃刻，散漫數段，形如龍虎。夜有雲氣，形如麇鹿驚奔，俱南行，乃散。（《明英宗實録》卷一九五，第4113頁）

丙子，夜，有流星大如椀，色赤，光明燭地，出室宿，東南行至雲中，四小星隨之。（《明英宗實録》卷一九五，第4114頁）

丁丑，夜，月犯房宿南第二星。有流星大如杯，色青白，光明燭地，出閣道，北行至太子旁，尾跡炸散。（《明英宗實録》卷一九五，第4115頁）

庚辰，夜，月犯南斗魁。（《明英宗實録》卷一九五，第4121頁）

甲申，昏刻，金星犯亢宿。（《明英宗實録》卷一九五，第4124頁）

乙酉，夜，南方有星大如雞彈，色赤，尾跡有光，起建星，後二小星隨之，西南行至尾宿没。（《明英宗實録》卷一九五，第4126頁）

戊子，昏刻，木星犯十二諸侯秦星。（《明英宗實録》卷一九五，第4130頁）

癸巳，夜，有流星大如栖（廣本、抱本作“杯”），色青白，出北落師門，南行至近濁。（《明英宗實録》卷一九五，第4140頁）

己亥，夜，有流星大如栖，色赤有光，出天船，北行至文昌。（《明英宗實録》卷一九五，第4145頁）

壬申，南京地震，三年又震。（同治《上江兩縣志》卷二下《大事下》）

平地水高一丈，民居盡圮。（同治《徐州府志》卷五下《祥異》）

寧鄉實霜殺稼。（乾隆《汾州府志》卷二五《事考》）

九月

乙巳，昏刻，金星犯鈎鈐東星。（《明英宗實録》卷一九六，第4149頁）

丁未，免順天府所屬二十二州縣去歲達賊擄掠、旱傷田地糧草，凡免夏麥五千五百餘石，秋糧三萬三千四百餘石，草一百六十四萬八千餘束。（《明英宗實録》卷一九六，第4151頁）

丁未，夜，火星入犯壘壁陣西第三星。（《明英宗實録》卷一九六，第4152頁）

庚戌，夜，土星犯太微垣上相星。（《明英宗實録》卷一九六，第4155頁）

辛亥，夜，火星犯壘壁陣西第四星。（《明英宗實録》卷一九六，第4156頁）

己未，免河南長蘆鹽運司竈户食鹽價米并黑土課米共八千二百二十餘石，以其地旱災故也。（《明英宗實録》卷一九六，第4161頁）

庚申，夜，火星犯壘壁陣第六星。（《明英宗實録》卷一九六，第4162頁）

辛酉，夜，黑雲數丈，横貫北斗。兙蒼白雲三道，東西亘天。（《明英宗實録》卷一九六，第4164頁）

壬戌，昏刻，月犯鬼宿，金星犯天江上星。（《明英宗實録》卷一九六，第4164頁）

丙寅，有蒼白雲氣，南北亘天，闊餘三尺，兩頭俱鋭。（《明英宗實録》卷一九六，第4169頁）

己巳，免直隷揚州府寶應縣渰没地畝租税，凡免米豆五千二（廣本作“一”）百八十餘石，草一萬一千七十餘包。（《明英宗實録》卷一九六，第4171頁）

十月

辛未，昏刻，西南生黑雲，氣如烟火，南北亘天。夜，火星犯壘壁陣西第六星。（《明英宗實録》卷一九七，第4175～4176頁）

壬申，夜，金、木二星合於箕宿。（《明英宗實録》卷一九七，第

4176 頁）

乙亥，命户部减轻代州中鹽则例，每引淮鹽納米六斗，浙鹽四斗，长蘆盐一斗五升，河东鹽一斗，以山西天旱米貴故也。（《明英宗實録》卷一九七，第 4177 頁）

辛巳，夜，南京雷雹，雨。（《明英宗實録》卷一九七，第 4182 頁）

乙酉，金星晝見於未位。夜，月犯昴宿。（《明英宗實録》卷一九七，第 4185 頁）

丙申，夜，有流星大如彈，色青白，有光，出文昌，東北行至軒轅。（《明英宗實録》卷一九七，第 4193 頁）

十一月

壬寅，夜，有流星大如椀，色青白，尾跡有光，出昴宿，東行至参宿，三小星隨之。（《明英宗實録》卷一九八，第 4199 頁）

乙卯，夜，有流星大如椀，色青白，光明燭地，出平星，東行至庫樓。（《明英宗實録》卷一九八，第 4210 頁）

丙辰，夜，月犯五諸侯星。（《明英宗實録》卷一九八，第 4211 頁）

丁巳，夜，月犯鬼宿。（《明英宗實録》卷一九八，第 4211 頁）

辛酉，昏刻，金星犯壘壁陣西第四星。（《明英宗實録》卷一九八，第 4212 頁）

癸亥，夜，月犯房宿。（《明英宗實録》卷一九八，第 4212 頁）

甲子，夜，有流星大如雞彈，色赤，尾有光，出井宿，東北行至游氣，四小星随之。（《明英宗實録》卷一九八，第 4213 頁）

戊辰，免河南彰德府去年秋糧七千八百餘石，馬草九千六百餘束，以旱災故也。（《明英宗實録》卷一九八，第 4217 頁）

己巳，夜，有流星大如雞彈，色赤，有光，出北極帝星，北行至近濁。（《明英宗實録》卷一九八，第 4217 ~ 4218 頁）

十二月

丁丑，免河間、瀋陽、大同三衛所并河間府去年旱災無徵秋糧三萬一千

餘石，户口鹽糧一萬七百餘石，鈔四萬三千餘貫，穀草三十七萬餘束。（《明英宗實録》卷一九九，第4222頁）

乙酉，夜，月食。（《明英宗實録》卷一九九，第4229頁）

己丑，昏刻，火星犯壘壁陣西第五星，水星與木星同度。（《明英宗實録》卷一九九，第4231頁）

甲午，日上生背氣一道，又生交暈，日下生背氣，及右旁生戟氣，俱鮮明。（《明英宗實録》卷一九九，第4236頁）

是年

大水。（崇禎《吴縣志》卷一一《祥異》；乾隆《吴江縣志》卷四〇《災變》；乾隆《震澤縣志》卷二七《災祥》；民國《全椒縣志》卷一六《祥異》）

大水入城，與東南城幾平，灤河徙。（民國《盧龍縣志》卷二三《史事》）

旱饑，詔免被災税糧。（民國《大名縣志》卷二六《祥異》）

大旱，饑民多流。（康熙《孝感縣志》卷一四《祥異》；光緒《孝感縣志》卷七《災祥》）

大水，飢。（民國《德縣志》卷二《紀事》）

山東旱。（民國《增修膠志》卷五三《祥異》）

旱。（乾隆《平原縣志》卷九《災祥》；光緒《羅田縣志》卷八《祥異》）

大旱。（嘉靖《漢中府志》卷九《災祥》；康熙《城固縣志》卷二《災異》；乾隆《興安府志》卷二四《祥異》；乾隆《南鄭縣志》卷一二《紀事》；乾隆《洵陽縣志》卷一二《祥異》；嘉慶《白河縣志》卷一四《録事》；光緒《鳳縣志》卷九《祥異》；光緒《洵陽縣志》卷一四《祥異》）

夏，旱。（乾隆《曲阜縣志》卷二八《通編》）

大水入城，與東南城幾平。（康熙《永平府志》卷三《災祥》）

濟南饑。（崇禎《歷乘》卷一三《災祥》）

隕霜殺穀。（康熙《朝城縣志》卷一〇《災祥》）

南京風雨，江水泛漲，壞城垣廨舍，拔神營監樹木二十餘株。（乾隆《江南通志》卷一九七《禨祥》）

水，巡撫侍郎李敏奏減被災者秋糧一萬五千餘石。（萬曆《宜興縣志》卷一〇《災祥》；嘉慶《宜興縣志》卷末《祥異》）

秋，災。（嘉靖《通許縣志》卷上《祥異》）

秋，澂江淫雨害稼，斗米四錢。（康熙《雲南通志》卷二八《災祥》）

饑，四月賑之。（乾隆《歷城縣志》卷二《總紀》）

春，大饑。（同治《咸甯縣志》卷一五《災祥》）

大水，飢，人相食。（乾隆《德州志》卷二《紀事》）

大水，平地三尺。（民國《高淳縣志》卷一二下《祥異》）

秋，蝗災。（乾隆《通許縣舊志》卷一《祥異》）

景泰二年（辛未，一四五一）

正月

癸卯，日生左右珥，色黄赤。移時，生背氣，色青赤，又生白虹貫其中。（《明英宗實録》卷二〇〇，第4245頁）

庚戌，夜，有星大如杯，色青白，尾跡有光，起畢宿，西行至奎宿。（《明英宗實録》卷二〇〇，第4250頁）

甲寅，詔南北直隷并山東、河南巡撫官各提督所司，掘滅蝗虫遺種。（《明英宗實録》卷二〇〇，第4254頁）

乙卯，巡按直隷監察御史全智奏："直隷真定府自去年春夏不雨，穀黍槁死者計七千五百餘頃，租税無從辦納，乞如例寬免，以蘇民困。"詔户部覆實以聞，命陝西臨洮府衛賑濟缺食軍民。（《明英宗實録》卷二〇〇，第4255頁）

庚申，天鳴有聲如瀉水。(《明英宗實録》卷二〇〇，第 4260 頁)

辛酉，詔發宣府倉糧，賑濟山西廣昌靈丘縣饑民。(《明英宗實録》卷二〇〇，第 4261 頁)

辛酉，夜，月犯心宿。(《明英宗實録》卷二〇〇，第 4262 頁)

壬戌，是日，南京雷電大雨。(《明英宗實録》卷二〇〇，第 4262 頁)

丙寅，詔直隸鳳陽府鳳陽等縣去年該徵糧米以麥豆抵納，因其旱災也。(《明英宗實録》卷二〇〇，第 4267 頁)

戊辰，免直隸真定府所屬州縣粳粟米四萬六百餘石，穀草七十九萬九千餘束，綿花四千四百餘斤，以其旱災故也。(《明英宗實録》卷二〇〇，第 4268 頁)

己巳，夜，有流星大如杯，色青白，有光，出天柱，北行至近濁。(《明英宗實録》卷二〇〇，第 4270 頁)

大雪，彌月不霽。(乾隆《望江縣志》卷三《災異》)

大雪彌月，積與簷齊，鳥獸皆入室。(康熙《宿松縣志》卷三《祥異》)

二月

庚午，夜，木星犯牛宿。(《明英宗實録》卷二〇一，第 4272 頁)

癸酉，賑給陝西西安府衛軍民，以被旱災缺食故也。(《明英宗實録》卷二〇一，第 4274 頁)

己卯，免直隸揚州、河間二府所屬州縣被災無徵秋糧一萬六千餘石，馬草一十二萬餘束，鹽糧六千餘石。(《明英宗實録》卷二〇一，第 4288 頁)

己卯，夜，月犯鬼宿。(《明英宗實録》卷二〇一，第 4291 頁)

甲申，少保兼兵部尚書于謙言，昨者靖遠伯王驥奏："南京雷雨擊損大報恩寺塔。"(《明英宗實録》卷二〇一，第 4293 頁)

丙戌，日生交暈，色赤黄鮮明。(《明英宗實録》卷二〇一，第 4299 頁)

戊子，夜，土星犯太微垣上相星。(《明英宗實録》卷二〇一，第 4301 頁)

庚寅，夜，土星退入太微垣左掖門。(《明英宗實録》卷二〇一，第

4305 頁）

辛卯，欽天監正皇甫仲和上疏言："土星犯上相星，逆行太微垣。"（《明英宗實録》卷二〇一，第 4305 頁）

癸巳，巡按直隷監察御史李周等奏："直隷寧山衛屯田被河溢，衝決六十七頃，不堪耕種，已會河南按察司僉事張瑄等勘實。"事下户部議蠲除之。（《明英宗實録》卷二〇一，第 4307 頁）

戊戌，免直隷寧山衛所被水屯田六十七頃子粒，仍令踏勘附近屯所空閒田地，如數撥補耕種。（《明英宗實録》卷二〇一，第 4314 頁）

三月

庚子，遣官祭西海、河瀆、媧皇、帝堯、帝舜、商湯王、中鎮霍山、白彪山馬跑泉、晉祠聖母之神凡九處，以山西地方久旱也。（《明英宗實録》卷二〇二，第 4317 頁）

丙辰，免山東濟南府所屬去年旱災夏税小麥八萬五千一百餘石，綿八百八十餘斤，絲一千六百三十餘斤。（《明英宗實録》卷二〇二，第 4329 頁）

丁巳，夜，有流星大如杯，色青白，光明燭地，出軫宿，西南行至天廟，後二小星隨之。（《明英宗實録》卷二〇二，第 4329 頁）

甲子，夜，有流星大如雞彈，色赤有光，出井宿，西南行至雲中。（《明英宗實録》卷二〇二，第 4333 頁）

己酉，濟陰、定陶大雨雹。（嘉靖《山東通志》卷三九《災祥》）

四月

甲戌，日生暈，色赤黄白黑鮮明，圍圓。（《明英宗實録》卷二〇三，第 4339 頁）

己卯，夜，月色如赭。（《明英宗實録》卷二〇三，第 4341 頁）

庚辰，西北有黑氣如煙，摩地而生。（《明英宗實録》卷二〇三，第 4341 頁）

癸未，夜，月犯心宿。（《明英宗實録》卷二〇三，第 4344 頁）

戊子，夜，月犯木星。(《明英宗實録》卷二〇三，第 4347 頁)

辛卯，南京金吾前衛軍餘宗廣等奏："舟載南京光禄寺官酒二千缾，行至高郵州清水潭遇風雨，舟壞酒覆，乞免追陪。"從之。(《明英宗實録》卷二〇三，第 4348 ~4389 頁)

甲午，西方黑氣如烟霧，摩地而生，徐徐南行而散。(《明英宗實録》卷二〇三，第 4351 頁)

五月

己亥，夜，東方有星大如雞彈，色青白，有光，起天津，東行至濁。(《明英宗實録》卷二〇四，第 4356 頁)

庚子，太白晝見午位。(《明英宗實録》卷二〇四，第 4357 頁)

辛丑，山西解州旱，發官廩賑貸饑民。(《明英宗實録》卷二〇四，第 4357 頁)

丙午，昏刻，有流星大如杯，色青白，光明燭地，出軒轅，西北行至游氣，五小星隨之。(《明英宗實録》卷二〇四，第 4360 頁)

辛亥，金星晝見於巳位。(《明英宗實録》卷二〇四，第 4368 頁)

壬子，金星辰時見巳位，巳時見午位，午時見未位。(《明英宗實録》卷二〇四，第 4368 ~4369 頁)

丁巳，南京龍虎左并龍江左衛運糧船有遭風漂没者，總督漕運右僉都御史王竑請量减應運京倉米，於通州倉納省脚費，以補其数。從之。(《明英宗實録》卷二〇四，第 4375 頁)

丁巳，日生左珥及直氣，色俱青赤鮮明。(《明英宗實録》卷二〇四，第 4375 頁)

丁卯，日生暈，色青黄鮮明。(《明英宗實録》卷二〇四，第 4381 頁)

六月

戊辰，欽天監先言："是日，卯初刻，日當食，至期不食。"(《明英宗實録》卷二〇五，第 4383 頁)

戊辰，户部右侍郎兼翰林院學士江淵言："竊見今春土星入垣，近日，太白晝見，今又日食於朔旦。"（《明英宗實録》卷二〇五，第4383頁）

戊辰，勅巡撫山東河南左副都御史洪英、右副都御史王暹曰："近者黄河衝決，失故道，自臨清抵徐州以南漕運艱難。"（《明英宗實録》卷二〇五，第4385頁）

戊辰，夜，金星犯畢宿。（《明英宗實録》卷二〇五，第4386頁）

壬申，免陜西肅州衛去歲旱災屯糧一萬三千四百餘石。（《明英宗實録》卷二〇五，第4394頁）

癸酉，是日昏刻，南京聞南方天鳴如瀉水聲。（《明英宗實録》卷二〇五，第4395頁）

戊寅，日生五色雲，暈鮮明。（《明英宗實録》卷二〇五，第4400頁）

庚辰，夜，月生左右珥，色赤黄鮮明。（《明英宗實録》卷二〇五，第4402頁）

甲申，兵科都給事中葉盛言："伏見向來天降災異，或土星犯上相逆行太微垣，或太白晝見，或日食。"（《明英宗實録》卷二〇五，第4402～4403頁）

辛卯，夜，月犯昴宿。（《明英宗實録》卷二〇五，第4408頁）

壬辰，夜，有流星大如杯，色赤，尾跡有光燭地，出天厨，北行衝文昌。（《明英宗實録》卷二〇五，第4409頁）

丙申，夜，大小流星凡八十有五。（《明英宗實録》卷二〇五，第4411頁）

雨雹，狀如牛頭。秋冬，大旱。（康熙《順德縣志》卷一三《紀異》）

朔，日食。（乾隆《銅陵縣志》卷一三《祥異》）

七月

戊戌，夜，有流星大如雞彈，色青白，光丈餘。（《明英宗實録》卷二〇六，第4414頁）

乙巳，夜，有流星大如雞彈，色青白，光丈餘。（《明英宗實録》卷二

〇六，第 4419 頁）

丙午，昏刻，月犯心宿中星。（《明英宗實録》卷二〇六，第 4420 頁）

辛亥，蠲直隸揚州府高郵州并儀真縣景泰元年被災田畝秋糧米豆千五百石有竒，馬草二千餘包。（《明英宗實録》卷二〇六，第 4422 頁）

癸丑，夜，京師地震，自北而南。（《明英宗實録》卷二〇六，第 4424 頁）

甲寅，日生背氣，色青赤鮮明。（《明英宗實録》卷二〇六，第 4424 頁）

庚申，户部奏："江南民運上供白米，有於臨清諸處遇風，破舟漂流濕爛者，欲追之，則米非他處所産，人實不堪；欲蠲之，則恐奸人故自破舟，乘機作弊。請今後運上供白米而舟壞濕爛者，悉令次年追償，仍運赴京。"從之。（《明英宗實録》卷二〇六，第 4428 頁）

庚申，夜，有流星大如杯，色青白，有光燭地，出天紀，北行至貫索。（《明英宗實録》卷二〇六，第 4430 頁）

乙丑，鎮守陜西興安侯徐亨奏："西安等四府九衛數月不雨。"直隸鳳陽、淮安二府各奏："霿霧（廣本作'零雨'）并水傷損麥禾，租税無徵。"事下户部覆視以聞。（《明英宗實録》卷二〇六，第 4437 頁）

八月

丁卯，河南開封，山東濟南、東昌諸府，直隸興州左屯，遼東廣寧、鐵嶺、三萬諸衛各奏："今夏淫雨，河隄衝决，傷害禾稼，租税無徵。"事下户部覆視以聞。（《明英宗實録》卷二〇七，第 4439 頁）

壬申，是日，南京地震。（《明英宗實録》卷二〇七，第 4445 頁）

壬申，夜，有流星大如盃，色青白，出天津，北行至織女。（《明英宗實録》卷二〇七，第 4445 頁）

乙亥，提督遼東軍務左都御史王翺奏："遼東自在州牛莊驛至廣寧高平驛，近因雨水泛漲，橋梁、塗路、倉庫、墩墻多壞，請次第修理。"從之。（《明英宗實録》卷二〇七，第 4447 頁）

丙子，免直隸太平府田租之半，陝西所屬各府夏税十之四，湖廣所屬府衛税糧子粒一十八萬八千四百七十石有奇，以正統十四年、景泰元年各被災傷也。(《明英宗實録》卷二〇七，第4448頁)

丁丑，武清侯石亨以久雨，慮諸關口有頽者，擅遣軍士十餘覘之，其官軍遂越關，潛至大同。(《明英宗實録》卷二〇七，第4449頁)

壬午，夜，有流星二，一大如雞彈，一大如斗，色俱赤，有光燭地。一出紫微西蕃，北行至陰德，三小星隨之；一出天津，東南行至河南，十餘小星隨之，尾跡炸散，有聲如雷。(《明英宗實録》卷二〇七，第4453～4454頁)

戊子，曉刻，老人星見丙位。(《明英宗實録》卷二〇七，第4458頁)

庚寅，夜，月犯鬼宿。(《明英宗實録》卷二〇七，第4459頁)

壬申，南京地震。(光緒《金陵通紀》卷一〇上)

霪雨害稼。(乾隆《歷城縣志》卷二《總紀》)

九月

戊戌，免直隸鎮江府所屬去年水災田地秋粮三萬八千八十餘石，馬草一萬九千五百五十餘束。(《明英宗實録》卷二〇八，第4467頁)

壬寅，曉刻，金星入太微垣右掖門。(《明英宗實録》卷二〇八，第4469頁)

壬寅，夜，月犯南斗杓第二星。(《明英宗實録》卷二〇八，第4469頁)

甲辰，木星晝見於巳位。夜，月犯木星於斗宿。(《明英宗實録》卷二〇八，第4470頁)

戊申，免直隸揚州府所屬州縣去年被災田地秋粮二萬四千六十餘石，馬草四萬六千五百五十餘包。(《明英宗實録》卷二〇八，第4472頁)

癸丑，夜，月犯昴宿。(《明英宗實録》卷二〇八，第4476頁)

己未，免江西贛州府石城縣被賊擄掠人民該徵粮米二千一百三十餘石，浙江温州府平陽縣去年水澇田地秋粮二千六百五十餘石。(《明英宗實録》

卷二〇八，第 4481 頁）

庚申，曉刻，金、火、土星聚會於軫宿。（《明英宗實録》卷二〇八，第 4482 頁）

壬戌，免直隸常州府宜興縣水災田地秋粮之半。（《明英宗實録》卷二〇八，第 4482 頁）

十月

己巳，免河南懷慶、彰德二府所屬去年旱災田地夏税，懷慶免五分，彰德免六分。（《明英宗實録》卷二〇九，第 4488 頁）

辛未，夜，有流星大如雞彈，色青白，出軒轅，北行至太微東垣。（《明英宗實録》卷二〇九，第 4491 頁）

庚辰，曉刻，月犯昴宿。（《明英宗實録》卷二〇九，第 4498 頁）

癸未，夜，月犯東井。（《明英宗實録》卷二〇九，第 4498 頁）

乙酉，夜，有流星二，一大如雞彈，色赤有光，出胃宿，東南行至天囷；一大如杯，色青白，出華盖，北行至天鉤星（抱本“鉤”作“釣”，“星”下有“止”字）。（《明英宗實録》卷二〇九，第 4501 頁）

己丑，免山東濟南府所屬去年旱災田地夏税四萬五千九十餘石。（《明英宗實録》卷二〇九，第 4503 頁）

己丑，免山西太原、平陽二府，澤、潞、遼、沁、汾五州所屬去年被災田地夏税一十九萬二千三百六十餘石，秋粮八十八萬九千五百餘石，馬草一百七十一萬三千六十餘束。（《明英宗實録》卷二〇九，第 4503 頁）

己丑，昏刻，南方有星大如雞彈，色青白，尾跡有光，起司空西行。（《明英宗實録》卷二〇九，第 4504 頁）

十一月

丙申，夜曉刻，火星犯氐宿。（《明英宗實録》卷二一〇，第 4511 頁）

己亥，昏刻，月犯牛宿下西（廣本作“四”）星。（《明英宗實録》卷二一〇，第 4512 頁）

庚子，户部奏："河南固治〔始〕縣民金文貴解送粮豆赴京，至直沽，潮湧舟沉，内五百八十石漂流不存。宜令於原籍借備，候至下年輸粮之時，同運至通州倉補納。"從之。（《明英宗實録》卷二一〇，第4512頁）

戊申，夜，月犯昴宿。（《明英宗實録》卷二一〇，第4519頁）

己酉，日生暈及左右珥。夜，有流星大如杯，色赤有光，出五帝内座，東行至大（广本作"太"）微原（广本、抱本作"东"）垣，一小星隨之。（《明英宗實録》卷二一〇，第4520頁）

壬子，夜，月犯鬼宿西南星。（《明英宗實録》卷二一〇，第4522頁）

癸亥，夜，火星犯鈎鈐星。（《明英宗實録》卷二一〇，第4530頁）

十二月

己巳，夜，有流星大如杯，色赤，有光燭地，出近濁，東北行至五諸侯。（《明英宗實録》卷二一一，第4535頁）

壬申，免陕西西安等府、鞏昌等衛被災秋粮子粒十四萬三千五百八十餘石。（《明英宗實録》卷二一一，第4537頁）

甲戌，夜，有流星大如婉（廣本、抱本作"椀"），色青白，光明燭地，出天狗，南行至濁，三小星隨之。（《明英宗實録》卷二一一，第4539頁）

戊寅，免應天府江浦、六合二縣去年被灾粮草十分之四。（《明英宗實録》卷二一一，第4541頁）

癸未，日生背氣，色青赤，左右珥，色黄赤，俱鮮明。（《明英宗實録》卷二一一，第4543頁）

丁亥，日生暈，上又生負（廣本作"背"）氣一道，色鮮。（《明英宗實録》卷二一一，第4548頁）

是年

夏，旱，道殣相望。（光緒《嘉興府志》卷三五《祥異》）

夏，大饑。（民國《杭州府志》卷八四《祥異》）

夏，大饑，斗米百錢。（乾隆《海寧州志》卷一六《災祥》）

旱。（乾隆《晉江縣志》卷一五《祥異》；嘉慶《惠安縣志》卷三五《祥異》）

蘇州、淮安諸郡雪，民凍餓死相枕。（光緒《淮安府志》卷四〇《雜記》）

河決濮州，遷治于王村。（道光《觀城縣志》卷一〇《祥異》）

又饑。（民國《大名縣志》卷二六《祥異》）

大饑。（康熙《海寧縣志》卷一二上《祥異》）

饑。（民國《順義縣志》卷一六《雜事記》）

春夏，大旱，溝渠盡涸，斗米至二百錢。（弘治《八閩通志》卷八一《祥異》）

春夏，大旱，斗米二百錢。（乾隆《僊遊縣志》卷五二《祥異》）

夏，旱，大饑，米斗百錢，道殣相望。（萬曆《秀水縣志》卷一〇《祥異》）

夏，旱，大饑，斗米百錢，道殣相望。（天啟《平湖縣志》卷一八《災祥》）

夏，旱。（崇禎《長樂縣志》卷九《災祥》）

蝗。（康熙《通州志》卷一一《災異》）

山西大旱，遣太常寺丞李希安禱雨湯陵，未至而甘霖降。（乾隆《滎河縣志》卷一三《事紀》）

陝西府四、衛九，旱。（《明史·五行志》，第482頁）

河決濮州，城圮。（萬曆《東昌府志》卷一七《祥異》）

飄風狂驟，大木斯拔，破瓦毀屋，雨雹大如鷄子。（康熙《永明縣志》卷一四《災異》）

雨雹。（康熙《南海縣志》卷三《災祥》；嘉慶《羊城古鈔》卷一《禨祥》）

大雪，彌月不霽，高屋積與簷齊，鳥獸俱入人室。（康熙《桐城縣志》卷一《祥異》）

大雪，彌旬不霽，積與屋簷齊，鳥獸入人室。（康熙《安慶府志》卷六《祥異》）

大雪，彌旬不霽，積與簷齊，鳥獸入人室。（康熙《安慶府太湖縣志》卷二九《祥異》）

冬，大雪彌旬。（乾隆《銅陵縣志》卷一三《祥異》）

雪，彌月不霽，積與屋簷齊。（民國《潛山縣志》卷二九《祥異》）

大雪。（康熙《廬州府志》卷九《祥異》；光緒《廬江縣志》卷一六《祥異》）

景泰三年（壬申，一四五二）

正月

辛丑，蠲直隸順德府景泰元年被災地畝秋粮米一萬九千三十餘石，草三十五萬一千五百餘束。（《明英宗實録》卷二一二，第4559頁）

甲辰，夜，有流星大如雞彈，色青白，有光，出紫薇垣，行至天鈎星。（《明英宗實録》卷二一二，第4561頁）

丁未，夜，月犯鬼宿西南星。（《明英宗實録》卷二一二，第4562頁）

庚戌，夜，有流星大如杯，色青白，有光，出天尊，西行至游氣。（《明英宗實録》卷二一二，第4564頁）

癸丑，夜，有流星大如杯，色青，行丈餘，有光，大如椀，出天纪，東北行至河鼓，三小星隨之。（《明英宗實録》卷二一二，第4565頁）

丙辰，日生左右珥、背氣、白虹各一道。（《明英宗實録》卷二一二，第4572頁）

辛酉，日生暈，旁生兩珥，色皆赤黄。（《明英宗實録》卷二一二，第4576頁）

二月

壬申，吏部左侍郎兼翰林院斈士江淵奏："近春以来，京師雨雪連綿不已，此盖恒寒之罰。刘向曰：‘凡陰，雨也，雪又雨之陰也。出非其時，迫近象也。’兹當仲春少陽用事之時，而寒氣脅之，古占以為人君刑法暴濫之象近恒寒也……”（《明英宗實録》卷二一三，第4581頁）

戊寅，雲南劍州州民奏：“州治東南原有海子，周圍四十餘里，除立河泊所，其餘空地二千餘畝，歲為雨水泛溢，不得田種。乞發丁夫濬海尾淺水，令民田種。”事下工部，覆奏令雲南布政司勘行。從之。（《明英宗實録》卷二一三，第4586頁）

庚辰，蠲（廣本“蠲”下有“南”字）直隸淮安府海州景泰元年被災地畝秋粮二萬三千七百八十石有竒，草六萬四千六百六十餘包。（《明英宗實録》卷二一三，第4587頁）

辛巳，曉刻，濃霧至巳不散。（《明英宗實録》卷二一三，第4587頁）

癸巳，夜，有流星二，一大如杯，一大如鷄彈，色皆青白有光。一出角宿，北行至斗杓；一出明堂，西北行至軒轅。（《明英宗實録》卷二一三，第4597頁）

三月

甲午，夜孛星見于畢。（《明英宗實録》卷二一四，第4600頁）

丁未，曉刻，濃霧，至巳漸消。（《明英宗實録》卷二一四，第4611頁）

壬子，日生左右珥，色赤黄。（《明英宗實録》卷二一四，第4613頁）

四月

丁卯，夜，金星犯六諸王西第二星。（《明英宗實録》卷二一五，第4621頁）

辛未，夜，有流星大如杯，色青白，有光，出織女，西行至雲中。（《明英宗實録》卷二一五，第4622頁）

癸未，免直隸揚州府高郵州興化縣旱災田地秋粮二萬四千六十餘石，馬草四萬六千五百五十餘包。（《明英宗實録》卷二一五，第4629頁）

甲申，夜，火木二星合犯於危宿。（《明英宗實録》卷二一五，第4632頁）

乙酉，日生背氣，色青赤鮮明。（《明英宗實録》卷二一五，第4636頁）

戊子，夜，金星犯井。（《明英宗實録》卷二一五，第4639頁）

甲申，熒惑與歲星同犯危。（道光《東阿縣志》卷二三《祥異》）

水旱疾癘相仍，民大饑乏，都御史王竑奉命賑卹。（嘉靖《徐州志》卷三《災祥》）

大水。（乾隆《滿城縣志》卷八《災祥》）

五月

甲午，夜，有流星大如杯，色赤有光，出文昌，西北行至游氣。（《明英宗實録》卷二一六，第4652頁）

己酉，夜，有流星大如杯，色赤（廣本作“青”）有光，出滕蛇，東行北至天大将軍，二小星随之。（《明英宗實録》卷二一六，第4664頁）

壬子，夜，金星犯鬼宿東北星。（《明英宗實録》卷二一六，第4669頁）

丁巳，金星晝見於未位。（《明英宗實録》卷二一六，第4673頁）

河决，築隄以防之。（光緒《壽張縣志》卷一〇《雜事》）

六月

壬戌，木星晝見於午位。（《明英宗實録》卷二一七，第4677頁）

甲戌，日生右珥，色赤黄鮮明。（《明英宗實録》卷二一七，第4683頁）

丁丑，山東濟南府歷城、長清二縣蝗生，命户部移文三司嚴督所屬捕瘞之。（《明英宗實録》卷二一七，第4684頁）

丁丑，夜，月生左右珥，色蒼白。（《明英宗實録》卷二一七，第4684頁）

辛巳，免河南開封府所屬原武等八縣被灾秋糧二萬九千一百一十餘石，馬草三萬六千二百三十餘束。（《明英宗實録》卷二一七，第 4686 頁）

乙酉，昏刻，金星犯靈臺星。（《明英宗實録》卷二一七，第 4689 頁）

戊子，夜，金星犯太微垣上將星。（《明英宗實録》卷二一七，第 4692 頁）

己丑，總督漕運巡撫淮安等處右僉都御史王竑奏："淮安海、邳二州，安東等縣大水衝塌軍民廬舍，漂流畜産農具，麥田渰没，人民缺食。"（《明英宗實録》卷二一七，第 4692 頁）

庚寅，是日，雷震傷人物，擊宫庭中門。（《明英宗實録》卷二一七，第 4693 頁）

庚寅，昏刻，金星入太微垣右掖門。（《明英宗實録》卷二一七，第 4693 頁）

庚寅，是月，大雨浹旬，河復決沙灣北馬頭七十餘丈，掣運河之水以東，旁近田地悉皆渰没。（《明英宗實録》卷二一七，第 4693 頁）

蝗。（乾隆《歷城縣志》卷二《總紀》）

大雨浹旬，復決沙灣北岸，掣運河之水以東，近河地皆没。（《明史·河渠志》，第 2017 頁）

七月

丁酉，詔在京雨水連綿倉廒坍塌者工部修理，其糧不拘資次，先行放支。（《明英宗實録》卷二一八，第 4699 頁）

戊戌，夜，有流星大如盃，色青白，出閣道，西南行至螣蛇。（《明英宗實録》卷二一八，第 4701 頁）

壬寅，昏刻，金星犯太微垣左執法星，月犯南斗杓第二星。（《明英宗實録》卷二一八，第 4705 頁）

丙午，都察院右僉都御史王竑奏："今年夏初，淮安雨水，二麥無收。至五月，復被山東水漲，衝塌房屋，漂流人畜，失業缺食者眾，乞免徵夏税，以蘇民困。"詔户部遣官覆視處之。（《明英宗實録》卷二一八，第

4707 頁）

丙午，巡撫河南右都御史王暹奏："開封府祥符等十五縣，衛輝府胙城、新平二縣，汝寧府西平縣俱被水災，乞停免科辦，以寬民力。"命該部覆實處之。（《明英宗實録》卷二一八，第 4707 頁）

乙卯，夜，有流星大如杯，色青白，有光，出羽林軍，南行近濁。（《明英宗實録》卷二一八，第 4713 頁）

戊午，命徐州今歲夏税准折徵銀布，以水災傷麥也。（《明英宗實録》卷二一八，第 4718 頁）

旱魃為虐，禱雨龍湫。（康熙《羅源縣志》卷一〇《雜事》）

八月

甲子，火星晝見於未位。（《明英宗實録》卷二一九，第 4725 頁）

乙丑，夜，有流星大如碗，色赤有光，出斿南行至近濁。（《明英宗實録》卷二一九，第 4727 頁）

乙丑，山東兖州府奏："雨水泛漲，禾稼渰没，人民缺食，糧草無徵。"御史羅澄亦奏："徐州抵濟寧一帶，平地水高一丈，民居盡皆坍塌，老稚妻孥，流離道路。"事下户部，請差官赴山東，會同巡撫官右都御史洪英於各府縣設法賑卹。從之。（《明英宗實録》卷二一九，第 4727 ~ 4728 頁）

丁丑，命南北直隸巡撫官勘實所屬水灾田地應徵糧草户口鹽糧及負欠軍物料馬疋，悉為優免，饑民量發官廩賑濟，從户（疑脱"科"字）給事中李錫奏請也。（《明英宗實録》卷二一九，第 4734 ~ 4735 頁）

丁丑，陝西大雨，河泛决延安、綏德等處城。都督王禎以聞，命禎督工亟修完之。（《明英宗實録》卷二一九，第 4736 頁）

丁丑，夜，有流星大如彈，色赤有光，出紫微西藩，東北行至北斗魁，二小星随之。（《明英宗實録》卷二一九，第 4736 頁）

辛巳，直隸永平府大雨渰没禾稼，巡撫右僉都御史鄒來學以聞，命户部遣官覆視，量為賑卹。（《明英宗實録》卷二一九，第 4737 頁）

甲申，鎮江府奏："本府儒學地窪，数被雨水摧敗，請徙建於本學後稍

高隙地。”從之。（《明英宗實録》卷二一九，第4738～4739頁）

甲申，夜，月犯井宿東北第二（廣本作“三”）星。（《明英宗實録》卷二一九，第4739頁）

乙酉，南直隸、河南、山東民以水灾流移趂食者，在在有之。山東按察司僉事古鏞奏：“令各處官司設法安置，給糧賑濟。”從之。（《明英宗實録》卷二一九，第4739頁）

乙酉，户部言：“山東兖州府嘉祥縣先是久雨傷稼，本縣俱不以聞，至是方奏報，宜治其官吏之罪。”從之。（《明英宗實録》卷二一九，第4739頁）

山東大水，兖州久雨傷禾，大嵩等二十衛所久雨壞城。（民國《山東通志》卷一〇《通紀》）

辛丑，永平大雨，水渰稼，賑之。（光緒《永平府志》卷三〇《紀事》；民國《盧龍縣志》卷二三《史事》）

乙丑，賑徐州水災。淮、徐大水，民饑。（同治《徐州府志》卷五下《祥異》）

徐州平地水高一丈，民居盡圮。（民國《銅山縣志》卷四《紀事表》）

振南畿水災，免税糧。乙酉，振南畿流民。（光緒《金陵通紀》卷一〇上）

大水，免税糧。（乾隆《歷城縣志》卷二《總紀》）

祁門大水，損田禾十之七。（弘治《徽州府志》卷一〇《祥異》）

九月

庚寅，免直隸淮安府所屬州縣無徵夏麥九萬七千四百九十餘石，以其被水災也。（《明英宗實録》卷二二〇，第4745頁）

辛卯，江西泰和縣民奏：“本縣原有信豐陂，近年被水衝決，不能灌田，以致厚種薄收，逋負征税，乞勑有司修築。”從之。（《明英宗實録》卷二二〇，第4748頁）

辛卯，勑諭太子太保兼都察院左都御史王文：“近聞南京地震，江淮以北直至濟寧水漲，渰没房屋禾稼，遠近乏食，棲止無所，或至流移。及東昌府接連河南地方，往因黄河奔潰，北流散漫，衝決漕河隄岸，阻滯官民運

輸。”（《明英宗實録》卷二二〇，第4748頁）

甲午，夜，有流星大如雞彈，色青白，出四輔，西北行至紫微東藩。（《明英宗實録》卷二二〇，第4750頁）

乙未，勅直隸、山西、山東、福建、廣西、江西、遼東巡撫官右都御史王暹等曰：“近者各府州縣多奏水旱，爾等會同各處御史三司分投踏勘，如果是實，即将未徵糧草停免，人民缺食者，量丁口支給，官糧有出粟賑濟者，就彼給冠帶，以榮終身，有虚報災傷者，仍舊徵納，仍具官粮數目冠帶姓名奏報。”（《明英宗實録》卷二二〇，第4750～4751頁）

丙申，兵部奏：“河南、山東近因水災，百姓艱窘，其被傷州縣應追馬匹，請以十分為率，先追四分，其餘候来年麥熟追償。”（《明英宗實録》卷二二〇，第4751頁）

丁酉，近聞河南、山東河道改決，洪水泛漲，渰没田禾，損壞廬舍，流離之眾，轉徙無常，而所在官司乏糧賑濟。又聞南京地震，雷擊獸吻。凡此災異，實為非常，盖天心仁愛國家，故以示警戒也。（《明英宗實録》卷二二〇，第4754～4755頁）

丁酉，夜，有流星大如杯，色青白，有光，出大陵，南行至天囷。（《明英宗實録》卷二二〇，第4756～4757頁）

壬寅，巡撫山東右都御史洪英奏：“兖州府屬縣水災，軍民缺食，請發糧賑濟。”詔户部郎中汪澔會同三司，委官就於附近有糧倉分驗口給之，免其償官。（《明英宗實録》卷二二〇，第4760頁）

癸卯，以河南、山東水，詔被災府縣一切不急之務及歲辦物料，皆罷之。（《明英宗實録》卷二二〇，第4761頁）

辛亥，免龍門開平衛所今年屯糧十之五，以被霜災故也。（《明英宗實録》卷二二〇，第4766頁）

癸丑，夜，有流星大如雞彈，色青白，出昴宿，東行至畢月，犯鬼宿西南星。（《明英宗實録》卷二二〇，第4769頁）

乙卯，夜，有流星大如梧，色青白，有光，出輦道，西行至天市垣。

(《明英宗實録》卷二二〇，第4770頁)

各府州縣多奏水旱。(民國《奉天通志》卷一四《大事》)

辛卯，以兩淮大水，河決久不治，命都御史王文巡視安輯。(嘉慶《揚州府圖經》卷八《事志》)

閏九月

壬戌，巡按直隸監察御史王常奏："淮安鳳陽府所屬州縣今年六月以來，雨水泛溢，田禾渰没，衝塌房屋，漂流牲畜，已委知府丘陵等賑濟饑民，體勘災傷田地頃畝，具數以聞。"命户部覆實，蠲其租。(《明英宗實録》卷二二一，第4779~4780頁)

癸亥，昏刻，月犯天江星。(《明英宗實録》卷二二一，第4780頁)

甲子，夜，有流星三，色皆青白。一大如雞彈，二大如梧。一出婁西行至壁，尾跡炸散，一出天囷西行至近濁，二小星随之；一出天槍〔倉〕東南行至濁，三小星随之。(《明英宗實録》卷二二一，第4782頁)

己巳，罷修中都天地壇，以其地水災民饑也。(《明英宗實録》卷二二一，第4785頁)

癸酉，免宣府前等十六衛所屯糧三分之一，以其旱、蝗、霜、雹荐(廣本作"洊")災也。(《明英宗實録》卷二二一，第4786頁)

乙亥，夜，有流星大如梧，色青白，出北河，東北行至軒轅，二小星随之。(《明英宗實録》卷二二一，第4787頁)

庚辰，後軍都督府都督同知孫安奏："獨石馬營等處田禾霜災，軍士艱窘，其給過銀兩應還子粒，乞緩其徵。"詔減半徵之，餘俟豐年。(《明英宗實録》卷二二一，第4789頁)

壬午，夜，有流星大如梧，色青白，出内階，西北行至紫微西藩。(《明英宗實録》卷二二一，第4791頁)

十月

庚寅，日生背氣，色青赤，左右珥，色赤黄鮮明。(《明英宗實録》卷

二二二，第 4798 頁）

辛丑，夜，土星犯亢宿。（《明英宗實録》卷二二二，第 4803 頁）

丙午，夜，月犯井宿東北第二星。（《明英宗實録》卷二二二，第 4806 ~ 4807 頁）

乙卯，夜，有流星大如杯，色青白，出文昌，東行至天紀星。（《明英宗實録》卷二二二，第 4812 ~ 4813 頁）

戊午，直隸鳳陽府潁州太和縣奏："今春雨雪連綿，二麥無收，秋又積雨，湖水泛漲，粟穀、麻豆等苗渰損殆盡。"直隸安慶府望江，浙江台州府黄巖，湖廣衡州府常寧、耒陽、衡山、衡陽、桂陽，長沙府安化、瀏陽、醴陵、寧鄉、攸，辰州府溆浦，永州府道州、寧遠等縣各奏："今歲夏秋旱甚，田禾無收，乞蠲税糧。"命户部遣官覆視。（《明英宗實録》卷二二二，第 4814 ~ 4815 頁）

十一月

己未，巡撫江西右僉都御史韓雍等奏："江西所屬今歲多被旱傷，臣等奉旨勘實，吉安、袁州府廬陵、宜春等十三縣并瑞州府上高縣旱甚，税糧宜全免。臨江、瑞州府清江、高安等五縣薄旱，宜免十分之二，已令所司依擬減收。"事下户部覆奏雍等所言，共免糧米五十餘萬。兩京供給，果何所資，請改全免者，今免五分，免五分者，今免三分，免三分者，今免二分，免二分者，今免一分。從之。（《明英宗實録》卷二二三，第 4817 ~ 4818 頁）

庚申，冬至節，遣官祭長陵、獻陵、景陵，免文武百官行慶賀禮，以先日日食故也。（《明英宗實録》卷二二三，第 4818 頁）

壬戌，金星晝見於巳位。（《明英宗實録》卷二二三，第 4820 頁）

丙寅，免大名、廣平、順德三府所屬開州、長垣、南和、曲周等十五州縣被水渰没無收田地五千六百餘頃，秋糧并棗株課米三萬六十餘石，穀草四十八萬二千七百餘束，鹽糧鈔十六萬六百餘貫。（《明英宗實録》卷二二三，第 4822 ~ 4823 頁）

戊辰，免直隸保定、真定二府所屬安州、晉州等二十三州縣今歲水滂田畝秋糧米八千九百二十餘石，草十七萬三千三百餘束。從鎮守僉都御史祝暹奏也。（《明英宗實録》卷二二三，第4825頁）

庚午，先是，山東六月雨，壞大嵩等二十衛所城。至是，詔修築之。（《明英宗實録》卷二二三，第4828頁）

癸酉，免山東布政司都司所屬并直隸淮安、徐州等處今年水災田地税糧子粒八十四萬三千六百餘石。（《明英宗實録》卷二二三，第4830頁）

癸未，夜，客星見於鬼宿，積尸氣旁，徐徐西行。（《明英宗實録》卷二二三，第4841頁）

丙戌，又聞山東、河南、南北直隸等處，今年秋（廣本、抱本作“多”）被水患，小民缺食，盗賊潛起。（《明英宗實録》卷二二三，第4846頁）

戊子，免直隸河間府所屬六縣水災田糧三千三十二石有奇，穀草四萬九千八百二十餘束。（《明英宗實録》卷二二三，第4849頁）

辛酉，鎮守福建孫原貞奏：“自去冬至今春積雪連旬，窮陰彌月。”得旨：蠲福、興二府税糧十之三，漳、泉二府十之五。（萬曆《閩書》卷一四八《祥異》）

十二月

己丑，夜，月犯六諸王西第三星。（《明英宗實録》卷二二四，第4852頁）

壬辰，兵部左侍郎翰林院學士兼左春坊大學士商輅奏：“近聞河南開封等府并南直隸鳳陽府等處今歲水澇，田禾無收。積年在彼，逃民俱各轉徙，赴濟寧、臨清各處趁食，動以萬計，有司聞其入境，一切驅逐，不容潛住。緣此等流民轉徙已久，無家可歸，迫而不恤，恐生他變。臣切見畿内順天等八府所屬一百三十餘州縣，儘有空閒抛荒田地，足以居民。乞勅户（舊校‘户’下增‘部’字）計議榜諭逃民，有志復業者，即令復業，其無所歸者，聽於八府所屬州縣分住，撥田與耕，設法賑恤，其口糧、種具之類，或暫給官儲，或勸貸富室，俟有收之際，如數追償。”詔户部移文河南、山東巡撫等官，斟酌事宜，可行則行，如有窒礙，從其設法處置，但（廣本、抱本“但”下有“求”字）事妥民安，以副朕意。（《明英宗實録》卷二二四，第4854頁）

甲午，山東登州府文登縣奏：“本縣今歲水澇田畝，已蒙詔免稅糧，其願收田糧亦乞從民便折徵，以蘇其困。”事下户部議，每米一石折布一疋，或鈔五十貫，俱運本府管庫收貯，以俟給賞遼東官軍。從之。（《明英宗實録》卷二二四，第4863頁）

乙未，免順天府所屬并直隸興州前屯衛災傷田畝秋糧子粒七千四百八十餘石，穀草二十五萬一千四百餘束。（《明英宗實録》卷二二四，第4863頁）

乙巳，免直隸保定府所屬安州等十三州縣水災田畝秋糧米三千四百八十餘石，穀草七萬二千七十餘束，及户口食鹽米鈔。（《明英宗實録》卷二二四，第4873頁）

丙辰，免河南布政司所屬災傷糧米五十七萬二千九百餘石，草五十三萬六千三百餘束。（《明英宗實録》卷二二四，第4881頁）

戊午，免直隸永平府并撫寧衛災傷民地屯田秋粮子粒六千七百五十石，草十一萬七千二百束。（《明英宗實録》卷二二四，第4886頁）

是年

祁門、黟大水。（道光《徽州府志》卷一六《祥異》）

永明風霾雨雹為災。（道光《永州府志》卷一七《事紀畧》）

徐大水，民饑疫，命都御史王兹賑恤。（嘉慶《蕭縣志》卷一八《祥異》）

大饑，疫。（光緒《豐縣志》卷一六《災祥》）

巡撫王竑奏：“淮安雨水，二麥無收，乞免徵夏稅，以甦民困。”詔免淮安屬縣無徵夏麥九萬九千有奇。（光緒《安東縣志》卷五《民賦下》）

兩淮大水，河決，免稅糧。（光緒《淮安府志》卷四〇《雜記》）

以大水免稅糧有差，賑流民，復其賦役五年。（乾隆《平原縣志》卷九《災祥》）

大水。（乾隆《德州志》卷二《紀事》；道光《濟甯直隸州志》卷一《五行》；咸豐《金鄉縣志略》卷一〇下《事紀》；民國《德縣志》卷二《紀事》）

冬，大雪，凡四十日始霽。（萬曆《嘉定縣志》卷一七《祥異》）

淮、徐大饑，死者相枕。（咸豐《邳州志》卷六《民賦下》）

兖州霖雨。（乾隆《沂州府志》卷一五《記事》）

是春，京師久雨雪。（《明史·江淵傳》，第4518頁）

夏，大水，冬大雪，凡四十日始霽。（康熙《吴縣志》卷二《祥異》）

灤水暴漲，歲饑，民多流亡。（乾隆《永平府志》卷一八《孝義》）

霪雨，大水，民大饑，詔發倉賑，不足，民間富户輸粟助賑。（民國《遷安縣志》卷五《記事》）

大水，灤河徙。（萬曆《樂亭志》卷一一《祥異》）

大嵩等二十衛所久雨壞城。（《明史·五行志》，第473頁）

兖州久雨，傷禾。（乾隆《曹州府志》卷一〇《災祥》）

大雨傷稼，賑饑。（乾隆《曲阜縣志》卷二八《通編》）

河復決，命徐有貞治之。（道光《東阿縣志》卷二三《祥異》）

水災，流亡丐食者衆。（萬曆《沛志》卷七《恤政》）

水澇。（嘉慶《黟縣志》卷一一《祥異》）

以旱災，詔免秋粮子粒，復議賑濟。（順治《贛州府志》卷一八《紀事》）

因河患，詔遷原武縣以今治。（乾隆《原武縣志》卷二《城池》）

黄河南徙，原武數被衝决，治城淪没。（乾隆《原武縣志》卷一《山川》）

柳州旱疫。大旱，斗米百錢，疫氣遍行。（嘉靖《廣西通志》卷四〇《祥異》）

自冬及春，凝雪連月。（同治《袁州府志》卷一《祥異》）

冬至四年春，凝雪六十餘日。（正德《瑞州府志》卷一一《災祥》）

冬迄四年春，凝雪六十日。（嘉靖《上高縣志》卷二《禨祥》）

水，四年如之。（乾隆《吴江縣志》卷四〇《災變》）

三年冬、四年春，凝雪兩月餘，寒甚。（民國《萬載縣志》卷一之三《祥異》）

景泰四年（癸酉，一四五三）

正月

乙丑，户部奏："河南地方逃民，比因水災，復移河間、東昌府等處，請勑河間、東昌府知府王儉、李正芳往加撫諭賑濟，移文原籍官司，遣人領回復業，免其賦役五年。若係應繼軍匠，聽三年後觧補。"從之。（《明英宗實録》卷二二五，第4894頁）

庚午，夜，火星犯昴宿。（《明英宗實録》卷二二五，第4901頁）

辛未，夜，月犯軒轅右角星。（《明英宗實録》卷二二五，第4902頁）

甲戌，直隸徐州等處水災，人民缺食，詔發廣運倉官粮賑濟之。（《明英宗實録》卷二二五，第4903～4904頁）

己卯，免直隸鳳陽、揚州二府所屬州縣去年被災糧十一萬四千餘石，草一十四萬餘包。（《明英宗實録》卷二二五，第4912頁）

壬午，是日，河復决沙灣新塞口之南。（《明英宗實録》卷二二五，第4915頁）

丁亥，巡撫淮安等處右僉都御史王竑言："山東、海（疑當作'河'）南、東昌、開封抵江北徐、淮等處，去年正月大雪異常，樹介數次。夏秋雨水，人民廬舍漂蕩，麥稻渰没，老穉顛連流徙。邇者新春風雨連月，寒冱倍冬，不識天意果何在哉。"（《明英宗實録》卷二二五，第4921頁）

二日，大雪，平地深四尺。（同治《饒州府志》卷三一《祥異》）

初二日，大雪，平地深四尺，野獸入宅。（康熙《樂平縣志》卷一三《祥異》）

二月

戊子，以山東、河南、北直隸水災，命刑部尚書薛希璉、都察院右都御史王暹分祭東嶽泰山及境内應祀河瀆諸神。（《明英宗實録》卷二二六，第

4925 頁）

己丑，免直隸廣平府屬縣被災糧六千四百餘石，草一十一萬九千餘束。（《明英宗實録》卷二二六，第 4926 頁）

癸巳，直隸大名府奏："本府所屬州縣連年水災，民皆艱食，工部所徵物料乞暫止之，俟秋成貢納。"從之。（《明英宗實録》卷二二六，第 4929～4930 頁）

乙未，辦事官傅逌言："浙江會稽縣有河港海塘皆被風潮衝決，沙土淤塞，不能蓄水，妨民稼穡，乞敕有司修築疏濬。"從之。（《明英宗實録》卷二二六，第 4931 頁）

丁酉，夜，有流星大如杯，色青白，出右攝提（廣本、抱本"提"下有"行餘丈"三字），大如瓜，有光燭地，東北行至天紀，一小星隨之。（《明英宗實録》卷二二六，第 4932 頁）

己酉，夜，有流星大如椀，色青白，光明燭地，出宗正，東北行至游氣。（《明英宗實録》卷二二六，第 4940～4941 頁）

庚戌，免江西吉安等府屬縣去年旱災秋粮二十七萬八千餘石。（《明英宗實録》卷二二六，第 4941 頁）

壬子，夜，有流星大如雞彈，色赤，尾跡有光，出帝座，東行至宗人星。（《明英宗實録》卷二二六，第 4923 頁）

恒陰積雪。（嘉靖《真定府志》卷九《事紀》）

恒陰積雪……祈祀北嶽。（順治《渾源州志》附《恒岳志》卷上）

至今年二月，積陰為虐，雨雪没脛，陽光韜晦，逾三月之久。（弘治《直隸鳳陽府宿州志》卷下《著作》）

二、三月雨雪不止，傷麥，歲大饑。（光緒《五河縣志》卷一九《祥異》）

鳳陽饑。鳳陽八衛二、三月雨雪不止，傷麥。（光緒《盱眙縣志稿》卷一四《祥祲》）

三月

己未，夜，土星逆行亢宿。（《明英宗實録》卷二二七，第 4954 頁）

乙丑，夜，金木二星合於壁宿。有流星大如杯，色赤，光明燭地，行丈餘，光大如椀，出貫索，行至太微垣帝座旁，尾跡後散為蒼白氣。（《明英宗實録》卷二二七，第 4960 頁）

丙寅，夜，月犯軒轅右角星。（《明英宗實録》卷二二七，第 4960 頁）

乙亥，兵部奏："在外各處俱有民壯操備，今山東、河南水澇為災，人多饑窘。又時方東作，請暫踈放，俾各務農業。秋成，炤舊操備。"從之。（《明英宗實録》卷二二七，第 4964 頁）

辛巳，直隷徐州奏："本州今年自二月来，陰雨連綿，麥苗俱已渰死，春田至今不能耕種，恐無收成之望。"事下户部議，請移文右僉都御史王竑并本部原遣郎中黄琛發官粟，驗口賑濟，其公私逋負及今歲夏税，俱與停免。從之。（《明英宗實録》卷二二七，第 4968 頁）

壬午，提督宣府軍務右僉都御史李秉奏："直隷隆慶州永寧縣去年春夏不雨，秋又旱霜，田畝薄收，今民缺食，乞發本州官廪賑濟。"從之。（《明英宗實録》卷二二七，第 4970 頁）

丙戌，昏刻，南方有星大如彈丸，色青白，有光，起自庫樓，西南行至濁。（《明英宗實録》卷二二七，第 4971 頁）

以多雨雪遣右副都御史王暹祭禱中嶽。（康熙《登封縣志》卷三《嶽祀》）

太白歲星合于壁。（乾隆《曹州府志》卷一〇《災祥》）

四月

乙未，廣西柳城縣奏："縣嘗被賊，民多逃亡，連年旱甚，田畝無收，人户所負夏秋税粮屯田子粒均乞蠲免。"命户部遣人覆視之。（《明英宗實録》卷二二八，第 4977 頁）

庚子，十三道監察御史左鼎等言："往者，天文告變，河南、山東大水。邇者，徐州等處又水。"（《明英宗實録》卷二二八，第 4983 頁）

庚子，月（廣本作"日"）食。（《明英宗實録》卷二二八，第4986 頁）

癸卯，巡按山東監察御史顧暀奏："山東、河南、北直隷民被水災，缺粮賑濟，乞勑罪人納米贖罪。在山東者，運納濟寧倉；在河南者，運納被災府倉，其南京并南北直隸運納徐州倉。”事下户部，请如睢言。（《明英宗實録》卷二二八，第4987頁）

癸卯，月犯建星。（《明英宗實録》卷二二八，第4987頁）

丙午，免湖廣長沙等府所屬州縣景泰三年被災田粮之半，并茶陵縣逋負景泰二年粮税。（《明英宗實録》卷二二八，第4991頁）

癸丑，夜，有流星二，一大如杯，色赤；一大如雞彈，色青白，俱有光燭地。一起左攝提，東南行至房宿，尾跡炸散；一起北斗杓，西北行至雲中。（《明英宗實録》卷二二八，第4995頁）

五月

丁巳，免直隸真定府去歲被水州縣地畝租税。（《明英宗實録》卷二二九，第4999頁）

丁巳，太子太保兼吏部尚書翰林院學士王文奏：“南直隸江北府縣并山東、河南地方去歲水災，今春久雨，軍民艱食。皇上屡命官發廩糴粮賑濟，奈倉粮有限，民饑無窮。臣聞南京儲積，可足四年之用，嘉、湖粮多官攢，有守支一二十年者。乞勑巡撫侍郎李敏令將蘇、松等府該運南京粮，運於徐州、淮安，其原在徐、淮粮，命巡撫官盡数放支，賑濟饑民。若南京乏粮，以嘉、湖粮補足，如此則被災軍民可使全活，南京倉儲亦不空缺。”詔是其請，命户部即議行之。（《明英宗實録》卷二二九，第4999頁）

己未，夜，水星犯積薪星。（《明英宗實録》卷二二九，第5001頁）

庚申，夜，北方有星，初如鷄彈，青白色，尾跡有光，起自天津，發光如盞大，正北行至雲中没。（《明英宗實録》卷二二九，第5002頁）

辛酉，免直隸大名府長垣縣被災地畝租税。（《明英宗實録》卷二二九，第5003頁）

乙丑，夜，有流星大如杯，色赤，尾跡有光，出鈎陳，北行至雲中，二小星随之。（《明英宗實録》卷二二九，第5005頁）

癸酉，以久不雨，命少傅兼太子太師禮部尚書胡濙等二十人徧禱于在京

寺觀。(《明英宗實録》卷二二九，第5009頁)

癸酉，南京山西道監察御史李叔義奏："和氣致祥，乖氣致異，此理之自然、事之必驗者也。近年南京宫殿災地震，今年四月十九日驟風雨……"(《明英宗實録》卷二二九，第5010頁)

癸酉，山東布政司右參議陳雲鵬奏："運河之水偶爾泛漲。三月四日，敗沙灣減水壩。越七日，又敗南分水墩。自是抵五月，水益浩瀚，墩岸、橋梁皆被衝壞，而北馬頭決五丈有奇，漕舟今雖暫通，臣恐此後水勢益大，一帶堤岸皆未能必其無虞。"(《明英宗實録》卷二二九，第5011頁)

甲戌，直隸徐州大雨，水滂没禾稼，民饑愈甚，巡撫巡按官右僉都御史王竑等各具以聞。詔命竑悉以改撥支運及鹽課糧賑濟之。(《明英宗實録》卷二二九，第5012頁)

丁丑，禮部右侍郎兼春坊庶子鄒幹及巡撫官右僉都御史王竑等以鳳陽府水災奏："請於淮安常盈倉支粮十五萬石，并支官銀一千五百兩，雇船運赴鳳陽賑濟。"從之。(《明英宗實録》卷二二九，第5014頁)

丁丑，卯時，木星見辰位，辰時，見已位。(《明英宗實録》卷二二九，第5015頁)

乙酉，沙灣大雷雨，決北馬頭河岸四十餘丈，運河水掣入鹽河，漕運之舟悉阻不行。(《明英宗實録》卷二二九，第5017頁)

復大水，民益饑。是月乙酉，沙灣河復決。(同治《徐州府志》卷五下《祥異》)

至八月，霪雨傷稼。(道光《濟南府志》卷二〇《災祥》)

至于秋八月，大雨。(乾隆《曲阜縣志》卷二八《通編》)

六月

己丑，巡撫河南右都御史王暹奏："黄河舊從開封北轉，流東南入淮，不為害。自正統十三年改流為二：一自新鄉八柳樹決，由故道東經延津、封丘入沙灣；一決滎澤，漫流原武，抵開封、祥符、扶溝、通許、洧川、尉氏、臨潁、郾城、陳州、商水、西華、項城、太康等處，没田數十萬頃。

而開封為患特甚，雖嘗於城西沿河築小隄，內又築大隄，皆約三十餘里，然沙土易壞，随築随決，往歲久雨，已没小隄，今歲復壞大隄之半，不即修塞，必及城垣，其害非小。臣會同三司計議，請於不被災府衛州縣，起倩軍夫倍築大隄，用防後艱。”從之。（《明英宗實録》卷二三〇，第5021～5022頁）

己丑，日生暈，色黄赤鮮明。（《明英宗實録》卷二三〇，第5022頁）

甲午，日生左右珥，色黄赤鮮明。（《明英宗實録》卷二三〇，第5028頁）

甲辰，山東兖州府奏：“所屬州縣大雨水，二麥無收。”（《明英宗實録》卷二三〇，第5030頁）

甲辰，卯刻，木星晝見於未位。（《明英宗實録》卷二三〇，第5031頁）

丁未，昏刻，北方有星如盞大，赤色（廣本作“色赤”），尾跡有光，起自天棓星，正南行至宦者星没。（《明英宗實録》卷二三〇，第5033頁）

壬子，月犯井宿。（《明英宗實録》卷二三〇，第5034～5035頁）

不雨。（道光《陽曲縣志》卷一五《文徵》）

河決原武。（乾隆《原武縣志》卷一〇《祥異》）

不雨，旱既太甚，如惔如焚，秋苗且將槁焉。（弘治《直隸鳳陽府宿州志》卷下《著作》）

旱。（嘉靖《宿州志》卷八《災祥》）

旱。十月，雨雪，至於五年二月，歲大饑。（乾隆《靈璧縣志略》卷四《祥異》）

大旱。（乾隆《鳳陽縣志》卷一五《紀事》）

七月

丙辰，蠲湖廣衡州、寶慶、永州、茶陵、長沙、沅州諸衛，浙江杭州、台州、寧波諸府去年被災田地子粒税糧二（廣本作“一”）萬三千三百石有奇。（《明英宗實録》卷二三一，第5037頁）

丙辰，直隸鳳陽、淮安府、徐州，河南開封、衛輝、南陽，山東兗、青、萊諸府各奏："自五月以來，滛雨連綿，河水泛溢（廣本作'濫'）。"順天府、直隸保定府、萬全都司，山西太原府各奏："亢旱不雨。"大同府朔州奏："六月，雨雹傷民禾稼，租税無徵。"俱命户部遣官覆視以聞。（《明英宗實録》卷二三一，第5037頁）

庚申，夜，有流星大如雞彈，色青白，有光，出天厨，西南行至天津。（《明英宗實録》卷二三一，第5039頁）

辛酉，赦刑部死罪囚徒十三人，戍口外減徒杖笞罪各一等。時河决沙灣，京畿久旱，詔羣臣條上時宜，少傅兼太子太師禮部尚書胡濙等以禳災弭患欽恤為先，請勅法司寬減囚徒，以回天意，故有是命。（《明英宗實録》卷二三一，第5040頁）

乙丑，月犯建星。（《明英宗實録》卷二三一，第5052頁）

乙亥，監察御史劉孜、張鎣屢劾順天府府尹王賢年老縱吏害民，且云今旱氣成災，畿尤甚，皆貪官未去，民生怨望所致。詔宥之。賢兩乞致仕，不許。（《明英宗實録》卷二三一，第5058頁）

己卯，命復江南折糧銀二萬兩於大同運米實邊。先是，已運銀八萬兩。至是，以山西旱災供給不敷，故復增是數。（《明英宗實録》卷二三一，第5061頁）

癸未，夜，有流星大如杯，色青白，出五車行，夾餘光，大如椀，光明燭地，北行至文昌。（《明英宗實録》卷二三一，第5066頁）

蘇、松、淮、揚、廬、鳳六府皆水。（嘉慶《松江府志》卷八〇《祥異》）

以旱及河决，遣編修吴匯祭禱中嶽。（康熙《登封縣志》卷三《嶽祀》）

大水。（康熙《安州志》卷八《祥異》；光緒《保定府志》卷四〇《祥異》）

大旱。（嘉靖《真定府志》卷九《事紀》）

大水……祈祀北嶽。（順治《渾源州志》附《恒岳志》卷上）

開封、衛輝、南陽三府各奏："霪雨連綿，河水泛溢。"（雍正《河南通志》卷一四《河防》）

八月

乙酉，直隸真定、河間、廣平、安慶，河南彰德，山西平陽諸府各奏："數月不雨。"直隸松江府奏："今夏蝗蝻生發，傷害禾稼，租税無徵。"事下户部，令覆視以聞。(《明英宗實録》卷二三二，第5067頁)

乙酉，户部養病主事鐘成奏："黄河衝决，被其患者尤莫甚於原武縣。蓋原武北自舊黄河黑羊山界，南自古汴河陳橋鋪界，相去五十餘里，水皆浸灌，縣治居其中，於今已六年矣。男欲耕而無高燥之地，女欲織而無蠶桑之所，束手愁歎，坐待其斃。屢蒙朝廷發廩賑濟，然水患未除，民饑無巳〔已〕，倉廩之積，恐不能繼。乞勅有司疏濬築塞，以消水患，轉運鄰近糧儲，以備賑濟。"從之。(《明英宗實録》卷二三二，第5068頁)

癸巳，蠲山東兖州、東昌二府今年被災田地税糧三萬八千三百石有奇。(《明英宗實録》卷二三二，第5074頁)

乙未，蠲福建福州、興化二府去年被災田地税糧十之三，漳州、泉州二府被災田地税糧十之五。(《明英宗實録》卷二三二，第5075頁)

庚子，夜，有流星大如雞蛋，色赤有光，出鬼宿，東行至軒轅。(《明英宗實録》卷二三二，第5078頁)

丙午，月犯井宿鉞星。(《明英宗實録》卷二三二，第5081頁)

九月

辛酉，夜，有流星大如椀，色赤，有光燭地，出紫微西藩内，後二小星随之，北行至近濁。(《明英宗實録》卷二三三，第5090頁)

壬戌，夜，有流星大如杯，色赤，有光燭地，出北斗杓，東北行至近濁。(《明英宗實録》卷二三三，第5091頁)

甲子，中都留守司所屬鳳陽府八衛各奏："今年二月、三月，雨雪不止，麥苗浥爛。"命户部覆之。(《明英宗實録》卷二三三，第5092頁)

庚午，免廣西柳州、桂林二府去年旱傷田地秋糧二萬二千五百二十餘石。(《明英宗實録》卷二三三，第5093頁)

辛未，大風有聲，雷電交作。（《明英宗實録》卷二三三，第5094頁）

乙亥，湖廣武昌、黄州、荆州三府各奏："今年五月、六月不雨，田苗俱被旱傷。"漢陽府沔陽州及河南開封、汝寧二府各奏："五月以来，雨水連綿，田禾俱被渰没。"事下户部覆奏（廣本、抱本作"之"）。（《明英宗實録》卷二三三，第5097頁）

十月

丙戌，夜，有流星大如杯，色青白，出五車，東北行至軒轅。（《明英宗實録》卷二三四，第5104頁）

己丑，直隸揚州、鎮江府，陝西西安等府并太倉衛各奏："今年五月、六月旱災。"事下户部覆之。（《明英宗實録》卷二三四，第5104頁）

甲午，減免順天府所屬今年旱災糧草，涿州及良鄉縣免三分，房山縣免二分。（《明英宗實録》卷二三四，第5108頁）

戊戌，河南汝寧府并歸德州各奏："所屬今年七月、八月，天雨連綿，田禾盡被渰没。"命户部覆之。（《明英宗實録》卷二三四，第5111頁）

己亥，夜，月蝕，犯六諸王西第一星。（《明英宗實録》卷二三四，第5111頁）

庚子，總督漕運左副都御史王竑奏："近者南京户部尚書沈翼言濟寧、徐州等處水災。"（《明英宗實録》卷二三四，第5112頁）

饑，免被災税粮。冬，大雪數尺。（乾隆《歷城縣志》卷二《總紀》）

雨雪。（乾隆《靈璧縣志略》卷四《災異》）

至次年二月，雨雪不止，東作莫興。（嘉靖《宿州志》卷八《災祥》）

十一月

丁巳，直隸蘇州府、山東登州府俱奏："自五月至七月，亢旱不雨，農種過期，秋糧無方營辦。"命户部勘實以聞。（《明英宗實録》卷二三五，第5123頁）

丙寅，停徵山西平陽等府景泰四年被災糧五十七萬六千八十餘石，草一百一十萬三千五百餘束，山西都司衛所被災屯田糧六千七百六十八石有奇。(《明英宗實録》卷二三五，第5127頁)

丁卯，夜，月犯六諸王東第二星，復生五色雲彩鮮明。(《明英宗實録》卷二三五，第5128頁)

戊辰，月犯井宿西北第一星。(《明英宗實録》卷二三五，第5129頁)

丁丑，蠲河南開封等府，陳州、項城等六十五州縣景泰四年被災秋糧七十九萬八千一百七十七石，草一百三萬三千八百束有奇。(《明英宗實録》卷二三五，第5133頁)

戊辰，浙、直、山東、河南自是日雪，至正月積數尺，淮海俱冰，人畜凍死亡算。(《國榷》卷三一，第1968頁)

大雪，海凍。(光緒《日照縣志》卷七《祥異》)

大雪。(民國《邳志補》卷八《災異》)

日照大雪，海皆凍。(乾隆《沂州府志》卷一五《記事》)

至十二月，不風不雨。(康熙《含山縣志》卷一《圖考》)

至明年正月，大雪數尺。(乾隆《平原縣志》卷九《災祥》)

大雪自十一月至明年正月，凍死人畜無數。(民國《滄縣志》卷一六《事實》)

至來年孟春，淮、徐大雪數尺。(咸豐《邳州志》卷六《民賦下》)

至明年孟春，浙江大雪數尺。(乾隆《杭州府志》卷五六《祥異》；同治《湖州府志》卷四四《祥異》)

至明年孟春，大雪。(光緒《歸安縣志》卷二七《祥異》)

至明年孟春，大雪數尺。(同治《長興縣志》卷九《災祥》)

至明年孟春，大雪數尺，壓覆民居，太湖諸港瀆皆凍斷，舟楫不通，禽獸草木皆死。(光緒《烏程縣志》卷二七《祥異》)

十二月

丙申，免山東青州、濟南、萊州等三府一十八州縣景泰四年分被災税糧

二十四萬六千三百一十四石，馬草三十三萬八千四百六十餘束。（《明英宗實録》卷二三六，第5147頁）

丙申，夜，月犯井宿東北第三星。（《明英宗實録》卷二三六，第5147頁）

己亥，月犯軒轅右角星，復生暈，色赤黄，圍圓濃厚。（《明英宗實録》卷二三六，第5148頁）

辛丑，免山東兖州護衛等十一衛所景泰四年被災子粒糧二千八百二十六石有奇。（《明英宗實録》卷二三六，第5149頁）

乙巳，月犯氐宿東南星。（《明英宗實録》卷二三六，第5152頁）

戊申，免山東濮州、臨清、范、滕等縣今年被災秋糧二萬二千三百六石，馬草一萬一百二十四束，花絨一百五十七斤。（《明英宗實録》卷二三六，第5153頁）

己酉，命山東兖州府所屬被災州縣存留糧准納菽麥，從民便也。（《明英宗實録》卷二三六，第5153頁）

庚戌，免直隸鳳陽所屬州縣今年被災税麥九萬八千八百一十三石有奇。（《明英宗實録》卷二三六，第5153頁）

大雪，樹介，冰厚尺餘。（弘治《重修無錫縣志》卷二七《祥異》；康熙《常州府志》卷三《祥異》；光緒《無錫金匱縣志》卷三一《祥異》）

常州大雪，木冰。（成化《重修毗陵志》卷三二《祥異》）

大雪，木冰。（光緒《靖江縣志》卷八《祲祥》）

大雪，積五尺餘。（康熙《吴縣志》卷二一《祥異》）

是年

春，大旱。（道光《保安州志》天部卷一《祥異》）

夏，大旱。（嘉靖《宣府鎮志》卷六《災祥考》；康熙《龍門縣志》卷二《災祥》；康熙《西寧縣志》卷一《災祥》；康熙《文安縣志》卷一《災祥》；乾隆《懷安縣志》卷二二《灾祥》；乾隆《蔚縣志》卷二九《祥異》；乾隆《萬全縣志》卷一《災祥》；乾隆《宣化縣志》卷五《災祥》；光緒

《懷來縣志》卷四《災祥》）

大水。（雍正《高陽縣志》卷六《機祥》；道光《安陸縣志》卷一四《祥異》；光緒《咸甯縣志》卷八《災祥》；光緒《蠡縣志》卷八《災祥》）

河決為患，西華遷縣治以避水。（民國《西華縣續志》卷一《大事記》）

大旱。（嘉靖《隆慶志》卷八《祥異》；光緒《延慶州志》卷一二《祥異》）

昆明姚安大旱，民多饑死。（康熙《雲南通志》卷二八《災祥》）

大旱，民多飢死。（道光《昆明縣志》卷八《祥異》）

大旱，民多饑死。（民國《宜良縣志》卷一《祥異》）

旱。（乾隆《湖南通志》卷一四二《祥異》）

昌化縣旱。（乾隆《杭州府志》卷五六《祥異》）

南畿自夏及秋，淫雨傷稼，既又數月不雨。（光緒《金陵通紀》卷一〇上）

秋，大水。（民國《文安縣志》卷終《志餘》）

冬，大雨雪，人畜凍死。（乾隆《德州志》卷二《紀事》；民國《德縣志》卷二《紀事》）

冬，大雪。（乾隆《柳州府馬平縣志》卷一《機祥》；乾隆《柳州縣志》卷一《機祥》）

冬，大雪。（按縣境密邇熱帶，冬常無雪，書大雪，志非常也）（民國《來賓縣志》下篇《機祥》）

南畿淫雨傷稼，既又數月不雨。（同治《上江兩縣志》卷二下《大事下》）

太白歲星合於壁。（道光《觀城縣志》卷一〇《祥異》）

夏，大水。（康熙《應山縣志》卷二《兵荒》）

夏，旱。秋，大水。（康熙《大城縣志》卷八《災祥》）

甘州衛夏旱。（民國《東樂縣志》卷一《祥異》）

淮以北大饑，巡撫王公竑竭力賑之。既而二麥將熟，淫雨為災，公冒雨禱，繼以涕泣，雨旋霽。（萬曆《淮安府志》卷八《祥異》）

大雪經冬不停，平地深數尺。（嘉慶《禹城縣志》卷一一《灾祥》）

南畿霪雨傷稼，既又數月不雨。（民國《首都志》卷一六《歷代大事表》）

通州、泰興大水，免本年税糧。（光緒《通州直隸州志》卷四《蠲卹》）

太湖諸港瀆皆凍斷，舟楫不通，禽獸草木皆死。（同治《長興縣志》卷九《災祥》）

湖廣數月不雨。（民國《湖北通志》卷七五《災異》）

昆明縣大旱，民多餓死。（隆慶《雲南通志》卷一七《災祥》）

大旱，饑。（道光《大姚縣志》卷四《祥異》）

秋，大水，遣使祈祀北嶽。（光緒《曲陽縣志》卷五《大事記》）

秋，大旱，人相食，撫按勸令富民出粟賑貸，視其多寡旌賞有差。（康熙《常州府志》卷三《祥異》）

冬，大寒，饑。（乾隆《曲阜縣志》卷二八《通編》）

水。（乾隆《吴江縣志》卷四〇《災變》）

冬至日，雨雪。甲戌正月五日，又大雪，至十六日猶未止。（道光《璜涇志稿》卷七《災祥》）

冬，大雪，木介，至五年正月終始霽。平地五尺，湖冰厚三尺。（康熙《武進縣志》卷三《災祥》）

冬，大雪，平地深三尺。（嘉慶《宜興縣志》卷末《祥異》）

冬，大雪，河魚凍死幾盡。（嘉靖《廣西通志》卷四〇《祥異》）

四年、五年大水。（康熙《鼎修德安府全志》卷二《災異》）

景泰五年（甲戌，一四五四）

正月

丙辰，河南、山東等處水旱相仍，生民流亡失所。（《明英宗實録》卷

二三七，第 5157 頁）

己未，日上生背氣一道，色青赤鮮明。（《明英宗實録》卷二三七，第 5160 頁）

辛酉，日上生格氣一道，色青赤。夜，有流星大如杯，色青白，行丈餘，大如椀，光明燭地，出氐宿，南行至從官，十餘小星從之。（《明英宗實録》卷二三七，第 5161 頁）

丙寅，蠲直隸廣平、真定、保定、淮安諸府，湖廣黄州衛去年被災田地税糧子粒米麥二十四萬七千三百四十石有奇，草四十五萬四千一百八十束。（《明英宗實録》卷二三七，第 5163 頁）

丁卯，日生抱氣、背氣各一，左右生珥，抱珥色赤黄，背色青赤，俱鮮明。（《明英宗實録》卷二三七，第 5165～5166 頁）

戊辰，夜，金木二星合于奎宿。（《明英宗實録》卷二三七，第 5166 頁）

壬申，月犯氐宿東南星。（《明英宗實録》卷二三七，第 5167～5168 頁）

癸酉，月犯鉤鈐下星。（《明英宗實録》卷二三七七，第 5169 頁）

甲戌，時内閣臣陳循等奏："山東、河南連年水旱，加以自冬至春，飛雪過度，軍民艱難。"（《明英宗實録》卷二三七，第 5169 頁）

甲戌，申時，太白見未位。（《明英宗實録》卷二三七，第 5171 頁）

丙子，月犯建星西第三星。（《明英宗實録》卷二三七，第 5173 頁）

己卯，湖廣施州衛奏："去夏滛雨傷害禾稼，租税無徵。"事下户部，令所司覆視以聞。（《明英宗實録》卷二三七，第 5175 頁）

八日，夜，大雪及丈，冰柱長五六尺，積陰連月，菜麥皆死。（光緒《無錫金匱縣志》卷三一《祥異》）

山東、河南、兩淮大寒，人畜多凍死。（光緒《盱眙縣志稿》卷一四《祥祲》）

積雪恆陰。夏秋，大水害稼，乘舟入市，閲三月始平。（道光《桐城續修縣志》卷二三《祥異》）

大雪連四旬，凍餓死者無算。（光緒《蘇州府志》卷一四三《祥異》）

大雨雪，四旬不止，平地積數尺。（同治《上海縣志》卷三〇《祥異》）

大雨雪，四旬不止。（光緒《奉賢縣志》卷二〇《灾祥》）

大雨雪，連四十日不止，平地水深數尺，湖泖皆冰。（光緒《青浦縣志》卷二九《祥異》）

大雪，經二旬不止，凝積深丈餘，行人陷溝壑中，太湖諸港連底結冰，舟楫不通，禽獸草木皆死。夏大水，田廬漂没殆半。至秋亢旱，高鄉苗稿，斗米百錢。大饑大疫，饑殍相枕。（崇禎《吴縣志》卷一一《祥異》）

大雨雪，連四十日不止，平地深數尺。夏，大水没禾稼，大疫，死者無算。（光緒《重修華亭縣志》卷二三《祥異》）

大雨雪，四旬不止，平地高數尺，湖泖皆冰。夏，大水没禾稼，大疫，死者無算。（乾隆《婁縣志》卷一五《祥異》）

雨雪傷人畜，牛死者九千頭。（同治《衡陽縣志》卷二《事紀第二》）

大雨雪，四旬不止，平地積數尺。夏，大水，大疫。（光緒《川沙廳志》卷一四《祥異》）

大雪，四旬不止，平地高丈餘，湖泖冰。夏，大水，没禾稼，大疫，死者無算。（乾隆《金山縣志》卷一八《祥異》）

常州大雪，平地深三尺。（成化《重修毗陵志》卷三二《祥異》）

大雪，深三尺。（光緒《靖江縣志》卷八《祲祥》）

大雪，平地深三尺。（道光《江陰縣志》卷八《祥異》）

積雪恒陰。（嘉靖《宣府鎮志》卷六《災祥考》；康熙《龍門縣志》卷二《災祥》；乾隆《蔚縣志》卷二九《祥異》；乾隆《宣化縣志》卷五《災祥》；道光《保安州志》天部卷一《祥異》；光緒《懷來縣志》卷四《災祥》）

大雪。（嘉靖《常熟縣志》卷一〇《灾異》；光緒《石門縣志》卷一一《祥異》）

大雪十餘日，鳥雀盡。（乾隆《杭州府志》卷五六《祥異》）

大雪，深六七尺許。（萬曆《金華府志》卷二五《祥異》）

大雪連旬，鳥雀俱死。（康熙《海寧縣志》卷一二上《祥異》；乾隆《海寧州志》卷一六《灾祥》）

大雪自正月至于二月，深六七尺。（萬曆《蘭谿縣志》卷七《祥異》）

大雪自正月至二月，凡四十二日。（康熙《衢州府志》卷三〇《五行》；嘉慶《西安縣志》卷二二《祥異》）

大雪自正月至二月，凡四十二日，深六七尺，鳥獸俱斃。（同治《江山縣志》卷一二《災祥》）

大雪自正月至於二月，深六七尺。（嘉慶《蘭谿縣志》卷一八《祥異》）

大雪自正月至二月，凡二十四日，深六七尺。（民國《衢縣志》卷一《五行》）

大雪，石首魚遍海浮起，沿途取之，甚利。（嘉靖《象山縣志》卷一三《雜志》）

積雪恒陰。夏秋，大水，乘舟入市，逾三月始平。（乾隆《望江縣志》卷三《災異》）

大雪。夏秋，大水害稼，民皆乘舟入市。（康熙《宿松縣志》卷三《祥異》）

杭州、嘉興、金華大雪，深六七尺，覆壓民居，鳥雀俱死。（康熙《浙江通志》卷二《祥異附》）

雪，至二月，深六七尺。（乾隆《桐廬縣志》卷一六《災異》）

大雪平地深及丈，冰柱長五六尺，積陰連月，菜麥皆死。（弘治《重修無錫縣志》卷二七《祥異》）

積雪連陰。飢。（康熙《大城縣志》卷八《災祥》）

上皇在南宫，積雪恒陰，詔求直言。（《罪惟録·帝紀七》）

山東大寒，人畜多凍死。（民國《山東通志》卷一〇《通紀》）

大雨雪，連四十日不止，平地深數尺，湖泖皆冰。夏大水，没禾稼。大疫，死者無筭。（正德《松江府志》卷三二《祥異》）

南畿大雪，連四旬。（同治《上江兩縣志》卷二下《大事下》；光緒《金陵通紀》卷一〇上；民國《首都志》卷一六《歷代大事表》）

江南諸府大雪連四旬，蘇、常凍餓死者無算。（《明史·五行志》，第426頁）

大雪，自春正月至二月，凡四十日。（康熙《龍游縣志》卷一二《雜識》）

大雪，自正月至於二月，深六七尺。（光緒《蘭谿縣志》卷八《祥異》）

太白歲星合于奎。（乾隆《曹州府志》卷一〇《災祥》）

大雪傷苗，六旬不止。（乾隆《杭州府志》卷五六《祥異》）

大雨雪，四旬不止，湖泖皆冰。（嘉慶《松江府志》卷八〇《祥異》）

二月

丙戌，金星晝見於未位。（《明英宗實録》卷二三八，第5178頁）

丁亥，夜，月與金星相犯。（《明英宗實録》卷二三八，第5179頁）

甲辰，蠲湖廣黄州等府去年被災地畝秋粮七萬四千七百石有奇。（《明英宗實録》卷二三八，第5190頁）

癸巳，右都御史李實巡撫湖廣，擅作威福，人厭苦之。是年正月，雷震禾稼，雪雹交作，人民飢疫，實上疏自責。（《明英宗實録》卷二三八，第5183～5184頁）

丁未，總督漕運左副都御史王竑奏："山東、河南并直隷淮、徐等處連年被災，人民困窘。去歲十一月十六日至今正月，大雪彌漫，平地數尺，朔風峻急，飄瓦摧垣，淮河東海冰結四十餘里，人民頭畜，凍死不下萬計。鬻賣子女，莫能盡贖，刼奪為非，捕獲甚衆。原其所以，盖因家無底業，身無完衣，腹無粒食，望絶計窮，大不得已而然耳。"（《明英宗實録》卷二三八，第5195頁）

戊申，少保兼太子太傅户部尚書文渊閣大學士陳循奏："近聞鳳陽、淮安、揚州、徐州并河南所屬，自去冬至今，積雪成冰，夏麥已種者皆不復生，雖欲再種，民多乏種。乞出内帑白金，遣御史等官五人齎與各府州正官，責令貿易種子，給與貧民，及時耕布，務責成效。"（《明英宗實録》卷二三八，第5197～5198頁）

己酉，南京太僕寺少卿鄭悠奏："直隷淮安、鳳陽等府州縣人民被災艱

難，其兩年虧欠馬駒，乞不為常例，令其四匹共買補一匹。”從之。(《明英宗實録》卷二三八，第5198頁)

廣信大雨雪四十餘日。(同治《玉山縣志》卷一〇《祥異》；光緒《江西通志》卷九八《祥異》)

大雪四十日，覆壓民廬，溪蕩皆氷。(光緒《嘉興府志》卷三五《祥異》)

大雪四十日，覆壓民廬，溪湖皆冰。(萬曆《秀水縣志》卷一〇《祥異》)

大雪連四十日，平地數尺，民間茅舍俱壓毁。(光緒《嘉善縣志》卷三四《祥眚》)

大雪四十日，壓覆民居，諸港冰結，舟楫不通。夏，大水。(光緒《桐鄉縣志》卷二〇《祥異》)

大雪，四十日不止，平地數尺，民間房屋俱壓毁。(天啟《平湖縣志》卷一八《災祥》)

饑。(康熙《龍門縣志》卷二《災祥》)

三月

甲寅，免湖廣沔陽州景陵縣災傷田地粮一千三百一十石。(《明英宗實録》卷二三九，第5203頁)

乙卯，免應天府所屬江寧、上元二縣及直隸安慶府所屬懷寧等五縣旱災田地秋粮三萬三千一百二十餘石，馬草五萬五千三百九十餘包。(《明英宗實録》卷二三九，第5203頁)

辛酉，太子太保兼兵部尚書儀銘奏：“近户部郎中陳汝言公幹回還，言江南蘇、常等府積雪，民凍餓死者甚多。常熟一縣，至一千八百餘人，江北淮、徐等府亦然，有一家七八口全死者，有父死子不能葬，夫死妻不能葬者。其生者，無食四散逃竄，所在倉粮又各空虚，無以賑濟。又沙灣脩河，起倩山東、河南夫九萬之（廣本‘之’作‘以’）上，于民間措辦鉄鍋数萬餘口，并鉄索等料，不勝騷擾，若不早為處置，誠恐團聚扇動，為患不小。乞將脩河夫止存一二萬人，其江南、江北分遣大臣巡撫賑濟。”帝曰：“覽卿所奏，朕心惻然，各處饑民，即馳驛行文，與江淵王竑設法賑濟。”（《明英宗實録》卷二三九，第5206頁）

丁卯，免直隸河間府所屬去年旱災田地秋粮三千五百三十餘石，馬草四萬五千六百九十餘束。（《明英宗實録》卷二三九，第5217頁）

丁卯，夜，月犯氐宿東南星。（《明英宗實録》卷二三九，第5217頁）

己巳，免直隸大名府所屬去年被災地畝米麥一萬五千三百五十石有奇，綿花三千四百七十餘斤，草三十萬四千一百餘束，課米一百八十七石，户口食鹽鈔十六萬一千五百五十貫，絹三百二十八疋。（《明英宗實録》卷二三九，第5217頁）

戊寅，以久不雨，遣太保寧陽侯陳懋等徧禱在京寺觀及龍潭之神。（《明英宗實録》卷二三九，第5222頁）

江淮大水。（光緒《保定府志》卷五二《仕績》）

命學士王文撫恤揚州及蘇、常諸府。尚書儀銘以江南北積雪沍寒，死亡載道，奏請賑恤。帝得奏，即命文賑揚州及蘇、常諸府。（嘉慶《揚州府圖經》卷八《事志》）

四月

壬午朔，日食。（《明英宗實録》卷二四〇，第5225頁）

丙戌，山東按察司副使涂謙奏：“山東地方自去冬至今春隆寒沍凍，魚鱉亦死，草不萌。三月初，冰猶不解，乞遣清心寡欲官一員前來徧禱應祀之神，以祈雨澤，以安生靈。”詔遣太常少卿李宗周齎香帛往禱之。（《明英宗實録》卷二四〇）

丁酉，日生左右珥，上生冠氣、背氣各一，珥冠氣色赤黄，背氣色青赤。（《明英宗實録》卷二四〇，第5228頁）

己亥，太僕寺少卿黄仕俊奏：“南直隸淮安、徐州，河南，山東，北直隸大名等處連年旱澇。”（《明英宗實録》卷二四〇，第5232頁）

辛丑，命少保兼太子太傅工部尚書東閣大學士高穀往鳳陽及南京，敕之

曰："比聞二處去冬積雪連旬，民皆艱食……"（《明英宗實録》卷二四〇，第5232～5233頁）

己酉，南京山西道監察御史李叔義奏："自冬徂春，霜雪隆寒，甚於北方。米價騰貴，人情震驚。"（《明英宗實録》卷二四〇，第5237頁）

大旱，禱祀北嶽。（順治《渾源州志》附《恒岳志》卷上）

旱，澇。（嘉靖《真定府志》卷九《事紀》）

五月

辛亥，直隸鳳陽常州府，河南南陽、彰德府并鳳陽、泗州等衛，河南潁上千户所各奏："去冬積雪凍合，經春不消，麥苗不能滋長，夏税子粒無徵。"命户部勘實以聞。（《明英宗實録》卷二四一，第5241～5242頁）

戊午，夜，有星如大杯，色青白，出天市西垣，行丈餘，光大如碗，光明燭地，西北（抱本無"北"字）行至下台，三小星隨之。（《明英宗實録》卷二四一，第5247頁）

癸亥，卯時，日生暈，及背氣一道，色淡。背氣先散，暈至未時雲遮。（《明英宗實録》卷二四一，第5253頁）

甲子，直隸河間、順德、廣平、真定、大名等府俱奏："所屬州縣自春歷夏，亢旱不雨，二麥槁死，有蟲食桑，春蠶不育，税麥、絲絹俱無從辦納。"命户部勘實以聞。（《明英宗實録》卷二四一，第5254頁）

丙寅，日生暈，圍圓。下生承氣，色俱赤黄鮮明。（《明英宗實録》卷二四一，第5255頁）

戊辰，巡按直隸監（疑脱"察"字）御史胡端奏："直隸真定、廣平、順德、大名府等府此歲災傷薄收，今年正月抵今亢旱不雨，麥苗槁死，米價翔貴，人民缺食。上司又移文追陪馬匹，僉補義壯，追徵還官糧，派運水和炭，買辦雞、羊、魚、果等物，民實不堪，乞暫停免，以甦民困。"命户部行之。（《明英宗實録》卷二四一，第5256頁）

戊辰，日生交暈，色黄赤鮮明。（《明英宗實録》卷二四一，第5256頁）

壬申，巡按河南監察御史張瀾等奏："懷慶衛守禦、衛輝前千户所、衛輝、彰德等府所屬一十三州縣春初大雪，歷夏亢旱，二麥槁死，夏稅無徵。"命户部覆實以聞。（《明英宗實録》卷二四一，第5259頁）

常州大水傷稼，民荐饑。（成化《重修毗陵志》卷三二《祥異》）

雨風潮，歲大祲。（光緒《靖江縣志》卷八《祲祥》）

大水傷稼，民乏食，賑之，免租六千八百石有奇。（道光《江陰縣志》卷八《祥異》）

大水，漂廬舍，溺人甚多。（同治《饒州府志》卷三一《祥異》）

無麥禾。巡按浙江監察御史奏：杭州府正月中雨雪相繼，二麥凍死。五月以来，驟雨大至，水漫圩圻，秋苗渰没，即今過時不能布種，税粮無徵。户部覈實以聞。（康熙《仁和縣志》卷二五《祥異》）

大雨連日，東北水發甚暴，漂廬舍，溺人甚多。（康熙《浮梁縣志》卷二《祥異》）

五月（疑當作"正月"）大雪，竹木多凍死。（光緒《通州直隸州志》卷末《祥異》）

五月（疑當作"正月"）大雪，竹木多凍死。七月（疑當作"二月"）復大雪，氷厚三尺，海濱水亦凍結，草木萎死。（萬曆《如皋縣志》卷二《五行》；乾隆《直隸通州志》卷二二《祥祲》）

五月（疑當作"正月"）大雪，竹木多凍死。七月（疑當作"二月"）復大雪，冰厚三尺，海濱水亦凍結，草木萎死。又大水，民饑，免租给賑。（嘉慶《東臺縣志》卷七《祥異》）

五月（疑當作"正月"），揚州大雪，竹木多凍死。（雍正《揚州府志》卷三《祥異》）

六月

辛巳，山東濟南、青州、登州、東昌，河南懷慶、衛輝、汝寧、南陽府俱奏："四、五月中亢旱不雨，二麥槁死，夏稅無徵。"命户部覆實蠲之。（《明英宗實録》卷二四二，第5265頁）

丙戌，日生背氣，色青赤。（《明英宗實録》卷二四二，第5267頁）

戊戌，巡按直隸監察御史應顥奏：“直隸蘇、松、常、鎮四府先因積雪堅凝，天色嚴寒，麥苗不發。三、四月中，方欲滋長，又為淫雨所傷，人民飢窘，乞将應徵税麥俱存本處，以備賑濟。”命户部議行之。（《明英宗實録》卷二四二，第5269～5270頁）

己亥，湖廣衡州府奏：“去冬至今春，雨雪連綿，兼以疫癘，本府所隸一州八縣人民死者一萬八千七百四十七口，凍死牛三萬六千七百八十五隻。”（《明英宗實録》卷二四二，第5270頁）

辛丑，鎮守易州右僉都御史陳泰奏：“六月初十日，易州大方等社大風拔木，雨雹如碗大，傷稼一百二十餘里，人馬有被擊死者。”（《明英宗實録》卷二四二，第5270頁）

癸卯，金星晝見於己位。（《明英宗實録》卷二四二，第5273頁）

丁未，太子太保兼吏部尚書翰林院學士王文奏：“訪知蘇、松、常、鎮四府税……況貧民家無甔石之儲，又遇積雪嚴寒，凍餓死者幾半。”（《明英宗實録》卷二四二，第5273～5274頁）

己酉，巡按浙江監察御史莊歙等奏：“浙江杭州、嘉興、湖州三府正月中雨雪相繼，二麥凍死。五月以来，驟雨大至，水漫圩岸，秧苗渰没，即今過時不能布種，税糧無徵。”命户部勘實以聞。（《明英宗實録》卷二四二，第5275頁）

己酉，火木二星合于胃宿。（《明英宗實録》卷二四二，第5275頁）

己酉，是月，揚州大風雨，潮決高郵寶應。（《國榷》卷三一，第1979頁）

大水傷稼，民薦饑。（光緒《無錫金匱縣志》卷三一《祥異》）

湖決隄岸。（道光《重修寶應縣志》卷九《災祥》）

揚州大風雨。（光緒《增修甘泉縣志》卷一《祥異附》）

寧國、安慶、池州蝗。（《明史·五行志》，第438頁）

大水，渰浸田禾，經久不退，侍郎李敏、知府汪滸議開白茅等塘以洩之。（崇禎《横谿録》卷五《水患》）

大水傷稼，民荐饑。（弘治《重修無錫縣志》卷二七《祥異》）

旱，免夏税。（乾隆《歷城縣志》卷二《總紀》；道光《濟南府志》卷二〇《災祥》）

七月

庚戌，自近年以來，日食、星變、地震且陷，山崩，水溢、灾異迭見，非止霜雪不時而已。（《明英宗實録》卷二四三，第5278頁）

庚戌，卯時，木星見午位。（《明英宗實録》卷二四三，第5278頁）

壬子，木星晝見於巳位。（《明英宗實録》卷二四三，第5282頁）

癸丑，白遘河漲，决保定杜村口隄，詔有司俟水降脩築。（《明英宗實録》卷二四三，第5283頁）

癸亥，木星晝見於未位。（《明英宗實録》卷二四三，第5288頁）

乙丑，少保兼吏部尚書東閣大學士王文奏："直隸蘇州府所屬自五月中至六月初連被大雨，水渰民田。乃臣回江北，以後事宜令巡撫巡按官躬詣勘實，將應兑税粮造册具奏。"從之。（《明英宗實録》卷二四三，第5288頁）

己巳，直隸揚州府奏："六月，大風雨，湖水泛漲，决高郵、寶應隄岸。"命左副都御史王竑督有司脩築之。（《明英宗實録》卷二四三，第5290～5291頁）

癸酉，直隸蘇、松、鳳陽、廬州、淮安、揚州俱大水。事聞，命户部遣官祭之。（《明英宗實録》卷二四三，第5292頁）

丁丑，日生左右珥，色黄赤鮮明。（《明英宗實録》卷二四三，第5294頁）

癸亥，京師大雨水，壞城郭，即築治。（《國榷》卷三一，第1980頁）

丙子，是月，成都大雨，水壞城。（《國榷》卷三一，第1980頁）

癸酉，振南畿水災。（民國《首都志》卷一六《歷代大事表》）

十四，夜，颶風害稼。（萬曆《福寧州志》卷一六《时事》；乾隆《福寧府志》卷四三《祥異》）

十四日夜，颶風害稼。（民國《霞浦縣志》卷三《大事》）

淮安、鳳陽大水。（光緒《盱眙縣志稿》卷一四《祥祲》）

蘇、松大水。（嘉慶《松江府志》卷八〇《祥異》）

大水。（道光《重修寶應縣志》卷九《災祥》；光緒《五河縣志》卷一九《祥異》；光緒《鳳陽縣志》卷四下《祥異》；光緒《蘇州府志》卷一四三《祥異》；光緒《青浦縣志》卷二九《祥異》）

揚州大水。（光緒《增修甘泉縣志》卷一《祥異附》）

蝗害稼。（乾隆《杭州府志》卷五六《祥異》）

大雨，江水泛溢，漫入東城水關，決城垣三百餘丈，壞駟馬、萬里二橋。（同治《重修成都縣志》卷一六《祥異》）

振南畿水災。（光緒《金陵通紀》卷一〇上）

八月

乙酉，迩年以來，澇旱（舊校改“澇旱”作“旱澇”）灾傷將遍天下，流移餓殍充塞道塗（廣本作“路”，抱本作“途”）。去冬今春冬（抱本作“各”）處，雨雪過期。江浙、直隸今（廣本、抱本“今”上有“即”字）大水為患，矧南京連火被（舊校改“火被”作“被火”）灾民皆蕩産而重困未甦。北京連旬霪雨，物皆踴（廣本作“貨踴”）貴，而民食不給。（《明英宗實録》卷二四四，5299～5300頁）

戊子，夜，月犯建星。（《明英宗實録》卷二四四，第5302頁）

己丑，夜，月犯牛宿大星。（《明英宗實録》卷二四四，第5303頁）

辛卯，直隸建陽衛以城壇（廣本、抱本作“垣”）因雨塌决，請督軍餘脩築治之。（《明英宗實録》卷二四四，第5304頁）

甲午，河南寧寶縣奏：“本縣田乏水利，遇旱輒薄收而民匱食。”（《明英宗實録》卷二四四，第5304頁）

丁酉，巡撫江西右僉都御史韓雍奏：“吉安府所属旱傷，禾稼無收。”命雍善加撫恤，勿令軍民失所。（《明英宗實録》卷二四四，第5307頁）

戊戌，夜，有流星大如杯，色青白，有光燭地，出紫微東藩内，東北行至雲中。火星犯六諸王第二星。（《明英宗實録》卷二四四，第5310頁）

戊申，是月，山東東昌、兖州、濟寧三府大雨，黄河泛漲，渰没禾稼。

（《明英宗實録》卷二四四，第 5316 頁）

濟南、兖州、東昌大水，河漲渰田。是歲山東旱。（民國《山東通志》卷一〇《通紀》）

大水。（乾隆《平原縣志》卷九《災祥》；乾隆《歷城縣志》卷二《總紀》；乾隆《曲阜縣志》卷二八《通編》；道光《濟南府志》卷二〇《災祥》）

東昌、兖州大水，河漲渰田。（乾隆《曹州府志》卷一〇《災祥》）

兖州大水。（乾隆《沂州府志》卷一五《記事》）

九月

辛亥，先是沁河決武陟馬曲灣堤五百九十餘丈，漫流新鄉獲嘉入衛河，没民田廬甚眾。至是，詔有司脩築之。（《明英宗實録》卷二四五，第 5318 頁）

癸丑，夜，金星掩犯軒轅左角星。（《明英宗實録》卷二四五，第 5319 頁）

丁巳，四川都司奏："七月大雨，紅（疑當作'洪'）水泛濫，入東城水關，決城垣三百餘丈，壞駟馬、萬里二橋，欲同布、按二司起附近府衛軍夫備料修理。"從之。（《明英宗實録》卷二四五，第 5321 頁）

甲子，夜，有流星大如杯，色青白，有光，出天捋，西北行至游氣。（《明英宗實録》卷二四五，第 5325 頁）

丁卯，夜，金星入太微垣石〔右〕掖門。（《明英宗實録》卷二四五，第5326 頁）

戊辰，巡按直隸監察御史汪淡奏："直隸寧國、安慶、池州府屬縣今年六月以來，旱蝗傷稼。"令户部覆視以聞。（《明英宗實録》卷二四五，第 5326 頁）

甲戌，曉刻，金星犯太微垣左執法星。（《明英宗實録》卷二四五）

杭州旱。（康熙《仁和縣志》卷二五《祥異》；乾隆《杭州府志》卷五六《祥異》）

十月

戊子，夜，有流星大如杯，色赤，有光燭地，出徽（廣本、抱本作“紫”）微東藩，東北行至北斗杓，後二小星隨之。（《明英宗實録》卷二四六，第5335頁）

癸巳，夜月食。（《明英宗實録》卷二四六，第5338頁）

乙未，月掩犯天關星。（《明英宗實録》卷二四六，第5342頁）

丙申，月犯井宿西第二星。（《明英宗實録》卷二四六，第5342頁）

庚子，辰时，西北方地（舊校改“方地”作“地方”）震有星（舊校改“星”作“聲”），往东南方息。（《明英宗實録》卷二四六，第5344頁）

辛丑，夜，有流星大如椀（抱本作“杯”），色赤，尾跡有光燭地，出紫微西番（抱本作“西藩”）内，西北行至近濁。（《明英宗實録》卷二四六，第5344頁）

十一月

己酉，夜，有流星大如杯，色青白，光明燭地，出八穀，西北行至天船星，尾跡炸散。（《明英宗實録》卷二四七，第5349頁）

戊午，巡按直隸監察御史楊貢言：“蘇、松、常、鎮四府自去歲及今大雨，民皆遺食，乞免其織造紵絲及採買等物。”從之。（《明英宗實録》卷二四七，第5353頁）

己未，曉刻，金土二星合於氐宿。（《明英宗實録》卷二四七，第5354頁）

辛酉，鎮守福建兵部尚書孫原貞奏：“自去冬至今春，積雪連旬，窮陰彌月。”（《明英宗實録》卷二四七，第5354頁）

壬戌，夜，月有畢宿生暈及背氣、左右珥。復生白虹，貫右珥，月復掩犯天闕星。（《明英宗實録》卷二四七，第5357頁）

丙寅，山東、河南等處旱澇艱食。（《明英宗實録》卷二四七，第5358頁）

甲戌，夜，有流星大如杯，色青白，出自内平，東行至太微西壇（广本、抱本作“垣”），三小星随之。（《明英宗實録》卷二四七，第5361頁）

十二月

壬午，免順天府所屬霸州、文安、大城等州縣，及直隸真定府所屬饒陽縣被水灾傷田粮五千四百五十餘石，穀草三十六萬二千七百九十餘束。（《明英宗實録》卷二四八，第5367頁）

丁亥，夜，西方有星大如籩，青白色，尾跡有光，起自太微垣右執法星，西南行至雲中没。（《明英宗實録》卷二四八，第5369頁）

辛卯，雲南虚仁驛驛丞尚褫言：“臣聞體元者，人主之職，調元者，宰相之事。近者積雪連旬，窮陰彌月，是陽失節而陰縱之象。以魯僖一國之君，脩德感天而六月雨……”（《明英宗實録》卷二四八，第5370頁）

甲午，月犯軒轅右角星。（《明英宗實録》卷二四八，第5374頁）

丙申，免直隸永平府灤州并昌黎縣水灾秋粮一千五百餘石，穀草一萬六千九百餘束。（《明英宗實録》卷二四八，第5374~5375頁）

丁酉，夜，有流星大如杯，色赤，光明燭地，出北河，西行至五車星。（《明英宗實録》卷二四八，第5376頁）

己亥，巡按直隸監察御史楊貴奏：“今年十一月二十一日晡刻，鎮江府地震有聲，居（舊校‘居’上補‘民’字）搖撼，二十二日早食時，復如之。臣切維地道宜静，今數震於一陽未（舊校改作‘來’）復（廣本、抱本‘復’下有‘之’字），時誠為可懼。……況蘇（廣本‘蘇’下有‘松’字）、常、鎮四府兩年水旱相仍，小民流離，餓殍不可（廣本、抱本‘可’下有‘數計’二字）。”（《明英宗實録》卷二四八，第5377~5378頁）

大雪，至二月乃霽。（萬曆《會稽縣志》卷八《災異》）

丙申，免灤州及昌黎水災秋租。（光緒《永平府志》卷三〇《紀事》）

至春二月，大雪害麥。（萬曆《新修餘姚縣志》卷二三《禨祥》）

大雪，自十二月至六年二月乃霽。（光緒《餘姚縣志》卷七《祥異》）

是年

春，淮徐大雪數尺。（同治《徐州府志》卷五下《祥異》）

春，大雪，平地丈餘，艸木鳥獸凍死無算。夏，大水，田廬漂没過半，斗米百錢，餓殍相枕，盗賊蠭起。（乾隆《震澤縣志》卷二七《災祥》）

春，徐州大雪數尺。（民國《銅山縣志》卷四《紀事表》）

春，大雪四十餘日，平地深數尺，積封山谷，民絶樵蘇，多餓殍。（同治《廣豐縣志》卷一〇《祥異》）

夏，大水没禾稼，大疫，死者無算。（乾隆《華亭縣志》卷一六《祥異》）

夏，旱。（乾隆《掖縣志》卷五《祥異》）

大水，河溢。（乾隆《德州志》卷二《紀事》；民國《德縣志》卷二《紀事》）

大水。（乾隆《銅陵縣志》卷一三《祥異》；道光《觀城縣志》卷一〇《祥異》；光緒《丹徒縣志》卷五八《祥異》；光緒《廣州府志》卷七八《前事》；民國《金壇縣志》卷一二《祥異》）

大饑。（乾隆《靈璧縣志略》卷四《災異》）

風，大水。（乾隆《順德縣志》卷一六《雜志》）

因水災免秋租。（民國《昌黎縣志》卷一二《故事》）

大水，民饑，疫作，知縣鄭達賑之。（光緒《崑新兩縣續修合志》卷五一《祥異》）

揚州潮決高郵隄岸。（道光《續增高郵州志・災祥》）

丹徒、丹陽、金壇大水。（萬曆《重修镇江府志》卷三四《祥異》；光緒《丹陽縣志》卷三〇《祥異》）

山東旱。（民國《增修膠志》卷五三《祥異》）

夏，大水，大疫。（同治《上海縣志》卷三〇《祥異》）

大水，蠲漕糧。（民國《太倉州志》卷二六《祥異》）

旱。（乾隆《平原縣志》卷九《災祥》）

杭、嘉、湖大雨傷苗，六旬不止。（光緒《嘉興府志》卷三五《祥異》；《明史·五行志》，第473頁）

杭、嘉、湖大雨傷苗，六旬不止。夏大水，秋亢旱，大饑，疫。（同治《湖州府志》卷四四《祥異》）

大雨傷苗，六旬不止。夏大水，秋亢旱，大饑，疫。（光緒《歸安縣志》卷二七《祥異》）

雷擊慧通寺殿柱。（康熙《德清縣志》卷一〇《災祥》）

湖州大雨傷苗，六旬不止。（同治《長興縣志》卷九《災祥》）

雪深七尺許。（康熙《金華縣志》卷三《祥異》）

大雪，平地深七尺，凍死者甚眾。（同治《孝豐縣志》卷八《災歉》）

大雪。（萬曆《興化縣新志》卷一〇《外紀》）

地震有聲，起西北，訖東南。（民國《順義縣志》卷一六《雜事記》）

春，大雪，平地丈餘，草木鳥獸凍死無算。夏，大水，田廬漂没過半，斗米百錢，餓殍相枕，盜賊蜂起，兩税無徵。濟農倉積米三十餘萬石賑盡，又納粟補官以繼之。（乾隆《吴江縣志》卷四〇《災變》）

春，大雪數尺，人畜凍死萬計。（道光《濟南府志》卷二〇《災祥》）

春，大雪。（乾隆《歷城縣志》卷二《總紀》）

春，大雨雪四十餘日，平地深數尺，積封山谷，民絕樵蘇，多饑殍。（乾隆《鉛山縣志》卷一《祥異》）

春，大雨雪四十餘日，永豐諸山谷白封數丈，溪澗皆平，民絕樵採，多餓殍，禽獸皆死。（嘉靖《永豐縣志》卷四《雜志》）

春，大雪，平地深五尺餘，河冰一月，草木至清明後萌芽。夏恆雨，秋大旱，人相食。撫按勸富民出粟賑貸，視其多寡，旌賞有差。（嘉慶《宜興縣志》卷末《祥異》）

夏，大旱。（乾隆《曲阜縣志》卷二八《通編》；光緒《曲陽縣志》卷五《大事記》）

大水傷稼。秋，旱，樹木皆枯，民大饑。（光緒《武進陽湖縣志》卷二

九《雜事》）

比年饑饉薦臻，人民重困。頃冬春之交，雪深數尺，淮河抵海，冰凍四十餘里，人畜僵死萬餘，弱者鬻妻子，强者肆劫掠，衣食路絶，流離載途。（《明史·王竑傳》，第4708頁）

水，民大饑疫，死者枕藉，貧民牽扶入市乞食，旦人而夕鬼。初荒時，民食犬賣皮，犬盡，食糟糠，查糠麥盡，食草根樹皮。（道光《璜涇志稿》卷七《災祥》）

大水，民饑，免民田租。（隆慶《儀真縣志》卷一三《祥異》）

大水，民相食。（崇禎《烏程縣志》卷四《災異》）

大水，乘舟入市，逾三月始平。（康熙《安慶府太湖縣志》卷二九《祥異》；康熙《安慶府志》卷六《祥異》）

大水害稼。（康熙《安慶府潛山縣志》卷一《祥異》）

春，大雨雪逾四十日，平地深數尺，白封山谷，民絶樵採，多餓殍。（康熙《廣信府志》卷一《祥異》）

水。（康熙《南海縣志》卷三《災祥》）

揚州大雪，氷三尺，海水亦凍。（乾隆《江南通志》卷一九七《禨祥》）

大雪，平地深七尺，凍死者百餘人。（嘉靖《安吉州志》卷一《災異》）

冬，大雪。（嘉靖《寧州志》卷六《祥異》）

會稽、餘姚十二月大雪，六年二月乃霽。（萬曆《紹興府志》卷一三《災祥》）

景泰之甲戌、成化之壬辰、弘治之辛丑，皆旱潦之大者，其時斗米盈數百錢。（嘉靖《常熟縣志》卷四《食貨》）

景泰六年（乙亥，一四五五）

正月

戊申，巡撫北直隸右僉都御史陳泰奏："保定、河間、廣平、大名、真

定等府縣田畝被灾，人民難食，今年應徵鹽粮鈔俱乞停免。”事下户部覆議，從之。（《明英宗實録》卷二四九，第5385頁）

己酉，夜，有流星大如盃，色青白，光明燭地，出鈎陳，東北行至天鈎星。（《明英宗實録》卷二四九，第5387頁）

甲寅，夜，月犯木星。（《明英宗實録》卷二四九，第5389頁）

庚申，免直隸河間府興濟等七縣，保定府所屬祁州、清苑等十三州縣去年被水灾傷田粮四千六百九十餘石，穀草七萬六千六百束。（《明英宗實録》卷二四九，第5390頁）

庚申，山東單縣知縣葉斌奏：“本縣連年水澇傷禾，人民缺食，該部倒死走失馬千餘匹，乞暫停止，候麥熟設法追償。”從之。（《明英宗實録》卷二四九，第5390頁）

丙寅，夜，月犯角宿南星。（《明英宗實録》卷二四九，第5395頁）

丁卯，浙江道監察御史黄讓奏：“近者浙江直隸等府水旱相仍，人民飢窘。屢蒙勑廵撫及司、府、州、縣等官設法賑濟，然各官固有務公盡職，亦有偏執己私，既乏策以救荒，惟致嚴于遏糴，使有收之地，獨安飽煖，無穀之所，皆困飢寒。……乞敕諭各臣，務在權宜賑濟，但遇客商裝載米麥，聽其交易，不許禁遏，洪閘過往，亦毋得停滯。”帝是其言，命户部即移文所司行之。（《明英宗實録》卷二四九，第5395頁）

癸酉，曉刻，四方濃霧，既而成霜附木，自是日至丁丑，凡五日。（《明英宗實録》卷二四九，第5398頁）

癸酉，陰霧四塞，既而成霜附木，凡五日。（《明史・五行志》，第427頁）

十四日，甯德驟雨害稼。是歲，饑。（乾隆《福寧府志》卷四三《祥異》）

二月

丁丑，河河（廣本、抱本作“南”）陳州知州崔慶奏：“本州連年雨（廣本作‘水’）潦，不得耕種，以致各民原養種馬并駒，因食泥草，瘦損

倒死者多，急難買補，乞暫寬貸，以俟秋成之後追償。”從之。(《明英宗實録》卷二五〇，第5402頁)

戊戌，夜，有流星大如碗，色青白，尾跡有光燭地，出天棓，東南行至七公星。(《明英宗實録》卷二五〇，第5421頁)

己亥，直隸徽州府奏：“景泰四年冬至五年春積雪三月，二麥凍損，繼以夏澇秋旱，稻苗亦灾傷無收，民不聊生。”(《明英宗實録》卷二五〇，第5422頁)

己亥，夜，月犯建星。(《明英宗實録》卷二五〇，第5423頁)

癸卯，午時，日生淡暈。申時，生左右珥鮮明。(《明英宗實録》卷二五〇，第5425頁)

甲午，夜，安福縣大雷雨，地陷者二。(《國榷》卷三一，第1989頁)

三月

丙辰，夜，火星犯井宿東北第一星。(《明英宗實録》卷二五一，第5431頁)

甲子，以直隸保定府水，詔罷其属縣採買（廣本作“辦”）不急之物。(《明英宗實録》卷二五一，第5434頁)

乙丑，巳時，日生暈，團圓鮮明，至未時雲遮。(《明英宗實録》卷二五一，第5435頁)

三縣大旱，蝗，丹陽尤盛。(光緒《丹陽縣志》卷三〇《祥異》)

海寧衛自三月不雨，至于六月。(乾隆《杭州府志》卷五六《祥異》)

海寧衛、嘉興諸府自三月不雨至於六月。(雍正《浙江通志》卷一〇九《祥異》)

四月

丙子朔，日食。(《明英宗實録》卷二五二，第5441頁)

庚辰，南京吏科給事中童軒言：“南京去歲雨雪連旬，米價高貴，軍民凍餒。已嘗奏聞，遣巡撫户部尚書李敏于南直隸勸諭出粟，運赴南京賑濟，已經半年，並無升合之米到城。即今餓殍流離，盗賊羣起，乞勑該部移文巡撫官急于各處勸借，陸續送赴，從公給濟。”從之。（《明英宗實録》卷二五二，第5442～5443頁）

辛巳，欽天監監正許惇，監副高冕、谷濱，以日食失期，為六科十三道所劾，下都察院獄坐，贖徒還職，特命杖而釋之。（《明英宗實録》卷二五二，第5443頁）

丙戌，蘇、松、常、鎮連年苦灾，張秋一帶頻歲河決，或大霧彌旬，或木介經日，或雨霰飛霜，或星變日食，灾異迭見，中外悚怖。（《明英宗實録》卷二五二，第5447頁）

甲午，免廣東肇慶府德慶州陽春、瀧水二縣景泰三年旱傷并荒蕪田畝秋粮一萬二千三百三十四石有奇。（《明英宗實録》卷二五二，第5452頁）

朔，日食。（乾隆《銅陵縣志》卷一三《祥異》）

劉家營大水。（光緒《永平府志》卷三〇《紀事》）

五月

乙巳，夜，火星犯積尸氣。（《明英宗實録》卷二五三，第5457頁）

己酉，巡撫南直隸户部尚書李敏奏：“應天并蘇、松等府，建陽等衛軍民田禾各被水旱蝗灾，乞暫免粮草，其民運京粮負欠之數，候秋成補納，已徵在官者，俱乞如蘇、松例存留，以備賑濟，或改運淮、徐二處。”命户部行之。（《明英宗實録》卷二五三，第5460頁）

己酉，巡撫江西右僉都御史韓雍等奏：“今年二月十八日夜，吉安府安福縣雷雨大作。境内白泉陂、羊塘池（廣本、抱本作‘地’）陷二處，一處東西十二丈，南北十四丈，深可三丈；一處東西一丈，南北一丈五尺，深可六尺。變不虚生，召有所自，皆臣等不能奉宣上德，仰答天心以致然也。”（《明英宗實録》卷二五三，第5462頁）

乙卯，日生背氣，色青赤。（《明英宗實録》卷二五三，第5465頁）

己巳，帝以連旬不雨，躬禱于昊天上帝、后土皇地。（《明英宗實録》卷二五三，第5472頁）

辛未，以湖廣盗賊竊發，水澇為灾，詔停止其被灾州縣等採買之物。(《明英宗實録》卷二五三，第 5474 頁)

十四日，驟雨水暴至，壠田流壞，禾苗俱廢，是歲民饑。(嘉靖《寧德縣志》卷四《祥異》)

揚州大旱。(宣統《泰興縣志補》卷八上《述異》)

六月

乙亥，巡撫山東刑部尚書薛希璉等奏："濟南等府州縣自去年二月以来旱傷麥苗，軍民缺食，税粮辦納不前。" (《明英宗實録》卷二五四，第 5478 ~ 5479 頁)

戊寅，巡撫山西右僉都御史蕭啟奏："平陽等府州縣今年春夏，旱枯麥苗，人民艱食。"(《明英宗實録》卷二五四，第 5480 ~ 5481 頁)

戊寅，巡按陝西監察御史曹璟等奏："西安、平涼等府正月以来不雨，四月霜雪，瘟疫死者二千餘人。"(《明英宗實録》卷二五四，第 5481 頁)

戊寅，巡按直隸監察御史楊貢奏："五月初六日，蘇州地震，并常、鎮、松、江四府瘟疫，死者七萬七千餘人。"(《明英宗實録》卷二五四，第 5481 頁)

辛巳，昏刻，金星犯井宿。(《明英宗實録》卷二五四，第 5482 頁)

乙丑，禮科左給事中楊穟言："臣等切見連歲四方多故，水旱相仍，粮道方艱，倉儲未實，然而京師物價不甚踴貴。"(《明英宗實録》卷二五四，第 5483 頁)

丙申，户部尚書張鳳等奏："洪武年間，天下徵納粮草田地、山塘共八百四十萬頃有餘，今止有四百二十八萬頃有餘，加以水旱相仍，粮草連年停徵，京師供給浩大，倉廩支費不敷。"(《明英宗實録》卷二五四，第 5488 頁)

戊戌，夜，有流星大如碗，色青白，有光燭地，出六甲，西北行至華盖。(《明英宗實録》卷二五四，第 5490 頁)

庚子，曉刻，木星犯六諸王東第一星。(《明英宗實録》卷二五四，第

5491 頁）

甲辰，先是，巡撫南直隸户部尚書李敏言：“應天等府縣自往歲大雪窮陰，今年淫雨亢旱，民方匱食，遑遑焉無以安生，而内官令應天府採買翠毛、銅絲、鉄絲、羊角、毛竹、魚鱿，以百千萬計。夫以飢荒之際，加此煩擾，臣恐人心動摇，致生他變，乞暫停止，以俟秋成之後採買，其翠毛宜令廣東産有之所貢之。”詔以内府急用之需，不允。至是，監察御史周文盛以為請，乃免之。（《明英宗實録》卷二五四，第 5493 頁）

大水。（嘉靖《宣府鎮志》卷六《災祥考》；康熙《保安州志》卷一二《災祥》；康熙《龍門縣志》卷二《災祥》；康熙《西寧縣志》卷一《災祥》；乾隆《懷安縣志》卷二二《灾祥》；乾隆《萬全縣志》卷一《災祥》；乾隆《蔚縣志》卷二九《祥異》；乾隆《宣化縣志》卷五《災祥》；光緒《懷來縣志》卷四《災祥》）

十有二日，大風潮。（道光《璜涇志稿》卷七《災祥》）

河決開封府高門堤二十餘里。（乾隆《祥符縣志》卷三《河渠》）

大水，差大臣賑濟。（康熙《保定府志》卷二六《祥異》）

大旱，禱祀北嶽。（順治《渾源州志》附《恒岳志》卷上）

大旱。（嘉靖《真定府志》卷九《事紀》）

閏六月

己未，昏刻，金火二星，俱入太微垣右掖門。（《明英宗實録》卷二五五，第 5501 頁）

丙辰，卯時，日生紫（廣本、抱本作“背”）氣一道，未久漸散。（《明英宗實録》卷二五五，第 5502 頁）

丁卯，遣太保寧陽侯陳懋告於昊天上帝、厚（廣本作“后”）土皇地祇，曰：“不德災及群黎，禾稼在田，遭連（舊校改‘遭連’作‘連遭’）淫雨。仰惟洪造憫念民艱，大布陽光，俾諧豐獲。”遣各衙門官遍禱各廟神祇。（《明英宗實録》卷二五五，第 5503 頁）

庚午，命工部修宛平（廣本、抱本“平”下有“縣華家”三字）閘，

以水漲堤决故也。(《明英宗實録》卷二五五，第5503頁)

壬申，户部上寬恤減省事宜：一京城内外被水淹没，軍民既發倉賑濟矣，而順天并北直隸等府軍民被災者，請移文請府各遣堂上官二人勘實撫恤，安插賑濟，毋令轉徙失所……(《明英宗實録》卷二五五，第5506頁)

辛未，免在京各營及順天府寄養倒失馬，以水災寬恤之。(《明英宗實録》卷二五五，第5503頁)

癸酉，是月，江西九江、南康，山東濟南、兖州、青州，山西平陽，陝西鞏昌、臨洮諸府奏(抱本作“秦”)、階(廣本、抱本“階”下有“諸”字)州各奏數月不雨。直隸真定、永平、河間、廣平、大名，河南開封、衛煇(舊校改“煇”作“輝”)，雲南大理諸府各奏：“淫雨水泛，傷民稼穡，租税無徵。”事下户部，命所司覆視以聞。(《明英宗實録》卷二五五，第5507頁)

癸酉，順天府所屬各奏：“猛風暴雨連日不止，木拔河决，壞民廬舍禾稼。”命户部遣官賑邺。(《明英宗實録》卷二五五，第5507頁)

丙辰，應天、淮、陽〔揚〕、蘇、常大風雨雹，潮溢渰稼。先是，苦旱。(《國榷》卷三一，第1993頁)

大風雨，拔木壞垣。(萬曆《嘉定縣志》卷一七《祥異》)

乙巳，束鹿雨雹如雞子，擊死鳥雀狐兔無算。(《明史·五行志》，第429頁)

水。(民國《獻縣志》卷一九《故實》)

順天大水，灤河泛溢，壞城垣、民舍，河間、永平水患尤甚。(《明史·五行志》，第449頁)

十二日晚，大風，聲吼如雷，挾以驟雨，拔木壞屋，民壓死者甚眾。(正德《練川圖記》卷七《雜識》)

以旱災遣左副都御史馬謹祭禱中嶽。(康熙《登封縣志》卷三《嶽祀》)

湖廣大水，饑。(道光《永州府志》卷一七《事紀畧》)

七月

乙亥，巡按直隸監察御史吴中奏："閏六月朔，保定府東〔束〕鹿縣大風拔木，迅雷雹如雞子，擊死鳥鵲狐兔無算。本月中，順天府霸州、永清、大城、文安等縣暴風驟雨，漂溺民居，渰没禾稼，河間、永平等處水患尤甚。"（《明英宗實録》卷二五六，第5511頁）

丙子，巡按淮安等處左副都御史王竑奏："直隸淮安府邳州、海州、睢寧、山陽縣，鳳陽府宿州蝗。"巡撫山東刑部尚書薛希璉亦奏："東昌、兖州、濟南三府，平山、濟南二衛蝗。"（《明英宗實録》卷二五六，第5511～5512頁）

丁丑，免浙江杭州、嘉兴、湖州三府拖欠藥味等料，以水旱相仍，生民飢窘也。（《明英宗實録》卷二五六，第5512頁）

丁丑，金星晝見於未位。（《明英宗實録》卷二五六，第5512頁）

戊寅，監察御史倪敬等言："自古有聖賢之君，必有忠諫之臣，然後能成德業之大，而致治道之隆。近年以來，天時失調，災異迭見。今年閏六月間，雨水霖霪，動經半月，傾頽墻屋，淹没禾稼，軍民艱難，愁歎盈於道路。"（《明英宗實録》卷二五六，第5513頁）

戊寅，夜，月犯氐宿西南星。（《明英宗實録》卷二五六，第5515頁）

庚辰，永平衛指揮使朱信奏："久雨深河，溢壞城垣，及漂没軍民房屋、頭畜、米穀無算。"（《明英宗實録》卷二五六，第5515頁）

丙戌，命修直隸容城縣白溝河、杜村口及固安縣楊家等口決隄。（《明英宗實録》卷二五六，第5519頁）

戊子，户部奏："近以天時淫雨，車脚不通，米價翔踴。廷臣建議請在京官軍俸粮，俱于京倉預關兩月矣。今通州倉廒復充各處，運至者無處收受，司出納者復請官軍九月、十月分俸粮，更於通州預支二月，宜從所擬。"從之。（《明英宗實録》卷二五六，第5519～5520頁）

戊子，夜，有流星大如杯，色青白，有光，出文昌，東北行近濁。（《明英宗實録》卷二五六，第5520頁）

庚寅，勑南京守備及五府、六部等衙門官曰："朕惟自（廣本、抱本'自'下有'古'字）災祥，皆由乎（廣本作'于'）人事得失所致。南京，實朕祖宗肇迹之地，其重與京師等庶府百司，設置惟一。既命爾等分任其職，則凡所以致災祥者，厥有攸歸。近聞所在災異薦臻，或水旱相仍，或饑疫競起，火盜累作，人用怨咨。"（《明英宗實録》卷二五六，第5520～5521頁）

丙申，順天府直隸河間、廣平等府，涿鹿、寧山、興州前屯、天津并大寧都司營州後屯等衛俱奏："六月以來，天雨連綿，所轄地畝，淹没無收。"（《明英宗實録》卷二五六，第5523～5524頁）

丙申，夜，有流星大如杯，色青白，出七公西，北行至右攝提星。（《明英宗實録》卷二五六，第5524頁）

丁酉，木星晝見於未位。（《明英宗實録》卷二五六，第5524頁）

隕霜傷稼。（康熙《灤志》卷二《世編》；光緒《永平府志》卷三〇《紀事》；民國《盧龍縣志》卷二三《史事》）

蝗。（乾隆《歷城縣志》卷二《總紀》）

太白數晝見。（道光《永州府志》卷一七《事紀畧》）

八月

甲辰，應天府并直隸鳳陽、寧國、太平、安慶、廬州、徽州、池州諸府，廣德、滁、和諸州，直隸潼關、陝西甘州諸衛各奏："今夏亢旱。"直隸淮安、揚州、蘇、常諸府，南京神策、龍虎及直隸諸衛各奏："今夏旱至閏六月十二日，猛風驟作，雨雹交下，連日不止，潮水泛溢，渰没民居禾稼，租稅無徵。"命户部遣官覆視以聞。（《明英宗實録》卷二五七，第5527頁）

丙午，命修理金山衛及青村南匯嘴守禦所城垣，以海水漲溢，為所決壞也。（《明英宗實録》卷二五七，第5528頁）

戊申，鎮守雲南都督同知沐璘等奏："所轄府衛水潦，民饑。"（《明英宗實録》卷二五七，第5529頁）

丁巳，管河主事李蕃奏："初為徐、吕二洪水淺，鑿陽武脾沙岡，引黄河之水，然後舟楫流通。近又見起失〔夫〕濬封丘縣新集等處，分脾沙岡外水，以濟沙灣。緣脾沙岡水微細，不能兼濟二處，恐沙灣得水而徐、吕乾涸，得一失一，非計之善。况新集地高，費用頗多，乞勑左僉都御史徐有貞等量度處置。"從之。（《明英宗實録》卷二五七，第5533頁）

丁巳，夜昏刻，南方有星如盞大，赤色，有光，起自河鼓，東南行至近濁。（《明英宗實録》卷二五七，第5533頁）

戊午，鎮守雲南金齒等處南寧伯毛勝奏："軍民告稱巡撫僉都御史鄭顒往年遇旱，設法賑濟，人得聊生。今年水澇，大壞苗稼，顒已回家（舊校删'家'字）京，乞仍命巡撫，以慰人望。"從之。（《明英宗實録》卷二五七，第5533～5534頁）

戊午，夜，金星犯房宿北第二星。（《明英宗實録》卷二五七，第5534頁）

庚申，夜，有流星大如碗，色青白，有光燭地，出井宿，西南行至近濁。曉刻，木星犯井宿鉞星。（《明英宗實録》卷二五七，第5536頁）

九月

癸酉，夜，有流星大如盞，如（"如"字疑衍）青白色（舊校改"青白色"作"色青白"），其光燭地，起孫（廣本作"參"）星，東南行至濁炸散。（《明英宗實録》卷二五八，第5543頁）

乙亥，夜，有流星大如盞，色青白，起天弁星，西南行至濁没。（《明英宗實録》卷二五八，第5544頁）

甲申，免直隸淮安府安東縣歲輸藥材等物，以本縣屢奏旱澇故也。（《明英宗實録》卷二五八，第5546頁）

甲申，夜，有流星大如盞，色青白，起壁宿，西南行至游氣没。（《明英宗實録》卷二五八，第5546頁）

丁亥，夜，月蝕。（《明英宗實録》卷二五八，第5548頁）

甲午，夜，金星犯南斗魁第三星。（《明英宗實録》卷二五八，

第5549 頁）

庚子，夜，月犯亢宿南第二星。（《明英宗實録》卷二五八，第 5551 頁）

壬寅，山東濟南、東昌、青州、兗州四府，河南河南、衛輝、懷慶三府，山西平陽府各奏：“今年二月至五月不雨，田苗旱傷。”湖廣武昌、漢陽、德安、黄州、荆州、長沙、岳州七府，沔陽州沔陽、安陸、蘄州三衛，德安千户所各奏：“今年春夏以來，雨澤愆期，田苗枯槁。閏六月以後，江水泛溢，又被淹没。”事下户部覆視之。（《明英宗實録》卷二五八，第 5551 ~5552 頁）

賑蘇松饑民米麥。（光緒《常昭合志稿》卷一二《蠲賑》）

湖廣武昌、漢陽、德安、黄州、荆州、長沙、岳州各奏：“雨澤愆期，田苗枯槁。閏六月以後，江水泛溢，又被淹没。”（康熙《瀏陽縣志》卷九《賑恤》）

振蘇、松饑民米麥一百餘萬石。（《明史・景帝紀》，第 148 ~149 頁）

十月

癸卯，免順天府霸州、文安縣諸處所採秋青草，以其連被水災也。（《明英宗實録》卷二五九，第 5553 頁）

丙午，巡撫蘇、松等處左副都御史鄒來學奏：“蘇、松等府民該納在京税粮，舊例俱與官軍兑運，後因瓦剌入寇，存留官軍守備京城，暫令民運。近有連被水旱，民力艱難，乞照舊軍運為便。”從之。（《明英宗實録》卷二五九，第 5553 ~5554 頁）

庚戌，夜，有流星大如盞，色青白，有光，起天囷，西南行至天倉星没。（《明英宗實録》卷二五九，第 5554 ~5555 頁）

辛亥，夜五鼓，有流星大如椀，色赤光明，起北斗，經行紫微垣，至東藩外，尾跡炸散。（《明英宗實録》卷二五九，第 5555 頁）

丙辰，夜，月犯畢宿右服（廣本、抱本作“股”）北第一星。（《明英宗實録》卷二五九，第 5557 頁）

戊午，昏刻，有流星大如盞，赤色，尾跡有光，起胃宿，東北行至

（廣本、抱本“至”下有“五”字）車，後三小星隨之。（《明英宗實録》卷二五九，第5558頁）

庚申，夜四鼓，有流星大如盞，色青白，尾跡（廣本無“尾跡”二字）有光，起天稷星，東南行近濁没。五鼓，有流星大如盞，色青白有光，起紫微西藩内，東北行至游氣炸散。（《明英宗實録》卷二五九，第5558頁）

大雷雨竟日。（康熙《灤志》卷二《世編》；光緒《永平府志》卷三〇《紀事》；民國《盧龍縣志》卷二三《史事》）

十一月

甲戌，夜，有流星大如杯，色青白有光，出文昌，西行至五軍（廣本、抱本作“車”）。（《明英宗實録》卷二六〇，第5566頁）

己卯，先是，順天府所屬近南（疑當作“畿”）十州縣大水，受監察御史原傑往視。傑奏：“水潦之餘，人民流移者萬計，比屋缺食物，難以徧舉。”（《明英宗實録》卷二六〇，第5567～5568頁）

己卯，巡按雲南監察御史牟俸等奏：“雲南左衛諸處并尋甸諸府今年四月至七月，雨水連綿，所種禾苗凍粃青空無收，秋粮、屯粮無存辦納。”南京龍江左、浙江海寧衛，蘇州、嘉興諸府奏：“三月至六月，亢旱無雨，不能布種，秋成無望，税粮無徵俱。”（《明英宗實録》卷二六〇，第5569頁）

庚辰，河南開封、直隸保定諸府俱奏：“五、六月大水漫流田禾，渰没秋粮，無計營辦。”事下户部勘之。（《明英宗實録》卷二六〇，第5569～5570頁）

癸未，夜，月犯畢宿北第一星。（《明英宗實録》卷二六〇，第5572頁）

甲申，巡按貴州監察御史伍星會奏：“貴州烏撒衛地在萬山之中，刀耕火種以給食。連年水旱相仍，田禾不收。今年二月至六月，淫雨不時，二麥苗稼渰損。七月殞霜，蕎菽稻禾俱不成實，夷民饑窘，無以自存，俱發掘蕨根土瓜，采取櫟橡樹蕈為食。巳〔已〕令有司於有粮倉分賑濟，仍查本處官庫收時贓罰銀鈔，於附近之處易米接濟。”（《明英宗實録》卷二六〇，第5572頁）

甲午，夜，月犯角宿南星。（《明英宗實録》卷二六〇，第5576頁）

乙未，夜，月犯亢宿南第一星。（《明英宗實録》卷二六〇，第5576頁）

丁酉，夜，月犯罰星。（《明英宗實録》卷二六〇，第5576頁）

己亥，順天府宛平縣奏：“今年户口盐粮，户部定擬一半納米，近被水災，人民缺食，乞俱納鈔，候豐年如舊納米。”從之。（《明英宗實録》卷二六〇，第5577頁）

丁丑，免永平災租。（民國《盧龍縣志》卷二三《史事》）

十二月

丁未，日生左右珥，色赤鮮明。（《明英宗實録》卷二六一，第5580頁）

己酉，昏刻，月生暈，蒼白色。（《明英宗實録》卷二六一，第5581頁）

癸丑，夜，有流星大如杯，色赤有光，出天紀，西北行至太遵星，尾跡炸散，二少〔小〕星隨之。（《明英宗實録》卷二六一，第5583頁）

甲寅，以是冬無雪，令百官致齋。三日，分遣大臣以香帛禱於天地社稷。（《明英宗實録》卷二六一，第5583頁）

癸亥，按直隷监察御史杨贡奏：“十一月十一日，蘇州府地震。”因其劾今年蘇州地两震，皆己不能激扬撫恤所致。诏曰：“災异豈專在一人，其督所部官吏撫恤军民，無令失所。”（《明英宗實録》卷二六一，第5587頁）

是年

夏，大疫，地震，亢旱。（崇禎《吴縣志》卷一一《祥異》）

夏，南畿旱，饑。（同治《上江兩縣志》卷二下《大事下》；光緒《金陵通紀》卷一〇上；民國《首都志》卷一六《歷代大事表》）

夏，常州旱，蝗。（成化《重修毗陵志》卷三二《祥異》）

夏，旱，蝗，歲祲。（光緒《靖江縣志》卷八《祲祥》）

夏，旱，蝗，免租四萬七千四百五十六石。（道光《江陰縣志》卷八《祥異》）

夏，旱。（光緒《石門縣志》卷一一《祥異》）

北畿府五、河南府二久雨傷稼，雲南大理諸府如之。（《明史·五行志》，第473頁）

南畿及山東、山西、河南、陝西、江西、湖廣府三十三、州衛十五皆旱。(《明史·五行志》，第482頁)

大水。(嘉靖《霸州志》卷九《災異》；民國《順義縣志》卷一六《雜事記》)

水。(萬曆《如皋縣志》卷二《五行》；嘉慶《東臺縣志》卷七《祥異》)

大旱，蝗。(光緒《丹徒縣志》卷五八《祥異》)

旱，大饑。(乾隆《震澤縣志》卷二七《災祥》)

江水溢。(乾隆《直隸通州志》卷二二《祥祲》；光緒《通州直隸州志》卷末《祥異》)

大旱，民饑有疫。(嘉慶《溧陽縣志》卷一六《雜類》)

大旱，斗米價一錢。(康熙《萬載縣志》卷一二《災祥》)

大旱，斗米銀一錢。(民國《萬載縣志》卷一之三《祥異》)

貴溪旱荒。(同治《廣信府志》卷一《祥異附》)

饑，久雨傷稼。(道光《昆明縣志》卷八《祥異》)

久雨傷稼。(民國《宜良縣志》卷一《祥異》)

旱。(乾隆《玉屏縣志》卷一《祥異》；乾隆《晉江縣志》卷一五《祥異》；嘉慶《黟縣志》卷一一《祥異》；嘉慶《惠安縣志》卷三五《祥異》；同治《湖州府志》卷四四《祥異》；光緒《歸安縣志》卷二七《祥異》)

頻雨，大水，沙壅田皆斥滷，居民多流散。（光緒《鬱林州志》卷四《禨祥》)

夏秋，大旱，民饑疫死者三萬餘人。（光緒《無錫金匱縣志》卷三一《祥異》)

春夏，大疫，地震。夏，復亢旱，斗米百錢，民死太半。秋，蝗，田禾少收。(弘治《常熟縣志》卷一《災祥》)

春，饑。(乾隆《平原縣志》卷九《災祥》)

夏，大旱。(光緒《曲陽縣志》卷五《大事記》)

夏，大旱，饑。（乾隆《曲阜縣志》卷二八《通編》）

夏，不雨，民病，（周）南告於部使者，曰苗槁矣。（道光《崑新兩縣志》卷二九《好義》）

夏，旱，斗米百錢。（道光《石門縣志》卷二三《祥異》）

夏，旱，民艱食。（萬曆《興化府志》卷五八《祥異》）

滄州大水，壞城垣。（民國《滄縣志》卷一六《事實》）

旱，饑，蠲税糧。（乾隆《歷城縣志》卷二《總紀》）

江南諸郡水旱頻仍。（康熙《吴縣志》卷四〇《宦績》）

江水泛漲，溧陽夏秋大旱，民饑疫。（萬曆《應天府志》卷三《郡紀下》）

旱，大饑，賑之。（乾隆《吴江縣志》卷四〇《災變》）

大旱。（光緒《金壇縣志》卷一五《祥異》）

旱，饑。（光緒《溧水縣志》卷一《庶徵》；光緒《烏程縣志》卷二七《祥異》）

揚州水，免田租。是年江水泛漲，差官齎香帛祭文，遣巡撫都御史王竑祭于江神。（萬曆《揚州府志》卷二二《異考》）

水，免民田租，是年江水泛漲。（隆慶《儀真縣志》卷一三《祥異》）

江溢。（萬曆《泰興縣志》卷八《祥異》）

大旱，米斗價壹錢。（同治《袁州府志》卷一《祥異》）

旱，斗米一錢，採食樹皮草根。（正德《瑞州府志》卷一一《災祥》）

大旱，米斗一錢，民食樹皮草根。（嘉靖《上高縣志》卷二《禨祥》）

邑荒旱荐饑，知府姚堂躬蒞貴溪，勸率大姓出所積以助賑。（乾隆《貴溪縣志》卷五《祥異》）

大旱，連年不雨。建甌人販米入境，斗米十文錢，人賴以濟。（崇禎《長樂縣志》卷九《災祥》）

大理諸府久雨傷稼。（民國《新纂雲南通志》卷一八《氣象》）

夏秋，祁門旱。（弘治《徽州府志》卷一〇《祥異》）

夏秋，大旱，民饑疫死者道殣相望，計三萬餘人。（弘治《重修無錫縣志》卷二七《祥異》）

景泰七年（丙子，一四五六）

正月

丁丑，户部奏："去歳南北直隸并山東、河南俱有蝗蝻，恐今春遺種復生，宜移文有司設法撲捕。"從之。（《明英宗實録》卷二六二，第5595頁）

戊寅，夜，月犯畢宿右股北第一星。（《明英宗實録》卷二六二，第5595頁）

甲申，夜，月犯軒轅右角星。（《明英宗實録》卷二六二，第5597頁）

庚寅，日生背氣，色青赤。（《明英宗實録》卷二六二，第5599頁）

癸巳，日生左右珥，色黄赤鮮明。（《明英宗實録》卷二六二，第5601頁）

甲午，巡撫湖廣太子太保兼兵部尚書石璞言："襄陽等府州縣連年水旱民艱，加以遠運軍儲，尤為狼狽。"（《明英宗實録》卷二六二，第5601頁）

戊戌，金星晝見於巳位。（《明英宗實録》卷二六二，第5604頁）

暴風，（福建）都指揮僉事桂福率兵入海捕賊，至南澳，溺死百七十餘人。（萬曆《閩書》卷一四八《祥異》）

二月

乙巳，夜，月犯畢宿右股北第二星。（《明英宗實録》卷二六三，第5609頁）

己酉，未時，暴風從東北方起，拔木飛沙，至次日卯時息。（《明英宗實録》卷二六三，第5611頁）

丙辰，夜，月犯亢宿南第一星。（《明英宗實録》卷二六三，第5613頁）

三月

庚午，夜，月犯天高東星。（《明英宗實録》卷二六四，第5617頁）

庚辰，巡按直隸監察御史李宏以山東、河南及南直隸諸旱澇處米直踴貴，請令論（廣本、抱本作“輸”）米贖罪諸囚，暫抵以豆麥。從之。(《明英宗實録》卷二六四，第 5621 頁)

辛巳，夜，無雲，西南方有天鼓鳴，聲如雷。(《明英宗實録》卷二六四，第 5621 頁)

戊戌，曉刻，金火二星合於奎宿。(《明英宗實録》卷二六四，第 5629 頁)

河溢。(康熙《茌平縣志》卷一《災祥》)

太白熒惑合于奎。(乾隆《曹州府志》卷一〇《災祥》)

四月

丙午，兵部奏：“永平府及興州右屯衛為山水漲溢，漂溺孳牧馬駒一百七十八匹，乞免追償，以紓民困。”從之。(《明英宗實録》卷二六五，第 5632 頁)

癸丑，夜，月犯土星。(《明英宗實録》卷二六五，第 5633 頁)

壬戌，夜，彗星見東北方，在胃宿，光芒長二丈，尾指西南。(《明英宗實録》卷二六五，第 5638 頁)

乙丑，夜，有流星大如杯，行丈餘，光大如椀，色赤，有光燭地，出天市東垣，南行至牛宿，二小星隨之。曉刻，月犯金星。(《明英宗實録》卷二六五，第 5638 頁)

大水，山崩石裂，漂蕩民居，渰死人畜。復旱，歲大饑。(同治《祁門縣志》卷三六《祥異》)

淫雨，自五月至七月旱，傷禾稼。(康熙《新建縣志》卷二《災祥》)

祁門大水，山崩石裂，飄蕩民居，渰死人畜，後復旱，歲大飢。(道光《徽州府志》卷一六《祥異》)

五月

辛未，户部奏：“應天府江浦縣、直隸鎮江府丹徒縣并南京旗手等衛各奏："四月初，蝗生，請移文巡撫尚書等官屬督捕痊〔瘗〕，仍行各處巡撫、鎮守、巡按等官及山東、山西、河南、陝西都布按三司，順天、北直隸等府用心巡視，但遇蝗蟲生發，随即撲滅，以消民患。"從之。(《明英宗實録》卷二六六，第5640頁)

癸酉，夜，彗星光芒漸長丈餘，指西南。又有流星大如雞彈，色赤，尾跡有光，出天倉，行丈餘，發光如杯，正北行至華盖星，尾跡炸散，一小星隨之。(《明英宗實録》卷二六六，第5643頁)

丁丑，山西平陽府奏："所屬蒲、解等州，臨晉等縣今年春夏無雨，麥苗枯槁，税麥九萬五千三百一十餘石無徵。"命户部勘實蠲之。(《明英宗實録》卷二六六，第5647頁)

戊寅，卯時，日生暈。己〔巳〕時鮮明，至未時雲遮。(《明英宗實録》卷二六六，第5650頁)

辛巳，户部奏："順天府并直隸河間、保定、真定、順德、大名、廣平諸府蝗蝻延蔓，請差左（疑當作'在'）京堂上、佐貳官往捕之。仍移文巡按監察御史督屬捕治，務全殘（舊校改'殘'作'殄'）滅，毋遺民患。"從之。(《明英宗實録》卷二六六，第5651頁)

戊子，昏刻，彗星見西北方，在柳宿，尾長九尺餘，掃犯軒轅星。(《明英宗實録》卷二六六，第5654頁)

己丑，南京兵部給事中謝琚言："直隸鳳陽等府所屬州縣民連遭旱澇灾傷，不勝凋弊。"(《明英宗實録》卷二六六，第5654頁)

甲午，昏刻，彗星見張宿，光芒七尺餘，尾掃太微西垣，往西南行。(《明英宗實録》卷二六六，第5661頁)

運河水溢博平，渰平原等縣田。(乾隆《平原縣志》卷九《災祥》)

本縣霖雨，瓦窰塘圮，水湧入市，居民不安。(康熙《餘杭縣志》卷八《災祥》)

淫雨傷苗。是秋，淫雨腐禾，歲饑。(萬曆《會稽縣志》卷八《災異》)

大水。(嘉靖《蕭山縣志》卷六《祥異》；嘉慶《山陰縣志》卷二五

《禨祥》；民國《蕭山縣志稿》卷五《水旱祥異》）

蕭山大水，會稽霪雨傷苗。是秋，會稽復霪雨腐禾，歲饑。（萬曆《紹興府志》卷一三《災祥》）

久雨，没田禾。（乾隆《紹興府志》卷八〇《祥異》）

大水傷禾，民饑。（康熙《秀水縣志》卷七《祥異》）

大雨，腐二麥。（乾隆《鳳陽縣志》卷一五《紀事》）

畿内蝗蝻延蔓。（光緒《永年縣志》卷一九《祥異》）

蝗。（民國《大名縣志》卷二六《祥異》）

五月、六月，淮安、鳳陽大旱，蝗。（光緒《盱眙縣志稿》卷一四《祥祲》）

六月

壬寅，夜，彗星入太微西垣内上將星旁，芒長五尺餘。（《明英宗實録》卷二六七，第5667頁）

癸亥，山西平陽府、平陽衛俱奏："春夏亢旱，所轄軍民地畝夏麥稿死，子粒無徵。"命户部勘實以聞。（《明英宗實録》卷二六七，第5676頁）

乙丑，卯時，日生暈，随生重半暈，及左右珥，各色淡重半暈，珥先散，暈至未時散。（《明英宗實録》卷二六七，第5676頁）

丁卯，是月，直隸淮安、揚州、鳳陽三府大旱，蝗。徐州大雨水，河南亦大雨，河決開封、河南、彰德三府，田廬渰没無筭。（《明英宗實録》卷二六七，第5676頁）

遣户部侍郎原傑賑恤永平等府水災。（民國《盧龍縣志》卷二三《史事》）

水。（光緒《永年縣志》卷一九《祥異》）

大水。饑。（乾隆《曲阜縣志》卷二八《通編》）

揚州大旱，蝗。（光緒《增修甘泉縣志》卷一《祥異附》）

七月

己巳，城山東濮州。先是，州治以黄河渰没，徙於王村。至是，始築城

焉。（《明英宗實録》卷二六八，第 5679 頁）

辛未，夜，金星犯鬼宿西南星。夜五鼓，東方有星，大如杯，青白色，有光，起自五車，南行至天關星。（《明英宗實録》卷二六八，第5679 頁）

癸酉，順天府，直隸保定、真定、河間、廣平、順德、大名、鳳陽、廬州、徽州、池州府，浙江杭州、嘉興府，江西饒州、南昌府，湖廣黄州府，河南衛輝、懷慶、開封府，山東濟南府、青州、東昌府各奏："自五月、六月以來，久雨水溢，田禾渰没無存，税粮無從徵納。"命户部勘實以聞。（《明英宗實録》卷二六八，第 5681 頁）

乙亥，南京大風雷雨，山川、壇前、後殿、東西廊灾。（《明英宗實録》卷二六八，第 5682 頁）

丁丑，夜，四鼓，北方有星大如杯，色青白，尾跡有光燭地，起自閣道，西北行至天棓星。（《明英宗實録》卷二六八，第 5683 頁）

己丑，夜，土星犯罰星。曉刻，月犯天高東星。（《明英宗實録》卷二六八，第 5687 頁）

庚寅，免山西平陽府、平陽衛夏税十萬五千三百一十三石，子粒一千六百五十九石有奇，以巡撫右僉都御史蕭啟覆實其地亢旱，夏麥無收故也。（《明英宗實録》卷二六八，第 5687 頁）

丁酉，夜，大（廣本、抱本作"火"）星入井宿。（《明英宗實録》卷二六八，第 5693 頁）

丁酉，江西南昌、瑞州、臨江、吉安、袁州、廣信、撫州七府四月多雨，自五月至是月亢旱，傷禾稼。（《明英宗實録》卷二六八，第 5693 頁）

大水。（民國《增修膠志》卷五三《祥異》）

八月

庚子，夜，有流星大如杯，色青白，有光燭地，出危宿，行至北落帥門。（《明英宗實録》卷二六九，第 5696 頁）

乙巳，山西按察使俞本言："河東塩不勞煎熬而有餘利，令（舊校改'令'作'今'）解州、猗氏等州縣連年荒旱民飢，乞令塩丁多撈塩惟（廣

本、抱本作‘堆’）積，召商於各州縣，納米給鹽，任其發賣，以濟飢荒。”（《明英宗實録》卷二六九，第5699頁）

癸丑，巡按山東監察御史並三司官奏：“今歲山東濟南等府、武定等州縣並各衛所各鹽場，水患比之往年尤甚，其該徵粮草、子粒、鹽課，并買辦等項物料，無從辦納。”命户部覆實蠲除之。（《明英宗實録》卷二六九，第5701～5702頁）

甲寅，直隸永平府盧龍縣民劉傑奏：“臣本（廣本、抱本‘本’下有‘府’字）地方天雨連綿，山水漫漲，田禾人口渰死，房屋財物漂流。府縣具實以聞，家（廣本、抱本作‘蒙’）遣官踏勘。”（《明英宗實録》卷二六九，第5703頁）

乙卯，夜，月犯畢宿。北方有星大如雞彈，色青白，尾跡有光，起自鈎陳，北行至近濁。（《明英宗實録》卷二六九，第5705頁）

甲子，陝西延安等處久雨，壞各營寨城垣甚多，鎮守右都督王禎同布按二司等官帥軍夫修築之。（《明英宗實録》卷二六九，第5709頁）

甲子，夜，有流星大如雞彈，色青白，有光，出危宿，入天市東垣。（《明英宗實録》卷二六九，第5709頁）

乙丑，巡按湖廣監察御史齊昭奏：“湖廣漢陽等府所屬州縣夏澇秋旱，田禾俱薄收。”（《明英宗實録》卷二六九，第5710頁）

丙寅，浙西自四月至六月大雨，水渰没禾稼。七月至是月復旱。（《明英宗實録》卷二六九，第5716頁）

浙西自四月至六月大雨，水渰没禾稼。七月至是月，復亢旱。（同治《湖州府志》卷四四《祥異》）

自四月至六月大雨，水渰没禾稼。七月至是月，復亢旱。（光緒《歸安縣志》卷二七《祥異》）

九月

戊辰，夜，昏刻，有流星大如盞，色赤，尾跡有光，起紫微東藩内，西北行至雲中，二小星隨之。四鼓，有流星大如盞，色赤，有光燭起地（舊

校改“起地”作“地起”）五車，西北衝入文昌星。（《明英宗實録》卷二七〇，第5717頁）

丙子，日色變赤。夜，月色亦赤。（《明英宗實録》卷二七〇，第5727頁）

丁丑，夜二鼓，四方濃霧。至五鼓漸散。中夜，北方白（廣本作“有”）虹現（廣本作“見”），首尾指地，良久方没。（《明英宗實録》卷二七〇，第5724頁）

戊寅，夜，南方有星大如盞，色赤，尾跡有光，起自星宿，東南行至雲中没。（《明英宗實録》卷二七〇，第5725頁）

辛巳，左僉都御史徐有員（舊校改‘員’作‘貞’）奏：“京畿及山東自七月大雨起，至於八月，諸河水溢，雖高阜亦有丈餘，隄岸衝決，民田廬渰没，商舟船漂溺者無算。”（《明英宗實録》卷二七〇，第5726～5727頁）

壬午，修山東武定州城，以其為雨壞也。（《明英宗實録》卷二七〇，第5728頁）

癸未，應天並直隸太平等七府州蝗。（《明英宗實録》卷二七〇，第5729頁）

癸未，巡按直隸監察御史胡寬奏：“蘇、松、常、鎮四府，國家貢賦多賴於此。自景泰五年以来，水旱相仍，瘟疫流行，人民死亡不可勝數。今歲以蝻生發，又復旱傷，伏望特賜矜惻。”詹事府丞李侃亦奏：“順天府所屬霸州等處連年水潦，百姓缺食艱難。即今救死不膽（舊校改‘膽’作‘贍’）。上司復追徵錢粮，何從出辦。近者，天道積陰，連日不開，豈非畿甸之民愁怨之所致乎？伏望憫其困苦，再加寬恤。”事下户部知之。（《明英宗實録》卷二七〇，第5729頁）

癸未，夜，木星入鬼宿。（《明英宗實録》卷二七〇，第5729頁）

戊子，道録司右玄義仰彌高奏：“近聞東南蝗疫盛發，河間等府旱澇相仍，圻甸之間，盗賊充牣。八月二十九夜，迅雷雹。九月初九日，太陽無光，色紅如血，薄莫太陰色亦紅。近者陰霾連日不散，此殆囹圄冤滯未雪之所致也，乞勑法司明清庶獄，用消天變。”詔曰：“上天垂象，實由朝廷政多乖失，朕已深自修省，屢敕法司平反諸獄，其猶有逮問未完者，法司其速斷遣之。”（《明英宗實録》卷二七〇，第 5730 ~ 5731 頁）

應天旱蝗。（同治《上江兩縣志》卷二下《大事下》；光緒《金陵通紀》卷一〇上）

十月

庚子，夜，五鼓，南方有星大如盞，色青清（廣本、抱本作“青”），起狼星，東北行至柳宿，尾跡後散。（《明英宗實録》卷二七一，第5738 頁）

辛丑，户部奏：“浙江等布政司並南北直隸蘇松等府屢奏旱潦蝗蝻災傷，今年兑軍粮米必致減少。”（《明英宗實録》卷二七一，第 5738 頁）

壬寅，昏刻，月犯斗宿大星。（《明英宗實録》卷二七一，第 5739 頁）

壬寅，曉刻，熒惑犯鬼宿西北星。（《明英宗實録》卷二七一，第 5739 頁）

甲辰，昏刻，東方有星如碗大，色赤有光，起自畢宿，行動發光如甕大，光明照地，後有四小星隨之，其聲響如雷，東南行至游氣中没。（《明英宗實録》卷二七一，第 5739 ~ 5740 頁）

戊申，命應天府並直隸太平、寧國、鎮江諸府，廣德州停造均配官民田地籍册，以其水旱災傷，恐民勞擾。（《明英宗實録》卷二七一，第 5741 頁）

戊申，夜曉刻，水（廣本、抱本作“木”）火星合在鬼宿。（《明英宗實録》卷二七一，第 5742 頁）

辛亥，直隸大名府，浙江湖州、紹興府，山西平陽府各奏：“夏五月以來，天雨連綿，渰没田禾。”直隸寧國、安慶、蘇州府，浙江台州、嘉興府各奏：“夏四月不雨，旱傷禾稼。”命户部覆實以聞。（《明英宗實録》卷二七一，第 5742 ~ 5743 頁）

丙辰，夜，有流星大如碗，有光燭地，出井宿，南行至軍市。（《明英宗實録》卷二七一，第 5744 頁）

丁巳，夜，月犯軒轅右角星。（《明英宗實録》卷二七一，第 5745 頁）

己未，昏刻，有流星大如碗，色青白，其光燭地，起紫微，東行雲中，尾跡炸散。（《明英宗實録》卷二七一，第 5745 頁）

十一月

庚午，户部奏："比者，各處多奏水患，如順天、河間、保定三府所屬霸州等五州、文安等二十五縣積水至今未退，皆宜寬恤。茲欲移文所司覈實，災重無收者，今年粮草照例蠲免。"（《明英宗實録》卷二七二，第5750～5751頁）

戊寅，夜，月犯畢宿。（《明英宗實録》卷二七二，第5575頁）

十二月

癸卯，日生左右珥。（《明英宗實録》卷二七三，第5764頁）

丙午，夜，月犯天高星。（《明英宗實録》卷二七三，第5765頁）

庚戌，日生背氣，色青赤。（《明英宗實録》卷二七三，第5767頁）

辛亥，免直隸淮安府所屬山陽等六縣被災田粮八萬一千五百九十餘石，穀草二十三萬八千三百三十餘包。（《明英宗實録》卷二七三，第5768頁）

甲寅，夜，彗星復見於畢宿，光芒長五寸，徐徐東南行，光芒漸長，自是日至於癸亥。（《明英宗實録》卷二七三，第5769頁）

丙辰，太僕寺少卿黄仕儁奏："比聞河間、大名、廣平，山東濟南、兖州、東昌，河南開封、衛輝等處州縣今年夏秋之間俱有大水，勢如湖海，山東尤甚。"（《明英宗實録》卷二七三，第5770頁）

丁巳，巡按直隸監察御史楊銘奏："順天所屬通州、玉田等州縣連被水澇，人民飢甚，乞如先詔，罷其歲辦不急之徵，及停免柴炭夫役，以甦其困。"（《明英宗實録》卷二七三，第5771頁）

庚申，夜，月犯東咸星。（《明英宗實録》卷二七三，第5774頁）

壬戌，免山東濟南等六府，武定、商河等六十四州縣今年水災田畝秋粮六十九萬四千七十餘石，馬草一百一十一萬二千一百餘束，濟南等十一衛所今年被灾屯田子粒一萬八千五百二十餘石。從巡撫尚書薛希璉等奏請也。（《明英宗實録》卷二七三，第5775頁）

壬戌，巡撫江西右僉都御史韓雍同江西布按二司官奏："瑞州、臨江、吉安、南昌、廣信、撫州、南康、袁州、饒州、九江等府屬縣今年自夏及秋不雨，旱傷禾稼，秋粮米二百三十二萬餘石無從徵辦，乞賜豁除。”事下户部覆實，從之。（《明英宗實録》卷二七三，第5775頁）

壬戌，湖廣武昌府之咸寧、嘉魚、蒲圻，襄陽府之均州、竹山，辰州府之沅州、黔陽、麻陽、瀘溪，長沙府之茶陵、攸縣，岳州府之慈利、石門，衡州府之衡陽、衡山、耒陽、常寧、臨武，常德府之沅江，永州府之道州各奏：“今歲夏秋，亢旱不雨，田畝無收。”（《明英宗實録》卷二七三，第5775~5776頁）

甲子，辰時，日生暈，隨生左右珥，又生背氣一道，珥、背氣先散，暈時未時雲遮。（《明英宗實録》卷二七三，第5777頁）

戊午，振水災，免被災税糧。（乾隆《諸城縣志》卷二《總紀上》）

是年

春，南畿恒雨。（光緒《金陵通紀》卷一〇上）

春夏，南昌府属淫雨，自五月至秋七月旱傷禾稼。（同治《靖安縣志》卷一六《祥異》）

恒雨傷田。（乾隆《德州志》卷二《紀事》；民國《德縣志》卷二《紀事》）

饑。（民國《宜良縣志》卷一《祥異》）

夏，旱，饑。（萬曆《新修餘姚縣志》卷二三《禨祥》）

夏，餘姚旱。（萬曆《紹興府志》卷一三《災祥》）

夏，旱七十日。秋，大水，農乘船而刈。（乾隆《吴江縣志》卷四〇《災變》；乾隆《震澤縣志》卷二七《災祥》）

伊、洛水入城。（乾隆《偃師縣志》卷二九《祥異》）

雨雹。（乾隆《新野縣志》卷八《祥異》）

雨雹，大如雞卵。（乾隆《嵩縣志》卷六《祥異》）

旱，蝗。（萬曆《如皋縣志》卷二《五行》；乾隆《直隸通州志》卷二二《祥祲》；光緒《泰興縣志》卷末《述異》；光緒《通州直隸州志》卷末《祥異》）

常州旱荒，免田租二十七萬六千餘石。（成化《重修毗陵志》卷三二《祥異》）

蝗。（萬曆《興化縣新志》卷一〇《外紀》）

旱，免租五萬一千一百八十石。（道光《江陰縣志》卷八《祥異》）

大水。（嘉靖《青州府志》卷五《災祥》；萬曆《諸城縣志》卷九《災祥》；光緒《德平縣志》卷一〇《祥異》；民國《臨沂縣志》卷一《通紀》）

晉寧大旱，斗米七錢。（康熙《雲南府志》卷二五《菑祥》）

遂安縣大水，漂没廬舍禾稼，是年，桐廬大旱。（萬曆《嚴州府志》卷一九《祥異》）

大旱。（正德《永康縣志》卷七《祥異》；萬曆《澧紀》卷一《災祥》；康熙《縉雲縣志》卷九《祥異》；雍正《處州府志》卷一六《雜事》）

旱。（萬曆《蘭谿縣志》卷七《祥異》；光緒《蘭谿縣志》卷八《祥異》）

麗水大旱。（光緒《處州府志》卷二五《祥異》）

浙江旱。冬，西湖水竭。（乾隆《杭州府志》卷五六《祥異》）

夏秋，久旱。（同治《南康府志》卷二三《祥異》）

夏秋，大旱。（道光《崑新兩縣志》卷三九《祥異》）

秋，大水。（萬曆《安邱縣志》卷一下《總紀》；康熙《杞紀》卷五《繫年》）

秋，蝗。（弘治《重修無錫縣志》卷二七《祥異》；光緒《無錫金匱縣志》卷三一《祥異》）

秋，大雨。（乾隆《青城縣志》卷一〇《祥異》；民國《青城縣志》卷一《祥異》）

秋，大水，詔免被災田賦。（康熙《壽光縣志》卷一《總紀》）

旱，蝗，有賑。（嘉慶《東臺縣志》卷七《祥異》）

大水，民饑。（康熙《通州志》卷一一《災異》）

民饑，上命刑部侍郎周瑄賑之。（乾隆《河間縣志》卷一《紀事》）

大水，饑，發粟賑之，免税糧，並蠲逋賦。（乾隆《歷城縣志》卷二《總紀》）

恒雨淹田。（民國《濰縣志稿》卷二《通紀》）

河溢水漫，邑民墊溺者多。（正德《博平縣志》卷二《災祥》）

旱，蝗，命巡撫都御史王竑祭禱江海山川之神，及設法以賑之。（萬曆《揚州府志》卷二二《異考》）

水旱，蝗，免民田租。（隆慶《儀真縣志》卷一三《祥異》）

旱，免田租。（嘉靖《靖江縣志》卷四《編年》）

旱，蝗蝻生，有賑。（康熙《淮南中十場志》卷一《災眚》）

黟水，旱。（弘治《徽州府志》卷一〇《祥異》）

霪雨，至七月後，早晚禾俱槁。（康熙《進賢縣志》卷一八《災祥》）

河決彰德府。（乾隆《安陽縣志》卷一二《祥異》）

河復故道，漫流稍息，臨濮地間出，然無以洩，其流乾溢靡常，患竟弗止，民不聊生，多轉徙他所者。（康熙《濮州志》卷六《教集》）

蝗，饑。（嘉慶《長垣縣志》卷九《祥異》）

江水泛漲，蘄州湖田盡没，命賑。（咸豐《蘄州志》卷五《賦役》）

晉寧大旱，斗米銀七錢。（乾隆《雲南通志》卷二八《祥異》）

夏秋久旱，巡撫奏免秋糧，從之。（同治《建昌縣志》卷一二《祥異》）

秋雨淋霪，涓河泛漲，漂没禾稼屋廬。（宣統《聊城縣志》卷一一《祥異》）

秋，畿輔、山東大雨，諸水並溢，高地丈餘，堤岸多衝決。（《明史·河渠志》，第2019頁）

秋，大水。冬十二月，詔蠲逋賦。（嘉慶《昌樂縣志》卷一《總紀》）

秋，大水，農乘船而刈。冬，旱。（崇禎《吴縣志》卷一一《祥異》）

冬，河冰盡合。（光緒《周莊鎮志》卷六《雜記》）

河陽連雨無收，采田陌黄花充食。（康熙《澂江府志》卷一六《災祥》）

景泰七年、嘉靖十八年，均有水災。（民國《遂安縣志》卷九《災異》）

景泰八年（丁丑，一四五七）

正月

戊辰，除豁江西瑞州等十一府旱傷租税。（《明英宗實録》卷二七三，第 5781 頁）

己卯，户部奏："去年山東、河南並直隸等處蟲蝻，今春初恐遺種復生，宜令各巡撫官仍委官巡視撲捕。"從之。（《明英宗實録》卷二七三，第 5783 頁）

己卯，夜，月犯軒轅右角星。（《明英宗實録》卷二七三，第 5785 頁）

甲子，陰晦大霧，咫尺不辨人物。（《明史・五行志》，第 427 頁）

景泰九年（疑當作"景泰八年"），濮、觀等處旱。（道光《觀城縣志》卷一〇《祥異》）

景泰九年（疑當作"景泰八年"），紹興久雨，没田禾。（民國《新昌縣志》卷一八《災異》）

大水。（民國《高淳縣志》卷一二下《祥異》）

英宗天順年間

（一四五七至一四六四）

天順元年（丁丑，一四五七）

正月

辛卯，夜，有流星大如杯，色赤有光，起自太微西垣，東北行出東垣外，尾跡後散。（《明英宗實録》卷二七四，第5822頁）

二月

戊戌，免直隸鳳陽、淮安、廬州三府并和州、揚州衛去年災傷秋糧子粒共二十一萬六千三百三十餘石，草共四十二萬九千七百餘包。（《明英宗實録》卷二七五，第5834頁）

丁未，刑部右侍郎周瑄奏："順天府所屬薊州、文安等州縣屢年水澇，人民匱食。"（《明英宗實録》卷二七五，第5846頁）

庚戌，辰刻，日生暈、左右珥交暈。移時，生抱氣。至巳，生左右戟氣，白虹貫日，諸氣色赤黄鮮明，白虹，色蒼白，良久俱散。未刻，諸氣復生。（《明英宗實録》卷二七五，第5850頁）

庚戌，夜，月（原脱"月"字，據廣本、抱本補）食。（《明英宗實録》卷二七五）

辛亥，日生左右珥、交暈、白虹、左右戟氣，色皆黄赤，貫日彌天，自卯至酉。（《明英宗實録》卷二七五，第5851頁）

丙辰，蠲直隸河間、保定二府去歲被水災税糧二萬六千六百餘石，馬草四十六萬八百餘束。（《明英宗實録》卷二七五，第5854頁）

丁巳，夜，有流星大如杯，色青白，有光，出天紀，東北行至輦道。（《明英宗實録》卷二七五，第5855～5856頁）

戊午，敕刑部侍郎周瑄曰："今命爾往順天、河間二府被災州縣賑濟饑民，凡事俱聽便宜處之，務待春夏之交，菜麥接熟，民得充饑，不致艱食，爾可具聞，候報回京。朕之念民，如饑在己，爾必深體此意，用心賑恤，務施實惠，勿事虚文，如違，責有所歸，朕不爾宥。"（《明英宗實録》卷二七五，第5856頁）

壬戌，免直隸蘇州等府、鎮江等衛秋糧子粒共一百一十二萬二千二百餘石，草五十二萬六千六十餘包，以其地去歲災傷故也。（《明英宗實録》卷二七五，第5861頁）

春，南京旱。二月，免南畿被災秋糧。（光緒《金陵通紀》卷一〇上）

免被災秋糧。（民國《首都志》卷一六《歷代大事表》）

三月

癸酉，免直隸府衛去年被災無徵糧一十一萬餘石，草二十二萬餘束，子粒一萬四千餘石，秋青草四十四萬餘束，從户部奏也。（《明英宗實録》卷二七六，第5873頁）

癸酉，工部奏："河南祥符縣逼近黄河，舊有大堤四十餘里，用護城垣，近年為雨水衝決千百餘丈，不即修築，恐妨城垣，請令河南三司於無災州縣量起夫修築。"從之。（《明英宗實録》卷二七六，第5874頁）

癸酉，日晡，西北有赤雲如赭。（《明英宗實録》卷二七六，第5874頁）

癸未，夜，火星犯鬼宿西北星。（《明英宗實録》卷二七六，第5874頁）

丁亥，夜，火星入鬼宿，犯積尸氣。（《明英宗實録》卷二七六，第5890頁）

己丑，免順天府并直隸真定等府衛去年被災無徵糧七萬八千餘石，草一百四十萬餘束，子粒三萬六百餘石。(《明英宗實録》卷二七六，第5891頁)

五日戊寅，無雲而晦，西南風聲如雷，屋瓦皆飛，揚沙拔木，行者仆地。(嘉靖《遼東志》卷八《祥異》)

大旱。(咸豐《順德縣志》卷三一《前事畧》)

不雨。(萬曆《順德縣志》卷一〇《雜志》)

大水，饑，人相食，發太倉銀分賑。(康熙《長山縣志》卷七《災祥》)

久旱，民遭疾疫。(光緒《慈谿縣志》卷五五《祥異》)

四月

甲午，申時，金星見於未位。(《明英宗實録》卷二七七，第5900頁)

甲午，免浙江杭州等十府屬縣去年被災無徵糧五十四萬餘石，草六萬五千餘包。(《明英宗實録》卷二七七，第5901~5902頁)

戊戌，夜，月犯井宿。(《明英宗實録》卷二七七，第5903頁)

乙巳，夜，有流星大如栝，色赤有光，出心宿，東北行至牛宿。(《明英宗實録》卷二七七，第5909頁)

丁未，時大理寺言："去冬無雪，今年又不雨，恐刑獄不當，致傷和氣。"(《明英宗實録》卷二七七，第5913頁)

戊申，以天久不雨，祭天地、社稷、山川等神。(《明英宗實録》卷二七七，第5914頁)

癸丑，免羽林前等二十三衛去年被災無徵子粒一萬六千六百餘石，馬草四萬九千七百餘束，鈔四千二百餘貫。(《明英宗實録》卷二七七，第5919頁)

丙辰，辰時，日生淡暈。午時鮮明，至申時雲遮。(《明英宗實録》卷二七七，第5924頁)

乙未，免直隸永平府所屬去年被災無徵糧二千八百餘石，草三萬七千餘束。(《明英宗實録》卷二七七，第5928頁)

己未，免永平去年災租。（民國《盧龍縣志》卷二三《史事》）

五月

癸亥，工部言興利除弊五事：其一江南諸處水旱，人民匱食……（《明英宗實録》卷二七八，第 5931 頁）

乙丑，夜，金木二星合于井宿。（《明英宗實録》卷二七八，第5938 頁）

丙寅，夜，有流星大如雞彈，色赤，尾跡有光，出尚書，東北行至勾陳，二小星隨之。（《明英宗實録》卷二七八，第 5940 頁）

癸酉，刑部右侍郎周瑄奏民情四事：一，順天、河間二府所屬州縣，連年水潦，民實饑窘……（《明英宗實録》卷二七八，第 5945 頁）

丙子，酉時，木星見申位。（《明英宗實録》卷二七八，第 5952 頁）

壬午，應天府上元、六合，直隷鳳陽府盱眙、定遠、滁州、来安等縣奏蝗蝻生發。上命遣官馳驛督捕之。（《明英宗實録》卷二七八，第5958 頁）

乙酉，監察御史楊瑄言："直隷府縣連年水澇，民飢至於相食。"（《明英宗實録》卷二七八，第 5961 頁）

丙戌，夜，彗星見于危宿，狀如粉絮，色青白，拂拂摇動。至丁亥，夜東行一度，微芒長五寸，指西南。（《明英宗實録》卷二七八，第 5962 頁）

己丑，免南京旗手等三十衛去年被災屯田子粒二萬七千餘石。（《明英宗實録》卷二七八，第 5962 頁）

壬辰，免河南所属府衛去年災伤田秋粮子粒十萬三千八百三十餘石，馬草十二萬八千六百餘束。（《明英宗實録》卷二七八，第 5965 ~ 5966 頁）

丙戌，彗星見於危。（乾隆《掖縣志》卷五《祥異》）

大水。（康熙《連州志》卷七《變異》）

四、五月連雨，苗爛。（同治《湖州府志》卷四四《祥異》；光緒《歸安縣志》卷二七《祥異》；光緒《烏程縣志》卷二七《祥異》）

六月

癸巳，日生背氣、左右珥，色皆青赤。夜，彗星見于室宿，芒角長丈

餘。(《明英宗實録》卷二七九，第 5967 頁)

己亥，是日，晴霽。酉刻，大風雷雨驟從西北來，發樹壞屋。須臾，雨雹大如雞卵，至地經時不化。奉天門東吻牌推〔摧〕毁。(《明英宗實録》卷二七九，第 5973 頁)

己亥，夜，彗星犯壁宿，尾指東壁上（抱本作“二”）星。(《明英宗實録》卷二七九，第 5974 頁)

癸卯，免陝西甘州中護等衛及臨洮府所屬去歲旱傷田糧九千九百九十石有奇。(《明英宗實録》卷二七九，第 5977 頁)

甲辰，夜，月犯罰星，北方有黑氣，潤而且厚，如山林煙火狀。(《明英宗實録》卷二七九，第 5978 頁)

乙巳，夜，彗星犯天大将軍。(《明英宗實録》卷二七九，第 5980 頁)

戊申，夜，有流星大如杯，色赤燭地，出天大将軍，西南行至滕蛇。(《明英宗實録》卷二七九，第 5983 頁)

壬子，夜，彗星經犯卷舌第三星。(《明英宗實録》卷二七九，第 5984 頁)

丙辰，免直隷大名府所屬及寧山衛去歲災傷田租税子粒二萬二千五百二十四石，草三十四萬七千六百九十餘束。(《明英宗實録》卷二七九，第 5985 頁)

庚申，是月，濟南、兗、青旱蝗。未幾，大雨水傷稼。(《國榷》卷三二，第 2048 頁)

旱。(同治《鄖縣志》卷一《祥異》)

不雨，稼盡槁死。(康熙《開州志》卷四《荒政》)

(己亥）大風震雷，發屋拔木，雨雹大如雞卵，擊毁奉天門東吻，正陽門下馬牌飛擲郊外，都人震恐。(光緒《順天府志》卷六九《祥異》)

己亥，酉刻，大風雷雨驟從西北來，拔樹壞屋，雨雹大如雞卵，經時不化。(康熙《大城縣志》卷八《災祥》)

己亥，大風，雷，雨雹大如雞卵，至地經日不化。(民國《文安縣志》卷終《志餘》)

彗星見室，長丈餘，由尾至壁。(道光《觀城縣志》卷一〇《祥異》)

六、七月亢旱，苗枯。（光緒《金華縣志》卷一六《五行》）

七月

壬戌，夜，北方有星大如盞，色青白，尾跡有光，起自王良，正西行至織女星没。（《明英宗實録》卷二八〇，第5991頁）

癸亥，修理朝陽門至通州一帶橋道。時夏雨驟集，道多積水，橋亦損壞，糧運不便，故命修理之。（《明英宗實録》卷二八〇，第5992頁）

丁卯，即位以来，災異屢現，星變不消，烈風震雷，拔樹壞屋，午門吻牌摧毁，承天門樓被災。（《明英宗實録》卷二八〇，第5994頁）

辛未，蠲直隸儀真衛去年被災子粒七百一十九石有奇。（《明英宗實録》卷二八〇，第5998頁）

辛未，刑部右侍郎黄仕儁奏："山東濟南府禹城等三縣去歲災甚。該徵糧草，請悉蠲免，其他州縣被災稍輕者，糧草請存留附近，免其遠運。"從之。（《明英宗實録》卷二八〇，第5999頁）

戊寅，夜，彗星犯井宿。（《明英宗實録》卷二八〇，第6012頁）

癸未，鳳陽神宫監太監雷春奏："皇陵並白塔墳正殿兩廡金門、碑亭及齋宫靈星門、神廚、庫房等處俱被風雨損壞。"（《明英宗實録》卷二八〇，第6016頁）

戊子，直隸淮安府、徐州，河南懷慶、衛輝諸府各奏："今夏淫雨河决。"萬全都司奏："今夏不雨，七月初五日忽下冷雹。"山東濟南，浙江杭州、嘉興諸府各奏："飛蝗眾多，傷害稼穡，租税無徵。"事下户部覆視以聞。（《明英宗實録》卷二八〇，第6023頁）

辛卯，夜，彗星犯水位南第二星。（《明英宗實録》卷二八〇，第6025頁）

大雨，河與堤平，大飢，人相食。（民國《德縣志》卷二《紀事》）

蝗。（乾隆《杭州府志》卷五六《祥異》；光緒《嘉善縣志》卷三四《祥眚》）

十七日，大水，民多漂溺，廣福觀岸傾成溪，溪壅成洲。（康熙《浮梁縣志》卷二《祥異》）

大雨閲月，禾盡没，免夏税。冬饑。（乾隆《曲阜縣志》卷二八《通編》）

蝗，大雨閲月，禾盡没，免夏税。（乾隆《歷城縣志》卷二《總紀》）

蝗害稼。（康熙《錢塘縣志》卷一二《災祥》）

大雨，河與堤平，大飢，人相食。（乾隆《德州志》卷二《紀事》）

八月

甲午，夜，東方有星大如盞，色青白，尾跡有光，起自狼星傍，正東行至近濁。（《明英宗實録》卷二八一，第6029頁）

乙未，蠲湖廣武昌、長沙、永州、黄州四府去年被災田糧十六萬五千九百六十九石有奇。（《明英宗實録》卷二八一，第6029頁）

乙未，日生背氣、抱氣各一，旁生左右珥，色皆青赤。（《明英宗實録》卷二八一，第6030頁）

己亥，夜，月犯東咸。（《明英宗實録》卷二八一，第6034頁）

丙午，夜，月食。（《明英宗實録》卷二八一，第6038頁）

壬子，金星晝見于己位。（《明英宗實録》卷二八一，第6042頁）

己未，順天府通州并直隸大名、廣平、鳳陽、天津、寧山，河南開封、汝寧，山東兖州、東昌諸府衛各奏："今夏陰雨連綿，河隄衝决，渰没禾稼，租税無徵。"事下户部覆視之。（《明英宗實録》卷二八一，第6047頁）

蝗。（萬曆《秀水縣志》卷一〇《祥異》）

九月

癸亥，夜，木星犯軒轅大星。（《明英宗實録》卷二八二，第6050頁）

乙丑，昏刻，月犯氐宿東北星。（《明英宗實録》卷二八二，第6051頁）

丙寅，直隸揚州、鳳陽、淮安三府，中都留守司所屬鳳陽等衛及直隸徐州等衛各奏："今年三月至五月，田苗旱傷。六月以来，天雨連綿，河湖泛溢，復被渰没。"命户部覆視之。（《明英宗實録》卷二八二，第6051～6052頁）

己巳，夜，月犯建星。（《明英宗實録》卷二八二，第6055頁）

辛未，浙江湖州府奏："今年四月、五月，天雨連綿，溪河泛漲，田苗渰爛。"杭州、嚴州、寧波、金華等府奏："六月、七月，天道亢旱，禾苗枯死。"俱命户部覆視之。（《明英宗實録》卷二八二，第6056頁）

辛未，山東濟南、兖州、青州三府各奏："今年三月以来，雨澤愆期，蝗蝻生發，食傷禾稼。六月以後，大雨連綿，田苗又被渰没。"命户部覆視之。（《明英宗實録》卷二八二，第6056頁）

甲申，夜二鼓，北方有流星大如盞，色赤，尾跡有光，起鉤陳，北行至北斗魁，後三小星随之。（《明英宗實録》卷二八二，第6066頁）

己丑，夜，有流星大如杯，色赤，尾跡有光，出井宿，行至軒轅。（《明英宗實録》卷二八二，第6069頁）

庚寅，夜二鼓，有流星大如雞彈，色赤有光，起壘壁陣，西南行至南斗，後一（安本作"二"）小星随之。（《明英宗實録》卷二八二，第6070頁）

旱。（康熙《錢塘縣志》卷一二《災祥》；乾隆《杭州府志》卷五六《祥異》）

十月

己亥，夜，慧（廣本、抱本作"彗"）星復見於角宿，芒長五寸餘，尾指北。（《明英宗實録》卷二八三，第6074頁）

庚子，河南開封府原武、滎澤二縣各奏："今年六月以來，天雨連綿，黄河泛濫（廣本、抱本、安本作'溢'），田禾俱被渰没。"命户部覆視之。（《明英宗實録》卷二八三，第6075頁）

甲辰，夜，有流星大如杯，色青白，出宗人，北行至近濁，二小星随之。（《明英宗實録》卷二八三，第6077頁）

乙巳，漕運總兵右都督徐恭奏："揚州一帶寳應汜（或當作'氾'）光、邵伯、高郵等處隄岸衝决數多。清江提舉司造船主事不能兼理，乞增設管河主事一員。"從之。（《明英宗實録》卷二八三，第6077頁）

乙巳，是日，辰時，南京西北方地震有聲。（《明英宗實録》卷二八三，

第 6077 頁）

丙午，夜五鼓，月掩畢宿大星。（《明英宗實録》卷二八三，第 6077 頁）

己酉，夜三（廣本作“二”）鼓，月犯井宿東扇南第一星。曉刻，彗星犯角宿北星。（《明英宗實録》卷二八三，第 6077 頁）

壬子，夜，彗星犯平道東星。（《明英宗實録》卷二八三，第 6078 頁）

甲寅，應天府及直隸鎮江、池州二府各奏：“今年六月至八月，不雨，禾苗旱傷。”命户部覆視之。（《明英宗實録》卷二八三，第 6079 頁）

甲寅，日生左右珥及抱負（廣本無“負”字）氣各一道，色赤黄鮮明，良久漸散。（《明英宗實録》卷二八三，第 6079 頁）

乙卯，夜，月犯太微垣左執法星。（《明英宗實録》卷二八三，第 6079 頁）

己未，夜曉刻，月犯氐宿東北星。（《明英宗實録》卷二八三，第 6082 頁）

河溢，田禾淹没。（乾隆《滎澤縣志》卷一二《祥異》）

黄河泛濫，原武田禾淹没。（乾隆《原武縣志》卷五《河防》）

乙巳，南京地震。（同治《上江兩縣志》卷二下《大事下》；光緒《金陵通紀》卷一〇上；民國《首都志》卷一六《歷代大事表》）

十一月

甲子，直隸泗州并天長、石埭、青陽縣，山東泰安州并禹城縣俱奏：“六、七月旱蝗傷稼。”命户部覆視之。（《明英宗實録》卷二八四，第 6085 頁）

己巳，蠲萬全都司萬全左等七衛今年被災屯糧四千一百一十六石，穀草九千四百六十六束。（《明英宗實録》卷二八四，第 6087 頁）

甲戌，直隸太平府并湖廣均州，直隸建陽衛并湖廣枝江千户所俱奏：“六月亢旱，田禾槁死，秋糧無徵。”命户部勘實以聞。（《明英宗實録》卷二八四，第 6091 頁）

己卯，夜，月犯軒轅右角星。（《明英宗實録》卷二八四，第 6093 頁）

辛巳，夜，有流星大如杯，色青白，光明燭地，出華蓋，東北行至天鉤，十餘小星隨之，有聲隆隆。（《明英宗實録》卷二八四，第6094頁）

己丑，蠲山東濟南、青州、東昌所屬三十州縣今年被災田夏税麥二十四萬八千四百二十三石有奇，絲一千五百六十斤，絹五千六百七十四疋，農桑絲一十八斤，絹九千一百八疋，花絨九千四百五十五斤。（《明英宗實録》卷二八四，第6094頁）

十二月

甲午，夜，金星犯鍵閉星。（《明英宗實録》卷二八五，第6100頁）

丁酉，夜，金星犯罰星下星。（《明英宗實録》卷二八五，第6102頁）

戊戌，免山西行都司大同等一十五衛所，大同府所屬應朔、懷仁等六州縣今年被寇拋荒并旱傷無徵田糧七萬二千三百五石，草三萬六千五百六十四束。（《明英宗實録》卷二八五，第6102頁）

丁未，直隷徐州奏："今歲秋田被潦，人民缺食。"（《明英宗實録》卷二八五，第6106頁）

丁未，夜，月犯軒轅御女星。（《明英宗實録》卷二八五，第6106～6107頁）

己酉，夜，月犯太微垣右執法星。（《明英宗實録》卷二八五，第6107頁）

壬子，上以冬不雨雪，宫中自禱于天地、社稷、山川，分遣大臣徧禱宫觀祠廟諸神。（《明英宗實録》卷二八五，第6110頁）

甲寅，蠲山東濟南等府所屬歷城等一十州縣、平山等衛并肥城守禦千户所今年被災秋糧子粒一十五萬六千一百四十五石，馬草一十九萬四百四十七束。（《明英宗實録》卷二八五，第6111頁）

丙辰，夜，金土二星合於心宿。（《明英宗實録》卷二八五，第6113頁）

妖星見。大風。（民國《昌黎縣志》卷一二《史事》）

太白填星合于心。（乾隆《曹州府志》卷一〇《災祥》）

是年

春，大饑，振。（光緒《臨朐縣志》卷一〇《大事表》）

春，南京久不雨。（同治《上江兩縣志》卷二下《大事下》；民國《首都志》卷一六《歷代大事表》）

夏，徐州大水。（同治《徐州府志》卷五下《祥異》；民國《銅山縣志》卷四《紀事表》）

夏，淮安、徐州大水。（咸豐《邳州志》卷六《民賦下》）

夏，旱。（光緒《蘭谿縣志》卷八《祥異》；光緒《續輯均州志》卷一三《祥異》；光緒《慈谿縣志》卷五五《祥異》）

夏，杭州旱。（乾隆《杭州府志》卷五六《祥異》）

水。（萬曆《如皋縣志》卷二《五行》；萬曆《溧水縣志》卷一《邑紀》；光緒《泰興縣志》卷末《述異》）

大水，饑，人相食。（崇禎《歷乘》卷一三《災祥》；乾隆《德平縣志》卷三《雜記》）

蝗，洊饑，發塋墓，斫道樹殆盡，或父食其子，發太倉銀以賑。冬，恒燠無雪。（乾隆《平原縣志》卷九《災祥》）

大旱，自上年冬至是年六月，不雨，麥禾盡槁。詔免田租，計子粒二萬二千五百二十四石，草三十四萬七千六百九十餘束。（民國《大名縣志》卷二六《祥異》）

大雨，河與堤平。（光緒《續修故城縣志》卷一《紀事》）

大旱，運河竭。（萬曆《秀水縣志》卷一〇《祥異》；光緒《嘉興府志》卷三五《祥異》）

旱，饑。（萬曆《新昌縣志》卷一三《災異》；萬曆《會稽縣志》卷八《災異》）

大旱，河竭。（光緒《海鹽縣志》卷一三《祥異》）

會稽、餘姚、新昌旱。（萬曆《紹興府志》卷一三《災祥》）

夏秋，大旱，饑。（萬曆《新修餘姚縣志》卷二三《禨祥》）

大水，無秋。（崇禎《吴縣志》卷一一《祥異》；乾隆《吴江縣志》卷四〇《災變》；乾隆《震澤縣志》卷二七《災祥》；道光《震澤鎮志》卷三《災祥》）

黄河汎濫原武，田禾淹没。（乾隆《原武縣志》卷一〇《祥異》）

大饑，遣使振之。（民國《壽光縣志》卷一五《大事記》）

旱，詔免被災處糧米。（乾隆《海寧州志》卷一六《灾祥》）

秋，大雨閱月，田稼盡没。（光緒《臨朐縣志》卷一〇《大事表》）

冬，無雪。（咸豐《大名府志》卷四《年紀》；民國《青縣志》卷一三《祥異》）

春，大旱。（宣統《南海縣志》卷二《前事補》）

夏，兩京不雨，杭州、寧波、金華、均州亦旱。（《明史・五行志》，第482頁）

夏，寧波旱。（同治《鄞縣志》卷六九《祥異》）

夏，大水，河决。（乾隆《衛輝府志》卷四《祥異》）

夏，懷慶大水，河決。（乾隆《重修懷慶府志》卷三二《物異》）

甘肅諸府衛夏旱。（光緒《甘肅新通志》卷二《祥異》）

濟、兗、青三府大雨閲月，禾盡没。（《明史・五行志》，第473頁）

北畿、山東並饑，發塋墓，斫道樹殆盡，父子或相食。（《明史・五行志》，第508頁）

大雨閱月，禾盡傷，大饑，父子或相食。（嘉慶《禹城縣志》卷一一《灾祥》）

積水未消，不曾布種，夏麥、農桑、絲絹悉與蠲免。（康熙《慶雲縣志》卷一一《恤政》）

霖雨，大饑。（乾隆《沂州府志》卷一五《記事》）

蝗。（順治《平陰縣志》卷八《災祥》）

水災，命巡撫都御史王儉賑之。（萬曆《揚州府志》卷二二《異考》）

寶應汜光、邵伯、高郵等湖隄岸衝決。（民國《寶應縣志》卷五《水旱》）

河湖汎溢。（民國《泗陽縣志》卷三《大事》）

水，有賑。（康熙《淮南中十場志》卷一《災眚》）

杭州、寧波、金華、嚴州六、七月亢旱，苗枯。（雍正《浙江通志》卷一〇九《祥異》）

東南水潦，民苦艱食。（乾隆《莆田縣志》卷一七《人物》）

蝗，免田租。（順治《汝陽縣志》卷一〇《禨祥》）

蝗，詔免田租。（康熙《上蔡縣志》卷一二《編年》）

蝗，免租。（嘉靖《真陽縣志》卷九《祥異》）

旱。（同治《竹谿縣志》卷一六《水旱》；同治《鄖陽府志》卷八《祥異》；同治《鄖西縣志》卷二〇《祥異》；光緒《井研志》卷四一《紀年》）

大旱。（嘉慶《龍陽縣志》卷五《列傳》）

大雨雹。（同治《直隸綿州志》卷五三《祥異》）

綿竹縣大雨雹。（嘉靖《四川總志》卷一六《災祥》）

秋，大雨閲月，田稼盡没。是年免夏税。（光緒《臨朐縣志》卷一〇《大事表》）

冬，宫中祈雪。是年，直隸、山西、河南、山東皆無雪。（《明史·五行志》，第459頁）

冬，無雪。（道光《新城縣志》卷一五《祥異》）

元年、二年，直隸、山東、山西、河南皆無雪。（光緒《寧津縣志》卷一一《祥異》）

天順二年（戊寅，一四五八）

正月

庚申，夜四鼓，南方有星（廣本“星”下有“大”字）如雞彈，青白色，起自星宿，行丈餘，發光大如椀，東南至行（舊校改“至行”為“行至”）翼宿，後有二小星随之。（《明英宗實録》卷二八六，第6119頁）

丁卯，夜曉刻，金星犯建星。（《明英宗實録》卷二八六，第6120頁）

戊辰，夜，月掩畢宿左股三星，犯附耳星。（《明英宗實録》卷二八六，第6122頁）

辛未，夜，月犯井宿東南第一星。（《明英宗實録》卷二八六，第6123頁）

甲戌，日暈。夜，月亦暈，俱圍圓濃厚。（《明英宗實録》卷二八六，第6124頁）

丙子，夜，南方有星大如雞彈，色白，尾跡有光，起自軫宿，西南行至游氣。（《明英宗實録》卷二八六，第6124頁）

丁丑，夜，月犯太微垣左執法星。（《明英宗實録》卷二八六，第6125頁）

己卯，户部奏："去歲，南北直隸并山東、河南蝗蝻害稼，恐今春遺種復生，請行有司設法撲滅。"從之。（《明英宗實録》卷二八六，第6126頁）

壬午，辰時，西方有星大如椀，色赤，尾跡有光，起自雲中，往西南行至游氣中没。（《明英宗實録》卷二八六，第6131頁）

癸未，巡按山東監察御史江勛奏："濟南等府連年水旱，蝗疫相仍。乞将清出軍丁暫且停止，候秋成起解。"從之。（《明英宗實録》卷二八六，第6131～6132頁）

丁亥，四川重慶府江津、長壽二縣奏："去歲，自六月至八月不雨，禾稼枯槁，租税無徵。"命户部覆視以聞。（《明英宗實録》卷二八六，第6134頁）

二月

癸巳，日生左珥，色赤黄鮮明。（《明英宗實録》卷二八七，第6142頁）

辛丑，夜五鼓，月犯軒轅右角星。（《明英宗實録》卷二八七，第6149頁）

壬寅，蠲順天府通州、寶坻縣并直隸淮安、鳳陽、徐州等府州衛去年被災田秋糧子粒一萬八千石有奇，草三十三萬九千餘束。（《明英宗實録》卷

二八七，第6149～6150頁）

甲辰，昏刻，月食於翼宿，遂犯右執法星。（《明英宗實録》卷二八七，第6150頁）

丁未，免通州左等衛去歲災傷屯田子粒三萬八百餘石，草二萬七千餘束。（《明英宗實録》卷二八七，第6153頁）

丁未，夜二鼓，西方有星大如盞，色青白，光明燭地，起自參旗，西北行至近濁。（《明英宗實録》卷二八七，第6154頁）

戊申，夜一鼓，南方有星大如盞，色青白，有光，起自弧矢，西南行至近濁。五鼓，東方有星大如盞，色赤有光，起自室宿，東行至近濁。（《明英宗實録》卷二八七，第6155頁）

辛亥，夜五鼓，南方有星大如鷄彈，色赤，尾跡有光，起自亢宿，東南行至近濁。（《明英宗實録》卷二八七，第6158頁）

乙卯，巳時，日生暈，團圓。午時，生交暈。又白虹冒日，上生背氣一道，各色鮮明。至酉時，雲遮。（《明英宗實録》卷二八七，第6159頁）

丙辰，夜一鼓，東方有星大如鷄彈，色赤，尾跡有光，起自太微東垣内，東北行至在攝提星，一小星随之。（《明英宗實録》卷二八七，第6158～6159頁）

暴風拔孝陵松樹，懿文陵殿獸脊、樑柱多摧。（《明史·五行志》，第489頁）

暴風拔孝陵樹，懿文陵殿獸脊多摧。（民國《首都志》卷一六《歷代大事表》）

闰二月

庚申，夜五鼓，北方有星大如鷄彈，色青白，起自北斗魁，西北行至上台，尾跡炸散。（《明英宗實録》卷二八八，第6162～6163頁）

壬戌，未刻，日生左右珥，赤黄色鮮明，未久雲遮。（《明英宗實録》卷二八八，第6164頁）

丙寅，夜四鼓，南方有星大如雞彈，色赤，尾跡有光，起自翼宿，東南

行至近濁。（《明英宗實録》卷二八八，第 6167 頁）

己巳，午時，日生暈，上生背氣一道，各色淡。申時，日無光，色赤如赭。（《明英宗實録》卷二八八，第 6169 頁）

壬申，夜昏刻，月犯大微垣左執法星。（《明英宗實録》卷二八八，第 6170 頁）

己卯，夜曉刻，有星大如碗，色青白，尾跡有光，出正東，西北行五丈餘而没。（《明英宗實録》卷二八八，第 6173 頁）

辛巳，夜五鼓，東方有星大如鷄彈，色赤，尾跡有光，起自右旗，東南行至游氣。（《明英宗實録》卷二八八，第 6173 頁）

甲申，夜二鼓，東方有星大如鷄彈，色赤，尾跡有光，起自右攝提，東行至天市西垣内。（《明英宗實録》卷二八八，第 6174 頁）

三月

己丑，夜昏刻，東方有星大如盞，色赤有光，起自郎位，東北行至梗河星，尾跡炸散，一小星随之。（《明英宗實録》卷二八九，第 6175 ~ 6176 頁）

庚寅，日將晡，有流星大如杯，色青白，有光，起自天中，墜於正東斿（藍本作“游”）氣。（《明英宗實録》卷二八九，第 6176 頁）

戊戌，午刻，日生暈，赤黄色。夜，月亦生暈，蒼白色，俱圍圓，良久乃散。（《明英宗實録》卷二八九，第 6177 ~ 6178 頁）

癸卯，夜二鼓，北方有星大如盞，色青白，尾跡有光，起自紫微西藩，西北行至近濁，二小星随之。（《明英宗實録》卷二八九，第 6182 頁）

癸卯，曉刻，月犯氐宿東北星。（《明英宗實録》卷二八九，第 6182 頁）

丙午，南京守備太監周禮奏：“二月九日暴風拔孝陵松樹及懿文陵靈殿等處，獸脊、梁柱多脱落損壞。”（《明英宗實録》卷二八九，第 6185 頁）

辛亥，禮部奏：“自去冬至今春，雨雪不降，有妨農種，宜令文武百官齋戒三日，分命堂上官禱于在京諸寺觀廟宇。”從之。（《明英宗實録》卷二

八九，第 6187 頁）

癸丑，徙河南原武縣安城馬驛於滎澤縣廣武驛舊基，仍名廣武驛。安城馬驛�為河水渰没，驛途不便，故改置云。（《明英宗實録》卷二八九，第 6188 頁）

乙卯，辰時，日生暈，上生背氣一道，随生左右珥，各鮮明，暈、背氣良久先散，珥至酉時雲遮。（《明英宗實録》卷二八九，第 6189 頁）

雷火焚仙都獨峯頂，七日不息。（光緒《縉雲縣志》卷一五《災祥》）

四月

戊午，以�不雨，遣忠國公石亨等祭告天地、社稷、山川。（《明英宗實録》卷二九〇，第 6191 頁）

己巳，夜，月犯亢宿南第二星。（《明英宗實録》卷二九〇，第 6196 頁）

辛巳，山東濟南、兖州、青州三府所屬州縣及平山等衛蝗生傷麥。巡按御史以聞，命户部覆視之。（《明英宗實録》卷二九〇，第 6202 頁）

丙戌，夜四鼓，北方有星大如雞彈，色青白，有光，起自天棓，西北行至北斗杓。（《明英宗實録》卷二九〇，第 6205 頁）

大水。（光緒《邵武府志》卷三〇《祥異》）

山崩蛟出，大水。（康熙《萬載縣志》卷一二《災祥》）

蛟出山崩，大水，月餘不退，歲大荒。（民國《鹽城縣記》卷一一《災異》）

蝗，免秋糧。（光緒《臨朐縣志》卷一〇《大事表》）

旱。（乾隆《上饒縣志》卷三《城池》）

山崩蛟出，大水漂流人畜。（嘉靖《上高縣志》卷二《禨祥》）

蛟出山崩，大水月餘，漂流人畜，歲大荒。（道光《新昌縣志》卷三《紀異》）

亢旱，苗枯損，覽憂形于色，齋潔蔬食，祈禱山川諸神，於是甘霖霶霈，其秋大穫。（嘉靖《惠安縣志》卷一一《秩官》）

蝗。（乾隆《曲阜縣志》卷二八《通編》；乾隆《歷城縣志》卷二《總紀》）

兗州蝗。（乾隆《曹州府志》卷一〇《災祥》）

各縣山崩蛟出，大水月餘，漂流人畜，大荒。（正德《瑞州府志》卷一一《災祥》）

五月

丁亥，户部右侍郎年富奏："近命臣巡撫山東，途中聞順天府武清縣，直隸河間府滄州、静海、興濟、東光、吴橋、青縣蝗生，而臣所統山東平原、樂陵、海豐、陽信諸處亦皆延蔓。"（《明英宗實録》卷二九一，第6207頁）

丁亥，夜四鼓，西方有星大如雞彈，色赤有光，起自天市西垣外，西南行至天江星，尾跡炸散。（《明英宗實録》卷二九一，第6209頁）

甲午，夜，西方有星大如盞，色赤有光，起自中台，西北行至近濁。（《明英宗實録》卷二九一，第6213頁）

乙未，直隸蕪湖、當塗、繁昌、懷寧等縣，并建陽等衛各奏蝗生，上命户部移文所司捕滅之。（《明英宗實録》卷二九一，第6214頁）

己亥，夜，月犯罰星。（《明英宗實録》卷二九一，第6214～6215頁）

壬寅，夜，月犯建星。（《明英宗實録》卷二九一，第6220頁）

癸卯，刑部右侍郎黄仕儁言："近聞山東并南北直隸徐州、河間等處蟲蝻生發，傷苗稼頗多。又兼被旱，秋田失藝，民實難堪。"（《明英宗實録》卷二九一，第6221頁）

丙寅，户部奏："直隸淮安府所屬州縣去年夏麥災傷，已移文勘視。伏覩《皇明祖訓》言：'凡天下承平，四方水旱等災，當驗國之所積，於被災之處優免。'盖祖宗立法之意，以人民災傷，不可不恤，國家經用，不可不備。請再行巡按監察御史躬詣覈實（廣本、抱本、安本作'覆視'），體審民情，如果少收，以十分為率，減其四分，於所在缺糧倉庫收貯備用。"從之。（《明英宗實録》卷二九一，第6223頁）

甲寅，夜，有流星大如雞彈，色赤有光，出天市，西行入心宿。（《明英宗實録》卷二九一，第6229頁）

乙卯，是月，江西霪雨連旬，南昌等府縣大水衝决民居，渰損禾稼。萬全都司及保安州大風雨雹，傷禾稼。（《明英宗實録》卷二九一，第6230頁）

六月

己未，午時，日生暈，下生承氣一道，各色鮮明，承氣先散，暈至酉時雲遮。（《明英宗實録》卷二九二，第6232頁）

丙寅，應天府府尹王弼奏："明年秋開科取士，供給費用計價銀不下三千餘兩，舊例止令上元、江寧二縣供應，二縣連年水旱災傷，難於措辦，乞依順天府事例，量分泒〔派〕附近府州，以蘇民困。"（《明英宗實録》卷二九二，第6238頁）

丁卯，直隸大河等衛運糧赴直隸天津等衛倉，舟至東洋海口遭風，漂没糧九千五百餘石。（《明英宗實録》卷二九二，第6239頁）

辛未，大雷雨，良鄉縣草場災。（《明英宗實録》卷二九二，第6242頁）

甲戌，漕運總兵官右都督徐恭奏："天久不雨，各洪閘水淺，漕運艱難，盤淺雇直之費甚重，軍士疲憊不堪。乞勑户部將今六月以後運至者京倉（舊校改'運至者京倉'作'運至京倉者'），量改通州倉，以紓其困。"章下户部議，京糧缺少，難從其請。上曰："京儲固為重務，而軍士之困亦所當念，其如恭請，六月以後運至者，京倉、通州倉各中半上納。"（《明英宗實録》卷二九二，第6243頁）

乙亥，敕諭忠曰："朝廷以山東連歲水旱，田禾不收，薪米價貴，特念降夷度日艱難，恐致失所，故遣官送赴南京有糧之處安置。"（《明英宗實録》卷二九二，第6243～6244頁）

己卯，是日，驟雨雷震大祀殿脊吻。上命内官監修理之。（《明英宗實録》卷二九二，第6245頁）

癸未，順天府及直隸真定、河間、順德、廣平、大名，山西太原、平陽，河南衛輝、懷慶，山東濟南、青州、東昌、兖州等府各奏："所屬州縣

去冬無雪，今春歷夏不雨，麥苗無收，黍穀等苗亦不長茂，税糧慮無所出。”（《明英宗實録》卷二九二，第 6247 頁）

大水，暴長旬日，壞田廬，溺人畜甚多。（民國《陽江志》卷三七《雜志上》）

己卯，雷震大祀殿鴟吻。（《明史·五行志》，第 434 頁）

七月

己丑，夜二鼓，南方有星大如盞，色赤，光明燭地，起自瓠瓜，西行至天市東垣内，尾跡後散。（《明英宗實録》卷二九三，第 6251 頁）

辛卯，夜，月犯亢宿南第二星。（《明英宗實録》卷二九三，第 6255 頁）

壬辰，夜，西方有星大如盞，色青白，尾跡有光，起自雲中，正東行至濁。（《明英宗實録》卷二九三，第 6255 頁）

丙申，日旁生直氣及左珥，色青赤鮮明，良久漸散。（《明英宗實録》卷二九三，第 6259 頁）

丙申，夜，金星行太微垣中。（《明英宗實録》卷二九三，第 6259 頁）

庚子，夜，月犯壘壁陣西第六星。（《明英宗實録》卷二九三，第 6261 頁）

辛丑，夜，月食於室宿。（《明英宗實録》卷二九三，第 6261 頁）

丙午，夜五鼓，西方有星大如盞，色赤，尾跡有光，起自室宿，東南行至婁宿没。曉刻，月犯畢宿。（《明英宗實録》卷二九三，第 6263 ~ 6264 頁）

戊申，白虹見東方，其勢直起上，鋭長餘十丈。（《明英宗實録》卷二九三，第 6265 頁）

己酉，夜，北方有星大如雞彈，色青白，尾跡有光，起自鈎陳，東南行至室宿没。（《明英宗實録》卷二九三，第 6265 頁）

十六日，颶風大發，毁屋拔木，牛馬俱倒，聲響如雷，晝夜不息。（道光《瓊州府志》卷四二《事紀》）

十六日，颶風大作，聲吼如雷，徹三日夜不息。（光緒《臨高縣志》卷

三《災祥》）

大水。（乾隆《玉屏縣志》卷一《祥異》）

雷震金齒司東南城郭樓，兵器俱燬。（隆慶《雲南通志》卷一七《災祥》）

夏日晡，九龍見於郡西，雲數色浮之，少頃下絞，瓊山縣儀門盡毀，死一婦，屍肉分散；轉東北至白沙，民人吴振等家俱飄蕩，時蜻蜓隨飛者萬計。又，七月十六夜，颶風大發，飛瓦倒屋傷人，牛馬立不安足，人行不能舉步，聲響如雷，晝夜不息。（正德《瓊臺志》卷四一《災異》）

地震。（康熙《雲南通志》卷二八《災祥》）

八月

戊午，夜曉刻，火星犯積薪星。（《明英宗實録》卷二九四，第6271頁）

辛酉，夜，東方有星大如盞，色青白有光，起自羽林軍，東南行至近濁。（《明英宗實録》卷二九四，第6272頁）

乙丑，巡按直隸監察御史劉泰奏："太平府屬縣蝗蝻滋蔓，食傷苗稼。安慶府屬縣江水泛溢，浸爛秧苗，秋成無望，糧草無從徵納。"上命户部知之。（《明英宗實録》卷二九四，第6274頁）

戊辰，夜，月犯壘壁陣。曉刻，火星入鬼宿。（《明英宗實録》卷二九四，第6276頁）

丁丑，甘肅總兵官宣城伯衛穎奏："今歲自春徂夏，大風連作，雨澤不降，河水枯乾，麥穀俱無，人民艱窘，不可勝言。"（《明英宗實録》卷二九四，第6280頁）

癸未，夜曉刻，木星犯太微垣右執法星。（《明英宗實録》卷二九四，第6284頁）

九月

乙酉，巡撫兩廣右僉都御史葉盛奏："廣州、肇慶二府今年五月雨水衝決沿海隄岸，水浸城七八尺，平疇，禾苗盡渰，人皆依丘陵以居，彌旬未

退。”（《明英宗實録》卷二九五，第6286頁）

丙戌，夜五鼓，有流星大如盞，色赤光明，起天囷，西南行至天倉星，尾跡炸散，二小星随之。（《明英宗實録》卷二九五，第6286頁）

戊子，詔直隸保安州今年户口食盐價米徵鈔，以其地被雨雹災也。（《明英宗實録》卷二九五，第6286頁）

己丑，夜四鼓，有流星大如盞，色青白，有光，起天倉，東南行至近濁。（《明英宗實録》卷二九五，第6286頁）

丁酉，夜五鼓，有流星大如盞，色青白，起井宿，東北行至太微西垣内，後三小星随之。（《明英宗實録》卷二九五，第6291頁）

辛丑，夜，月入畢宿，犯左股星。（《明英宗實録》卷二九五，第6293頁）

辛丑，是日，南京日入後，西方有赤氣，光如火影，至戌時散。（《明英宗實録》卷二九五，第6293頁）

乙巳，夜四鼓，有流星大如椀，色青白，起閣道，約行丈餘，發光大如碗，西北行至天津，後三小星随之。（《明英宗實録》卷二九五，第6294頁）

丙午，夜，月暈，色蒼白，軒轅、火星俱在暈。（《明英宗實録》卷二九五，第6295頁）

丁未，夜五鼓，月生暈，蒼白色，圍圓濃厚，軒轅、火星俱在暈内。至曉刻，漸散。（《明英宗實録》卷二九五，第6296頁）

戊申，曉刻，月犯靈臺中星。（《明英宗實録》卷二九五，第6296頁）

甲寅，昏刻，金土二星合于斗宿，金星犯南斗杓第二星。（《明英宗實録》卷二九五，第6297頁）

十月

己未，太白晝見。昏刻，月犯建星。（《明英宗實録》卷二九六，第6301頁）

壬戌，夜五皷，有流星大如盞，行丈餘，發光大如椀，色青白，起紫微東藩内，北行至近濁，二小星随之。（《明英宗實録》卷二九六，第6302頁）

癸亥，夜，南方有星大如盞，色青白，尾跡有光，起自軒轅，西南行至參宿没。(《明英宗實録》卷二九六，第6303頁)

甲子，夜，月犯壘壁陣東第四星。(《明英宗實録》卷二九六，第6303頁)

乙丑，夜，木星犯太微垣左執法星。(《明英宗實録》卷二九六，第6303頁)

己巳，夜，月犯畢宿，随掩犯附耳星。五鼓，有流星大如盞，起庫樓，西北行至天廟，五小星随之。(《明英宗實録》卷二九六，第6307頁)

己巳，是日，南京日入後，西南方有赤氣，如火影，光明燭地，至亥時散。(《明英宗實録》卷二九六，第6307頁)

壬申，夜五鼓，月生五色雲氣鮮明，至更盡漸散。(《明英宗實録》卷二九六，第6307頁)

丙子，夜，有流星大如雞彈，赤色，尾跡有光，起相星，東北行至北斗杓。(《明英宗實録》卷二九六，第6308頁)

庚辰，夜，有流星大如杯，色赤，有光燭地，出天棓，東北行至濁，五小星随之。(《明英宗實録》卷二九六，第6310頁)

朔，日食。(乾隆《銅陵縣志》卷一三《祥異》)

十一月

庚子，昏刻，南方有星大如盞，色青白，尾跡有光，起自天倉，西南行至濁。(《明英宗實録》卷二九七，第6319頁)

癸卯，夜，有客星見於星宿，色白，西行至丙午。夜，其體微大，狀如粉絮，在軒轅之旁。(《明英宗實録》卷二九七，第6322頁)

戊申，以冬不雨雪，命百官致齋三日，分遣大臣禱于天地、社稷、山川及諸宫觀祠廟之神。(《明英宗實録》卷二九七，第6325頁)

庚戌，夜，客星生芒，可五寸，經犯爟位西北星。(《明英宗實録》卷二九七，第6326頁)

甲寅，免山東濟南、東昌、兖州、青州四府所屬今歲被災田秋糧共五十

一萬一千三百餘石，草九十三萬三千二十餘束。（《明英宗實録》卷二九七，第 6329 頁）

十二月

庚申，免宣府前、左、右，保安等衛并興和守禦千户所今歲雹傷屯田子粒二千七百二十石，草六千九十束有奇。（《明英宗實録》卷二九八，第 6332 頁）

壬戌，夜，客星没於井宿。（《明英宗實録》卷二九八，第 6333 頁）

甲子，夜，正北火影中見赤氣一道，闊餘二尺，直衝天中，約餘五十丈，其形上鋭杖，如立槍。（《明英宗實録》卷二九八，第 6334 頁）

丁丑，巳時，日生暈，上生背氣一道，各色淡，背氣先散，暈至午漸散。（《明英宗實録》卷二九八，第 6341 ~6342 頁）

戊寅，免河南開封、汝寧、懷慶、衛輝四府去歲災傷田秋糧七萬一千四百六十四石，馬草八萬九千九百四十束有奇。（《明英宗實録》卷二九八，第 6342 頁）

是年

高家堖決東衝河，即今縣城外河，西河塞。（康熙《潛江縣志》卷一〇《河防》）

饑。（乾隆《晉江縣志》卷一五《祥異》）

大旱。（康熙《安陸府志》卷一《郡紀》；康熙《扶溝縣志》卷七《災祥》；光緒《武昌縣志》卷一〇《祥異》）

旱。（乾隆《長沙府志》卷三七《災祥》；同治《醴陵縣志》卷一一《災異》；民國《慈利縣志》卷一八《事紀》）

海溢，死者無算。（光緒《川沙廳志》卷一四《祥異》）

海鹽海溢，溺死男女萬餘人。（光緒《嘉興府志》卷三五《祥異》）

大旱，運河竭。（光緒《嘉善縣志》卷三四《祥眚》）

秋，海溢，溺死男女萬餘人。（光緒《平湖縣志》卷二五《祥異》）

大蝗。（民國《大名縣志》卷二六《祥異》）

春，暴風。（民國《首都志》卷一六《歷代大事表》）

夏，大水没民田舍。（嘉慶《内江縣志》卷五二《祥異》；道光《龍安府志》卷一〇《祥異》；光緒《資州直隸州志》卷三〇《祥異》）

夏，雨水過多。（康熙《高唐州志》卷一〇《藝文》）

復蝗。（光緒《平陰縣志》卷六《災祥》）

大蝗，既而抱草死，臭不可近。（乾隆《東明縣志》卷七《灾祥》）

海溢，漂没萬八千餘人。（道光《川沙撫民廳志》卷一六《災異》）

府屬夂雨大水，衝决民居，渰損禾稼。（康熙《南昌郡乘》卷五四《祥異》）

久雨，衝决民居，淹損禾稼。（康熙《建昌縣志》卷九《古蹟》）

久雨，大水衝決民居，淹損禾稼。（同治《靖安縣志》卷一六《祥異》）

開封府所屬祥符等縣河水没民田一千六百三十二頃，免秋粮。（光緒《祥符縣志》卷六《河渠》）

蝗生，無間遐迩，長垣尤多，既而抱草死，臭不可近。（嘉靖《長垣縣志》卷八《災祥》）

武昌、漢陽、崇陽、漢川、京山自五月至九月不雨，人相食。（民國《湖北通志》卷七五《災異》）

大旱，人相食。（乾隆《漢陽縣志》卷四《祥異》）

大旱，自五月至九月不雨，人相食。（同治《漢川縣志》卷一四《祥祲》；同治《崇陽縣志》卷一二《災祥》）

大水，饑。（嘉慶《巴陵縣志》卷二九《事紀》）

大旱，株樹上生白蠟。（嘉慶《沅江縣志》卷二二《祥異》）

秋，旱蝗傷稼，米貴民饑。（崇禎《吴縣志》卷一一《祥異》）

秋，海溢，溺死男女萬餘人。（康熙《秀水縣志》卷七《祥異》）

二年、三年，旱，薦饑。（光緒《餘姚縣志》卷七《祥異》）

二年、三年、五年，餘姚俱旱。（萬曆《紹興府志》卷一三《災祥》）

天順三年（己卯，一四五九）

正月

乙酉，夜三鼓，北方有星大如盞，色赤，有光燭地，起自文昌，西北行入紫微垣内，尾跡炸散，一小星随之。（《明英宗實録》卷二九九，第6347頁）

辛卯，夜，月犯畢宿大星，火星犯軒轅南第五星，木星犯左執法，土星犯建星。（《明英宗實録》卷二九九，第6350頁）

壬辰，日生左右珥，赤黄色鮮明，良久漸散。（《明英宗實録》卷二九九，第6350頁）

癸巳，夜曉刻，東方有星大如雞彈，色青白，有光，起自河鼓，西南行至天市垣内。（《明英宗實録》卷二九九，第6350頁）

丁酉，夜曉刻，東方有星大如盞，色青白，尾跡有光，起自河鼓，東南行至游氣中没，月犯軒轅左角星。（《明英宗實録》卷二九九，第6351頁）

辛丑，月犯平道東星。（《明英宗實録》卷二九九，第6352頁）

甲辰，夜二鼓，北方有星大如雞彈，色青白，尾跡有光燭地，起自紫微西藩内，約行一丈餘，發光大如盞，西北行至天鉤星。（《明英宗實録》卷二九九，第6356頁）

丁未，夜，月犯鬼宿西南星。四鼓，西方有星大如雞彈，色青白，尾跡有光，起自星宿，西南行至游氣。（《明英宗實録》卷二九九，第6359頁）

己酉，夜三鼓，東方有星大如盞，色赤，光明燭地，起自雲中，西北行至北斗魁。（《明英宗實録》卷二九九，第6360頁）

癸丑，夜五鼓，東方有星大如盞，色青白，有光，起自牛宿，東行至近濁。（《明英宗實録》卷二九九，第6362頁）

晦，嶺南素無雪，是夜大雷電，雪深尺許。（《明史・葉禎傳》，第4470～4471頁）

三十，夜，雷電風雨大作，雪深尺許。（乾隆《慶遠府志》卷一

○《機祥》)

壬子，五鼓，東方有星如盞，色青白，有光，起自牛宿，東行至近濁。(嘉慶《西安縣志》卷二二《祥異》)

二月

己未，夜，有流星大如雞彈，色青白，有光，出翼宿，東南行至濁。(《明英宗實録》卷三〇〇，第6365頁)

甲子，免直隸真定、廣平二府州縣去歲水旱災糧二萬五百八十餘石，草三十七萬七千九百六十餘束，綿花四千五百四十餘斤。(《明英宗實録》卷三〇〇，第6370頁)

甲子，月掩犯軒轅御女星。(《明英宗實録》卷三〇〇，第6370頁)

壬申，夜，月犯罰星上星。(《明英宗實録》卷三〇〇，第6374頁)

癸酉，夜，月犯南斗。(《明英宗實録》卷三〇〇，第6375頁)

壬午，夜四鼓，北方有星大如盞，色青白，有光，起自文昌，北行至近濁，尾跡炸散。(《明英宗實録》卷三〇〇，第6379頁)

三月

戊子，昏刻，月犯井宿東北第三星。(《明英宗實録》卷三〇一，第6385頁)

甲午，夜，月犯太微垣左執法星。五鼓，南方有星大如雞彈，色赤，尾跡有光，起自天市西垣内，西南行至角宿。(《明英宗實録》卷三〇一，第6389頁)

庚子，昏刻，有流星大如杯，色青白，有光，出西北中天，東行十丈所，尾跡炸散，三小星随之。曉刻，月犯建星西第一星。(《明英宗實録》卷三〇一，第6391頁)

乙巳，雨雹。(《明英宗實録》卷三〇一，第6392頁)

戊申，巳時，日生暈。申時，日生背氣一道，随生左右珥，各色淡，俱至酉時雲遮。(《明英宗實録》卷三〇一，第6392頁)

四月

癸丑，夜四鼓，東方有星大（廣本、抱本“大”下有“如”字）碗，色赤，光明燭地，起自左旗，東南行抵女宿，尾跡炸散。（《明英宗實録》卷三〇二，第6395頁）

辛酉，順天府并直隸河間、真定、保定、廣平府，山東濟南府各奏：“所屬去冬無雪，今春不雨，四月以来，連日烈風，麥苗不實，人民艱食，本年夏税，無從措辦。”（《明英宗實録》卷三〇二，第6398頁）

癸亥，金星晝見於辰位。（《明英宗實録》卷三〇二，第6400頁）

癸酉，金星晝見於巳位。夜，土星守犯建星。（《明英宗實録》卷三〇二，第6405頁）

己卯，夜，火星犯靈臺上星。（《明英宗實録》卷三〇二，第6407頁）

河間、濟南連日烈風，麥苗盡敗。（光緒《吴橋縣志》卷一〇《災祥》）

連日烈風，麥苗盡敗。（乾隆《平原縣志》卷九《災祥》）

順天、河間、真定、保定、廣平、濟南連日烈風，麥苗盡敗。（《明史·五行志》，第489頁）

五月

庚寅，夜，月掩平道西星。（《明英宗實録》卷三〇三，第6412頁）

丙申，申時，日生暈，上有背氣一道，隨生左右珥，各色淡，背氣先散，暈、珥至酉時雲遮。（《明英宗實録》卷三〇三，第6414～6415頁）

丁酉，日生左右珥，色黄赤。（《明英宗實録》卷三〇三，第6415頁）

壬寅，直隸河間、真定、大名、廣平，山東濟南、東昌諸府各奏：“所屬自春歷夏不雨，田禾枯槁，今年税糧恐無所（疑脱‘出’字）。”（《明英宗實録》卷三〇三，第6417頁）

癸卯，昏刻，火星犯太微垣右執法星。（《明英宗實録》卷三〇三，第6419頁）

庚戌，夜曉刻，金星犯畢宿。（《明英宗實録》卷三〇三，第6421頁）

月中，歷六月、七月、八月不雨，九月九日小雨。（康熙《湘鄉縣志》卷一〇《兵災》）

至九月，始小雨。（乾隆《長沙府志》卷三七《災祥》）

六月

庚申，夜，月犯氐宿東北星。（《明英宗實録》卷三〇四，第6426頁）

戊辰，户部奏："河南開封府所屬祥符等四縣，天順二年雨多河溢，渰没民田四千六百三十二頃無收，應免秋糧米四萬九千八百零四石，馬草六萬二千七百一十四束。"從之。（《明英宗實録》卷三〇四，第6429頁）

辛未，昏刻，木星犯太微垣右執法星。（《明英宗實録》卷三〇四，第6430頁）

襄水湧泛，傷禾。（道光《天門縣志》卷一五《祥異》）

襄水涌泛，傷禾。（同治《襄陽縣志》卷七《祥異》）

襄水湧泛，傷稼。（民國《穀城縣志稿》卷一二《災祥》）

七月

癸未，蠲湖廣常德、荊州、黄州、襄陽府所屬武陵等七州縣去年被災地畝秋糧米一萬八千六百六十二石有奇。（《明英宗實録》卷三〇五，第6435頁）

庚子，山東武定州并濟陽、鄒平、陵縣，直隸廣平府肥鄉縣、順德府平鄉縣，河南開封、懷慶、汝寧府所屬陳州、尉氏等十一州縣，并山東青州左衛、直隸武定千户所俱奏："五、六月中，驟雨渰没田禾，秋糧無徵。"（《明英宗實録》卷三〇五，第6439~6440頁）

壬寅，夜，月掩畢宿附耳星。（《明英宗實録》卷三〇五，第6440頁）

癸卯，未時，日生暈。申時，日上生背氣一道，随生右珥，各色淡，俱至酉時雲遮。（《明英宗實録》卷三〇五，第6441頁）

杭州雨害稼。（乾隆《海寧州志》卷一六《灾祥》）

八月

辛亥，辰時，日生淡暈。巳時，圍圓鮮明，至申時雲遮。（《明英宗實録》卷三〇六，第6444頁）

戊午，昏刻，月犯南斗。夜，有流星大如雞彈，色青白，有光，出紫微東藩内，北行至北斗杓。（《明英宗實録》卷三〇六，第6445頁）

己未，月犯建星。（《明英宗實録》卷三〇六，第6447～6448頁）

甲子，巡撫寧夏右副都御史陳翌奏："甘凉、寧夏、延綏、大同、宣府一帶地方，用兵以來，添調軍馬動以數萬，有司苦于供給，況近歲水旱相仍，流移四出，若不多方措置，益恐邊用不敷。"（《明英宗實録》卷三〇六，第6450頁）

丁卯，日色如赭。夜，月亦如之。（《明英宗實録》卷三〇六，第6452頁）

辛未，杭州、嘉興、紹興、金華、衢州、台州等府，并海寧等衛所各奏："四月以來，亢旱不雨，禾苗槁死。"（《明英宗實録》卷三〇六，第6455頁）

辛未，直隸廣平、真定、大名，山東濟南、兖州、東昌、青州等府俱奏："所屬州縣五、六月中，驟雨傷稼，秋糧無徵。"（《明英宗實録》卷三〇六，第6455頁）

乙亥，巡按湖廣監察御史奏："長沙、武昌、岳州、漢陽、黄州、衡州、永州、辰州、寶慶、常德等府所屬湘陰、興國等七十一州縣，五月中亢旱無雨，秧苗枯槁。襄陽府穀城縣、沔陽州景陵縣，六月中襄水湧泛，禾苗渰没，秋粮無徵。"上命户部勘實蠲之。（《明英宗實録》卷三〇六，第6458～6459頁）

丙子，免直隸河間府所屬一十八州縣今年被災地畝税麥一萬五千九十四石有奇。（《明英宗實録》卷三〇六，第6459頁）

九月

辛巳，夜，有流星大如盞，色青白，光明燭地，起闕丘，東行至近濁，後三小星隨之。（《明英宗實録》卷三〇七，第6461頁）

乙酉，夜，有流星大如杯，色赤，尾光屈曲如蛇，西行至危宿。（《明英宗實録》卷三〇七，第6464頁）

丁亥，夜，南方有星大如盞（廣本作“杯”），色青白，尾跡有光，起自危宿，正南（廣本、抱本作“西”）行至斗宿没。（《明英宗實録》卷三〇七，第6464頁）

己丑，曉刻，有流星大如雞彈，色青白，起昴宿，約行丈餘，發光如盞大，光明照地，北行至天船星。（《明英宗實録》卷三〇七，第6465頁）

己丑，夜，月犯牛宿下星。（《明英宗實録》卷三〇七，第6465頁）

庚寅，曉刻，金星犯太微垣左執法星。（《明英宗實録》卷三〇七，第6465頁）

庚寅，夜，有流星大如雞彈，色青白，有光，起天倉，西南行至近濁，尾跡炸散。（《明英宗實録》卷三〇七，第6465~6466頁）

甲午，夜，月犯外屏第三星。（《明英宗實録》卷三〇七，第6467頁）

乙未，免山西太原、平陽二府所屬三十四州縣去年災傷田地夏税一十萬七千四百餘石。（《明英宗實録》卷三〇七，第6467頁）

丁酉，夜，月犯天高（廣本作“南”）東星。（《明英宗實録》卷三〇七，第6468頁）

己亥，夜，月犯井宿。（《明英宗實録》卷三〇七，第6469頁）

壬寅，卯時，日生暈，上生背氣一道，隨生左珥，各色淡，背氣、珥先散，暈至酉時雲遮。（《明英宗實録》卷三〇七，第6470頁）

癸卯，夜，有流星大如盞，色赤白，有光，起昴宿，約行丈餘，發光如椀大，光明燭地，西北（廣本無“北”字）行至婁宿，尾跡後散。（《明英宗實録》卷三〇七，第6471頁）

乙巳，夜，金木（廣本“木”下有“二”字）星合于角宿。（《明英宗實録》卷三〇七，第6472頁）

丁未，夜，有流星大如盞，色青白，有光，起天苑，東南行至近濁，尾跡炸散，一小星隨之。（《明英宗實録》卷三〇七，第6475頁）

戊申，直隸松江、蘇州、池州、寧國府，廣西桂林、平樂、柳州、梧州、潯州、南寧府，貴州宣慰司及貴州都司各衛，湖廣荆州、德安府及郴州各奏："今年四月至七月不雨，田苗旱傷。"事下户部覆視之。（《明英宗實録》卷三〇七，第6475頁）

戊申，日未入時，有星大如盞，色青白，有光，起東南方，東南行至近濁。（《明英宗實録》卷三〇七，第6475頁）

十月

己酉，夜，南方有星大如盞，色赤，尾跡有光，起自參宿，西南行至雲中没。（《明英宗實録》卷三〇八，第6477頁）

庚戌，昏刻，有流星大如雞彈，色青白，光明燭地，起危宿，南行至游氣。夜中有流星大如盞，色青白，光明，起天廩，南行至天苑。（《明英宗實録》卷三〇八，第6478頁）

甲寅，夜，有流星大如盞，色青白，發光大如椀，起天倉，西南行至壘壁陣，尾後炸散。（《明英宗實録》卷三〇八，第6482頁）

甲寅，曉刻，金星犯亢宿南第一星。（《明英宗實録》卷三〇八，第6482頁）

丙辰，夜，有流星大如盞，色赤（廣本"赤"作"青白"），光明燭地，起天船，東北行至北斗杓，二小星隨之。（《明英宗實録》卷三〇八，第6482頁）

丁巳，夜，有流星大如盞，色青白，有光，起軒轅，東北行至太微西垣内。（《明英宗實録》卷三〇八，第6483頁）

甲子，夜五鼓，月犯畢宿。（《明英宗實録》卷三〇八，第6485頁）

乙丑，江西吉安、廣信、饒州、瑞州四府各奏："今年五月至七月不雨，田苗旱傷。"命户部覆視之。（《明英宗實録》卷三〇八，第6485頁）

丙寅，夜，月犯井宿西北第二星。（《明英宗實録》卷三〇八，第6486頁）

戊辰，夜，月犯鬼宿西南星。（《明英宗實録》卷三〇八，第6486頁）

壬申，夜，月行太微垣中。（《明英宗實録》卷三〇八，第6489頁）

戊寅，夜，有流星大如盞，色青白，光明燭地，起八穀星，西北衝入閣道星，尾跡炸散。（《明英宗實録》卷三〇八，第6491~6492頁）

彗出，日暈數重。（乾隆《銅陵縣志》卷一三《祥異》）

十一月

乙酉，徙直隸淮安府桃源縣遞運所於清河之南，初在河北，以水勢沖激，故徙之。（《明英宗實録》卷三〇九，第6495頁）

乙酉，夜，有流星大如杯，色青白，有光燭地，出天船，東行入鈎陳星，三小星隨之。（《明英宗實録》卷三〇九，第6495頁）

辛卯，直隸寧國、蘇州、松江、太倉，四川重慶、順慶、瀘等府州衛，播州宣慰使司各奏："五月、六月不雨。"直隸廣平府奏："今夏淫雨河決。"陝西行都司奏："今夏多雨，初秋早霜，禾稼傷損，租税無徵。"命户部覆視以聞。（《明英宗實録》卷三〇九，第6496頁）

癸巳，湖廣都、布、按三司奏："長沙、辰州、永州、常德、衡州、岳州、銅鼓、五開等府衛自五月至七月不雨，民之饑殍者，不可勝紀，若不撫綏賑濟，恐患生不測。"（《明英宗實録》卷三〇九，第6496~6497頁）

十二月

丙辰，夜，月犯天廩星。（《明英宗實録》卷三一〇，第6510頁）

己未，申時，日生暈，隨生左右珥，及日上背氣一道，各色淡，背氣、珥先散，暈至酉時雲遮。（《明英宗實録》卷三一〇，第6510~6511頁）

癸亥，月食，已而犯鬼宿西南星。（《明英宗實録》卷三一〇，第6516頁）

癸亥，曉刻，木星犯亢宿南第一星。（《明英宗實録》卷三一〇，第6516頁）

甲戌，夜，南方火影中見赤氣，闊餘二尺，長餘十丈，其形上鋭如立，直衝中天。（《明英宗實録》卷三一〇，第6520頁）

乙亥，直隸廣德州，貴州銅仁、平越等府衛，湖廣永勝、保靖等宣慰司

各奏："五月、六月不雨，禾稼枯槁，租税無徵。"事下户部覆視以聞。（《明英宗實録》卷三一〇，第6521頁）

是年

大水。（咸豐《順德縣志》卷三一《前事畧》；光緒《廣州府志》卷七八《前事略》）

連日烈風，麥苗盡敗。（民國《順義縣志》卷一六《雜事記》）

湖南大旱。（乾隆《長沙府志》卷三七《災祥》）

南畿旱。（同治《上江兩縣志》卷二下《大事下》；光緒《金陵通紀》卷一〇上；民國《首都志》卷一六《歷代大事表》）

浙江旱。（乾隆《杭州府志》卷五六《祥異》）

大旱，知縣周斌躡遺墟，得宋故碑而識焉，祝之，龍見煙雲之表，頃焉大雨如注。明年水患，禱之，刻期晴。（正德《江陰縣志》卷二《壇祠》）

秋，湖廣旱。（道光《永州府志》卷一七《事紀畧》）

秋，大旱。（民國《來賓縣志》下篇《禨祥》）

南北畿、浙江、湖廣、江西、四川、廣西、貴州旱。（《明史·五行志》，第482頁）

夏，大水。（同治《漢川縣志》卷一四《祥祲》）

自春歷夏不雨，田疇龜拆〔坼〕。（澤民橋）興工之日，天油然，雲沛然，雨，槁苗復甦，百姓忻悦。（崇禎《松江府志》卷三《橋樑》）

水。（崇禎《吴縣志》卷一一《祥異》）

旱。（光緒《溧水縣志》卷一《庶徵》；光緒《烏程縣志》卷二七《祥異》；光緒《增修灌縣志》卷一四《祥異》；光緒《射洪縣志》卷一七《祥異》；光緒《井研志》卷四一《紀年》；民國《重修四川通志金堂採訪録》卷一一《五行》）

海溢。（道光《乍浦備志》卷一〇《祥異》）

旱，饑。（萬曆《新修餘姚縣志》卷二三《禨祥》）

郡再旱。（康熙《廣信府志》卷九《祀典》）

禾稻將熟，颶風大作，仍祝于神，其風遂息。（萬曆《泉州府志》卷一〇《官守》）

大旱。（嘉靖《常德府志》卷一《祥異》；萬曆《桃源縣志》上卷《祥異》；康熙《龍陽縣志》卷一《祥異》；康熙《新修蒲圻縣志》卷一一《行誼》；康熙《岳州府慈利縣志》卷二《祥異》；康熙《臨湘縣志》卷一《祥異》；乾隆《重修蒲圻縣志》卷一一《行誼》；嘉慶《岳州府慈利縣志》卷六《荒歉》；嘉慶《安化縣志》卷一八《災異》；同治《益陽縣志》卷二五《祥異》；光緒《湘陰縣圖志》卷二九《災祥》）

巴陵縣大旱。（隆慶《岳州府志》卷八《禨祥》）

大旱，自五月至九月始小雨，白臘産杭株樹上。（乾隆《湘潭縣志》卷二三《灾祥》）

（辰溪縣）大旱。（萬曆《辰州府志》卷一《災祥》）

（漵浦縣）大旱。（萬曆《辰州府志》卷一《災祥》）

（瀘溪縣）大旱，河澗絶流，種植幾絶。次年，野地禾黍漫生，民食攸賴。（萬曆《辰州府志》卷一《災祥》）

水，壞民田廬。（康熙《南海縣志》卷三《災祥》）

水，四年如之。明年三月，免災田税糧。（乾隆《吴江縣志》卷四〇《災變》，第1173頁）

天順四年（庚辰，一四六〇）

正月

己丑，詔山東、河南并南北直隸巡撫都御史、巡按御史督令都布按三司府州衛所各委佐貳官員於該管地方往來巡視，隄備蟲蝻生發，從户部奏請故也。（《明英宗實録》卷三一一，第6529頁）

己丑，夜，月犯井宿東南第二星。（《明英宗實録》卷三一一，第6530頁）

壬辰，夜，月犯軒轅大星。(《明英宗實録》卷三一一，第6532頁)

己亥，夜，有流星大如盃，色青白，有光，出中台，北行至紫微西藩内。(《明英宗實録》卷三一一，第6533頁)

辛丑，山東布政司奏："濟南、東昌等府所屬去年田禾被雨水侵爛，見今民皆缺食，該徵糧米無從辦納，乞令折納雜糧。"事下户部覆奏："蜀秫每石准米五斗，黄黑菉豆抵斗。"從之。(《明英宗實録》卷三一一，第6534頁)

辛丑，辰時，日生暈。申時，日上生背氣一道，及左右珥，各色淡，背氣先散，暈、珥至酉時雲遮。(《明英宗實録》卷三一一，第6534頁)

二月

壬戌，巳時，日生暈。午時，生戟氣二道，各色淡，戟氣先散，暈至申時雲遮。(《明英宗實録》卷三一二，第6548頁)

壬戌，夜，月掩太微垣上相星。(《明英宗實録》卷三一二，第6548頁)

甲子，巡撫湖廣右副都御史白圭奏："湖廣地方災傷者多公私匱乏，無從接濟。"(《明英宗實録》卷三一二，第6549頁)

甲戌，夜，有流星大如鷄彈，色赤，尾跡有光，出自軒轅，西行至北河星（廣本作"西"）。(《明英宗實録》卷三一二，第6553頁)

三月

甲申，免河南開封等府所屬去歲夏秋税粮米麥共一十三萬八千七百三十餘石，絲八百五十餘斤，草一十四萬一千七百二十餘束，以其地被水渰没故也。(《明英宗實録》卷三一三，第6559～6560頁)

乙酉，大雨雪，越明日乃止。(《明英宗實録》卷三一三，第6560頁)

戊戌，免直隷蘇州等府所屬并鎮海等衛所秋糧屯糧，共四十三萬八百八十餘石，馬草一十三萬二千六百餘包，以其地去歲旱傷（廣本作"災"）故也。(《明英宗實録》卷三一三，第6566頁)

免被災税糧。(民國《首都志》卷一六《歷代大事表》)

四月

戊申，巡按山西監察御史奏："三月二十一日，有甘露降於太原府學大成殿前松樹。"（《明英宗實録》卷三一四，第6571頁）

庚申，夜，月暈，色蒼白，木星、氐宿俱在暈（廣本"暈"下有"中"字）。（《明英宗實録》卷三一四，第6577頁）

丙寅，巡撫南直隸左副都御史崔恭奏："覆視松江、蘇州二府所屬去年民田一萬八千九百三十頃有奇，旱傷無收秋糧四十一萬三千七百一十三石，馬草十三萬□□（舊校补作'一千'）六百二十包。"（《明英宗實録》卷三一四，第6579頁）

癸酉，夜，東方有星大如盞，色青白，尾跡有光，起自河鼓，正西行至雲中没。（《明英宗實録》卷三一四，第6581頁）

甲戌，夜，有流星大如杯，色青白，尾跡有光，出角宿，發光大如椀，西北行至軒轅，二小星随之。（《明英宗實録》卷三一四，第6582～6583頁）

大水。（康熙《蕭山縣志》卷九《災祥》；康熙《山陰縣志》卷九《災祥》；民國《蕭山縣志稿》卷五《水旱祥異》）

蕭山大水。（萬曆《紹興府志》卷一三《災祥》）

江溢，饑，免秋糧及南昌衛子粒。（康熙《南昌郡乘》卷五四《祥異》）

四、五月，陰雨連緜，江湖泛溢，麥禾俱傷，籽粒無收。（光緒《嘉善縣志》卷三四《祥告》）

紹興四、五月，陰雨連綿，江河泛溢。後三年為戊子，麥禾俱傷。（民國《新昌縣志》卷一八《災異》）

四、五月，陰雨連緜，江湖泛溢，麥禾俱傷。（光緒《歸安縣志》卷二七《祥異》；光緒《慈谿縣志》卷五五《祥異》）

杭州、嘉興、湖州、甯波等郡四、五月陰雨連緜，江湖泛溢，麥禾俱傷。（光緒《嘉興府志》卷三五《祥異》）

杭州、嘉興、湖州、甯波、紹興、金華、處州四、五月陰雨連綿，河泛溢，麥禾俱傷。（光緒《處州府志》卷二五《祥異》）

四、五月，陰雨連綿，江河泛溢，麥禾俱傷。（嘉慶《山陰縣志》卷二五《機祥》；光緒《金華縣志》卷一六《五行》）

至于五月，常州府疾風甚雨，凡二十日，平地水深尺餘，池塘漫溢，與平地等。（萬曆《常州府志》卷一九《文翰》）

至六月陰雨連緜，水泛溢，衝決堤防，淹没麥禾。民流徙。（同治《漢川縣志》卷一四《祥祲》）

五月

壬午，免直隸廣平府并浙江杭州等府屬縣去年被災糧三十三萬三千餘石，草十五萬餘包，綿花絨七百餘斤。（《明英宗實録》卷三一五，第6587頁）

癸未，禮部奏："即今天雨不降，有妨農種。宜命在京堂上官於各寺觀宫廟行香祈禱。"從之。（《明英宗實録》卷三一五，第6587頁）

癸卯，夜曉刻，東方有星大如雞彈，色赤有光，起自婁宿，西南行至雲中没。（《明英宗實録》卷三一五，第6595頁）

大水傷禾。（光緒《桐鄉縣志》卷二〇《祥異》）

大水傷禾，饑。（光緒《平湖縣志》卷二五《祥異》）

大水傷稼，斗米百錢。（崇禎《吴縣志》卷一一《祥異》）

大水，斗米百錢。（道光《璜涇志稿》卷七《災祥》）

大水。是年雨澇，斗米百錢，小民告飢。（弘治《常熟縣志》卷一《灾祥》）

雨，六月又雨。（康熙《廣信府志》卷九《祀典》）

雨，自五月至七月，淹禾苗。（光緒《南陽縣志》卷一二《祥異》）

六月

己未，户部郎中施紳奏："本月初八日辰時，大雷火燒燬薊州倉廒四座，共粟米六萬七千八百餘石，數内堪用粟米，已委本州官盤量見数付與守

支官攢看守。”（《明英宗實録》卷三一六，第6600頁）

庚申，夜，月食。（《明英宗實録》卷三一六，第6601頁）

癸亥，免湖廣常德等府所屬州縣去年被災税糧一百三十七萬餘石，常德等衛所屯糧八萬餘石。（《明英宗實録》卷三一六，第6602頁）

庚午，未時，日生暈，上生背氣一道，各色淡，俱至申時漸散。（《明英宗實録》卷三一六，第6604頁）

壬申，巡按貴州監察御史李志綱奏："鎮遠府并都匀、平越等衛去年亢旱成災，軍民艱食，慮生邊釁，乞於各府衛有糧倉分驗口賑給，候（廣本作'俟'）秋成抵斗償官。"命户部覆視之。（《明英宗實録》卷三一六，第6604頁）

壬申，免貴州都坪峨異溪蠻夷長官司坍塌田糧十三石，并天順元年、二年無徵秋糧七十石。（《明英宗實録》卷三一六，第6604頁）

雨，河溢，決堤傷稼。（雍正《河南通志》卷一四《河防》）

癸丑，雷毀薊州倉廒四。（《明史·五行志》，第434頁）

大水，壞屋溺人。（康熙《大城縣志》卷八《災祥》）

大水傷稼。（民國《大名縣志》卷二六《祥異》）

京山旱。（康熙《安陸府志》卷一《郡紀》）

七月

丁丑，金星犯右執法星。（《明英宗實録》卷三一七，第6608頁）

甲申，夜昏刻，金星犯左執法星。（《明英宗實録》卷三一七，第6613頁）

戊子，夜，月犯牛宿南星。曉刻，火星犯天罇星。（《明英宗實録》卷三一七，第6614頁）

辛卯，直隸鳳陽府自五月連雨，抵七月。淮水溢，決壩埂，敗城垣，没軍民田廬甚多。至是，事聞，命巡按御史中都留守司各遣官於被災軍民加意存恤，衝决城壩，逐漸築之。（《明英宗實録》卷三一七，第6617頁）

丙申，命修南京皇墻及内外城垣，以其久雨坍塌也。（《明英宗實録》

卷三一七，第6620頁）

戊戌，夜曉刻，月犯天高東南星。（《明英宗實録》卷三一七，第6621頁）

己亥，夜，南方有星大如雞彈，色青白，尾跡有光，起自女宿，正南行至近濁。（《明英宗實録》卷三一七，第6621頁）

辛丑，應天并直隷淮安、揚州、鎮江、常州、蘇州、廬州、太平、池州諸府，徐、和諸州，浙江杭州、嘉興、湖州、紹興、寧波、金華、處州諸府各奏："四月、五月，陰雨連綿，江河泛漲，麥禾俱傷。"山東青州府、廣西桂林府各奏："四月至六月不雨，禾稼枯槁，租税無徵。"事下户部，令所司覆視以聞。（《明英宗實録》卷三一七，第6622頁）

大風雨，太湖溢，漂没民居，死者甚眾。（同治《長興縣志》卷九《災祥》）

雨，江河溢，無麥禾。（康熙《錢塘縣志》卷一二《災祥》）

淮水决，没軍民田廬。（道光《壽州志》卷三五《祥異》）

辛卯，自五月雨，至是月，淮水决，没軍民田廬，遣使振恤。（《明史·英宗紀》，第157頁）

雨害稼。（乾隆《杭州府志》卷五六《祥異》）

八月

甲辰，湖廣都布按三司奏："武昌、黄州、漢陽、襄陽、德安、辰州、常德、荆州諸府衛，自四月至六月陰雨連綿，江水泛溢，衝决隄防，渰没麥禾，民多流徙。"上命所司加意安撫賑濟，除其租税。順天府奏："今夏先旱後潦。"直隷真定、保定、廣平、河間、大名，河南開封、汝寧諸府各奏："六月間驟雨，河隄衝决，禾稼傷損。"山東濟南、登州諸府，陝西甘肅諸衛各奏："今夏大旱，禾稼枯槁，租税無徵。"事下户部，令所司覆視以聞。（《明英宗實録》卷三一八，第6625頁）

甲辰，夜，有流星大如杯，色青白，有光燭地，出北斗杓，西行至近濁。（《明英宗實録》卷三一八，第6625頁）

辛亥，夜，南方有星大如椀，色赤，發光大如斗，有聲如雷，起自昴宿，西南行至近濁。(《明英宗實録》卷三一八，第6627頁)

丙辰，夜，火星入鬼宿。(《明英宗實録》卷三一八，第6630頁)

甲子，蠲直隸安慶、池州、寧國、廣德諸府州衛去年被災田地秋糧子粒七萬三千石有奇，馬草三十萬六千包有奇。(《明英宗實録》卷三一八，第6633頁)

乙丑，西北有黑色游氣，摩地而生，徐徐南行，移時乃散。(《明英宗實録》卷三一八，第6634頁)

庚午，夜，西方天鳴有聲，如瀉水。(《明英宗實録》卷三一八，第6635頁)

癸酉，河南都指揮使司奏："本處城垣逼臨黄河，雖有隄岸，常為衝决，水至土城，為人害者數矣。夫城中所仗者，土城須高堅，庶保無虞。不然，倘水溢為害，灌土城而内，則王府、三司、衛府、務局、軍民屋廬悉為魚鱉之所矣。乞勅有司備物料、夫役，臣等率軍餘於農隙之後，歷視其坍塌虚薄者，以漸修完。"從之。(《明英宗實録》卷三一八，第6638頁)

都布按三司奏："武昌、德安等郡自四月至六月陰雨連綿，江水泛溢，渰没麥禾，民多流徙。"(康熙《孝感縣志》卷一三《蠲賑》)

湖州大水，民饑。(康熙《浙江通志》卷二《祥異附》)

九月

乙亥，夜，西方有星大如鷄彈，色青白，尾跡有光，起自宦者星，正東行至女宿没。(《明英宗實録》卷三一九，第6643頁)

戊寅，蠲直隸河間府所屬滄州、任丘等十一州縣今年被災地畝税麥一萬八百九十石有奇。(《明英宗實録》卷三一九，第6644頁)

辛巳，山東濟南府長山縣、青州府臨朐縣、登州府寧海州福山縣俱奏："五、六月，亢旱不雨，螟虫食苗，秋糧無徵。"命户部勘實以聞。(《明英宗實録》卷三一九，第6646頁)

丁亥，月犯壘壁陣東第三星。(《明英宗實録》卷三一九，第6649頁)

己丑，夜，月犯外屏東第三星。（《明英宗實録》卷三一九，第6650頁）

壬辰，夜，月犯畢宿右股北第三星。（《明英宗實録》卷三一九，第6652頁）

甲午，蠲江西吉安、瑞州、廣信、饒州、南昌等府所屬縣分并吉安、永新、安福、廣信、信豐、贛州等守禦千户所去年被災地畝秋糧子粒四十一萬五千一百九十七石有奇。（《明英宗實録》卷三一九，第6653頁）

乙未，夜，月犯天罇星。（《明英宗實録》卷三一九，第6653頁）

丙申，夜，月入鬼宿。（《明英宗實録》卷三一九，第6653頁）

壬寅，夜，有流星大如杯，色青白，尾跡有光燭地，出壁宿，西行至土司空。（《明英宗實録》卷三一九，第6654頁）

壬寅，直隸建陽、鎮江、壽州、徐州、安慶、揚州，河南潁州、南陽，湖廣沔陽、安陸等衛俱奏："五、六月大水傷稼，秋糧子粒無徵。"（《明英宗實録》卷三一九，第6655頁）

壬子，夜，大雷雨。（《國榷》卷三三，第2128頁）

蠲泰興水災田租。（宣統《泰興縣志補》卷三上《蠲恤》）

十月

癸卯，巳時，日生暈，未久散。申時，日生左右珥，色鮮明，良久雲遮。（《明英宗實録》卷三二〇，第6657頁）

壬子，夜，月犯壘壁陣西第五星。（《明英宗實録》卷三二〇，第6660頁）

戊午，夜，月生五色雲暈。（《明英宗實録》卷三二〇，第6663頁）

壬戌，巡按江西監察御史奏："瑞州、南昌、南康等府四月以来，江水泛溢，二麥渰死，顆粒無收。星子縣山崖崩裂，民居漂流死者四十餘口。"（《明英宗實録》卷三二〇，第6664頁）

庚午，夜，曉刻，熒惑犯太微垣上将星。（《明英宗實録》卷三二〇，第6666頁）

壬申，夜，曉刻，木、水、金星聚於氐宿。(《明英宗實録》卷三二〇，第 6666 頁)

十一月

戊寅，夜，月暈，色赤，圍圓濃厚，良久乃散。(《明英宗實録》卷三二一，第 6668 頁)

己卯，夜，南方有星大如雞彈，色青白，有光，起自弧矢，西南行至近濁。(《明英宗實録》卷三二一，第 6669 ~ 6670 頁)

庚辰，直隸鎮江府丹徒縣奏："今年六月至八月，雨澤不足，田禾槁死。"命户部覆視之。(《明英宗實録》卷三二一，第 6670 頁)

乙丑，夜，有流星大如雞彈，色青白有光，出（廣本"出"下有"自"字）鈎陳，北行至北斗杓，一小星隨之。(《明英宗實録》卷三二一，第 6671 頁)

庚寅，金星晝見於巳位。(《明英宗實録》卷三二一，第 6672 頁)

乙未，夜，月行太微垣中，犯三公下星。(《明英宗實録》卷三二一，第 6672 頁)

閏十一月

戊午，夜，曉刻，月食四分有奇，欽天監失於推算。(《明英宗實録》卷三二二，第 6680 頁)

庚申，免直隸鳳陽府及中都留守司所屬今年災傷田夏税子粒三萬四千七百一十餘石，真定府所屬災傷田夏税五千一百四十餘石。(《明英宗實録》卷三二二，第 6681 頁)

庚申，夜，火星犯太微垣上相星。(《明英宗實録》卷三二二，第 6682 頁)

甲子，辰刻，日生背氣一道，色青赤，旁生左珥，色赤黄，至巳刻漸散。(《明英宗實録》卷三二二，第 6682 頁)

丙寅，夜曉刻，木星犯房宿北第一星。(《明英宗實録》卷三二二，第

6683頁）

戊辰，免福建興化、鎮東二衛去年災傷屯田子粒五千四百八十餘石。（《明英宗實録》卷三二二，第6683頁）

庚午，夜五鼓，木星犯鈎鈐上星。（《明英宗實録》卷三二二，第6684頁）

辛未，江西饒州、九江、南康三府，直隸蘇州府各奏："今年六月、七月，天雨連綿，溪湖泛溢，田禾多被渰没。"下户部覆視之。（《明英宗實録》卷三二二，第6684頁）

十二月

壬午，夜，月入畢宿中。（《明英宗實録》卷三二三，第6690頁）

乙酉，夜，有流星大如杯，色青白，出自北河之北，行丈餘，光大如椀，西北行至近濁，二小星隨之，有聲如雷。（《明英宗實録》卷三二三，第6692頁）

丙戌，太白晝見於辰位。（《明英宗實録》卷三二三，第6692頁）

戊子，免順天府霸州、文安縣今年災傷田地秋糧二千四百二十餘石，馬草六萬三千四十餘束。（《明英宗實録》卷三二三，第6694頁）

甲午，夜，月犯内屏星。（《明英宗實録》卷三二三，第6697頁）

庚子，直隸安慶府及河南南陽府各奏："今年五月至七月，天雨連綿，禾苗渰没。"廣東肇慶府奏："四月、五月不雨，禾苗旱。"命户部覆視之。（《明英宗實録》卷三二三，第6699頁）

是年

夏，大旱。（宣統《高要縣志》卷二五《紀事》）

夏，大水。（民國《項城縣志》卷三一《祥異》）

夏，旱。（道光《肇慶府志》卷二二《事紀》；同治《黄縣志》卷五《祥異》；民國《福山縣志稿》卷八《災祥》；民國《萊陽縣志》卷首《大事記》）

大水。（萬曆《興化縣新志》卷一〇《外紀》；康熙《興化縣志》卷一《祥異》；嘉慶《高郵州志》卷一二《災祥》；民國《商水縣志》卷二四《祥異》）

瀏陽大水。（乾隆《長沙府志》卷三七《災祥》）

常州水，免田租十六萬七千餘石。（成化《重修毗陵志》卷三二《祥異》；康熙《常州府志》卷三《祥異》）

水，免租一萬三千三百三十三石有奇。（道光《江陰縣志》卷八《祥異》）

夏，淮水溢，高至大聖寺佛座。（光緒《盱眙縣志稿》卷一四《祥祲》）

江南北大水，免徵被灾州縣糧草有差。（光緒《通州直隸州志》卷四《蠲卹》）

溢鳳陽。（《明史·河渠志》，第 2120 頁）

旱。（乾隆《歷城縣志》卷二《總紀》；道光《灌陽縣志》卷二〇《事紀》；光緒《臨朐縣志》卷一〇《大事表》）

陰雨彌月，水傷麥禾。（光緒《蘭谿縣志》卷八《祥異》）

秋，雨風潮，歲祲。（光緒《靖江縣志》卷八《祲祥》）

秋，安陸大水。（道光《安陸縣志》卷一四《祥異》）

秋，大水害稼。（康熙《應山縣志》卷二《兵荒》；康熙《德安安陸郡縣志》卷八《災異》；光緒《咸甯縣志》卷八《災祥》；光緒《咸甯縣志》卷八《災祥》）

自春迄夏不雨，田疇為之乾坼，而桑麻為之痿瘁，水之素積者，禾僅半插，民情惶惶，莫知所措。（乾隆《富順縣志》卷三《壇廟》）

夏，甘肅諸府衛夏旱。（光緒《甘肅新通志》卷二《附祥異》）

夏，濟南、青州、登州旱。（民國《山東通志》卷一〇《通紀》）

夏，旱，無麥。（道光《濟南府志》卷二〇《災祥》）

夏，各屬旱。（光緒《登州府志》卷二三《水旱豐饑》）

夏，淮水溢，自北門至，入城，水勢高至大聖寺佛座，比于正統丁巳差小云。（嘉靖《泗志備遺》卷中《災患》）

夏，大水入城，東門内小舟可通。（嘉慶《内江縣志》卷五二《祥異》）

夏，大水，資陽、内江以城内可通舟。（光緒《資州直隸州志》卷三〇《祥異》）

平陰復蝗。（乾隆《泰安府志》卷二九《祥異》）

杭州、嘉興、湖州、寧波、紹興、金華、處州四、五月陰雨連綿，江河泛溢，麥禾俱傷。（雍正《浙江通志》卷一〇九《祥異》）

安慶、南陽雨，自五月至七月，淹禾苗。（《明史・五行志》，第473頁）

沙河水溢，民舍多没之，河東馬頭一空。始移河西立焉。（順治《潁上縣志》卷一一《災祥》）

大水，免征糧草。（嘉慶《太平縣志》卷一《蠲賑》）

大水，免徵粮草。（嘉慶《寧國府志》卷一六《邺政》；嘉慶《旌德縣志》卷五《蠲賑》）

大旱，（李）太清設壇虔禱，兩謁邑之升澤廟，忽有神物現形，頃刻雨降。太清以未普霑足，復竭誠祈求，遂致大雨，歲豐收。（道光《富順縣志》卷八《職官》）

大水入城，至萬壽寺墀内，今臺傍有水至迹，市中小舟通行。（乾隆《富順縣志》卷五《祥異》）

秋，江南北大水，免徵被災州縣糧草有差。（道光《上元縣志》卷八《蠲免》）

秋，大水。（嘉靖《随志》卷上）

四年、五年俱大水。（康熙《孝感縣志》卷一四《祥異》）

天順五年（辛巳，一四六一）

正月

丁未，太白晝見於巳位。（《明英宗實録》卷三二四，第6703頁）

己酉，月入犯畢宿右股第三星。（《明英宗實録》卷三二四，第6704頁）

乙卯，巳時，日生左右珥，赤黄色鮮明，至午漸散。（《明英宗實録》卷三二四，第6705頁）

戊午，夜，曉刻，火星退入太微垣。（《明英宗實録》卷三二四，第6706頁）

己未，夜，月犯亢宿南第二星。（《明英宗實録》卷三二四，第6706頁）

壬戌，户部奏："去年山東、河南并應天、順天、南北直隸等處地方多生蝗蝻。今春農事將興，宜預處置。乞令巡撫都御史、提督、都布按三司、府州衛衙門委官於該管地方巡視，若有生發，即為撲滅，毋貽民患。"從之。（《明英宗實録》卷三二四，第6707頁）

二月

己卯，免山東濟南、萊州、青州、登州、東昌、兖州六府所屬州縣去年被災無徵糧二十四萬餘石，馬草三十四萬餘束。（《明英宗實録》卷三二五，第6714頁）

己卯，河南左布政使侯臣奏："開封府所屬州縣去年雨水，田禾無收，人民艱食，恐流移失所，乞於各州縣預備倉給粮驗口賑濟。若有不給，或於存留糧給散，或設法勸借，候今年秋成償官。"（《明英宗實録》卷三二五，第6714頁）

壬午，免直隸廣平府所屬肥鄉等六縣去年被災無徵糧一萬三千一百餘石，穀草二十四萬四千餘束。（《明英宗實録》卷三二五，第6715頁）

壬午，申時，日生暈，上生背氣一道，及左右珥，各色淡，俱至酉時雲遮。（《明英宗實録》卷三二五，第6716頁）

丁酉，漕運總兵官右都督徐恭奏："淮安、大河二衛地方去夏水澇，今春大雪，屯軍無月糧關支，饑寒迫切，欲行淮安府將原勸借米麥，如數給濟，候豐年償官。"（《明英宗實録》卷三二五，第6720～6721頁）

閏二月

雨雹大如斗。（咸豐《瓊山縣志》卷二九《雜志》）

三月

癸卯，夜二鼓，有星大如雞彈，色赤，尾跡有光，起紫微西藩内，東行至織女星。(《明英宗實録》卷三二六，第6724頁)

甲辰，夜，有流星大如杯，色青白，出天乳，東北行至天市垣宦者星，三小星隨之。(《明英宗實録》卷三二六，第6725頁)

辛亥，夜，月犯内屏西南星。(《明英宗實録》卷三二六，第6726頁)

壬子，免直隸蘇、松、常、鎮四府屬縣并衛所去年被災無徵糧五十三萬餘石，草三十萬四千餘包，子粒一萬一千餘石。(《明英宗實録》卷三二六，第6726頁)

癸亥，昏刻，火星犯太微垣右執法星。(《明英宗實録》卷三二六，第6732頁)

丁卯，夜，木星退犯房宿上星。(《明英宗實録》卷三二六，第6734頁)

丁卯，昏刻，南方上有火影，下有火脚。是夜，南京朝天宫災。(《明英宗實録》卷三二六，第6734頁)

南畿連月旱，傷稼。(光緒《金陵通紀》卷一〇上)

丁卯，南京朝天宫災，南畿連月旱，傷稼。(同治《上江兩縣志》卷二下《大事下》)

丁卯，南京朝天宫火，南畿連月旱，傷稼。(民國《首都志》卷一六《歷代大事表》)

四月

癸未，免直隸真定府所屬八州縣去歲水渰地畝秋粮，米六千九百八石，草一十萬一千五百四十餘束。(《明英宗實録》卷三二七，第6739頁)

癸未，夜曉刻，有流星大如雞彈，色青白，有光，出北斗魁，北行至雲中。(《明英宗實録》卷三二七，第6740頁)

庚寅，申時，日生暈，上生背氣一道，各色淡，背氣先散，暈至酉時漸散。(《明英宗實録》卷三二七，第6744頁)

辛卯，陝西布政司奏："西安府三十三州縣地方自去年雨水連綿，秋成失望，人民缺食，至冬無雪。今年春又無雨，二麥不遂發生。況瘟疫大行，人多死亡，乞遣官致祭境内西嶽等神。"（《明英宗實録》卷三二七，第6744頁）

五月

丁未，免河南布政司開封、汝寧、懷慶、彰德、河南、南陽六府所屬五十州縣去年被災田地秋糧二十六萬七千九百一十三石有奇，草三十四萬四千三百餘束，河南都司所屬衛所屯田子粒一萬一百八十餘石。（《明英宗實録》卷三二八，第6754頁）

辛亥，夜，東方有星大如盞，色青白，尾跡有光，起河鼓，東北行至近濁。（《明英宗實録》卷三二八，第6756頁）

甲寅，夜，月食。（《明英宗實録》卷三二八，第6756頁）

辛酉，免江西南康、饒州、九江、南昌四府并南昌等衛所去年被災秋糧子粒五萬一千三百六十餘石。（《明英宗實録》卷三二八，第6757～6758頁）

颶風，洪水發，漂人畜。（康熙《漳浦縣志》卷四《災祥》）

戊午，夜，大風雨，墜石拔木，洪水泛溢，漂人畜甚衆，東門内外譙樓皆圮。（乾隆《龍溪縣志》卷二〇《祥異》）

大風雨，洪汛，漂溺人畜。（嘉慶《雲霄廳志》卷一九《災祥》）

淫雨傷苗。（萬曆《會稽縣志》卷八《災異》）

會稽霪雨傷苗。（萬曆《紹興府志》卷一三《災祥》）

戊午，夜，風雨大作，墜石拔木，洪水汎溢，漂人畜甚眾，東門内外譙樓皆圮。龍溪縣鴻山崩，松木隨陷。（萬曆《漳州府志》卷一二《災祥》）

江南北大水。（萬曆《應天府志》卷三《郡紀下》）

大水。（萬曆《江浦縣志》卷一《縣紀》）

六月

辛未，免浙江布政司所屬杭、湖、嘉興、寧波四府去年被災田糧七萬三

千五百七十三石有奇，草一萬五千四百包。(《明英宗實録》卷三二九，第6763頁)

辛未，夜，有流星大如雞彈，色赤有光，出東北雲中，西行至紫微西藩。(《明英宗實録》卷三二九，第6763頁)

乙酉，日生暈，上生背氣，右生珥，色俱淡，背氣先散，暈、珥良久雲蔽。(《明英宗實録》卷三二九，第6769~6770頁)

壬辰，夜，天市垣宗正星旁有異星見，色粉白；至乙未夜，化為白氣而消。(《明英宗實録》卷三二九，第6773頁)

戊戌，夜，彗星見東方，光芒長三尺餘，尾指西南。(《明英宗實録》卷三二九，第6775頁)

不雨，田疇龜坼，苗日就槁，民心皇皇，若將無以為命，予甚閔之。廼於是月廿有五日甲午，率僚屬禱於城隍之神。越明日乙未，天乃雨，丙申又雨，丁酉大雨如注，遠邇霑足，槁者復蘇，民大悦，歡聲載道，皆曰神之賜也。(嘉慶《合肥縣志》卷三二《集文》)

大雷電以風，溪澗之流溢車（疑當作“東”）門橋，五間去其四。龍津又甚，兩間殆盡。(弘治《興化府志》卷三〇《禮紀》)

霖雨，黄河漲。七月初四日，決汴梁土城，至初六日，復決磚城北門，城中水深丈餘，官舍民居一空……死者無算……九月，雨彌旬，河溢，開封、南陽、懷慶、衛輝、汝寧六府，宣武、河南、睢陽三衛漂居民田舍。(雍正《河南通志》卷一四《河防》)

彗星見。(道光《永州府志》卷一七《事紀畧》)

七月

己亥，是日夕，東方有黑氣起，須臾蔽天。(《明英宗實録》卷三三〇，第6777頁)

庚子，夜曉刻，彗星在井四度，光芒長一尺餘，尾指西南。(《明英宗實録》卷三三〇，第6783頁)

丙午，夜曉刻，彗星仍見井宿，至丙寅夜始滅。(《明英宗實録》卷三

三〇，第 6785 頁）

丁未，蠲應天并直隸太平、池州、安慶、寧國、鳳陽、淮安、揚州、廬州諸府，南京錦衣等衛，滁、和、徐三州去年被災税糧子粒米麥五十九萬七千七百石有奇，草八十五萬九千五百包有奇。（《明英宗實録》卷三三〇，第 6785 頁）

辛亥，浙江嚴州府奏："今夏多雨，蠶絲少收，民間該輸絹帛，乞每匹折收白金五錢。"從之。（《明英宗實録》卷三三〇，第 6791 頁）

乙卯，木星晝見於未位。（《明英宗實録》卷三三〇，第 6793 頁）

丁巳，巡按河南監察御史陳璧同都布按三司奏："自六月終霖雨，黄河溢漲。七月初四日，决汴梁土城。當時築塞磚城五門以備。至初六日，磚城北門亦决，城中稍低之處，水深丈餘，官舍民居漂没過半，公帑私積，蕩然一空，周府宫眷并臣等各乘舟筏避于城外高處。速召隣近州縣官，多率舟筏，赴城救濟軍民，然死者已不可勝紀。許州、襄城縣亦奏水决城門，渰没官民廬舍，死者甚衆。"（《明英宗實録》卷三三〇，第 6794 頁）

庚申，命修蠡縣城，以被水坍壞也。（《明英宗實録》卷三三〇，第 6797 頁）

庚申，夜，月犯畢宿。（《明英宗實録》卷三三〇，第 6797 頁）

壬戌，夜，月犯井宿鉞星，尋又犯井西北第一星。（《明英宗實録》卷三三〇，第 6798 頁）

乙丑，命工部侍郎霍瑄督修京城為雨所壞者。（《明英宗實録》卷三三〇，第 6798 頁）

乙丑，順天府霸州、浙江紹興府各奏："六月間雨澇傷禾。"陝西西安、延安諸府衛各奏："今夏亢旱，二麥不收。"事下户部覆視以聞。（《明英宗實録》卷三三〇，第 6798 頁）

海溢崑山，人溺死甚衆。（光緒《蘇州府志》卷一四三《祥異》）

（康熙《吴縣志》卷二《祥異》）

崇明、嘉定、崑山、上海海潮衝决，溺死萬二千五百餘人。（嘉慶《松江府志》卷八〇《祥異》）

風雨大作，平地潮湧丈餘，没死者甚衆。（萬曆《嘉定縣志》卷一七

《祥異》）

大風雨，太湖溢，漂没民居，死者甚眾。浙江大水。（同治《湖州府志》卷四四《祥異》）

浙江大水。（乾隆《杭州府志》卷五六《祥異》）

蘭州河水大漲。（萬曆《臨洮府志》卷二二《祥異録》）

南山崩，大夏河水數日不流。（嘉靖《河州志》卷一《災異》）

五日，夜，海濱風雨大作，潮湧尋丈，漂没廬舍。（乾隆《江南通志》卷一九七《機祥》）

大風雨，湖溢，漂没民廬，死者甚衆。（崇禎《吴縣志》卷一一《祥異》；康熙《吴縣志》卷二《祥異》）

五日，夜，大風雨，崇明、正定海潮衝决，溺死甚眾。（嘉慶《直隸太倉州志》卷五八《祥異》）

風雨大作，潮湧丈餘，漂没千餘人，壯者攀樹避溺，群蛇潮湧，觸樹亦緣木上升。（康熙《常熟縣志》卷一《祥異》）

十五，夜，風雨大作，潮湧尋丈，漂没廬舍。沿海死者四千餘人，并嘉定、崑山、上海，共溺死一萬二千五百餘人。（光緒《崇明縣志》卷五《祲祥》）

六年春二月，作石閘成。吕原有記，其略曰：……天順五年秋七月四日，客水暴至，河溢踰防，土城遂决。越六日，風激浪擁，突北門以入，平地水深丈餘。王府及官衛、儒黌、廬井、市廛無慮數萬區，盡浸没摧圮，力能結筏者，僅以身免，而老弱者往往溺死。（康熙《河南通志》卷九《河防》）

八月

癸酉，夜，木星犯鈎鈐星，月犯罰星。（《明英宗實録》卷三三一，第6803頁）

乙亥，曉刻，老人星見於丙位。（《明英宗實録》卷三三一，第6804頁）

甲申，夜，有流星大如雞彈，色青白，尾跡有光，出華蓋，北行至文昌星。（《明英宗實録》卷三三一，第6809頁）

九月

庚子，夜，有流星大如杯，色青白，有光燭地，出危宿，東南（广本作“北”）行至北落師門，化蒼白雲，長丈餘，屈曲南行。（《明英宗實録》卷三三二，第6813頁）

癸卯，夜，有二流星，一大如椀，色青白，起畢宿，東行至參宿，三小星隨之。一大如雞彈，色赤有光，起紫微東藩内，行丈餘，發光大如杯，光明燭地，東南至天苑，尾跡炸散，五小星隨之。（《明英宗實録》卷三三二，第6814頁）

戊申，夜，有流星大如雞彈，色青白，起参宿，行杖〔丈〕餘，發光大如杯，東南行至弧矢，二小星隨之。（《明英宗實録》卷三三二，第6815～6816頁）

壬子，巡按河南監察御史奏：“開封、南陽、河南、懷慶、衛輝、汝寧、彰德七府，宣武、河南、睢陽三衛，六月以來，驟雨彌旬，河水泛溢，漂流民居，渰没穀豆，糧草子粒無徵。”上命户部覆實以聞。（《明英宗實録》卷三三二，第6816頁）

壬子，夜，大雷雨。（《明英宗實録》卷三三二，第6816頁）

乙卯，巡按直隸監察御史袁愷奏：“蘇州府崇明、嘉定、崐山縣，松江府上海縣，七月中暴風驟雨，海潮衝溢，漂没民居倉廪無算，人溺死者一萬二千五百三十餘口。”（《明英宗實録》卷三三二，第6817頁）

丁巳，夜，月犯井宿東北第二星。（《明英宗實録》卷三三二，第6817頁）

戊午，夜，有流星大如杯，色青白，光燭地，起文昌西，北衝入鈎陳，尾跡後散。（《明英宗實録》卷三三二，第6818頁）

壬戌，巳時，地震，有聲起自西南方，至東南方止。（《明英宗實録》卷三三二，第6820頁）

甲子，是月，直隸揚州、淮安、廬州、真定、河間、廣平，山東登州、濟南、青州等府，并山東濟寧、東昌、鼇山、成山、莱州等衛，東平、寧津等守禦千户所各奏："六月中暴雨。"應天府直隸、鎮江、鳳陽、滁州等府州，并南京錦衣等衛、中都留守司，鳳陽中等衛各奏："六、七月，亢旱傷稼，糧草無徵。"（《明英宗實録》卷三三二，第6821~6822頁）

杭、嘉濱海諸縣潮大至，賑恤之。（乾隆《杭州府志》卷五一《郵政》）

雨彌旬，河溢，漂居民田舍。是年，河自武陟徙入原武，而北流之道絶。（乾隆《原武縣志》卷一〇《祥異》）

十月

丁卯朔，欽天監進天順六年大統曆，上御奉天殿受之，給賜親王及文武群臣頒行天下。故事頒曆在十一月朔，今以其日早日蝕，免朝，故移於是日。（《明英宗實録》卷三三三，第6823頁）

癸酉，卯刻，日生左珥，青赤色。申刻，生右珥，赤（廣本作"青"）黄色，俱鮮明，良久散。（《明英宗實録》卷三三三，第6827頁）

乙亥，昏刻，正西赤雲一道，長三丈餘，闊倍之，去地三丈，兩頭鋭，徐向西南行，良久方散。（《明英宗實録》卷三三三，第6827頁）

丁丑，月犯壘壁陣星。（《明英宗實録》卷三三三，第6827頁）

丙戌，夜，東南有星大如盞，色青白，有光，起自天苑，正南行至近濁。（《明英宗實録》卷三三三，第6830頁）

庚寅，夜，有流星大如杯，色青白，有光，起柳宿，西南行至游氣，後有二小星隨之。（《明英宗實録》卷三三三，第6831頁）

丙申，兩浙都轉運鹽使司奏："七月中，烈風猛雨，海潮泛溢下砂等四場，漂流公宇民居三千二百五十餘間，牛二百八十餘隻，溺死男婦二千三百一十餘口，其辦鹽工具什物喪失無算。"（《明英宗實録》卷三三二，第6835頁）

十一月

己亥，夜，月犯金星，在斗宿，光芒相接，土星、火星聚於牛宿。（《明英宗實録》卷三三四，第6837頁）

壬子，夜，月食。（《明英宗實録》卷三三四，第6840頁）

丁巳，直隷揚州府奏：“所屬海門等縣今年春夏旱傷。七月以來，江潮泛溢，淹没田禾。”事下户部覆視之。（《明英宗實録》卷三三四，第6840頁）

甲子，夜，金火二星合於虚度。（《明英宗實録》卷三三四，第6842頁）

甲子，太白、熒惑合於虚。（道光《東阿縣志》卷二三《祥異》）

十二月

丁卯，夜，月犯井宿鉞星。（《明英宗實録》卷三三五，第6846頁）

癸酉，停免直隷蘇州、松江二府所屬今年被災田地秋糧七萬九千七百八十餘石，馬草四萬一千四百八十餘包。（《明英宗實録》卷三三五，第6848頁）

己卯，夜，月犯井宿西北第一星。（《明英宗實録》卷三三五，第6849頁）

丁亥，日生左右珥、背氣，色黄赤。（《明英宗實録》卷三三五，第6851頁）

辛卯，停免山東青州、萊州二府今年被災秋糧一十萬六千九十餘石，馬草一十六萬七千三百餘束。（《明英宗實録》卷三三五，第6858頁）

癸巳，金星晝見未位。（《明英宗實録》卷三三五，第6858頁）

乙未，夜，西方有星大如盞，色青白，有光，起自軒轅，正西行至近濁。（《明英宗實録》卷三三五，第6858～6859頁）

雷鳴，鄉市大疫。（正德《瑞州府志》卷一一《災祥》）

是年

夏，大雨，水溢。（康熙《德安安陸郡縣志》卷八《災異》；道光《安陸縣志》卷一四《祥異》；光緒《咸甯縣志》卷八《災祥》）

夏，旱蝗。（光緒《餘姚縣志》卷七《祥異》）

俱大水。（光緒《孝感縣志》卷七《災祥》）

海溢，死者無算。（同治《上海縣志》卷三〇《祥異》）

大旱，蟲食苗，大疫。（光緒《興寧縣志》卷一八《災祲》）

大旱。（民國《新登縣志》卷二〇《祥異》）

黄河泛漲，决塌縣城，民田盡没。（正德《中牟縣志》卷一《祥異》）

伊水溢，漂民廬舍数百家，人畜死者甚眾。（乾隆《嵩縣志》卷六《祥異附》）

自春至秋，邑境外旱蝗，水溢相繼，獨境内雨暘時若。（嘉慶《長垣縣志》卷一六《金石》）

夏，大水。（嘉靖《随志》卷上）

連月旱，傷稼。（光緒《溧水縣志》卷一《庶徵》）

郡被水災，即以上聞，减夏税之半。（萬曆《嚴州府志》卷一〇《治行》）

諸屬旱，蝗。（康熙《廬州府志》卷三《祥異》）

河决大梁，邑被水。（乾隆《扶溝縣志》卷七《災祥》）

河溢被患。（嘉靖《太康縣志》卷四《五行》）

大水，汝、潁合流，廬舍漂没。（萬曆《襄城縣志》卷七《災異》）

荒旱。（萬曆《南陽府志》卷一八《孝義》）

大水。（同治《黄陂縣志》卷一《祥異》）

大旱，饑。知縣吴中勸賑，捐錢至七千以上者五十人。盧祥碑曰：……辛巳之夏，陽德愆候，洚水為灾，廣之屬郡大無麥禾，東莞境内被災尤甚，民艱於食，羸備不支，幾為餓莩。（雍正《東莞縣志》卷一〇《荒政》）

蒼梧大水。（乾隆《梧州府志》卷二四《禨祥》）

天順六年（壬午，一四六二）

正月

乙亥，日生左右直氣，色青赤鮮明。（《明英宗實録》卷三三六，第6861頁）

丁未，夜，月犯井宿東北第二星。（《明英宗實録》卷三三六，第6864頁）

癸丑，夜，有流星大如彈，色赤，出北斗魁，北行至天槍〔倉〕星。（《明英宗實録》卷三三六，第6871頁）

庚申，卯時，日生暈，隨生左右珥，上生背氣一道，各色淡，俱至午雲遮。（《明英宗實録》卷三三六，第6875頁）

至夏六月不雨，禾盡槁。有司以聞，命户部遣官覆視。（同治《清豐縣志》卷二《編年》）

二月

丙寅，夜，東方有星大如盞，色青白，尾跡有光，起自軒轅，東北行至北斗杓没。（《明英宗實録》卷三三七，第6877頁）

癸酉，夜，有流星大如雞彈，色赤有光，出北斗魁，西北入鈎陳星。（《明英宗實録》卷三三七，第6881頁）

己卯，夜，月犯内屏西南星。（《明英宗實録》卷三三七，第6882頁）

庚寅，夜，有流星大如杯，色青白，出軒轅，北行至柳宿。（《明英宗實録》卷三三七，第6886頁）

三月

丙申，夜，一鼓，東方有星大如雞彈，色青白，有光，起自右攝提，東行至天市西垣内。（《明英宗實録》卷三三八，第6889頁）

己亥，夜，月犯畢宿右股第一星。（《明英宗實録》卷三三八，第6889頁）

庚子，夜，月犯六諸王東第二星。（《明英宗實録》卷三三八，第6889頁）

壬子，夜，南方有星大如盞，色青白，尾跡有光，起自軫宿，西（抱本無“西”字）南行至近濁。（《明英宗實録》卷三三八，第6892頁）

丁巳，夜，有流星大如杯，色青白，出氐宿，西南行至游氣。（《明英宗實録》卷三三八，第6893～6894頁）

乙丑，夜，有流星大如雞彈，色赤，出太微東垣，西行至翼宿。（《明

英宗實録》卷三三八，第6896頁）

四月

壬申，停免河南開封府等五府所屬四十州縣去年被災田地秋糧二十八萬四千一百六十餘石，馬草三十六萬一千三百四十餘束，宣武等五衛屯田子粒二千六百八十餘石。（《明英宗實録》卷三三九，第6898頁）

己卯，夜，月犯東咸第二星。（《明英宗實録》卷三三九，第6901頁）

庚辰，夜，月犯天江星。（《明英宗實録》卷三三九，第6901頁）

戊子，夜，東方有星大如盞，色青白，有光，起自大角，發光如碗大，光明照地，東南行至近濁。（《明英宗實録》卷三三九，第6903頁）

旱。（嘉慶《昌樂縣志》卷一《總紀》）

大城大水，壞屋溺人。（光緒《順天府志》卷六九《祥異》）

五月

己亥，夜，有流星大如彈，色赤有光，出天棓，東北行至文昌星。（《明英宗實録》卷三四〇，第6907～6908頁）

甲辰，夜，月犯亢宿南（廣本無“南”字）第二星。（《明英宗實録》卷三四〇，第6909頁）

己酉，是日，昏霧四塞。（《明英宗實録》卷三四〇，第6910頁）

甲寅，巡按浙江監察御史張鰲奏：“去年七月中，浙江大水，運司所屬下沙等場渰没塩共六萬二百四十餘引，請蠲其課。”從之。（《明英宗實録》卷三四〇，第6913頁）

丙辰，夜，月犯壘壁〔壁〕陣星。（《明英宗實録》卷三四〇，第6914頁）

戊午，是夜，南京雷震，天地壇、北天門吻獸墮地。（《明英宗實録》卷三四〇，第6914頁）

乙未，免陝西西安等府衛所屬去年被災秋糧二十三萬九千一百六十餘石。（《明英宗實録》卷三四〇，第6914頁）

大水，信豐漂没民居，溺死甚眾。（康熙《贛州府志》卷六一《祥異》）

六月

丙寅，夜，客星見于策星旁，色蒼白。（《明英宗實録》卷三四一，第6917頁）

己巳，巡撫山東左副都御史賈銓奏：“五月初，兖州府所屬州縣蝗生。”（《明英宗實録》卷三四一，第6918頁）

己巳，夜，客星入紫微垣内。（《明英宗實録》卷三四一，第6918頁）

乙亥，夜，客星入犯天牢星。（《明英宗實録》卷三四一，第6921頁）

己卯，夜，東方有星大如盞，色赤，尾跡有光，起自天津，正北行至閣道没。（《明英宗實録》卷三四一，第6922～6923頁）

癸未，夜，客星居中台星下，形漸微。（《明英宗實録》卷三四一，第6924～6925頁）

戊子，夜，有流星大如杯（廣本作“盞”），色青白，有光燭地，出天弁（廣本作“井”），至天市西垣内，三小星随之。月犯畢宿。（《明英宗實録》卷三四一，第6926頁）

己丑，金星晝見於辰位。（《明英宗實録》卷三四一，第6926頁）

七月

乙未，夜，東方有星大如盞，色青白，尾跡有光，起自室宿，東南行至近濁。（《明英宗實録》卷三四二，第6933頁）

丙午，久雨，壞大喜峯口等關城，命鎮守薊州、永平、山海等處總兵等官修築之。（《明英宗實録》卷三四二，第6939頁）

丙午，夜曉刻，火星入鬼宿。（《明英宗實録》卷三四二，第6939頁）

戊申，夜，有流星大如椀，色青白，有光燭地，出天苑，北行入參宿，十餘小星随之。（《明英宗實録》卷三四二，第6939頁）

八月

癸亥朔，巡撫兩廣右僉都御史葉盛、巡按廣東監察御史李曰良各奏：

"今歲五月以来，廣州等府、東莞等縣俱大雨水，傷害禾稼，百姓艱窘。"（《明英宗實録》卷三四三，第6945頁）

己巳，辰刻，金星見于巳位。酉刻，木星見于巳位。（《明英宗實録》卷三四三，第6946頁）

癸酉，夜，有流星大如杯，色青白，出娄宿，北行入雲中，四小星随之。（《明英宗實録》卷三四三，第6946頁）

戊寅，巡按直隸監察御史李益奏："今歲七月，淮安府界海水大溢，渰消新興等場官塩一十六萬五千二百三十餘引，溺死塩丁一千三百七十餘丁，官舡牛畜蕩没殆盡。"（《明英宗實録》卷三四三，第6947～6948頁）

九月

壬辰，日暈，色黄赤鮮明。（《明英宗實録》卷三四四，第6955頁）

甲午，曉刻，金火星合于張宿。（《明英宗實録》卷三四四，第6956頁）

乙未，夜，金星犯軒轅左角星。（《明英宗實録》卷三四四，第6957頁）

戊戌，大雷雨。（《明英宗實録》卷三四四，第6959頁）

戊戌，夜，東方有星大如盞，色青白，有光，起自北河，東北行至軒轅没。（《明英宗實録》卷三四四，第6959頁）

癸卯，夜，有流星大如杯，色青白，出危宿，北行至近濁，三小星随之。（《明英宗實録》卷三四四，第6960頁）

乙丑，夜三鼓，天無雲，而西北方有聲如雷。（《明英宗實録》卷三四四，第6960頁）

庚戌，夜，月犯畢宿右股第一星。（《明英宗實録》卷三四四，第6963頁）

辛亥，夜，月犯六諸王東第二星，尋犯第一星。（《明英宗實録》卷三四四，第6963頁）

乙卯，夜二鼓，有流星大如雞彈，色赤，出羽林軍，行丈餘，發光如

杯，南行至近濁，三小星隨之。（《明英宗實録》卷三四四，第 6967 頁）

乙卯，曉刻，火星犯太微垣上將星。（《明英宗實録》卷三四四，第 6967 頁）

己未，曉刻，金星犯太微垣左執法星。（《明英宗實録》卷三四四，第 6970 頁）

十月

壬戌，南京欽天监五官保章正时鍾（廣本作“鐘”）等三十三人坐失奏六月客星見。械赴錦衣衛獄，既而宥罪還職。（《明英宗實録》卷三四五，第 6971 頁）

壬戌，夜，北方有星大如雞彈，色青白，尾跡有光，起自天船，正西行至天棓星没。（《明英宗實録》卷三四五，第 6972 頁）

己巳，夜五鼓，金星犯進賢星。（《明英宗實録》卷三四五，第 6974 頁）

庚午，夜，有流星二，俱大如雞彈。一色青白，出北河，東北行抵中台。一色赤，出畢宿，西南行至弧矢星，二小星隨之。（《明英宗實録》卷三四五，第 6975 頁）

甲戌，周王子堕奏：“七月初六日，河水溢入城，壞宫室物産，其宗支底册亦淪没無存。”（《明英宗實録》卷三四五，第 6976 頁）

丙子，晝，太陽色赤如血，薄暮，太陰色赤。（《明英宗實録》卷三四五，第 6977 頁）

丁亥，夜，有流星大如杯，色赤，有光燭地，出參宿，東南行至近濁，三小星隨之。（《明英宗實録》卷三四五，第 6979 頁）

十一月

癸巳，夜，東方有星大如雞彈，色赤有光，起自婁宿，東南行至近濁。（《明英宗實録》卷三四六，第 6981 頁）

丙午，夜曉刻，火星犯進賢星。（《明英宗實録》卷三四六，第 6984～

6985 頁）

戊午，日生背氣，色青赤，右珥，色赤黄。（《明英宗實録》卷三四六，第 6988 頁）

十二月

丁卯，夜，有流星大如杯，色青白，出参旗，西北行至天廪星。（《明英宗實録》卷三四七，第 6993 頁）

戊辰，内閣臣言："河南乃中原重地，近年以来水旱相仍，軍民饑窘，况黄河泛漲，衝開城堤，渰没人民，至今水患未息，宜用人提督修理。今副都御史賈銓巡撫山東事情已寧，宜令其兼撫河南。"上從之。（《明英宗實録》卷三四七，第 6994 頁）

戊寅，夜，有流星大如杯，色赤，有光燭地，出文昌，西北行至紫微東藩内，三小星隨之。（《明英宗實録》卷三四七，第 6999 頁）

壬午，申刻，日生暈，隨生左右珥，各色淡，日上生背氣一道，色青赤鮮明，背氣先散，暈、珥俱至酉時雲遮。（《明英宗實録》卷三四七，第 7000 頁）

庚寅，夜，有流星大如杯，色青白，有光燭地，出井宿，西北行至五車星。（《明英宗實録》卷三四七，第 7005 頁）

是年

大水。（康熙《陽江縣志》卷三《縣事紀》；民國《恩平縣志》卷一三《紀事》）

大名府境春夏旱，自正月至六月不雨，禾盡槁死。有司以聞，上命户部遣官覆視。（民國《大名縣志》卷二六《祥異》）

大旱，是歲饑。（道光《定南廳志》卷六《祥異》；光緒《龍南縣志》卷一《禨祥》）

螟蝗。（民國《新登縣志》卷二〇《祥異》）

大旱，運河竭。（天啟《平湖縣志》卷一八《災祥》）

冬，無雪。（乾隆《平原縣志》卷九《災祥》；民國《青縣志》卷一三《祥異》；民國《無棣縣志》卷一六《祥異》）

新城螟蝗。（民國《杭州府志》卷八四《祥異》）

春，大水，其年大饑。（康熙《玉田縣志》卷八《祥眚》）

春，大雨，秋饑。（康熙《遵化州志》卷二《災異》）

水。（崇禎《吴縣志》卷一一《祥異》）

蝗。（萬曆《舒城縣志》卷一〇《祥異》；康熙《安慶府志》卷六《祥異》；康熙《合肥縣志》卷二《祥異》；乾隆《銅陵縣志》卷一三《祥異》；道光《新會縣志》卷一四《祥異》；同治《太湖縣志》卷四六《祥異》）

河自武陟徙入原武，而獲嘉之流塞。（乾隆《重修懷慶府志》卷六《河渠》）

河南大水，汴梁尤甚。（成化《河南總志》卷二《祥異》）

河自武陟東徙入原武。（乾隆《原武縣志》卷五《河防》）

歲屢旱。（民國《光山縣志約稿》卷二《名宦》）

天旱。（康熙《永州府志》卷一七《人物》）

水漲入城，學宫傾圮。（乾隆《河源縣志》卷一二《紀事》）

大水。（乾隆《恩平縣志》卷三《災祥》）

大水，潦水暴漲旬日，壞官民房屋，溺人畜，冲陷民田地。（康熙《陽春縣志》卷一五《祥異》）

天旱而民饑，群盗四發，百姓惶惶，如膏火中出。（道光《慶遠府志》卷五《城池》）

大旱，斛米千錢。（崇禎《廉州府志》卷一《歷年紀》）

秋，蟲。（康熙《安慶府潛山縣志》卷一《祥異》）

秋，螽，其飛蔽天，其墮滿地，彌月乃止。（道光《桐城續修縣志》卷二三《祥異》）

秋，螽甚，害稼，彌月乃止。（順治《新修望江縣志》卷九《災異》）

秋，蟲害稼，已甚。（康熙《宿松縣志》卷三《祥異》）

冬，無雪。（道光《新城縣志》卷一五《祥異》）

冬，直隸、山東、河南皆無雪。(《明史·五行志》，第459頁)

六年水，七年、八年如之。(乾隆《吴江縣志》卷四〇《災變》)

天順七年（癸未，一四六三）

正月

甲午，夜，有流星大如盃，色青白，有光，出角宿，行丈餘，發光如椀大，東南行至騎官星。(《明英宗實録》卷三四八，第7007頁)

壬寅，上謂兵部臣曰："陝西、山西地旱，人民艱窘，朕甚憫焉，宜有以優卹之。"其召清軍監察御史還京。(《明英宗實録》卷三四八，第7007～7008頁)

壬寅，夜，月生連環暈，各濃厚鮮明，東北至於北斗，西南及於參宿，至四更（廣本作"鼓"）方散。(《明英宗實録》卷三四八，第7008頁)

丙午，日生背氣，青赤鮮明。(《明英宗實録》卷三四八，第7010頁)

丁未，夜，月犯内屏西南星。(《明英宗實録》卷三四八，第7010頁)

壬子，夜，有流星大如椀，出郎将，東南行至角宿，五小星随之。曉刻，火星入氐宿。(《明英宗實録》卷三四八，第7010～7011頁)

甲寅，夜，月犯南斗杓第二（廣本作作"三"）星。(《明英宗實録》卷三四八，第7013頁)

戊午，陝西延安府奏："去歲夏旱秋潦，麥禾俱（廣本作'多'）傷，租税無徵。"事下户部，令三司覆視以聞。(《明英宗實録》卷三四八，第7015頁)

不雨，至於四月。(光緒《臨朐縣志》卷一〇《大事表》)

甚寒，木多枯死，如石榴之類，無遺種。(乾隆《桐廬縣志》卷一六《災異》)

濟南、青州、東昌、衛輝，自正月不雨至於四月。(《明史·五行志》，

第 483 頁）

至於四月不雨。（乾隆《歷城縣志》卷二《總紀》）

二月

庚申朔，夜，木星犯牛宿下星。（《明英宗實録》卷三四九，第 7017 頁）

癸亥，夜昏刻，老人星見於丁位。（《明英宗實録》卷三四九，第 7020 頁）

丙寅，卯刻，雨黄霾，四方蔽塞，日晦無光。至未時，霾乃散。（《明英宗實録》卷三四九，第 7019 頁）

戊辰，是日，大風。至晚，試院火，舉人死者甚眾。翌日，禮部以聞。（《明英宗實録》卷三四九，第 7020 頁）

甲戌，蠲兩浙運司各場塩課一萬四千引有奇，以其被水故也。（《明英宗實録》卷三四九，第 7024 頁）

丁亥，夜，有流星大如盃，色赤，有光燭地，出軒轅北行至太陽守旁，五小星隨之。（《明英宗實録》卷三四九，第 7031 頁）

三月

己亥，是日，晝夜遊氣不開，天色慘白昏蒙。（《明英宗實録》卷三五〇，第 7035 頁）

己亥，夜，西方有星大如雞彈，色赤，尾跡有光，起自參宿，正西行至濁。（《明英宗實録》卷三五〇，第 7035 頁）

乙巳，木星晝見於巳位。（《明英宗實録》卷三五〇，第 7040 頁）

丁未，夜，有流星大如雞彈，色赤有光，出貫索，西南行至弧矢星。（《明英宗實録》卷三五〇，第 7040 頁）

戊申，巡撫山東、河南左副都御史賈銓奏："濟南等府連年蝗旱水灾，人民饑窘，其清理軍政，宜暫停止，庶蘇民困。"（《明英宗實録》卷三五〇，第 7041 頁）

乙卯，曉刻，月犯壘壁〔壁〕陣星。（《明英宗實録》卷三五〇，第 7043 頁）

壬寅，旱，詔行寬卹之政，停各處銀場。（《明史·英宗紀》，第159頁）

四月

辛酉，夜，火星退犯氐宿西南星。（《明英宗實録》卷三五一，第7046頁）

甲子，周王子堃奏："本府祭器袍服等件，因黄河泛漲，俱被渰没，乞造給。"從之。（《明英宗實録》卷三五一，第7047頁）

甲子，夜，北方有星大如雞彈，色青白，尾跡有光，起自天厨，西北行至近濁。（《明英宗實録》卷三五一，第7047頁）

庚午，巡撫甘肅右僉都御史吴琛奏："莊浪、涼州等衛所累因遭賊侵擾，兼連歲霜雹為災，軍民缺食者多。正軍月糧照例支給外，其貧難土民，并正軍户内家口自今年三月至四月終止，每大口給米三斗，小口給一斗五升養贍，秋成償官。"從之。（《明英宗實録》卷三五一，第7050頁）

壬申，夜，月犯亢宿南第二星。（《明英宗實録》卷三五一，第7052頁）

癸未，巡撫陝西右副都御史王槩奏："西安等六府連年灾傷，軍民饑饉，流離死亡甚多。"除令所司勘實生存貧病者驗口賑給外，其死亡流移者，具数以聞。（《明英宗實録》卷三五一，第7054頁）

癸未，日色赤如血。（《明英宗實録》卷三五一，第7054～7055頁）

乙酉，日色變白。（《明英宗實録》卷三五一，第7055頁）

五月

己丑，朔，日食。（《明英宗實録》卷三五二，第7057頁）

丙申，天鳴聲如瀉水。（《明英宗實録》卷三五二，第7059頁）

戊戌，直隸保定、真定、河間、大名、廣平、順德，山東濟南、青州、東昌，河南衛輝等府，并山東東昌、青州等衛俱奏："去年亢旱，至冬無雪。今年自正月至四月不雨，二麥槁死，秋田不能下種，税糧無所從出。"（《明英宗實録》卷三五二，第7059～7060頁）

壬寅，致書襄陵王冲烌曰："近得韓王奏稱叔祖天性至孝，奉生母季氏服勞盡誠，始終不渝。今年三月初五日，祭掃母墓，哀痛若初喪，躬負土培墓。先是，連雨雪，是日乃霽，至終事，雪復作，朕甚嘉之。夫孝非誠無以致感格之速，非著無以敦風俗之勸，况宗室之懿四方，其訓是用。”作書以著叔祖行孝之誠，惟亮而貞之。（《明英宗實録》卷三五二，第7060頁）

久雨，腐二麥。（光緒《五河縣志》卷一九《祥異》）

淮安、鳳陽大雨，腐二麥。（光緒《盱眙縣志稿》卷一四《祥祲》）

大雨，腐二麥，廬舍漂没，民皆露宿。（光緒《荆州府志》卷七六《災異》）

徐州大雨，腐二麥。（同治《徐州府志》卷五下《祥異》；民國《銅山縣志》卷四《紀事表》）

淮、揚大雨，腐二麥。（光緒《增修甘泉縣志》卷一《祥異附》）

淮、鳳大雨，腐二麥。（道光《壽州志》卷三五《祥異》）

六月

壬戌，夜，有流星大如雞彈，色赤有光，出紫微西藩，東北行至五車星。（《明英宗實録》卷三五三，第7068頁）

戊辰，夜，有流星大如（廣本、抱本“如”下有“鷄”字）彈，色赤，出紫微東（抱本作“西”）藩，西北行至文昌星。（《明英宗實録》卷三五三，第7071頁）

壬午，申時，日生暈，隨生左右珥，上生背氣一道，各色（廣本“色”下有“淺”字）淡，良久漸散。（《明英宗實録》卷三五三，第7075頁）

七月

戊子，密雲縣大雨，山水驟漲，壞密雲衛軍器、文卷，房屋悉衝没，鎮守内官及巡按御史以聞，并劾其指揮等官不能防護罪。（《明英宗實録》卷三五四，第7077頁）

壬辰，夜，火星犯氐宿東南星。（《明英宗實録》卷三五四，第7078頁）

丁酉，夜，南方有星大如雞彈，色青白，尾跡有光，起自斗宿，正南行

至雲中没。（《明英宗實録》卷三五四，第7080頁）

庚戌，以陜西去歲水旱，命免其地畝秋糧子粒共九十一萬二百八十餘石，草六十五萬六千六百三十餘束。（《明英宗實録》卷三五四，第7085頁）

癸丑，夜，有流星大如雞彈，色赤有光，出建星，東南行至十二諸國，二小星隨之。（《明英宗實録》卷三五四，第7088頁）

甲寅，夜，火星入犯房宿北第二星。（《明英宗實録》卷三五四，第7088頁）

疾風暴雨，北溪洪水漲，平地深五丈，柳營江橋亭圮。（乾隆《龍溪縣志》卷二〇《祥異》）

閏七月

戊午，夜，土星退行，犯壘壁陣西第五星。（《明英宗實録》卷三五五，7092頁）

辛酉，命修淮安衛城，以久雨損壞故也。（《明英宗實録》卷三五五，第7095頁）

辛酉，金星晝見于未位。（《明英宗實録》卷三五五，第7095頁）

丙寅，夜，月掩南斗魁第四星。（《明英宗實録》卷三五五，第7098頁）

戊辰，修鳳陽衛土城及護城隍，以久雨淮水衝决故也。（《明英宗實録》卷三五五，第7099頁）

癸未，金星晝見于申位。（《明英宗實録》卷三五五，第7104頁）

八月

戊子，曉刻，老人星見于丙位。（《明英宗實録》卷三五六，第7105頁）

己丑，巡按直隷監察御史李綱奏："直隷淮安、鳳陽、揚州、徐州等府縣，五月間大雨，二麥甫收，多被浸浥，秋田（廣本作'苗'）復萎黄，百姓失望。"（《明英宗實録》卷三五六，第7106頁）

辛卯，夜，月犯東咸西第一星。（《明英宗實録》卷三五六，第7106頁）

乙巳，夜，火星犯南斗杓。（《明英宗實録》卷三五六，第7110頁）

庚戌，久雨，壞國子監碑亭。(《明英宗實録》卷三五六，第7111頁)

庚戌，夜，有流星大如雞彈，色赤，尾跡有光，出敗瓜，西北行至天市垣内，三小星随之。(《明英宗實録》卷三五六，第7111頁)

癸丑，夜，月犯内屏西南星。(《明英宗實録》卷三五六，第7112頁)

甲寅，昏刻，有流星大如杯，色赤有光，出河鼓，西南行至斗宿，五小星随之。(《明英宗實録》卷三五六，第7112頁)

水災，賑之。(乾隆《歷城縣志》卷二《總紀》)

九月

戊午，昏刻，西方有星大如雞彈，色赤有光，起自列肆星，正西行至近濁。(《明英宗實録》卷三五七，第7117頁)

辛酉，夜，月犯南斗魁第二星。(《明英宗實録》卷三五七，第7117頁)

己巳，夜，有流星大如雞彈，色青白，有光，出左旗，西北行至濁，二小星随之。(《明英宗實録》卷三五七，第7119頁)

癸酉，夜，月犯六諸王西第三星。(《明英宗實録》卷三五七，第7121頁)

丁丑，夜，金星犯南斗魁第□□（舊校補作“三星”)。(《明英宗實録》卷三五七，第7123頁)

甲申，巡撫湖廣左僉都御史王儉奏：“湖廣、長沙等府所屬州縣自五月以来不雨，禾皆槁死，秋糧無徵。”上命户部覆實除之。(《明英宗實録》卷三五七，第7125頁)

乙酉，巡按江西監察御史陸平奏：“九江府德化、彭澤二縣今年六月以来，天雨連綿，江水泛溢，邊江民田渰没無收，欲催秋糧，恐逼民逃竄，乞量為優免。”(《明英宗實録》卷三五七，第7126頁)

乙酉，夜，金星犯狗星上星。(《明英宗實録》卷三五七，第7126頁)

十月

丙戌，户部奏：“南京錦衣等衛糧船泊于張家灣河下，忽被山水泛溢，漂流糧米通計二千九百餘石，其旗軍無力完納，請容其明年如數陪納。”從

之。(《明英宗實録》卷三五八，第 7127 頁)

丁亥，巡撫湖廣左僉都御史王儉奏："武昌、漢陽、荆州各府州縣今歲五月以来夂雨，禾苗渰没，房屋、牛畜多被漂流，軍民驚惶，依山露宿。乞加賑濟，并將無徵秋糧子粒停免，庶得存活。"從之。(《明英宗實録》卷三五八，第 7128 頁)

丁亥，巡按廣西監察御史吴璘奏："桂林等府州縣今年六月以来，禾稻槁死，人民失望，今年税糧無以辦納，量乞優免。"(《明英宗實録》卷三五八，第 7128 頁)

庚寅，昏刻，木火二星合于女宿。(《明英宗實録》卷三五八，第 7130 頁)

丙申，月犯外屏西第四星。(《明英宗實録》卷三五八，第 7131 頁)

丁酉，命賑西安等府州縣被災缺食軍民共八十四萬餘口，用糧一百八十三萬餘石。(《明英宗實録》卷三五八，第 7131 頁)

甲辰，雨，木氷。(《明英宗實録》卷三五八，第 7133 頁)

戊申，夜，月犯内屏東南星，蒼白雲一道，長餘二十丈，東西横貫天棓、天厨星。(《明英宗實録》卷三五八，第 7136 頁)

己酉，夜，月犯太微垣上相星。東方有星大如盞，色青白，尾跡有光，起自五車，正北行至文昌星没。(《明英宗實録》卷三五八，第 7136 頁)

庚戌，夜，金木二星合於女宿。(《明英宗實録》卷三五八，第 7136 頁)

癸丑，夜，土星犯壘壁陣第二星。(《明英宗實録》卷三五八，第 7137 頁)

十一月

己卯，夜，火星犯土星。(《明英宗實録》卷三五九，第 7139 頁)

戊午，昏刻，月犯十二諸國代星。(《明英宗實録》卷三五九，第 7140 頁)

庚申，夜，有流星大如杯，色赤，有光燭地，出天倉，西行至壁宿，四小星随之。(《明英宗實録》卷三五九，第 7140 頁)

戊辰，夜，月犯軒轅星。(《明英宗實録》卷三五九，第 7146 頁)

乙亥，夜，月犯内屏星。(《明英宗實録》卷三五九，第 7149 頁)

丁丑，昏刻，東方有星大如盞，色青白，有光，起自参宿，正南行至近

濁。(《明英宗實録》卷三五九，第7150頁)

戊寅，日生左右珥，色黄赤，又生背氣，色青赤。夜，月犯亢宿南第一星。(《明英宗實録》卷三五九，第7150頁)

二十七日，夜雷雨，勢如夏時。(弘治《常熟縣志》卷一《灾祥》)

十二月

丁亥，巡撫南直隸右副都御史劉孜奏："鎮府之丹徒、丹陽、金壇，常州府之武進、江陰、無錫、宜興，蘇州府之常洲〔州〕、常熟，太平府之當塗、蕪湖，池州府之銅陵，應天府之上元、江寧、句容、溧陽、溧水、江浦、六合諸縣，今年夏秋霪雨，田禾渰損無收，糧草俱宜数停免。"詔户部從之。(《明英宗實録》卷三六〇，第7153~7154頁)

甲午，夜，月犯天街星。(《明英宗實録》卷三六〇，第7158頁)

己酉，免直隸真定府所屬深州等二十五州縣今年旱傷田畝夏税小麥一萬三千一百五十九石有奇。(《明英宗實録》卷三六〇，第7163頁)

是年

大旱。(民國《順義縣志》卷一六《雜事記》)

峽歸大雨，廬舍漂没，民皆依山露宿。(同治《宜昌府志》卷一《祥異》；同治《歸州志》卷一《祥異》)

常州水，武進、宜興特甚。是歲，免田租有差。(成化《重修毗陵志》卷三二《祥異》)

水，免租三千三百石有奇。(道光《江陰縣志》卷八《祥異》)

旱。(乾隆《平原縣志》卷九《災祥》)

水甚，免秋糧有差。(萬曆《宜興縣志》卷一〇《災祥》；嘉慶《宜興縣志》卷末《祥異》)

巡按御史李綱奏："淮安屬大雨，二麥浸浥，秋稼萎黄。"命户部遣官振視之。(光緒《安東縣志》卷五《民賦下》)

淮、鳳、揚、徐大雨，腐二麥。(咸豐《邳州志》卷六《民賦下》)

春，河徙縣南五十里于家店，其滰没地土俱沙礫。（嘉靖《延津志·祥異》）

淫雨，城坍塌七百餘丈。（萬曆《揚州府志》卷二《城池》）

潮决錢塘江岸及山陰、會稽、蕭山、上虞，乍浦、瀝海二所，錢清諸場。（乾隆《紹興府志》卷一六《水利志》）

水溢，城圮。（康熙《宜春縣志》卷一一《城池》）

大水。（萬曆《辰州府志》卷一《災祥》）

天順八年（甲申，一四六四）

正月

戊午，昏刻，月犯外屏。夜有流星，大如杯，色青白，有光燭地，行丈餘，光如大椀，出郎位，東北行抵天紀，二小星隨之。（《明英宗實録》卷三六一，第7168頁）

己未，命修高郵湖岸三十餘丈，以年久風浪撞激，其磚石樁木皆脱落故也。（《明英宗實録》卷三六一，第7168頁）

庚申，金星晝見于巳位。（《明英宗實録》卷三六一，第7169頁）

甲子，大霧，咫尺不辨人物。（《明英宗實録》卷三六一，第7169頁）

乙丑，雨，木冰。（《明英宗實録》卷三六一，第7170頁）

二月

己丑，昏刻，月犯天街上星。（《明憲宗實録》卷二，第40頁）

己亥，天色昏蒙，日色變白，次日亦如之。（《明憲宗實録》卷二，第48頁）

乙巳，曉刻，風起，西北有聲，黄塵四塞。（《明憲宗實録》卷二，第55頁）

丙午，夜，木土金聚危宿，金木犯壘壁陣東方第六星。（《明憲宗實録》卷二，第55頁）

壬子，風霾晝晦，既而隱隱有雷聲。（《明憲宗實録》卷二，第58頁）

壬子，夜，東方有流星如碗大，光燭地，自天市東北行至天津，尾跡化蒼白雲氣如蛇形，丈餘，良久散。又有流星起北方，大如盞，赤光照地，自天厨，北行至紫微東藩散。（《明憲宗實録》卷二，第59頁）

癸丑，夜，南方有流星如盞大，赤光燭地，自軫宿西行至翼宿。（《明憲宗實録》卷二，第59頁）

丙午，填星、歲星、太白聚於危。（道光《東阿縣志》卷二三《祥異》）

三月

丙辰，卯時，天地昏蒙，日色變白無光。（《明憲宗實録》卷三，第70頁）

丁巳，少保吏部尚書兼華蓋殿大學士李賢等言："正月以來，氣候愆和，氷釋復凝，風霾蔽天，日黯無光。臣等詳此變異，皆陰盛陽微之驗。夫日者，人君之象，君德剛明則其（抱本'其'下有'色'字）光輝。"（《明憲宗實録》卷三，第71頁）

戊午，十三道監察御史吕洪等言八事，有曰："人君一心，萬化之原……自去冬以來，陰霧四塞，日月晦冥，雨雪愆期，沙土迭雨。蓋由陰氣太盛，上干陽明，且君為陽，臣為陰，君子為陽，小人為陰，中國為陽，外夷為陰，欲召陰陽之和，可不謹於斯乎？……"（《明憲宗實録》卷三，第73頁）

庚申，昏刻，有流星大如盞，起自北，經天中，東南行至游氣。（《明憲宗實録》卷三，第78頁）

戊辰，夜，月犯氐宿西南星。（《明憲宗實録》卷三，第82頁）

乙亥，昏刻，有流星大如盞，起自東方，東南行至雲中。（《明憲宗實録》卷三，第87頁）

辛巳，曉刻，木星犯壘壁陣東第五星。（《明憲宗實録》卷三，第92頁）

四月

癸未，是日，日食不見。欽天監監正谷濱等奏："日食三分十四秒，酉正二刻初虧，日入酉正三刻，見食者僅五十秒，食不及分，例不救護。"時天文生賈信奏："詠食六分六十秒，酉初初刻初虧，見復圓者尚有二分六十七秒，濱等蒙蔽天象。"（《明憲宗實録》卷四，第95頁）

甲午，曉刻，西南方有黑氣，至卯漸散。(《明憲宗實録》卷四，第101頁）

己亥，日生背氣，青赤色，良久漸散。(《明憲宗實録》卷四，第107頁）

戊申，夜，南方有流星如盞大，青白色，自天市垣東南行至斗宿，後一小星隨之。(《明憲宗實録》卷四，第112頁）

大水，秀江橋圮。(康熙《宜春縣志》卷一《災祥》)

五月

癸丑，是日，昏刻。(《明憲宗實録》卷五，第119頁）

癸丑，夜，有流星大如盞，青白（抱本無"白"字）色，起北方，光燭地，自中天北行至大陵。(《明憲宗實録》卷五，第119頁）

甲寅，是日，昏刻。(《明憲宗實録》卷五，第119頁）

丁巳，京師大風雹，天地壇正殿、神厨宰牲亭、門墻脊瓦及宣武門樓等俱被風所摧損，命工部脩之。(《明憲宗實録》卷五，第120頁）

戊午，少保吏部尚書兼華盖殿大學士李言等言："昨日天大雨，雹風雷交作，飄瓦拔木，而郊壇殿脊門榫多損壞，天戒顯赫，如此皇上不可不凛然加省。"……上曰："朕嗣位未久，天戒屢彰，敢不敬畏，爾臣下亦當加警焉。"（《明憲宗實録》卷五，第120頁）

癸亥，夜，月犯氐宿西南星。(《明憲宗實録》卷五，第121頁）

甲子，勑諭文武羣臣曰："朕以菲德嗣承大統，雖在疚中，而敬天恤民之心，未嘗敢忽。然自即位以來，天災屢見，近於是月初五日，風雹大作，飄瓦拔木。此乃上天垂戒之嚴，朕深懼焉。"（《明憲宗實録》卷五，第121～122頁）

己巳，夜，月犯十二諸國代星。(《明憲宗實録》卷五，第126頁）

五日，大風飄屋瓦拔木。（嘉靖《宣府鎮志》卷六《災祥考》；康熙《龍門縣志》卷二《災祥》；同治《西寧縣新志》卷一《災祥》；民國《陽原縣志》卷一六《前事》)

五日，大風飄屋拔木。（光緒《懷來縣志》卷四《災祥》）

大水傷稼。（民國《來賓縣志》下篇《禨祥》）

大風雹，飄瓦拔木。（民國《成安縣志》卷一五《故事》）

大風飄屋瓦拔木。（乾隆《蔚縣志》卷二九《祥異》）

大水，殺禾稼，民饑。（康熙《廣西通志》卷四〇《祥異》；康熙《平樂縣志》卷六《災祥》；康熙《陽朔縣志》卷二《災祥》）

大水害稼，民饑。（同治《蒼梧縣志》卷一七《紀事》）

六月

甲申，山東沂水縣大水。（《明憲宗實録》卷六，第151頁）

癸卯，夜，東方有流星大如盞，其色赤，尾跡燭光地，自室宿南行至羽林軍。又有流星起自南方，亦如盞大，青白色，有光，南行天中。（《明憲宗實録》卷六，第158頁）

静樂水溢，决河堤六十丈，民田百頃。（萬曆《太原府志》卷二六《災祥》）

七月

乙亥，少保吏部尚書兼華盖殿大學士李賢等言："山西大同境内自春不雨，至今二麥已無收，秋禾復大半槁死，人民恐至饑窘失所。"（《明憲宗實録》卷七，第171頁）

餘姚又海溢。（萬曆《紹興府志》卷一三《災祥》）

海溢。（嘉靖《臨山衛志》卷二《紀異》）

八月

甲申，山西太原等府州旱。（《明憲宗實録》卷八，第180頁）

雨風潮，歲祲。（光緒《靖江縣志》卷八《祲祥》）

九月

庚申，免漕運軍士應輸耗糧四萬六千石有奇。初，黄州、安慶、南昌、

寧波、衢州諸衛所運糧赴京，值天旱，運河淺澀，盤剥費用耗米無存。（《明憲宗實録》卷九，第195頁）

丁丑，陜西延安衛指揮使王琮言："本衛南北門護城堤岸以水溢而崩者餘八十丈，城東石垣以久雨而崩者凡十五丈，宜及時修築，以防邊警。"事下工部覆奏從之。（《明憲宗實録》卷九，第201頁）

十月

庚子，南京都察院右僉都御史高明言："陛下即位以來，罷獻貢，革宿弊，宜天道，無不順者。今南京自春徂夏，氣候愆和，陰晦霪雨……"（《明憲宗實録》卷一〇，第223頁）

十二月

乙未，直隸邳州知州孟琳奏："本州榆行諸社俱臨沂河，以久雨，河岸為水所崩者二十有八處，諸社areas田淹没殆盡，乞量興工役修築。"工部覆奏從之。（《明憲宗實録》卷一二，第265頁）

大名府境内蝗。（康熙《開州志》卷四《災祥》）

會稽地震。（萬曆《紹興府志》卷一三《災祥》；乾隆《紹興府志》卷八〇《祥異》）

地震。（萬曆《會稽縣志》卷八《災異》）

是年

連月不雨，河水涸。（民國《順義縣志》卷一六《雜事記》）

霪雨，麥禾死。（乾隆《通許縣舊志》卷一《祥異》）

海溢，民饑。（道光《川沙撫民廳志》卷一二《祥異》；同治《上海縣志》卷三〇《祥異》；光緒《川沙廳志》卷一四《祥異》）

溧水縣水。（光緒《金陵通紀》卷一〇上）

大水，饑。（同治《湖州府志》卷四四《祥異》；光緒《歸安縣志》卷二七《祥異》）

大水，民饑。（崇禎《烏程縣志》卷四《災異》；崇禎《吴縣志》卷一一《祥異》；道光《武康縣志》卷一《邑紀》；同治《長興縣志》卷九《災祥》）

麦禾死。（嘉靖《通許县志》卷上《祥異》）

秋，霖雨害稼，饑。（嘉慶《延安府志》卷五《大事表》）

秋，餘姚海溢。（乾隆《紹興府志》卷八〇《祥異》）

夏，旱。（康熙《棲霞縣志》卷六《治臣》）

夏，大水。（崇禎《瑞州府志》卷二四《祥異》）

夏月，洪水，（小江橋）石墩橋屋俱厄于水。（道光《新喻縣志》卷四《橋梁》）

水。（康熙《高淳縣志》卷二〇《祥異》；乾隆《吴江縣志》卷四〇《災變》）

大水。（乾隆《溧水縣志》卷一《庶徵》）

大水，城邑滓者甚衆。（嘉靖《黄陂縣志》卷中《災祥》）

大水。水漲入城中，浮苴棲於木，街市可以行舟。（宣統《南寧府全志》卷三九《機祥》）

大饑，田州旱。（雍正《廣西通志》卷三《機祥》）

秋，霪雨害稼。饑。（康熙《延綏鎮志》卷五《紀事》）

秋，霪雨，饑。（嘉靖《慶陽府志》卷一八《紀異》）

秋，霪雨，飢。雨久，禾生耳，大荒，米三兩。（乾隆《環縣志》卷一〇《紀事》）

秋，霪雨，饑，斗米銀三錢。（乾隆《正寧縣志》卷一三《祥眚》）

憲宗成化年間

（一四六五至一四八七）

成化元年（乙酉，一四六五）

正月

己酉，是日，夜，有流星大如盞，青白色，光燭地，自左攝提東南行至天市西垣。（《明憲宗實録》卷一三，第275頁）

甲寅，曉刻，北方有流星大如盞（東本作“杯”），青白色，有光，自内階東北行至近濁。（《明憲宗實録》卷一三，第276頁）

乙卯，夜，有流星大如盞，青白色，光明燭地，自文昌東南行至軒轅。（《明憲宗實録》卷一三，第277頁）

丁巳，曉刻，火星犯東咸星。（《明憲宗實録》卷一三，第277頁）

庚申，夜，有流星大如盞，青白色，有光，自星宿南行至近濁，尾跡炸散，三小星隨之。（《明憲宗實録》卷一三，第278頁）

癸亥，昏刻，月犯軒轅南第五星。夜，有流星大如盞，赤色，光燭地，自紫微垣東蕃，東北行至近濁。（《明憲宗實録》卷一三，第280頁）

己巳，曉刻，月犯氐宿。（《明憲宗實録》卷一三，第284頁）

庚午，監察御史楊琅言：“邇者皇上躬祀南郊，先日狂風大作，至日天氣晴朗。及夫大駕還宫，而風雨如故，天意昭格，豈偶然哉？皇上即位之初，大降明詔，如罷花木鳥獸、水陸品物之貢，是節嗜慾以厚民也；罷浙江燒造甆器之役，是薄自奉以卹民也；罷緝訪官校，知其擅威福之以害民也……”上曰：“御史言是，朕當慎焉。”（《明憲宗實録》卷一三，第288頁）

甲戌，夜，有流星大如盞，赤光燭地，自紫微垣西蕃東北行至天棓，二小星随之。（《明憲宗實録》卷一三，第301～302頁）

二月

癸未，金星晝見于申。（《明憲宗實録》卷一四，第312頁）

甲申，是日，夜，北方流星大如盞，色赤，尾跡有光，自東北雲中行至近濁。（《明憲宗實録》卷一四，第312頁）

己亥，夜，東方流星大如盞，青白色，行丈餘，發光如碗大，自東北行至雲中。（《明憲宗實録》卷一四，第324頁）

癸卯，夜，火星犯天籥東北星。（《明憲宗實録》卷一四，第326頁）

彗星見。（道光《永州府志》卷一七《事紀畧》）

三月

戊午，以旱災免陝西延安等處税糧八萬七千一百石有奇。（《明憲宗實録》卷一五，第335頁）

癸亥，月食。（《明憲宗實録》卷一五，第338頁）

甲子，日生背氣，青赤色，左右珥，赤黄色，俱鮮明，良久漸散。（《明憲宗實録》卷一五，第338頁）

旱。（萬曆《陝西通志》卷四《灾祥》；嘉慶《洛川縣志》卷一《祥異》）

四月

丁丑，東方流星大如盞，赤白色，光燭地，出犯漸臺，東北行至雲中。（《明憲宗實録》卷一六，第343頁）

辛巳，免山西大同各衛屯田子粒，以歲旱故也。（《明憲宗實録》卷一

六，第 345 頁）

甲申，是日河南鈞州地震有聲，至二十三日方止。（《明憲宗實録》卷一六，第 345 頁）

庚寅，申時，雨雹大如卵，損禾稼。（《明憲宗實録》卷一六，第 351 頁）

庚子，南京守備太監王敏奏："南京内府城堞及報恩寺塔各為雷雨所損。"命南京兵部會内外守臣興工修補之。（《明憲宗實録》卷一六，第 354 頁）

山水大至，衝没田産、樹木。（康熙《鼎修霍州志》卷八《災變》）

五月

戊午，夜，光星（抱本作"星火"，東本作"火星"）留守斗宿。（《明憲宗實録》卷一七，第 361 頁）

辛酉，未刻，大雨雹。（《明憲宗實録》卷一七，第 361 頁）

己巳，夜，火星退犯斗宿魁第四星。（《明憲宗實録》卷一七，第 365 頁）

庚午，夜，南方流星大如盞，青白色，發光如椀大，燭地，長丈餘，隆隆有聲，至正南雲中炸散。（《明憲宗實録》卷一七，第 365 頁）

癸酉，夜，東方流星如碗大，青白色，有光，東南行至近濁。（《明憲宗實録》卷一七，第 368 頁）

庚申，雨雹，大旱。（康熙《孝感縣志》卷一四《祥異》；光緒《孝感縣志》卷七《災祥》）

大水。（光緒《桐鄉縣志》卷二〇《祥異》）

五日，大風，飄屋瓦，拔木。（康熙《西寧縣志》卷一《災祥》；康熙《懷來縣志》卷二《災異》；乾隆《懷安縣志》卷二二《灾祥》；乾隆《宣化縣志》卷五《災祥》）

五日，風飄屋瓦拔木。（康熙《保安州志》卷二《災祥》）

大水，次年米斛一緡。（康熙《桐鄉縣志》卷二《災祥》）

雨雹。（同治《瀏陽縣志》卷一四《祥異》）

六月

戊寅，江北淮安等府大水傷禾稼。（《明憲宗實録》卷一八，第371頁）

庚辰，宣府風雹傷稼。（《明憲宗實録》卷一八，第371頁）

癸巳，陝西布政使司奏："西安府三十一州縣自春以來，風雪雨雹不時傷稼。"（《明憲宗實録》卷一八，第374頁）

十七日，雨粟，形如米，色黑而堅，歲大飢。（咸豐《順德縣志》卷三一《前事畧》）

暴風，府城屋瓦皆飛。（同治《德化縣志》卷五三《祥異》；同治《九江府志》卷五三《祥異》）

畿東大雨水，壞山海關、永平、薊州、遵化城堡。（《明史·五行志》，第473頁）

大水。（乾隆《連州志》卷七《祥異》）

七月

辛亥，兩廣雷州府……是日雷雨大作，山谷皆震動，連日陰晦。（《明憲宗實録》卷一九，第383頁）

甲子，勑南北直隸、浙江、河南巡撫巡按官賑濟飢民。是歲，各處司府州縣各奏："久雨水潦，麥既無收，稻苗腐爛，歲飢民貧。"户部尚書馬昂請勑各官賑濟及措備糧儲，以俟支給。從之。（《明憲宗實録》卷一九，第388～389頁）

丁卯，鎮守山海等處修武伯沈煜奏："今年六月，淫雨為虐，水溢山海、永平、薊州、遵化等諸關隘，壞城垣、烽堠、廬舍，溺人畜，漂甲仗器械無算，官軍被患窘甚，請加賑恤。"上命該部行之。（《明憲宗實録》卷一九，第389頁）

辛未，監察御史吴遠等言："皇上即位以來，風雨不時，災沴荐至，陰雲累月，霪雨經旬，壞廬舍，傷禾稼。蘇、松、淮、揚、河南、浙江、湖廣、山東州縣亦多災變，推原其由，皆内外臣僚失職所致。古之大臣，往往遇災知懼，避位自責，今諸大臣方且恬不介意。乞斷自宸衷，策免其尤者。仍諭吏部罷方面不職者，則天意可回，而災異自消矣。”上嘉納之。（《明憲宗實録》卷一九，第391頁）

癸酉，火星犯斗宿魁第四星。（《明憲宗實録》卷一九，第393頁）

應天水。（同治《上江兩縣志》卷二下《大事下》；光緒《金陵通紀》卷一〇中）

風潮。（光緒《靖江縣志》卷八《祲祥》）

浙江各府州縣久雨，稻苗腐爛，歲饑。（光緒《處州府志》卷二五《祥異》）

大水。（乾隆《德慶州志》卷二《紀事》；天啟《封川縣志》卷四《事紀》）

饑。（民國《淮陽縣志》卷八《災異》）

八月

戊寅，户部奏：“四方水旱之後，民不聊生，請暫免歲徵口鹽鈔，并累年逋欠課程等項，俟歲稔徵收如例。”（《明憲宗實録》卷二〇，第396頁）

丙戌，東方流星如盞大，赤光燭地，約行丈餘，發光如碗大，東北行至近濁，後三小星随之。（《明憲宗實録》卷二〇，第402頁）

戊戌，巡撫南直隸右副都御史劉孜奏：“南京應天府并江南北郡縣，春澇夏旱，麥禾不登，已將上元等縣饑民發糧賑濟。其鳳陽諸郡饑民流徒〔徙〕京城者甚多，糧不能給，乞發京衛諸倉賑之。”户部言：“南京根本重地，而衛倉乃軍國所需，不宜輕發。請勑守備大臣督令諸縣倉有糧者，悉發以賑濟，民附近欲還者，給以口糧；道遠者安置城中，俟歲熟遣回，此外更有救荒長策，聽便宜處分。”從之。（《明憲宗實録》卷二〇，第406～407頁）

己亥，巡撫淮揚右副都御史陳泰奏：“鳳陽、淮揚、安慶、徐、除〔滁〕、和等府州縣俱被水災，宜在寬恤，而孳特（疑當作‘生’）馬匹當

追償者數多，請暫停追。”上曰：“馬政雖急，民方饑窘，姑俟豐年追償可也。”（《明憲宗實録》卷二〇，第407頁）

庚子，通州大雨水，大運倉壞，溢出米四百九十餘石。户部請抵守吏罪，上以事出不虞宥之。（《明憲宗實録》卷二〇，第407頁）

辛丑，夜，月犯軒轅南第五星。（《明憲宗實録》卷二〇，第408頁）

甲辰，南北直隸及河南、山西、湖廣、江西、浙江所屬郡縣凡一百四十餘處各奏水患，詔户部勘實以聞。（《明憲宗實録》卷二〇，第411頁）

永平大雨壞城。（民國《盧龍縣志》卷二三《史事》）

大水。（康熙《續修陳州志》卷四《災異》；康熙《大城縣志》卷八《災祥》；民國《文安縣志》卷終《志餘》）

大雨，壞城及運倉。（乾隆《通州志》卷末《雜識》）

九月

丙午，修通州城，以城為淫雨所壞也。（《明憲宗實録》卷二一，第413頁）

壬子，南京監察御史顧以山奏：“江北鳳陽等處連年水旱，人民流離，皆由諸司輕視人命所致，往往因挾讐而故勘，因報怨而妄指，罪疑者不為之辯，枉死者不為之伸。間有赴訴者，所司又以前官經問文案已成，漫不之省，愁怨充積，皆足以傷天地之和，召水旱之災。乞命官審録情可矜疑者，奏聞區處。”詔議行之。（《明憲宗實録》卷二一，第414頁）

癸亥，南京監察御史施謙言：“今歲水旱饑饉，江南有儲積處，宜行巡撫巡按官，令有司驗丁支給；江北無儲積處，令各勸借賑濟預備倉；有豪強規利之徒冒支者，令有司嚴加禁約。其浙江、湖廣沿途抵京師量船納鈔，法網太密，請暫停止。應天府都税司新增歲辦課額，比於洪武、宣德中三倍其數，宜量減，以甦民困。”詔悉從之。（《明憲宗實録》卷二一，第419頁）

丁卯，户部言：“鎮江、浙江諸處旱澇相繼，雖以賑濟，然國家財賦仰給東南，歲運京儲四百餘萬石。今罹災傷，優免數多，来歲兑運，必有不足。請以淮浙等處官鹽二百七十萬引，酌量米價，定擬則例。廣募商人於淮安、徐州、德州水次倉分中納，俟来歲斟酌道里遠近，分撥官軍之運，庶民不困於凶年，而國用亦無所損矣。”制可。（《明憲宗實録》卷二一，第420頁）

癸酉，南京吏部郎中夏寅奏：“臣以考滿来京，北抵徐州，沿塗所見，人不聊生，路多草竊，盖以今歲旱澇故也。竊見徐州地連山東，素産豪傑，自古乘隙首難者多其土人。今饑饉無聊，必多盗賊，盗賊不已，恐生厲階。乞任大臣鎮撫安輯，蠲免糧税，禁約奸宄，暫出内帑、財物及在官粮廩賑濟之，以慰其無聊之心，以消其意外之患……”從之。（《明憲宗實録》卷二一，第426～428頁）

大水經月，害苗，饑。（天啟《舟山志》卷二《災祥》）

十一月

乙巳，湖廣德安府旱。（《明憲宗實録》卷二三，第445頁）

壬子，工部右侍郎沈義奏：“臣奉命巡視民瘼，順天等府俱被水災，孳生馬匹當徵者數多，乞暫停，俟來歲豐稔補徵。”從之。（《明憲宗實録》卷二三，第448頁）

乙丑，夜，月犯太微（東本作“薇”）垣上将星。（《明憲宗實録》卷二三，第455頁）

十二月

丙子，曉刻，金星犯鍵閉星。（《明憲宗實録》卷二四，第462頁）

己卯，昏刻，月犯壘壁陣東第四星。（《明憲宗實録》卷二四，第464頁）

壬辰，遣太保會昌侯孫繼宗、定襄伯郭登、撫寧伯朱永、禮部尚書姚夔祭天地、社稷、山川、城隍之神。時自十月以来無雪，禮部以祈禳請，故有是命。（《明憲宗實録》卷二四，第469頁）

癸巳，夜，月犯右執法星。（《明憲宗實録》卷二四，第469頁）

甲午，少保吏部尚書兼華盖殿大學士李賢近因禮部言氣燠失調，天不降雪，乞令文武羣臣修省祈禱。臣切思陰陽不和，固大臣不能盡職所致，而大臣中其咎最重者，惟臣一人……（《明憲宗實録》卷二四，第469頁）

是年

春，大水。（咸豐《順德縣志》卷三一《前事畧》）

春，不雨……冬，無雪。（乾隆《通許縣舊志》卷一《祥異》）

春夏，久雨，大水，無秋。（乾隆《震澤縣志》卷二七《災祥》）

旱，饑民死者半。（光緒《盱眙縣志稿》卷一四《祥祲》）

惠州大水。（乾隆《歸善縣志》卷一八《雜記》）

瀏陽雨雹。（乾隆《長沙府志》卷三七《災祥》）

水。（萬曆《如皋縣志》卷二《五行》；康熙《南海縣志》卷三《災祥》；嘉慶《東臺縣志》卷七《祥異》；嘉慶《如皋縣志》卷二三《祥祲》；光緒《泰興縣志》卷末《述異》）

水，免麥米五萬二千六百七十石。（道光《江陰縣志》卷八《祥異》）

旱。（康熙《中部縣志》卷一《祥異》；嘉慶《中部縣志》卷二《祥異》；同治《南康府志》卷二三《祥異》；同治《奉新縣志》卷一六《祥異》）

久雨，無秋。（同治《湖州府志》卷四四《祥異》；光緒《歸安縣志》卷二七《祥異》）

大旱，饑。（天啟《舟山志》卷二《災祥》；民國《龍游縣志》卷一《通紀》）

禄豐蝗，無秋。（康熙《雲南通志》卷二八《災祥》）

歲大饑，次年大疫，民死幾半。（光緒《五河縣志》卷一九《祥異》）

大饑。（康熙《城固縣志》卷二《災異》；道光《安陸縣志》卷一四《祥異》；光緒《鳳縣志》卷九《祥異》；光緒《洵陽縣志》卷一四《祥異》）

大饑，次年復大疫，遣都御史吴琛、林聰賑卹。（嘉靖《徐州志》卷三

《災祥》）

春夏，久雨，大水，無秋，敕撫按官賑之。（乾隆《吴江縣志》卷四〇《災變》）

春夏，久雨，水潦，麥苗俱腐，斗米百錢，歲大饑。（康熙《吴縣志》卷二《祥異》）

春冬，旱。（康熙《陳留縣志》卷三八《災祥》）

夏，大水，次年米貴，斛錢一緡。（弘治《常熟縣志》卷一《灾祥》）

水，廵撫都御史劉孜奏減種馬。（萬曆《江浦縣志》卷一《縣紀》）

大水，無秋。（道光《璜涇志稿》卷七《災祥》）

水災，命都御史吴理賑之，免税糧五千石。（萬曆《揚州府志》卷二二《異攷》）

大水，饑。（光緒《烏程縣志》卷二七《祥異》）

洪水滮田。（嘉靖《銅陵縣志》卷八《序傳》）

泗州大旱，饑民死者半。（萬曆《帝鄉紀略》卷六《災患》）

府屬旱，減税糧三分。（康熙《南昌郡乘》卷五四《祥異》）

旱，減税糧三分。（康熙《新建縣志》卷二《災祥》）

旱，減糧三分。（同治《建昌縣志》卷一二《祥異》）

大水。（嘉慶《龍川縣志》卷五《祥異》；同治《鄱陽縣志》卷二一《災祥》；光緒《靖州直隸州志》卷一二《祥異》）

大旱。（同治《靖安縣志》卷一六《祥異》）

河決，流經武平城，漂没廬舍。是年，免田租三之一。（光緒《鹿邑縣志》卷六下《民賦》）

雨黑子，大如黍米，掬之盈把。（順治《襄陽府志》卷一九《災祥》）

大水，淹至郡署堂下。（嘉靖《惠州府志》卷九《祥異》）

陰雨，無秋。（民國《鹽豐縣志》卷一二《祥異》）

饑，群盜聚，發古冢殆徧。（嘉靖《通許縣志》卷上《祥異》）

成化初，大旱，民饑甚。（天啟《江山縣志》卷八《災祥》）

成化初，大旱，饑。（康熙《衢州府志》卷三〇《五行》）

成化二年（丙戌，一四六六）

正月

甲辰，辰時，日暈及左右珥、背氣，赤黄色鮮明。（《明憲宗實録》卷二五，第481頁）

戊申，昏刻，月犯外屏第四星。（《明憲宗實録》卷二五，第483頁）

庚戌，月犯天陰下星。（《明憲宗實録》卷二五，第489頁）

癸丑，夜，有星大如盞，青白色，尾跡有光，自正西雲中行至近濁。（《明憲宗實録》卷二五，第492頁）

甲寅，辰時，日（疑脱“生”字）左右珥，赤黄色鮮明。（《明憲宗實録》卷二五，第492頁）

丁卯，曉刻，金星犯牛宿。（《明憲宗實録》卷二五，第502頁）

平陽颶風暴雨，山摧平地，水高八尺。（乾隆《温州府志》卷二九《祥異》）

二月

乙酉，夜，月入軒轅，犯南第五星。（《明憲宗實録》卷二六，第517頁）

壬辰，禮部尚書姚夔等奏：“會試天下舉人三場已畢，此乃皇上龍飛第一科。爰自二月初旬以来，陰寒少霽，唯就試三日天氣晴朗，風恬霧收。兹盖皇帝陛下重道崇儒，求賢圖治，天人交感所致。伏望寬其額数，多取正榜，以符天人之慶，將來賢才必有資於聖治者。”上命取正榜三百五十人。（《明憲宗實録》卷二六，第520~521頁）

癸巳，昏刻，火星犯天（廣本作“太”）陰下星。（《明憲宗實録》卷二六，第522頁）

三月

庚申，夜，月犯房宿南二星。（《明憲宗實録》卷二七，第541頁）

壬戌，卯時，日生左右珥，赤黄色鮮明，良久漸散。（《明憲宗實録》卷二七，第544頁）

辛未，卯時，南方生白雲，氣闊三尺餘，東西竟天，徐徐北行，辰時始散。（《明憲宗實録》卷二七，第549頁）

大雨雹，夏旱。（嘉靖《南康縣志》卷九《祥異》）

闰三月

壬申，曉刻，西方流星如盞大，青白色，有光，自郎位西北行至近濁。（《明憲宗實録》卷二八，第551頁）

癸酉，夜，南方流星如盞大，青白色，自亢宿行丈餘，光明燭地，東北行入天市垣，後三小星隨之。（《明憲宗實録》卷二八，第553頁）

戊子，夜，月犯心宿大星。（《明憲宗實録》卷二八，第557頁）

癸巳，夜，月犯壘壁陣西方第二星。又南方有流星如盞大，青白色，有光，自天市西垣東南行至尾宿。（《明憲宗實録》卷二八，第560頁）

丁酉，曉刻，月犯外屏西第三星。（《明憲宗實録》卷二八，第562頁）

四月

壬寅，辰時，日生交暈右珥，赤黄色鮮明，未久散。（《明憲宗實録》卷二九，第565～566頁）

乙巳，夜，北方流星如盞大，青白色，光燭地，自紫微西蕃東北行，貫華盖。（《明憲宗實録》卷二九，第567頁）

乙巳，宣府隕霜，殺青苗。（《明憲宗實録》卷二九，第567頁）

己酉，昏刻，月犯上將星。（《明憲宗實録》卷二九，第570頁）

丁卯，曉刻，月犯昂〔昴〕宿。（《明憲宗實録》卷二九，第580頁）

上元等縣飢民相食，命户部議賑之。（康熙《上元縣志》卷一三《五行》）

霜，麥死。蝗災。（乾隆《通許縣舊志》卷一《祥異》）

五月

癸未，少保吏部尚書華盖殿大學士李賢言："頃因奔喪還家，所經郡縣，其間民情利病，臣所目擊者今具以聞。一河南諸郡頻年水旱，民流移餓死者，不可勝計。其未流者，倉廩空虛，無所仰給。宜將是年起運京倉糧儲，存留本處，以備賑濟……"上皆從之。（《明憲宗實録》卷三〇，第597～598頁）

丙戌，夜，月犯南斗魁第一星。（《明憲宗實録》卷三〇，第601頁）

戊戌，工部奏："内官監請促辦年例物料，若松木、墨煤、西紅土、白麵石等物共七百七十七萬有奇，緣四方水旱相仍，民困已甚，若復徵需，似乖初年明詔與民休息之意。"（《明憲宗實録》卷三〇，第610頁）

風潮。（光緒《靖江縣志》卷八《祲祥》）

颶風大雨三日夜，山崩屋壞，平地水滿五六尺，田禾無收，人多淹死。（民國《平陽縣志》卷五八《祥異》）

六月

丁未，夜，木星留守昴宿。（《明憲宗實録》卷三一，第615頁）

乙卯，夜，月犯壘壁陣西方第一星，隨犯第三星。（《明憲宗實録》卷三一，第625頁）

丙辰，夜，北方有流星如盞大，青白色，有光，自正北行東南雲中。後十餘小星隨之。（《明憲宗實録》卷三一，第625頁）

丁巳，上以天氣炎熱，勑三法司見監罪囚，除真犯死罪外，餘備其獄詞来上，毋令淹滯。於是都察院上十有四人，刑部上百四十有一人，上命如例發遣。（《明憲宗實録》卷三一，第625頁）

丁巳，夜，西方有流星如盞大，青白色，有光燭地，自正北行西南雲中，尾跡炸散。（《明憲宗實録》卷三一，第625頁）

戊辰，定州久雨，城傾。（《國榷》卷三四，第2214頁）

七月

己卯，夜，南方有流星如盞大，色青白，光燭地，自天苑東南行至近濁。（《明憲宗實録》卷三二，第635頁）

壬午，司禮監奏請遣官往浙江等處，督造紙劄。給事中黄甄、監察御史趙敔等言："近年以来，水旱相仍，人民饑困，遣官督造，恐重為煩擾。"上特命止之，惟勑所司督造而已。（《明憲宗實録》卷三二，第636頁）

壬辰，夜，西方有流星如盞大，赤色，有光，自正西中天行西南至近濁。（《明憲宗實録》卷三二，第643頁）

甲午，順天、保定、河南開封、山東青州四府大水。（《明憲宗實録》卷三二，第644頁）

己亥，是月，山東兗州府東阿、嶧二縣久雨水漲，壞民居七百九十餘所，溺死男婦百五十一口，牛驢等畜五百四十有奇。（《明憲宗實録》卷三二，第646頁）

太原隕霜殺穀。（《國榷》卷三四，第2216頁）

大水。（乾隆《陳州府志》卷三〇《雜志》；民國《項城縣志》卷三一《祥異》；民國《淮陽縣志》卷八《災異》；民國《文安縣志》卷終《志餘》）

海溢，大水敗稼，斛米一緡。（光緒《桐鄉縣志》卷二〇《祥異》）

海溢，大水。（光緒《平湖縣志》卷二五《祥異》）

海溢，大水敗稼。（萬曆《嘉興府志》卷二四《叢記》；康熙（《秀水縣志》卷七《祥異》）

霪雨江漲，漂没民舍，田禾殆盡。（光緒《定安縣志》卷一〇《災祥》）

八月

丙午，昏刻，月犯星宿東星。（《明憲宗實録》卷三三，第657頁）

丁巳，日生左右珥，色赤黄。（《明憲宗實録》卷三三，第666頁）

戊午，夜，月犯五車東南星。（《明憲宗實録》卷三三，第666頁）

辛酉，南方流星大如盞，赤光燭地，自天苑西南行游氣中，尾跡炸散。

（《明憲宗實録》卷三三，第666頁）

癸亥，定州守臣奏："是年五月至六月積雨，壞城垣、墩臺、垛口共一百七十三處，請加修繕。"從之。（《明憲宗實録》卷三三，第667頁）

九月

辛巳，禁邊衛官不許假貸罔利。時巡撫宣府都御史葉盛言："先時，巡撫官以軍士因假貸貧困奏，允榜示禁約，今此弊如故，加以旱雹為災，人多缺食，而歲久榜亡，宜申明舊例禁止。"從之。（《明憲宗實録》卷三四，第679頁）

丙戌，巡撫山西右僉都御史李侃奏："太原等府，岢嵐、和順等州縣七月殞霜，殺穀苗，粮草無從辦納。"上命户部覈實以聞。（《明憲宗實録》卷三四，第683頁）

己丑，免山西太原、大同二府秋糧二十萬石有奇，草五十四萬束，以苗稼災傷故也。（《明憲宗實録》卷三四，第684頁）

十月

代州十月大雪，人相食。（萬曆《太原府志》卷二六《災祥》）

十一月

丙子，夜，月犯外屏西第三（廣本作"二"）星。（《明憲宗實録》卷三六，第709頁）

十二月

丙午，夜，月犯昴宿。（《明憲宗實録》卷三七，第726頁）

甲寅，英宗復位，以張軏薦命兼翰林院學士入内閣，叅預幾務，進尚書，與武功伯徐有貞共事。時御史楊宣（廣本作"瑄"）劾曹吉祥、石亨不法事，二人疑出有貞意，入譖之，遂併賢下獄。是夜，雷雨大作，二人恐，復請輕之，乃降福建右叅政。既而，留為吏部左侍郎。（《明憲宗實録》卷三七，第736頁）

是年

夏，霪雨，山水驟溢，長、寧、清、歸、連、上、永七縣，田廬蕩析，人畜溺死無算。（省志、縣志俱作“二十一年”）（乾隆《汀州府志》卷四五《祥異》）

大水漫城尺許，並大饑。（民國《太和縣志》卷一二《災祥》）

太白曳入南斗，旱，大饑。（道光《桐城續修縣志》卷二三《祥異》）

旱。（嘉靖《靖安縣志》卷六《祥異》；萬曆《如皋縣志》卷二《五行》；嘉慶《如皋縣志》卷二三《祥祲》；同治《瀏陽縣志》卷一四《祥異》）

水，免麥一萬二千五百二十七石。（道光《江陰縣志》卷八《祥異》）

旱。元年，府屬旱。（民國《南昌縣志》卷五五《祥異》）

南康大雨雹，夏旱。（同治《南安府志》卷二九《祥異》）

内堤決。（道光《豐城縣志》卷三《河渠》）

海溢，大水敗稼。（光緒《嘉興府志》卷三五《祥異》；光緒《嘉善縣志》卷三四《祥眚》）

旱，大饑，江淮人相食。（康熙《安慶府志》卷六《祥異》；乾隆《潛山縣志》卷二四《祥異》）

大饑。（嘉靖《徐州志》卷三《災祥》；同治《上海縣志》卷三〇《祥異》；光緒《豐縣志》卷一六《災祥》）

饑。（光緒《川沙廳志》卷一四《祥異》）

春，大風從西北來，折木飛石，橋屋民房多摧頽。其年大饑。（同治《崇仁縣志》卷一三《祥異》）

夏，霪雨，汀州山水驟溢。長汀、寧化、清流、歸化、連城、永春七縣田廬蕩析，人畜溺死無算。（道光《重纂福建通志》卷二七一《祥異》）

湫溢，逼近學宫。（康熙《吴橋縣志》卷一《城池》）

温家溝水漲，將南面一半衝壞。（雍正《岳陽縣志》卷三《城郭》）

欽承上命，（崔顯）簡拔來知縣事。時月建在己巳，人苦不雨，君郎憂形於色，自三日下車，四日雨，五日雨，六至十日又雨，人心大悦。……是

夏雖霑足，螟螣復生。（民國《萬泉縣志》卷六《文類》）

海溢，漂没人口無算，田禾悉爛。（乾隆《華亭縣志》卷三《海塘》）

江淮旱，人相食。（康熙《揚州府志》卷二二《名宦》）

水。（崇禎《吴縣志》卷一一《祥異》；乾隆《吴江縣志》卷四〇《災變》）

海潮衝堰，壞缺口七十二處。（乾隆《直隸通州志》卷三《山川》）

水，繼大旱。（嘉慶《東臺縣志》卷七《祥異》）

旱，大饑。（順治《新修望江縣志》卷九《災異》；康熙《宿松縣志》卷三《祥異》）

大水漫城尺許，是歲大饑，民死者半，斗米百錢。（嘉靖《潁州志》卷一《郡紀》）

大水，浸城者數版。是年大饑，民死者半，斗米值白銀一錢。（順治《潁上縣志》卷一一《災祥》）

大水，歲乃大饑，民死者半。（萬曆《太和縣志》卷一《災異》）

大疫，民死幾半。（康熙《五河縣志》卷一《祥異》）

旱，減税米，與元年同。（同治《奉新縣志》卷六《食貨》；同治《南昌府志》卷六五《祥異》）

濟川橋，成化二年丙戌知縣張翔始鳩工伐石，欲創立之事，三事甫集，而洪水驟衝，訖無成功。（咸豐《簡州志》卷一三中《藝文》）

夏秋，甫〔莆〕田大旱，晚禾不成。太守陳表以聞，其年税粮免什之三。（道光《重纂福建通志》卷二七一《祥異》）

二年、六年、七年大旱，揚州至通、泰二州河竭成陸。（萬曆《泰興縣志》卷八《祥異》）

二年水，三年、七年、八年如之。（乾隆《吴江縣志》卷四〇《災變》）

成化三年（丁亥，一四六七）

正月

戊子，昏刻，有流星大如盞，青白色，尾跡光明燭地，自東北行至西北

游氣中，尾跡炸散，後三小星随之。（《明憲宗實録》卷三八，第762頁）

壬申，道録司左玄義許祖銘以天雨雪為己祈禱所致，奏乞恩賞。上曰："許祖銘舊歲祈雪不應，今春雨暘順序，乃掩為己功，理宜治罪，姑宥之。"（《明憲宗實録》卷三八，第753頁）

二月

丁酉，是日，日食。（《明憲宗實録》卷三九，第771頁）

丁未，昏刻，金星犯婁西星。（《明憲宗實録》卷三九，第786頁）

壬子，夜，月犯角宿南星。（《明憲宗實録》卷三九，第789頁）

乙卯，夜，北方流星如盞大，青白色，光明燭地，自紫微東藩西北行閣道。（《明憲宗實録》卷三九，第790頁）

朔，日食。（乾隆《銅陵縣志》卷一三《祥異》）

太白犯婁。（乾隆《曹州府志》卷一〇《災祥》）

三月

丙子，襄城伯李瑾奏："三千營該操不到，揚州等衛官軍合問罪者十三人。"且言彼處水旱艱難，不能赴操之故。詔皆宥之。（《明憲宗實録》卷四〇，第810頁）

戊子，曉刻，金星犯外屏西第二星。夜，月犯十二諸國代星。（《明憲宗實録》卷四〇，第882頁）

四月

丁酉，巳時，西北風有聲，揚塵蔽天，申時漸散。（《明憲宗實録》卷四一，第829頁）

乙巳，以天氣炎熱，命刑部、都察院審録見監囚徒，從輕發遣。於是，徒杖罪以下，悉從末減；重囚情可矜疑者，免死，謫戍邊衛。（《明憲宗實録》卷四一，第837頁）

丁未，宣府地震有聲。（《明憲宗實録》卷四〇，第838~839頁）

辛亥，夜，太陰色赤如赭。（《明憲宗實録》卷四一，第840頁）

癸丑，辰時，金星晝見於巳。夜，月犯南斗杓第二星。（《明憲宗實録》卷四一，第842頁）

己未，六科給事中毛弘等言："近年，虜酋犯邊，殺虜軍民，人心憤怨，地方騷然……況近日以来，或日月赤色，或陰氣昏蒙，或大風激烈，或黄霾蔽天，遼東、宣府地震有聲，四川地震凡三百七十五次，城堡倒塌如拆（疑當作'坼'）。"（《明憲宗實録》卷四一，第845~846頁）

府屬自四月不雨，至六月，禾盡枯。（乾隆《南昌縣志》卷一三《祥異》）

大水。（民國《文安縣志》卷終《志餘》）

狄道、金蘭、渭源、河州大旱，人相食。（萬曆《臨洮府志》卷二二《祥異》）

不雨，至六月，禾盡枯。（同治《靖安縣志》卷一六《祥異》）

五月

乙丑，陝西苑馬寺卿朱珪等奏："開城、廣寧等苑軍人牧放官馬，成化二年七月被虜掠去一千六百九十三匹，即今亢旱，請暫免追償。"從之。（《明憲宗實録》卷四二，第855~856頁）

乙丑，夜，南方流星如盞大，青白色，光燭地，自河鼓行丈餘，發光如碗大，東北行至奎宿，尾跡炸散，後十餘小星随之。（《明憲宗實録》卷四二，第856頁）

壬辰，曉刻，金星犯畢宿右股北（廣本無"北"字）第一星。（《明憲宗實録》卷四二，第865頁）

不雨，至於秋七月。（康熙《應山縣志》卷二《兵荒》）

不雨，至于七月。（嘉靖《随志》卷上）

六月

乙巳，夜，東方流星如盞大，赤色，尾跡有光，行東北雲中。（《明憲

宗實録》卷四三，第 879 頁）

戊申，雷震南京午門正楼。（《明憲宗實録》卷四三，第 885 頁）

壬戌，曉刻，金星犯井宿東扇北第二星。（《明憲宗實録》卷四三，第 894 頁）

雷震南京午門正樓。是年，南京旱。（光緒《金陵通紀》卷一〇中）

戊申，雷震南京午門正樓。是歲，旱。（同治《上江兩縣志》卷二下《大事下》）

地震。（康熙《松溪縣志》卷一《災祥》）

七月

癸酉，酉時，日生背氣，青赤色鮮明，東北方生白虹，兩頭自地出，良久方散。（《明憲宗實録》卷四四，第 904 頁）

己卯，工科都給事中黄甄等言："南京乃祖宗創業之地，邇者午門正樓為雷雨所損，實上天示警之意。"（《明憲宗實録》卷四四，第 908 頁）

己卯，夜，月食。（《明憲宗實録》卷四四，第 909 頁）

辛巳，巡撫河南左副都御史王恕奏："河南開封、彰德、衛輝三府地方間有飛蝗過落，及蟲蝻生發，食傷禾稼。除嚴督委官撲捕外，切惟蝗蝻生發固雖天災，實關人事，良由臣不能敷宣聖化，巡撫失職所致。況河南地方連年水旱，加以去歲荆襄盗起，軍勞於征調，民困於轉輸，兼且今年起運税糧，并勘合買辦物料等件比之往年數多，又遭此蝗蝻之災，軍民何以聊生?"（《明憲宗實録》卷四四，第 912 頁）

壬午，刑科右給事中左賢奏："自儀真抵南京沿江上下，自蕪湖至湖廣、江西等處，俱有鹽徒駕使遮洋大船，肆行劫掠。雖有巡江總兵等官，往往受財故縱，又兼水旱相仍，竈户窘於衣食，盗賣引鹽以救急。"（《明憲宗實録》卷四四，第 914 頁）

甲申，曉刻，金星入鬼宿，犯積尸氣。（《明憲宗實録》卷四四，第 914 頁）

乙酉，上以河南水旱相仍，諭工部臣曰："河南中州之地，天災流行，民困若此，宜有以寬恤之。爾等原坐採辦之物，其行三司勘實，凡被災州縣物料已徵者，遣人解納，未徵之數暫行停止，俟豐年完納。”（《明憲宗實録》卷四四，第917~918頁）

海水漲，壞隄。（嘉慶《如皋縣志》卷二三《祥祲》）

海溢，壞捍海堰六十九處，溺死吕四等場鹽丁二百七十四人。（光緒《通州直隸州志》卷末《祥異》）

海溢，壞堰六十九處。（雍正《揚州府志》卷三《祥異》；乾隆《江都縣志》卷二《祥異》）

海潮溢漲，壞捍海堰六十九處，漂溺鹽丁二百四十七人，命巡撫林聰賑之。（嘉慶《東臺縣志》卷七《祥異》）

大水。（崇禎《肇慶府志》卷二《事紀》；民國《淮陽縣志》卷八《災異》）

八月

乙未，夜，火星犯壘壁陣東方第一星。（《明憲宗實録》卷四五，第923頁）

丙申，南京監察御史李英等奏：“伏見今年六月雷震南京午門，椽瓦脱落，金柱損壞。竊惟南京根本之地，午門正朝之所，變不虚發，必有其由。况比年南北幾〔畿〕甸水旱相仍，四川、遼東地震不已，今災變復見於闕廷之上……”（《明憲宗實録》卷四五，第923頁）

癸卯，曉刻，金星入軒轅。（《明憲宗實録》卷四五，第930頁）

十六日，松溪縣雨雹。（康熙《建寧府志》卷四六《災祥》）

大雨雹。（康熙《松溪縣志》卷一《災祥》；嘉慶《慶元縣志》卷一一《祥異》；光緒《處州府志》卷二五《祥異》）

旱，蝗。（乾隆《曲阜縣志》卷二九《通編》）

九月

丁卯，户部奏：“江西南昌等十三府、九江等五衛，湖廣荆州等十一府、沅州等十四衛今歲四月至六月不雨，田禾盡枯，而二處歲徵税糧、起運綿布，皆係供給京儲。今京通二倉所儲有限，而費用無窮，若槩蠲免，恐誤國用，請令各布按二司官重為審驗，奏聞區處。”從之。（《明憲宗實録》卷四六，第947頁）

辛巳，免萬全都司衛所屯田子粒五千八百四十一石有奇，草一萬三千八束，以冰雹水旱之災也。（《明憲宗實録》卷四六，第960頁）

丙戌，命減四川鹽引納米則例。時湖廣、貴州、雲南、四川官軍日用糧草萬計，兼以旱災減免税糧，巡撫都御史汪浩請……（《明憲宗實録》卷四六，第965頁）

十一月

甲子，免萬全都司保安右等衛屯田子粒一千七十四石有奇，馬草二千一百五十一束有奇，以夏秋冰雹之災也。（《明憲宗實録》卷四八，第983～984頁）

十二月

壬寅，以旱災召江西清軍御史楊琅還京，命巡按御史兼理其事。（《明憲宗實録》卷四九，第1001頁）

甲辰，巡按江西監察御史趙敔言：“近往南昌、九江、南康等屬縣巡歷，鄉村場圃寸草無積，所至百姓成羣攔擁訴告，備説今歲旱傷特甚，米價高貴。”（《明憲宗實録》卷四九，第1002頁）

丁巳，巡撫四川右副都御史汪浩奏：“四川重慶等府、瀘州等州所屬水旱相仍，人民死徙，兵食不足，皆臣失職所致，伏乞罷歸田里。”上諭以軍需宜從減措置，所請罷歸不允。（《明憲宗實録》卷四九，第1009頁）

壬午，分守荆襄右參將都指揮同知王信奏：“川江、漢江廣闊相距各千餘里，附近郡邑今歲（廣本作‘年’）荒旱，民多流寓于此，有為饑寒所迫潛起為盗者，恐聚集既衆，釀成大患。”（《明憲宗實録》卷四九，第1010頁）

是年

大旱，人相食。（乾隆《狄道州志》卷一一《祥異》）

大水。（順治《新修豐縣志》卷九《災祥》；康熙《寧晉縣志》卷一《災祥》；光緒《豐縣志》卷一六《災祥》）

大蝗。（嘉慶《中部縣志》卷二《祥異》）

海溢，溺萬人。（光緒《嘉興府志》卷三五《祥異》）

河水漲溢。（民國《奉天通志》卷一五《大事》）

蝗蝻傷稼。（乾隆《陳州府志》卷三〇《雜志》；民國《淮陽縣志》卷八《災異》）

湖廣旱。（道光《永州府志》卷一七《事紀畧》）

夏，大旱，同知謝庭桂禱雨有應。（成化《重修毗陵志》卷二七《祠廟》）

雷，震死劉家營（劉家口）官馬八匹。（康熙《永平府志》卷三《災祥》）

水。（崇禎《吳縣志》卷一一《祥異》）

海溢，溺死男女萬餘人。（康熙《嘉興府志》卷二《祥異》）

水，復大饑。（民國《太和縣志》卷一二《災祥》）

旱。（嘉靖《馬湖府志》卷七《雜志》；乾隆《遂寧縣志》卷一二《雜記》；乾隆《武寧縣志》卷一《祥異》；乾隆《玉屏縣志》卷一《祥異》；民國《潼南縣志》卷六《祥異》）

旱，八分災，巡按御史趙奏准免糧五分。（嘉靖《臨江府志》卷四《歲眚》）

旱，巡按御史趙奏免稅糧十分之五。（道光《新喻縣志》卷六《蠲免》；道光《新淦縣志》卷二八《祥異》）

蝗傷稼。（民國《項城縣志》卷三一《祥異》）

大水，橋嚙且絕者百數。（民國《湖北通志》卷八《隄防》）

播州大旱。（乾隆《貴州通志》卷一《祥異》）

成化四年（戊子，一四六八）

正月

甲子，召湖廣清軍御史吕璨還京，以境内旱荒暫停止也。（《明憲宗實録》卷五〇，第 1015 頁）

丙子，月食，有陰雲蔽之。（《明憲宗實録》卷五〇，第 1020 頁）

乙酉，辰時，日暈，生左右珥及背氣，青赤色鮮明。（《明憲宗實録》卷五〇，第 1025 頁）

丙戌，夜，月犯南斗魁第二星。（《明憲宗實録》卷五〇，第 1026 頁）

二月

壬辰朔，以水旱免直隸高陲州成化三年秋粮六萬五百七十九石有奇，馬草九萬五百餘包。（《明憲宗實録》卷五一，第 1031 頁）

癸巳，夜，西方流星大如盞，赤色，光明燭地，自上臺西南行至北河，尾跡後散。（《明憲宗實録》卷五一，第 1031 頁）

己亥，昏刻，火星犯昴宿月星。（《明憲宗實録》卷五一，第 1033～1034 頁）

癸卯，夜，月犯軒轅左角星。（《明憲宗實録》卷五一，第 1039 頁）

己酉，昏刻，火星犯天街上星。（《明憲宗實録》卷五一，第 1042 頁）

庚戌，夜，月犯房宿南第二星。（《明憲宗實録》卷五一，第 1042～1043 頁）

丁巳，巡撫湖廣右副都御史羅篪奏："湖廣薦罹水旱，民饑粮少，請令江西九江府所收船鈔改納米，運往被災地方賑濟。"已而，巡按江西御史趙敔又奏："九江之旱尤甚，他方宜存本處賑濟，如例加息還官，秋成停止。"

從之。(《明憲宗實録》卷五一，第 1049 頁)

朔，日食，十二月，又食。(乾隆《銅陵縣志》卷一三《祥異》)

三月

癸亥，夜，南方流星如盞大，黄白色，光明燭地，自尾宿東南行至雲中。(《明憲宗實録》卷五二，第 1051 頁)

甲子，免湖廣荆州等一十四府、七十五州縣，并武昌等二十三衛所無徵田粮子粒一百七萬三千二十餘石，以去年夏旱故也。(《明憲宗實録》卷五二，第 1051～1052 頁)

乙丑，夜，月犯五車東南星。(《明憲宗實録》卷五二，第 1052 頁)

丁卯，夜，月犯五諸侯南第一星。(《明憲宗實録》卷五二，第 1053 頁)

戊辰，夜，月犯鬼宿西北星。(《明憲宗實録》卷五二，第 1054 頁)

庚午，夜，月犯軒轅火星。(《明憲宗實録》卷五二，第 1054 頁)

癸酉，免湖廣户口塩鈔二年，以户科右給事中劉昊奏其地災傷故也。(《明憲宗實録》卷五二，第 1056 頁)

戊寅，免應天、安慶二府，并安慶衛旱災無徵田粮子粒共六萬六千四百三十餘石，草六萬三千六百一十八包有竒。(《明憲宗實録》卷五二，第 1057 頁)

戊寅，夜，月掩心宿東星。(《明憲宗實録》卷五二，第 1058 頁)

癸未，免直隷淮安府一州三縣，邳州、高陲二衛災傷無徵秋糧子粒共二萬七千六百五十餘石。(《明憲宗實録》卷五二，第 1061 頁)

四月

癸巳，昏刻，木火二星合於井宿。(《明憲宗實録》卷五三，第 1068 頁)

丙申，夜，南方流星大如盞，青白色，有光，自亢宿西南行至軫宿，後二小星随之。(《明憲宗實録》卷五三，第 1069 頁)

丁酉，夜，月犯軒轅大星。(《明憲宗實録》卷五三，第 1069 頁)

庚子，免南京鷹揚等十一衛無徵子粒一萬四千五百五十四石有竒，以去

年夏秋旱災也。（《明憲宗實録》卷五三，第1071頁）

甲辰，禮部尚書姚夔等言："竊見今年自春徂夏，天氣寒慘，風霾陰翳，日色無光。近一二日来，黄霧蔽天，晝夜不見星日。况今四月中旬，雷不發聲。"（《明憲宗實録》卷五三，第1073頁）

丙午，上諭禮部曰："天久不雨，兼以連日風霾，朕心憂懼，其以本月十八日為始，致齋三日，以答天譴，仍禁屠宰三日。"（《明憲宗實録》卷五三，第1074～1075頁）

壬子，户部臣言："今年自春至夏，亢旱不雨，陰風晝夜不息。其湖廣、山東、河南并南北直隸，軍民所種二麥無收，南京三月大雪盈尺，鳳陽諸處餓殍載道，四川、貴州用兵日費千金，西北二邊寇賊徵剿未已，加以上年江西、湖廣災傷，饋運悉皆蠲免，米價所在騰貴。若非蚤為之所，切恐貽患匪輕，宜通行天下。"（《明憲宗實録》卷五三，第1078頁）

壬子，昏刻，金木二星合於井宿。（《明憲宗實録》卷五三，第1078頁）

丁巳，刑科給事中虞瑶言："比者承運庫奏稱賞賜段疋不足，令浙江、福建及應天府存留税糧支買一萬贓罰等銀，倍買足之。夫税糧與銀所以為賑濟之資、不虞之備，今乃悉歸措買之用，設再旱澇，將何以為賑濟乎？"（《明憲宗實録》卷五三，第1084～1085頁）

戊午，户科給事中賀欽言："今年自春徂夏，災異迭作，或風霾累日，或黄霧障天，或狂風怒號，始恒陰而少晴，繼夂旱而不雨。"（《明憲宗實録》卷五三，第1087頁）

大旱，禱祀北嶽。（順治《渾源州志》附《恒岳志》卷上）

大水。（萬曆《將樂縣志》卷一二《災祥》）

五月

乙丑，昏刻，月犯軒轅左角星。（《明憲宗實録》卷五四，第1094頁）

丙寅，命南京守備太監安寧、成國公朱儀、尚書李賓會同三法司審録獄囚。時南京亦夂不雨，應天府府尹畢亨以緩刑弛力為言，故有是命。（《明憲宗實録》卷五四，第1094頁）

丁卯，工部右侍郎兼翰林院學士劉定之以久旱上言四字（疑當作“事”）：一曰求天地之心。夫天氣下降，地氣上升，則陰陽和，而雨澤降。今久旱風霾，天地之氣不和而致然也。……（《明憲宗實録》卷五四，第1094～1095頁）

壬申，月犯房宿第二星。（《明憲宗實録》卷五四，第1099頁）

乙亥，曉刻，月犯南斗魁第三星。（《明憲宗實録》卷五四，第1101頁）

庚辰，昏刻，火星犯鬼宿西北星。（《明憲宗實録》卷五四，第1105頁）

癸未，昏刻，火星入鬼宿，犯積尸氣。（《明憲宗實録》卷五四，第1107頁）

霧，麥死。秋，霪雨，禾腐。（嘉靖《通許縣志》卷上《祥異》）

庚申，雨雹，大旱。歲大饑。（康熙《應山縣志》卷二《兵荒》）

庚申，雨雹。夏，大旱。（同治《随州志》卷一七《祥異》）

五、六月間，楚省大旱。（同治《大冶縣志》卷一〇《方外》）

六月

癸巳，酉刻，金星晝見于申。（《明憲宗實録》卷五五，第1112頁）

丙申，金星晝見于申。（《明憲宗實録》卷五五，第1112頁）

庚子，昏刻，月掩星宿東星。（《明憲宗實録》卷五五，第1115頁）

乙巳，夜，月犯十二諸國秦星。（《明憲宗實録》卷五五，第1118頁）

丙午，以旱災免江西南昌等府衛官民田，并山塘、屯田秋糧子粒凡二百八十八萬六千三百餘石。（《明憲宗實録》卷五五，第1118頁）

戊申，金星犯靈臺上星。（《明憲宗實録》卷五五，第1119頁）

旱，水涸，運道幾絶。（光緒《無錫金匱縣志》卷三一《祥異》）

（常州）旱，水涸，運河幾絶流。（成化《重修毗陵志》卷三二《祥異》；康熙《常州府志》卷三《祥異》）

大水。（康熙《費縣志》卷五《災異》；康熙《兖州府志》卷二九

《災祥》）

旱，水涸，運河幾絶流。（弘治《重修無錫縣志》卷二七《祥異》）

常州旱，水涸，運河絶流。命廷臣按視，免田租之被災者。（成化《重修毗陵志》卷三二《祥異》）

旱。（嘉靖《靖江縣志》卷四《編年》；乾隆《南安府大庾縣志》卷一《祥異》）

七月

己未，夜，北方流星如盞大，青白色，光明燭地，自閣道旁西北行衝勾陳，尾跡後炸散。（《明憲宗實録》卷五六，第1136頁）

甲子，是日，曉刻，土星犯天囷西第一星。（《明憲宗實録》卷五六，第1141頁）

丙戌，夜，東方流星如盞大，青白色，有光，自外屏東南行至天苑。（《明憲宗實録》卷五六，第1157頁）

八月

癸巳，辰刻，京師地震有聲。（《明憲宗實録》卷五七，第1159頁）

甲午，夜，月犯房宿南第二星。（《明憲宗實録》卷五七，第1160頁）

丙申，南京守備成國公朱儀等言："南京今歲亢旱無收，來春米值必至騰貴。"（《明憲宗實録》卷五七，第1160頁）

己亥，免順天府通州今年被災夏税五百八十六石有奇。（《明憲宗實録》卷五七，第1163頁）

辛丑，以旱灾免直隸建德、東流二縣無徵秋粮五千七百一十餘石，馬草七千六百五十餘包。（《明憲宗實録》卷五七，第1163頁）

甲寅，曉刻，月犯軒轅右角星。（《明憲宗實録》卷五七，第1170頁）

九月

己未，夜，客星見星五度，東北行。（《明憲宗實録》卷五八，第1172頁）

辛酉，詔發陝西預備倉糧，以賑饑民。時甘肅總兵官定西侯蔣琬奏："甘涼之地，形勢孤懸，密邇朔漠，其為控制，自古稱難。今見在倉糧止有二十萬石，僅足一年支用。自春夏以来，風勁砂飛，所種田苗，秋成無望，米價騰踴，人心憂怖。"（《明憲宗實録》卷五八，第1173頁）

癸亥，夜，客星色蒼白，光芒長三丈餘，尾指西南，變為彗星。（《明憲宗實録》卷五八，第1173頁）

丙寅，太子少保兵部尚書兼文淵閣大學士彭時等言："比年以来，地震水旱相仍，民不聊生。邇者彗星復見，災異尤甚，皆臣下不職所致，乞賜罷免。"不允。（《明憲宗實録》卷五八，第1174～1175頁）

戊辰，彗星晨見東北方。（《明憲宗實録》卷五八，第1175～1176頁）

己巳，彗星昏見西南方。六科給事中魏元等言："……近日彗星又見東方，光拂台垣。"（《明憲宗實録》卷五八，第1176頁）

己巳，十三道監察御史康永韶等亦奏："竊聞天心仁愛人君，乃出災異以譴告之。比者雷震殿門，風拔陵木，旱澇遍於寰宇，地震見乎中外，星象垂異，密邇三垣。況今西兵失利，南北薦饑，以此人事遇此天時，誠可懼之甚也。"（《明憲宗實録》卷五八，第1179頁）

庚午，太子少保户部尚書馬昂不學無術，妨政害民，納饋送之女，結勢要之人，四方水旱，賑救無方，三邊軍餉調調（疑當作"度"）無策。（《明憲宗實録》卷五八，第1185頁）

庚午，昏刻，彗星犯三公星。（《明憲宗實録》卷五八，第1185頁）

辛未，昏刻，彗星犯北斗摇光星。（《明憲宗實録》卷五八，第1186頁）

癸酉，免河南汝寧府諸州縣正官明（疑脱"年"字）朝覲，以旱乆民饑，而多盗賊也。（《明憲宗實録》卷五八，第1187頁）

甲戌，爾者彗出軒轅，犯三台，掃文昌北斗。（《明憲宗實録》卷五八，第1188頁）

丁丑，昏刻，彗星犯七公西第四星。（《明憲宗實録》卷五八，第1192頁）

壬午，昏刻，彗星入天市垣。（《明憲宗實録》卷五八，第1194頁）

彗星見室南。（道光《觀城縣志》卷一〇《祥異》）

十月

乙巳，彗星出天市垣，其體漸小。（《明憲宗實録》卷五九，第1208～1209頁）

甲寅，彗星犯天屏西第一星。（《明憲宗實録》卷五九，第1214頁）

辛亥朔，地震有聲。（光緒《咸甯縣志》卷八《災祥》）

十一月

庚申，夜，彗星滅。（《明憲宗實録》卷六〇，第1208頁）

十二月

除夕日，黄河積冰，水進入城，民多避水于老君墊。（嘉靖《柘城縣志》卷一〇《災祥》）

是年

春，旱。（道光《永州府志》卷一七《事紀畧》）

春夏，不雨。（同治《上江兩縣志》卷二下《大事下》；民國《首都志》卷一六《歷代大事表》）

夏，大旱，水竭。（隆慶《溧陽縣志》卷一六《祥異》；嘉慶《溧陽縣志》卷一六《瑞異》）

河決，祥符浸溢，至杞民饑。（乾隆《杞縣志》卷二《祥異》）

大水。（嘉靖《貴州通志》卷一〇《祥異》；萬曆《桃源縣志》卷上《祥異》；雍正《應城縣志》卷七《災祥》；康熙《湖廣武昌府志》卷三《災異》；康熙《咸寧縣志》卷六《災祥》；嘉慶《重修慈利縣志》卷六《荒歉》；道光《安陸縣志》卷一四《祥異》；光緒《咸甯縣志》卷八《災祥》；民國《慈利縣志》卷一八《事紀》）

大旱。（道光《重慶府志》卷八《孝友》；光緒《麻城縣志》卷一《大事》；民國《麻城縣志前編》卷一五《災異》；民國《南昌縣志》卷五五

《祥異》）

旱，免租七千三百石。（道光《江陰縣志》卷八《祥異》）

鳳陽饑。（光緒《盱眙縣志稿》卷一四《祥祲》）

費縣大饑。（乾隆《沂州府志》卷一五《記事》）

夏，大旱。（康熙《高淳縣志》卷二〇《祥異》；光緒《溧水縣志》卷一《庶徵》；民國《高淳縣志》卷一二下《祥異》）

旱。（萬曆《合肥縣志·祥異》；同治《贛縣志》卷五三《祥異》；同治《奉新縣志》卷一六《祥異》）

大旱，詔民間捐賑粟四百石者，授七品散官服。（同治《嵊縣志》卷二六《祥異》）

大雨，海溢。（嘉靖《太平縣志》卷一《祥異》；康熙《台州府志》卷一四《災變》；光緒《黄巖縣志》卷三八《變異》）

秋，旱蝗，有司捕之。（光緒《淮安府志》卷四〇《雜記》）

秋，霪雨，禾腐。（乾隆《通許縣舊志》卷一《祥異》）

饑。（光緒《五河縣志》卷一九《祥異》）

大旱，饑。（嘉慶《廬江縣志》卷二《祥異》；光緒《廬江縣志》卷一六《祥異》）

春夏，亢旱不雨，陰風晝夜不息，湖廣、山東、河南并南北直隸二麥無收，米價騰貴。（康熙《瀏陽縣志》卷九《賑恤》）

夏，以雨暘不時，遣真定府知府邢簡祈祀北嶽。（光緒《曲陽縣志》卷五《大事記》）

夏，溧水大旱。（萬曆《溧水縣志》卷一《邑紀》）

夏，天雨粟，雨雹。（乾隆《德安縣志》卷一四《祥祲》）

又經水患。（道光《重修郪陽縣志》卷二《建置》）

邑大旱，禱雨久不應。冯縣丞請爇禱之，未三日，大雨霑足。（乾隆《郯城縣志》卷九《孝友》）

蝗，捕之愈盛。太守楊公泉虔禱，雨降蝗滅。歲大稔。（雍正《安東縣志》卷一五《祥異》）

大旱，免南昌等府衛官民田，并山蕩屯田秋糧子粒凡二百八十八萬六千三百餘石。（同治《南昌府志》卷六五《祥異》）

大水決堤五十餘丈，漂民居十餘家。（嘉靖《豐乘》卷一《邑紀》）

潦。（康熙《陳留縣志》卷三八《災祥》）

旱，大饑。（康熙《鍾祥縣志》卷一〇《祥異》）

大旱，居民禱雨於此，遂獲有秋。（道光《枝江縣志》卷二《山川》）

大旱，（吴儉）輸穀千餘石以給貧人，有司以聞。（雍正《四川通志》卷一〇《孝友》）

秋，旱，蝗，有司捕之，熾。太守楊景親詣蝗所齋戒致祀，翌日大雨，蝗死。歲大稔。（乾隆《山陽志遺》卷一八《祥祲》）

四年、十年俱大水，舟入市。饑。（康熙《孝感縣志》卷一四《祥異》；光緒《孝感縣志》卷七《災祥》）

成化五年（己丑，一四六九）

正月

丁巳，夜，有流星大如盞，青白色，光明燭地，自星宿西南行至近濁。（《明憲宗實録》卷六二，第1259頁）

乙丑，夜，月犯五諸侯南第一星。（《明憲宗實録》卷六二，第1260頁）

己巳，夜，月入鬼宿，犯積尸氣。（《明憲宗實録》卷六二，第1265頁）

庚午，夜，月食既。（《明憲宗實録》卷六二，第1265頁）

癸酉，南京守備成國公朱儀等奏：“南京英武等衛屯田旱災無收，其地與鳳陽府相連，今鳳陽饑民皆獲賑濟，軍民同體，亦乞給糧拯救。”從之。（《明憲宗實録》卷六二，第1267頁）

戊寅，夜，月犯心宿。（《明憲宗實録》卷六二，第1273頁）

己卯，夜，有流星赤色，尾跡有光，自氐〔氐〕宿東南行至近濁。（《明憲宗實録》卷六二，第1274頁）

辛巳，以湖廣旱災，開中兩浙及福建運司存積官鹽。兩浙一十六萬六千八百六十一引，每引粳粟米小麥六斗；福建二十萬引，每引粳米小麥四斗。(《明憲宗實録》卷六二，第1275頁)

二月

庚寅，免四川瀘州及營昌、大足、銅梁、滎、江安、納溪六縣税糧共六萬八千一百餘石，以水旱災故也。(《明憲宗實録》卷六三，第1279頁)

癸巳，曉刻，金星犯牛宿。(《明憲宗實録》卷六三，第1279頁)

丙申，夜，月犯木星，又犯鬼宿。(《明憲宗實録》卷六三，第1283頁)

癸卯，夜，流星大如盞，自西北行至井宿。(《明憲宗實録》卷六三，第1288頁)

乙卯，夜，南京大雨，雷震山川壇具服殿之獸吻。(《明憲宗實録》卷六三)

己卯，霧四塞，日無光。(康熙《通州志》卷一一《災異》)

雷震山川壇具服獸殿吻，是歲，無麥。(民國《首都志》卷一六《歷代大事表》)

閏二月

己未，雨霾，天氣昏蒙，黄塵四塞。(《明憲宗實録》卷六四，第1296頁)

己未，是夜，月犯昴宿。(《明憲宗實録》卷六四，第1296頁)

癸亥，夜，月犯積薪及木星。(《明憲宗實録》卷六四，第1300頁)

甲子，夜，月犯軒轅御女星。(《明憲宗實録》卷六四，第1301頁)

己卯，日色變白，土霾四塞。(《明憲宗實録》卷六四，第1305頁)

癸未，夜，廣東瓊山縣雨雹大如斗。(《明憲宗實録》卷六四，第1308頁)

風霾。(康熙《大城縣志》卷八《災祥》)

三月

癸卯，夜，五色雲鮮明，暈月，良久漸散。（《明憲宗實録》卷六五，第1317頁）

四月

丁巳，湖廣連歲旱饑，税入數少，全給為難。上命於折色内各增給米一百石。（《明憲宗實録》卷六六，第1324頁）

丙子，夜，東方流星如盞大，光明燭地，自天津東行室宿，尾跡炸散。（《明憲宗實録》卷六六，第1334頁）

六月

癸丑朔，日食……是日日食在午時。（《明憲宗實録》卷六八，第1351頁）

辛酉，上諭法司臣曰："今天氣炎熱，兩法司并錦衣衛見監問罪囚，凡徒流以下宜即時處治其罪；其罪犯深重，情可矜疑並枷項示眾者，并具録以聞。"（《明憲宗實録》卷六八，第1353頁）

乙丑，夜，北方流星大如盞，赤色，光明燭地，自勾陳旁西行至天紀，尾跡炸散。（《明憲宗實録》卷六八，第1355頁）

河決杏花營，有卵浮於河，大如人首，下鋭上圓，質青白，蓋龍卵也。（《明史·五行志》，第439頁）

七月

丙戌，詔常州府應納南京各衛倉夏税改徵銀價，以水災從巡按都御史邢宥請也。（《明憲宗實録》卷六九，第1363頁）

辛卯，夜，東方流星如盞大，青白色，光明燭地，自大陵東北行至雲中，後三小星随之。（《明憲宗實録》卷六九，第1366頁）

壬辰，夜，月犯南斗魁第三星。（《明憲宗實録》卷六九，第1366頁）

己亥，夜，東方流星如盞大（廣本作“大如盞”），青白（廣本無“白”字）色，尾跡有光，自井宿東南行至雲中。（《明憲宗實録》卷六九，第 1369 頁）

癸卯，夜，月犯昴宿東北（廣本作“南”）星。（《明憲宗實録》卷六九，第 1370 頁）

己酉，曉刻，木星犯軒轅大星。（《明憲宗實録》卷六九，第 1373 頁）

十四日，福安、東平二溪水溢，疾風猛雨從之，大浸稽天。方之洪武十九年，水加五尺餘。（萬曆《福寧州志》卷一六《時事》）

八月

丁卯，夜，月生左右珥，赤黄色鮮明，良久漸散。（《明憲宗實録》卷七〇，第 1380 頁）

十月

己卯，開中兩淮、兩浙、河東鹽于陝西蘭縣，總八十萬引有奇。是歲，陝西旱荒，人民缺食，巡撫都御史馬文升奏請開中引鹽，召商於蘭縣缺糧倉分上納，户部定議淮鹽每引米一斗麥五升。（《明憲宗實録》卷七二，第 1406 頁）

朔，安陸地震有聲，城垣傾者數丈。（道光《安陸縣志》卷一四《祥異》）

十二月

辛亥，遣英國公張懋、撫寧侯朱永、武靖侯趙輔祭告天地、社稷、山川。先是，禮部奏：“今歲自十月無雪，當寒反燠，恐來年二麥不登，有失農望，宜擇日齋戒祈禱。”故有是命。（《明憲宗實録》卷七四，第 1421 頁）

丙辰，河南汝寧府，湖廣武昌、漢陽、岳州等府同日地震。（《明憲宗實録》卷七四，第 1422 頁）

乙丑，六科給事中劾奏：“道録司左玄義許祖銘奉勅祈雪，穢言懟天，

仗劍斬風，褻天慢神，莫此為甚。”（《明憲宗實録》卷七四，第1425頁）

丙寅，免順天府薊州等處糧五千二百八十石，草一十六萬三千四百二十八束，永平府灤州等處糧六千三百五十八石，馬草五萬一千四百八十束，大寧營州中屯等衛糧一萬六千三十八石，俱以水災故也。（《明憲宗實録》卷七四，第1426頁）

戊辰，太子少保兵部尚書兼文淵閣大學士彭時等奏：“今冬臘將盡，雨雪缺少，非惟宿麥在野，無潤澤之入，抑恐春氣相乘，有疫癘之變。”……上曰：“朕不德，不能感召天地之和，以致雨暘不時，冬令無雪，歲事甚可慮之。朕雖省躬忱禱，未獲嘉應，今覽来章所言皆是，宜悉行之，庶民無怨諮，和氣致祥，以獲豐年之慶。”（《明憲宗實録》卷七四，第1426～1427頁）

壬申，兵部言：“馬政固不可緩，而民隱尤所當恤。今年山東、河南、兩直隷多水旱艱食，宜輕之，以待來年。”从之。（《明憲宗實録》卷七四，第1429～1430頁）

是年

施家淵隄決。（光緒《荆州府志》卷七六《災異》）

丹陽、金壇大水。（光緒《丹陽縣志》卷三〇《祥異》）

夏，大水，海漲，飄没民居，鹹潮害稼。（道光《璜涇志稿》卷七《災祥》）

山西汾水傷稼。（《明史·五行志》，第450頁）

大旱。（道光《博平縣志》卷一《禨祥》）

旱，知府田臻禱而得雨。（崇禎《松江府志》卷五三《道院》）

朝京橋，己丑洪水汎濫，橋傾圮數楹，民罹墊溺。（民國《泰寧縣志》卷二〇《交通》）

湖廣大水。（光緒《湖南通志》卷二四三《祥異》）

大水，橋决。（嘉慶《臨武縣志》卷一二《津梁》）

洪水，城市通舟，民居多蕩析。（萬曆《辰州府志》卷一《災祥》）

洪水泛溢，室廬為湖，民幾墊溺，或攀樹枝。（嘉靖《常德府志》卷一九《賦詠》）

大水，漂民屋廬甚眾。（康熙《龍陽縣志》卷一《祥異》）

大旱，蝗。饑。（萬曆《澧紀》卷一《災祥》）

大水。（嘉慶《沅江縣志》卷二二《祥異》）

慶遠蝗殺稼。（嘉靖《廣西通志》卷四〇《祥異》）

冬，六合大雪。（雍正《六合縣志》卷八《災祥》）

五、六、七、八年連年大旱。（康熙《孝感縣志》卷一四《祥異》；光緒《孝感縣志》卷七《災祥》）

成化六年（庚寅，一四七〇）

正月

丙戌，夜，東方流星如盞大，赤色，光燭地，自右旗東南行至（廣本"至"下有"大"字）建星，尾跡炸散。（《明憲宗實録》卷七五，第1440頁）

丁亥，河南地震。（《明憲宗實録》卷七五，第1440頁）

己丑，掌太常寺事禮部尚書李希安等奏："伏見天地壇外松柏樹葉自本月初七日至初十日有甘露降，其凝如脂，其味如飴。"（《明憲宗實録》卷七五，第1441頁）

庚寅，夜，月犯井宿東扇北第一星。（《明憲宗實録》卷七五，第1442頁）

壬辰，昏刻，月犯鬼宿東南星。夜，東方流星如盞大，赤白（抱本無"白"字）色，光明燭地，自正東雲中行至東南雲中，後三小星隨之。（《明憲宗實録》卷七五，第1443頁）

丁酉，夜，月犯房宿南第二星。（《明憲宗實録》卷七五，第1444頁）

辛丑，夜，月犯狗星東南星。（《明憲宗實録》卷七五，第1448頁）

大水，無麥。（康熙《秀水縣志》卷七《祥異》；光緒《嘉興府志》卷三五《祥異》；光緒《嘉善縣志》卷三四《祥眚》；光緒《桐鄉縣志》卷二〇《祥異》；光緒《平湖縣志》卷二五《祥異》）

二月

戊午，禮科給事中吴穳奏："近聞巡撫僉都御史閻本欲於真定等府大興修城之役，見今亢旱不雨，麥苗將枯，民心皇皇，已無所措，宜暫停是役，以待豐年量加修葺。"從之。（《明憲宗實録》卷七六，第1459頁）

己未，夜，北方流星如盞大，色青白，有光。（《明憲宗實録》卷七六，第1460頁）

庚申，以水災免福建福、漳二府成化五年糧一萬五百二十餘石。（《明憲宗實録》卷七六，第1460頁）

丙寅，以水災免山西平遥縣秋糧九千二百六十餘石，馬草一萬八千五百二十餘束。（《明憲宗實録》卷七六，第1463頁）

辛未，時兵部尚書馬圭等言："……今東作將興，倘有不加意賑卹，使得盡力耕農，竊恐秋成失望，民饑盗起。況又四川瘡痍未瘳，兩廣盗攘未息，疫癘大行於閩粵，災異迭見於淮南，且連年四方旱潦相仍，南北畿甸、河南、山東雨雪愆期，二麥槁死，而荆襄流民動以數十萬計，衣食所迫，姦盗由之，思患預防，不可無策。"（《明憲宗實録》卷七六，第1466頁）

壬申，勑諭文武群臣曰："朕紹膺景運，六載于兹，夙夜靡寧，圖惟治理，而自冬徂春，災異薦臻，雨雪不降。朕慮民生弗遂，憂切于懷，永惟災咎之徵，必由人事感召，豈朕德有不敏，而政多鈌歟？"（《明憲宗實録》卷七六，第1469頁）

甲戌，河南魯山縣天鼓鳴。（《明憲宗實録》卷七六，第1472頁）

丁丑，車駕詣南郊山川壇禱雨，免百官早朝，令先詣壇所俟駕。是日早，陰雲四合，若將雨狀。未幾，大風揚沙，天地昏暗（廣本作"昧"），竟日始息。（《明憲宗實録》卷七六，第1478頁）

丁丑，河南開封府晝晦如夜，黄霾蔽天。（《明憲宗實録》卷七六，第

1478 頁）

戊寅，湖廣應山縣雨粟。（《明憲宗實録》卷七六，第 1479 頁）

象山縣雨，白霧，山林、草木、行人鬚眉皆白，數日乃止。（嘉靖《寧波府志》卷一四《機祥》）

廿八日，清明後之二日也，旦時，微風，後漸大。至辰時風自西北來，沙土滃然東騖，其色正黄，視街衡如柘染，然土沾人手面，洒洒如濕。少頃，天地晦冥，微覺窗牖間紅如血，視望雲天，煌煌如絳紗，室内如夜，非燈不可辨，而紅色漸黯黑。至午未時復黄，始開朗。三月一日辰、巳時，微雨，午後忽黄氣四塞，日色如青銅，無風而雨土，以帚輕掃拂之，勃勃如塵，積地皆黄色，至暮益甚。中夜有風有霄，明旦乃大雨土，仰望雲天昏黄，四際尤甚，時或紅黑。至六日，始發東北風，七日乃雨，至八日午後始霽。（《懸笥瑣探·風變得雨》）

二十八日，大風，雨沙，色黄，染人手目，天地晦冥，色映窗牖間如血，已而黯黑，不辨人色。（光緒《大城縣志》卷一〇《五行》）

天雨白霧，山林、草木、行人鬚眉皆白，數日乃止。（嘉靖《象山縣志》卷一三《雜志》）

清明節後三日，大風從西北起，下雨如血，天色如絳紗，日色如暮夜，空中非燈燭不辨，至午始開朗。（民國《順義縣志》卷一六《雜事記》）

三月

庚辰朔，免河南汝州粮三萬七千六百石有奇，草四萬八千餘束，以去年旱災故也。（《明憲宗實録》卷七七，第 1481 頁）

辛巳，京師雨霾晝晦，陕西寧夏大風揚沙，黄霧四塞。（《明憲宗實録》卷七七，第 1483 頁）

癸未，昏刻，月犯金星。（《明憲宗實録》卷七七，第 1483 頁）

甲申，免湖廣各府衛及土官衙門去年秋糧二十八萬石有奇，以夏大水故也。（《明憲宗實録》卷七七，第 1484 頁）

甲申，免山東青州等府去年秋糧三十九萬九百石有奇，草七十萬八千九

百餘束，以水旱災傷也。（《明憲宗實録》卷七七，第1484頁）

甲申，六科給事中潘榮等言："兹以雨雪愆期，災異迭見，皇上降詔自責，躬行祈禱，復令大臣盡言，以新時政。皇上敬天勤民之心如此，其至是宜上天感格，雨澤應期。今乃連日風霾累作，天道晦冥，妖沴之氣，赤而復黑，災變至此，識者寒心。上天之意，盖必有在，豈應天以實之道，猶有所未至歟?"（《明憲宗實録》卷七七，第1484～1485頁）

乙酉，上曰："皇城内亦係切要，一體修理。"於是，工科給事中高斐言："去冬無雪，今春少雨，麥苗枯槁，穀種未播，赤地千里，人心忷然。近又黄霧障天，陰霾累日。"（《明憲宗實録》卷七七，第1489頁）

壬辰，免直隸蘇、松、常、鎮四府，蘇州、太倉、鎮江三衛去年秋糧二十四萬八千餘石，屯糧七千一百餘石，以水旱災傷也。（《明憲宗實録》卷七七，第1493頁）

辛丑，夜，東方流星如盞大，青白色，有光，自天津東北行至近濁。（《明憲宗實録》卷七七，第1502頁）

癸卯，夜，木星留守軒轅。（《明憲宗實録》卷七七，第1506頁）

丁未，免直隸池州、寧國二府去年秋糧一萬八千七百餘石，宣州衛屯糧二百六十餘石，以水旱災也。（《明憲宗實録》卷七七，第1507頁）

三日，微雨……次日大雨，時天或紅或黑。（光緒《大城縣志》卷一〇《五行》）

壬午，黄霧，染人鬚眉。（光緒《無錫金匱縣志》卷三一《祥異》）

朔，石樓縣風霾。（乾隆《汾州府志》卷二五《事考》）

朔……太原雨雹，大如雞卵，傷稼。（雍正《山西通志》卷一六二《祥異》）

甲申，免被災税糧。（乾隆《諸城縣志》卷二《總紀上》）

壬午，昏霾着人，鬚眉皆黄。（弘治《重修無錫縣志》卷二七《祥異》）

壬午，霾著人，鬚眉皆黄。（光緒《武進陽湖縣志》卷二九《祥異》）

孝感、安陸旱。（民國《湖北通志》卷七五《災異》）

四月

庚戌，立夏，雷未發聲，陰霾四塞。（《明憲宗實録》卷七八，第1509頁）

壬戌，天鼓鳴。（《明憲宗實録》卷七八，第1515頁）

甲子，以水災免浙江烏程、歸安、長興、德清、武康、仁和六縣税粮，共六萬六千二百餘石。（《明憲宗實録》卷七八，第1515～1516頁）

丙寅，以水災免直隸溧水、溧陽、句容、六合、江浦、當塗、蕪湖七縣税粮共三萬六千四百餘石。（《明憲宗實録》卷七八，第1517頁）

丙子，曉刻，月犯昴宿。（《明憲宗實録》卷七八，第1524頁）

丙子，是月，山東旱。（《明憲宗實録》卷七八，第1525頁）

大水。（康熙《通州志》卷一一《災異》；光緒《溧水縣志》卷一《庶徵》；民國《順義縣志》卷一六《雜事記》；民國《高淳縣志》卷一二下《祥異》）

旱饑。（乾隆《白水縣志》卷一《祥異》）

水災。（光緒《歸安縣志》卷二七《祥異》）

湖州水災，免税糧。（同治《長興縣志》卷九《災祥》）

大旱。（乾隆《曲阜縣志》卷二九《通編》）

大水，免税。（萬曆《溧水縣志》卷一《邑紀》）

春，旱。夏四月，巡撫翁世資率三司禱雨沂山，有應。（光緒《臨朐縣志》卷一〇《大事表》）

五月

壬午，陝西寧夏地震。（《明憲宗實録》卷七九，第1530頁）

丁亥，免雲南右衛等所并澂江府州縣去年田租一萬四千二百一十六石有奇，以水災故也。（《明憲宗實録》卷七九，第1535頁）

己丑，遣掌太常寺事禮部尚書李希安往山東祭告東嶽泰山、東鎮沂山、東海諸神，祈禱雨澤，以山東亢旱，運河水竭，從禮部請也。（《明憲宗實

録》卷七九，第1535～1536頁）

辛卯，夜，東方流星大如盞，青白色，有光，自壘壁陣東行至近濁。（《明憲宗實録》卷七九，第1540頁）

甲午，曉刻，月犯斗宿下星。（《明憲宗實録》卷七九，第1542頁）

丙申，免陝西蘭州、靖虜、臨洮衛去年夏秋税粮五萬二千二百三十八石有奇，草四萬八千二百九十八束，以旱災故也。（《明憲宗實録》卷七九，第1543頁）

丙申，户科都給事中丘弘奏："近閲本科章奏，各處旱災雖有，而山東、河南尤甚。天下地方雖多，而臨清、濟寧、德州為要，請勑户部於臨清、德州二倉各撥十（廣本作'一'）萬石，或以漕運。南京水軍（廣本、抱本'軍'下有'等'字）衛遭風舡内，撥二十（廣本無'十'字）萬石于二處水次賑濟。"（《明憲宗實録》卷七九，第1543頁）

戊戌，太子少保兵部尚書兼文淵閣大學士彭時等言："近来旱傷去處，除南方路遠未知虚寔，北方惟山東六府并直隷大名、廣府（疑當作'平'）、順德三處（廣本、抱本作'府'）夏麥已全無收。其次，河南地方夏麥或有三二（廣本作'二三'）分，多不過四五分。此三處秋田多未及種，間有種者，苗稼枯槁，將来亦是無成。"（《明憲宗實録》卷七九，第1547頁）

甲辰初，上欲于西山建佛閣。六科給事中言："去歲徂今，四方旱暵，夏麥無收，秋成難必，百姓嗷嗷張口待哺。陰霾晝晦，雨雹、地震無處無之，荆襄流民強梗未服，陝西虜寇侵掠邊疆……"（《明憲宗實録》卷七九，第1550～1551頁）

乙巳，免陝西安定會寧縣去年夏税一萬四百七十九石有奇，安寧、會寧、通渭、寧遠、隴西、彰縣秋粮二萬六千七百四十八石有奇，馬草二萬八千束，以旱災故也。（《明憲宗實録》卷七九，第1552頁）

丙午，寧夏地震。（《明憲宗實録》卷七九，第1554頁）

丁未，直隷高郵州、壽州、合肥縣雨雹，大如雞子。（《明憲宗實録》卷七九，第1555頁）

大水傷禾。（光緒《嘉興府志》卷三五《祥異》；光緒《嘉善縣志》卷

三四《祥告》）

大水。（民國《台州府志》卷一三四《大事略》）

通州張家灣等處被水軍民二千六百六十户，漂損房舍六千四百九十處。（《二申野録》）

丙申，振饑。（乾隆《諸城縣志》卷二《總紀上》）

六月

戊申朔，日食。（《明憲宗實録》卷八〇，第1557頁）

丁巳，火星無光。（《明憲宗實録》卷八〇，第1560頁）

甲子，改淮、揚二府舡料鈔收米，每鈔五貫折收京粟米三升，貯于近倉，以備賑濟，候豐年住折，仍令在京文武官成化六年俸鈔亦暫住支，以去年亢旱故也。（《明憲宗實録》卷八〇，第1563頁）

甲子，夜，月犯泣星。（《明憲宗實録》卷八〇，第1563頁）

戊辰，順天、河間、永平等府大水。（《明憲宗實録》卷八〇，第1564頁）

庚午，吏部尚書姚夔言："自六月以来，淫雨浹旬，潦水驟溢，京城内外軍民之家衝倒房舍，損傷人命，不知其筭。男女老幼，饑餓無聊，棲遲無所，啼號之聲，接于閭巷。按《周禮》以歲時巡國及野，而賙萬民之囏阨，以王命施惠然。則被災囏阨之民，正王命所當施惠者。乞分遣給事中、御史、錦衣衛及户部官督同五城兵馬司取勘，房舍衝倒者與米一石，損傷人口者與米二石，少賙囏阨之苦，用廣賑恤之仁。"上從其言。（《明憲宗實録》卷八〇，第1565頁）

壬申，山東陽信縣雨，雷聲如嘯，隕石一碎為三，其色外黑内青。（《明憲宗實録》卷八〇，第1567頁）

戊辰，永平大水。（民國《盧龍縣志》卷二三《史事》）

大水。次年春，饑。（嘉靖《宣府鎮志》卷六《災祥考》；康熙《龍門縣志》卷二《災祥》；乾隆《蔚縣志》卷二九《祥異》）

大水。（康熙《保安州志》卷一二《災祥》；乾隆《宣化縣志》卷五

《災祥》；乾隆《懷安縣志》卷二二《灾祥》；道光《萬全縣志》卷二《災祥》；同治《西寧縣新志》卷一《災祥》；光緒《懷來縣志》卷四《災祥》；民國《陽原縣志》卷一六《前事》）

大雨五日，水漲高數丈。（萬曆《代州志書》卷二《災祥》）

六日至十一日連大雨，繁峙縣大峪口山崩者數處，水漲平川，高數丈許。其聲如雷，林木崖石皆順流而下，少頃水退。（成化《山西通志》卷七《祥異》）

七月

戊寅，免四川重慶、成都、順慶并東川軍民四府六州十四縣税糧二十三萬一千二百六十石有奇，以旱傷故也。（《明憲宗實録》卷八一，第1573頁）

辛巳，命給事中、御史督五城兵馬具京城内外軍民被水患（廣本作“水災”，抱本作“災患”）該賑恤者，數凡一千九百二十户，户給米一石，死傷者加一石。（《明憲宗實録》卷八一，第1575頁）

辛巳，免直隷淮安、鳳陽、廬州三府，滁（抱本作“池”）州等州，并直隷武平、滁州、六安、儀真、廬州、淮安等衛所被災秋糧八萬八千九百九十石有奇，草一十四萬七千八百五十包有奇。（《明憲宗實録》卷八一，第1575頁）

甲申，免直隷鳳陽府五河、懷遠、霍丘三縣，揚州府通州夏税小麥六千八百二十石有奇，以水災故也。（《明憲宗實録》卷八一，第1576頁）

丙戌，命都察院右都御史項忠、吏部右侍郎葉盛賑濟饑民，右府署都督僉事李杲撫治屯營。時錦衣衛指揮朱驥等奏：“京畿及山東地方旱澇相仍，以故京城内外饑民多將子女、牛畜減價鬻賣，其勢必至於攘竊劫掠。又訪得各處屯營達官人等亦随處群聚，强借穀米，或行劫奪。”（《明憲宗實録》卷八一，第1576頁）

丙戌，辰時，金星見於巳，随入井宿。（《明憲宗實録》卷八一，第1576頁）

戊子，上以南北直隸及河南、山東等處多水災，民生艱窘，命兵部暫停御史印馬，俟来年併印。(《明憲宗實録》卷八一，第1578頁)

庚寅，鎮守獨石、馬營、薊州、永平、山海、密雲、古北口、居庸等關諸臣各奏言："六月間，驟雨彌旬，山水泛漲，平地水高二三丈許，衝倒城垣、壕塹、堤壩丈以萬計，坍塌沿邊一帶墩臺座以百計，漂没倉廒、鋪舍、民居并人畜、田禾、軍器等項難以數計，兵民横罹患害，莫斯為甚。欲將衝塌城垣墩臺修理，以備不虞。奈工役繁多，一時無所於辦。"事下工部，請令各随緩急修理。詔悉從之。(《明憲宗實録》卷八一，第1584～1585頁)

辛卯，夜，東方流星如盞大，赤色，尾跡有光，自婁宿東北行至畢宿。(《明憲宗實録》卷八一，第1585頁)

癸巳，巡視順天等府右都御史項忠等奏："順天、永平、河間、真定、保定五府被水災傷，民多失所，請停追馬，以蘇民困，嚴飭兵備，以防不虞。"從之。(《明憲宗實録》卷八一，第1585頁)

戊戌，曉刻，月犯昴宿。(《明憲宗實録》卷八一，第1586頁)

癸卯，户部奏："給事中韓文等勘實通州張家灣等處被水軍民二千六百六十户，漂損房舍六千四百九十座，溺死軍民六十餘人，漷、武清二縣，通州左右、定邊等衛被水軍民亦皆稱是。"上命所司賑濟之。(《明憲宗實録》卷八一，第1589頁)

甲辰，巡按直隸監察御史張誥奏："請修築静海以南、臨清以北一帶河口之被水衝塌者，以便漕運。"從之。(《明憲宗實録》卷八一，第1589頁)

白洑决一千餘丈。(光緒《潛江縣志續》卷二《災祥》)

颶風。(康熙《南海縣志》卷三《災祥》；乾隆《番禺縣志》卷一八《事紀》)

颶風，初七日大風拔木。(康熙《順德縣志》卷一三《紀異》)

水災，民飢。(光緒《大城縣志》卷一〇《五行》)

八月

丙午，免山西汾州去年秋糧二千五百七十石有奇，以汾河水溢傷稼，從

巡撫都御史李侃之請也。(《明憲宗實録》卷八二，第1593頁)

己酉，免陝西臨洮府屬縣并鞏昌等五衛去年税糧八萬一千石有奇，以災傷故也。(《明憲宗實録》卷八二，第1595頁)

癸丑，詔曰："……三時不雨，一雨連旬，旱澇相仍，民食缺乏。循省厥咎，在予一人，百姓何辜?"(《明憲宗實録》卷八二，第1596~1597頁)

乙卯，夜，東方流星如盞大，赤色，光燭地，自五車行丈餘，發光如碗大，東北行至北河，後三小星隨之。(《明憲宗實録》卷八二，第1604頁)

己未，鎮守定州都指揮僉事吴玉奏："本衛所隸城垣敵臺哚（疑當作'垛'）共一百九十七處，為六月淫雨所壞，欲于農隙修理。"工部因請移文巡視侍郎葉盛等覆覈（廣本、抱本作"實"），俾如例修之。(《明憲宗實録》卷八二，第1605頁)

辛酉，免山東濟南、東昌、兖、青、萊、登六府農桑絲絹，以旱災也。(《明憲宗實録》卷八二，第1606頁)

丙寅，減免四川平茶洞長官司土民去年秋糧一百五十石，以旱傷也。(《明憲宗實録》卷八二，第1609頁)

乙巳，廣東高、雷二府地震有聲。(《明憲宗實録》卷八二，第1610頁)

己巳，夜，月犯天樽星。(《明憲宗實録》卷八二，第1610頁)

大水。(光緒《定遠廳志》卷二四《五行》)

漢水漲溢，高數十丈，城郭居民俱淹没。(民國《漢南續修郡志》卷二三《祥異》；康熙《城固縣志》卷二《災異》)

不雨，至次年六月始雨。(萬曆《冠縣志》卷五《祲祥》)

以水旱相仍，下詔寬恤。(民國《山東通志》卷一〇《通紀》)

九月

丙子朔，曉刻，金星犯軒轅左角星。(《明憲宗實録》卷八三，第1617頁)

丙子，詔免順天、保定二府秋冬季柴炭夫，以地方水災也。(《明憲宗實録》卷八三，第1617頁)

甲申，夜，東方流星如盞大，青白色，光明燭地，自井宿北行至柳宿，尾跡炸散。(《明憲宗實録》卷八三，第 1619 頁)

丁亥，免雲南所屬長官司及裁減州縣官明年朝覲，以其地旱澇民饑故也。(《明憲宗實録》卷八三，第 1619 頁)

己丑，鎮守密雲署都指揮僉事王榮奏："山水泛溢，衝塌古北口潮河、白河、龍王峪沿邊一帶関城墩壩及密雲中衛南北城垣，請撥軍修繕。"從之。(《明憲宗實録》卷八三，第 1620 ~ 1621 頁)

甲午，夜，金星犯左執法。(《明憲宗實録》卷八三，第 1622 頁)

己亥，曉刻，金星犯木星。(《明憲宗實録》卷八三，第 1622 頁)

己亥，太子少保兵部尚書兼文淵閣大學士彭時等奏："京城米價高貴，莫甚此時，實由今年畿甸水荒無收，軍船運數欠少，皆来京城糴買，而商賈米船亦恐河凍，少有至者，所以米價日貴一日。軍民所仰者，惟官糧而已。"(《明憲宗實録》卷八三，第 1622 ~ 1623 頁)

庚子，曉刻，金星犯左執法。(《明憲宗實録》卷八三，第 1625 頁)

二十五日，大雪，至次年二月終始霽，道路不通，村落不辨，河水堅結，禽鳥飛絕。(康熙《霍邱縣志》卷三《災異》)

二十五日，大雪，至次年二月終乃霽，道路不通，村落不辨，河水堅結，禽鳥絕飛。(順治《潁州志》卷一《郡紀》)

海溢壞稼。(民國《東莞縣志》卷三一《前事略》)

十月

丙午，夜，東方流星如盞大，赤色，光明燭地，自昴宿東北（廣本無"北"字）行至井宿。(《明憲宗實録》卷八四，第 1627 頁)

戊申，夜，東方流星如盞大，青白色，光明燭地，自闕丘東行至近濁。(《明憲宗實録》卷八四，第 1630 ~ 1631 頁)

己酉，以水災免保定等衛子粒二萬三百一十九石有奇。(《明憲宗實録》卷八四，第 1633 頁)

己酉，以旱災免河南民田夏稅三十七萬七千七百三十九石有奇，軍屯子

粒八萬六百四十五石有奇。(《明憲宗實録》卷八四，第1633～1644頁)

辛亥，巡視北直隸右都御史項忠奏："今近京府縣水災，民居蕩析，雖官發粟賑濟，然流移道路，困苦萬狀，目今固可苟延旦夕，若薄冬臨春，青黄不接，必甚於此……請廣施糶賣之術。"……制曰："可。"(《明憲宗實録》卷八四，第1634～1635頁)

丁巳，户部奏："河南、北直隸今歲夏秋水旱，而在倉儲積先已放支，恐饑饉軍民無以賑給，及查順德、大名、廣平三府并河南衛輝府倉有餘積，宜勑巡視分巡官督同本處官，計其見存者，量留三四年之用，餘皆減價發糶附近缺糧之處。"(《明憲宗實録》卷八四，第1638頁)

戊午，南京守備成國公朱儀奏："江水泛溢，衝塌上新河口江岸南北共長一百三十四丈，河口坍入三十五丈，兩岸軍民房室災者四十八間。"事下工部覆奏，移文南京工部會守備等官勘議。(《明憲宗實録》卷八四，第1639頁)

己未，免山東濟南、兖州、東昌、青州四府秋糧二十八萬九千七百七十九石有奇，草五十六萬四千六百五十束，濟南、東昌、平山、青州左、德州左五衛子粒七千三百四十五石有奇，以旱災故也。(《明憲宗實録》卷八四，第1639～1640頁)

庚申，夜，月犯昴宿。(《明憲宗實録》卷八四，第1640頁)

辛酉，以夏秋水災免真定府秋糧五萬一千四百八十六石有奇，草八十六萬一千五百三束，定州、真定、神武右三衛子粒一萬二千八百七十六石有奇。(《明憲宗實録》卷八四，第1640頁)

丁卯，免直隸、天津等衛并梁城守禦千户所、在京義勇左等衛被水無徵子粒二萬六千五十石有奇，豆九百五十九石有奇，草四萬三千三百九十束。(《明憲宗實録》卷八四，第1641頁)

丁卯，以旱災免荆州府江陵等七縣户口鹽鈔一萬一千三百四貫，米四千九百一十九石有奇，襄陽府襄陽等三縣户口鹽鈔二千七百五十貫八百文，米五百七十石有奇，沔陽州景陵縣户口鹽鈔米一千二百一十石有奇。(《明憲宗實録》卷八四，第1641～1642頁)

庚午，夜，北方流星如盞大，青白色，光明燭地，自紫微西垣南行至上台，尾跡後散。（《明憲宗實録》卷八四，第 1643 頁）

江水溢，毁上新河，兩岸廬舍被水。（乾隆《江南通志》卷一九七《禨祥》）

十一月

丁丑，廣東高州府地震有聲。（《明憲宗實録》卷八五，第 1645 頁）

庚辰，免後軍都督府歲辦蓟秸、蘆葦、黄穰苗、馬躪根有差，以是歲夏秋水災故也。（《明憲宗實録》卷八五，第 1646 頁）

十二月

己酉，禮部以冬深無雪奏請遣大臣致禱，乃命武靖侯趙輔祭告山川之神。（《明憲宗實録》卷八六，第 1658 頁）

庚戌，分遣户部郎中桂茂之等十四人賑濟順天、河間、真定、保定四府饑民。時吏部尚書姚夔建言："水旱災傷之餘，米價騰貴……今冬無雪，則来歲無麥，事益難為，乞集廷議，於順天、河間、真定、保定四府州縣災傷甚處，推廉幹謀識老成官十數人。"（《明憲宗實録》卷八六，第 1658～1659 頁）

丙辰，禮部覆奏："今年湖廣等處地震，并山東旱災，已遣尚書李希安等祭告東嶽泰山，并南嶽衡山，及河南布政司官祭告中嶽嵩山等神。明年正月十三日大祀，在邇天下名山大川、嶽鎮海瀆之神俱在祭列，宜免行徧禱。惟順天等府水澇為甚，乞命官二員祭北嶽恒山，并北鎮醫無閭山之神，以祈豐順。"（《明憲宗實録》卷八六，第 1664 頁）

壬戌，大理寺左少卿宋旻奏賑荒八事：一，大名、順德、廣平三府人民稍遇水旱，輒稱饑窘，盖由民無遠慮，畧收即用，不思積蓄。雖豐年田禾甫刈，室家已空，况於凶歲。（《明憲宗實録》卷八六，第 1666 頁）

是年

春，旱。（光緒《臨朐縣志》卷一〇《大事表》）

春，湖廣大水。（道光《永州府志》卷一七《事紀畧》）

夏，旱蝗，知縣何皡禱之。俄頃，大雨，蝗盡死。（康熙《睢寧縣舊志》卷九《災祥》）

夏，澇。秋，旱，人乏食。（民國《安次縣志》卷一《地理》）

夏，潦。秋，旱。（嘉靖《商城縣志》卷八《祥異》；嘉靖《興濟縣志書》卷上《祥異》；嘉靖《霸州志》卷九《災異》；嘉靖《河間府志》卷七《祥異》；康熙《三河縣志》卷上《災異》；康熙《東光縣志》卷上《禨祥》；康熙《景州志》卷四《災變》；民國《霸縣新志》卷六《灾異》；民國《青縣志》卷一三《祥異》；民國《景縣志》卷一四《故實》）

夏，澇。秋，旱。（光緒《蠡縣志》卷八《災祥》）

大水。（康熙《薊州志》卷一《祥異》；光緒《密雲縣志》卷二《災祥》；光緒《永年縣志》卷一九《祥異》；光緒《昌平州志》卷六《大事表》）

大旱，民半流移。（光緒《咸甯縣志》卷八《災祥》）

大水，免税。（乾隆《句容縣志》卷末《祥異》）

大旱。（順治《定陶縣志》卷七《雜稽》；康熙《興化縣志》卷一《祥異》；康熙《城武縣志》卷一〇《祲祥》；乾隆《樂平縣志》卷二《祥異》；道光《鄰水縣志》卷一《祥異》；道光《鉅野縣志》卷二《編年》；光緒《平定州志》卷五《祥異》；光緒《曹縣志》卷一八《災祥》；民國《定陶縣志》卷九《災異》；民國《續修昔陽縣志》卷一《祥異》）

漢水溢數十丈，城郭淹没。（光緒《洋縣志》卷一《紀事沿革表》）

夏，句容、溧水、江浦、六合大水。（光緒《金陵通紀》卷一〇中）

以水災免當塗、蕪湖糧税。（乾隆《太平府志》卷三二《祥異》）

大水，饑。（萬曆《黄巖縣志》卷七《紀變》；嘉慶《太平縣志》卷一《蠲賑》；光緒《黄巖縣志》卷三八《變異》）

春，陽江大水。（嘉靖《廣東通志初稿》卷三七《祥異》）

夏，霪雨。秋，旱。（萬曆《保定縣志》卷九《附災異》）

夏，潦。秋，旱。（萬曆《交河縣志》卷七《災祥》；萬曆《任丘志集》卷八《祥異》；萬曆《寧津縣志》卷四《祥異》）

夏，旱，大饑。發粟賑之。（道光《濟南府志》卷二〇《災祥》）

夏，河決，波濤鼓激，北之崗瀦焉。涉冬，水復道。（乾隆《通許縣舊志》卷八《碑記》）

夏，大旱，民流於荆襄。（康熙《應山縣志》卷二《兵荒》）

夏，大旱。（嘉靖《隨志》卷上）

夏，大水。（光緒《羅田縣志》卷八《祥異》）

直隸、山東、河南、陝西、四川府縣衛多旱。（《明史·五行志》，第483頁）

大名諸道皆旱，壤土焦灼。（正德《大名府志》卷四《祠祀》）

漢水溢漲，高數十丈，城郭民舍俱淹没。（康熙《洋縣志》卷一《災祥》）

旱。（乾隆《平原縣志》卷九《災祥》；嘉慶《長垣縣志》卷九《祥異》；道光《安陸縣志》卷一四《祥異》；光緒《增修灌縣志》卷一四《祥異》；民國《濰縣志稿》卷二《通紀》）

大旱，泉流枯竭。（乾隆《濟甯直隸州志》卷一《紀年》；道光《濟甯直隸州志》卷一《五行》；咸豐《金鄉縣志略》卷一〇下《事紀》）

大旱，民食樹皮草根。（萬曆《汶上縣志》卷七《災祥》）

大旱，揚州至通、泰二州河竭成陸。（萬曆《泰興縣志》卷八《祥異》）

府縣衛多旱。（嘉慶《四川通志》卷二〇三《祥異》）

免淮安等處被災秋糧。（光緒《安東縣志》卷五《民賦下》）

夏旱，蝗。知縣何皞禱之，俄頃大雨，蝗盡死，瑞麥登，當時有三異之稱。（康熙《睢寧縣舊志》卷九《災祥》）

水，詔免糧税。（康熙《當塗縣志》卷三《祥異》）

大旱。明年大饑，民流。（順治《息縣志》卷一〇《災異》）

免湖廣各府衛去年秋粮二十八萬石有奇，以夏大水故。（康熙《安陸府志》卷一《郡記》）

大旱，民流徙。（康熙《德安安陸郡縣志》卷八《災異》）

白洑垸隄决一千餘丈。（康熙《潛江縣志》卷一〇《河防》）

旱，免被災秋糧。（光緒《井研志》卷四一《紀年》）

秋至七年春，大旱，運河竭。（隆慶《儀真縣志》卷一三《祥異》；萬曆《如皋縣志》卷二《五行》；康熙《儀徵縣志》卷七《祥異》；嘉慶《東臺縣志》卷七《祥異》；光緒《通州直隸州志》卷末《祥異》）

秋至七年春，揚州大旱，運河竭。（乾隆《江都縣志》卷二《祥異》）

秋至七年春，大旱，揚州河迤東通、泰一路水盡涸，鹽車咿啞之聲晝夜不絶。（崇禎《泰州志》卷七《災祥》）

秋至七年春，不雨，河竭成陸。（光緒《泰興縣志》卷末《述異》）

秋至八年春，大旱，運河竭。（嘉慶《如皋縣志》卷二三《祥祲》）

六年、八年，大旱。（萬曆《興化縣新志》卷一〇《外紀》）

成化七年（辛卯，一四七一）

正月

丙戌，夜，月犯天罇星。（《明憲宗實録》卷八七，第1689頁）

甲午，以水災蠲順天府東安等縣民徭役。（《明憲宗實録》卷八七，第1696頁）

丙申，曉刻，月犯天江星。（《明憲宗實録》卷八七，第1696頁）

監察御史譚候巡歷至郡，夙夜憂勤。越五日丙申乃雪，庚子又雪，民猶為未足。甲辰，雨雪兼至，三日乃止。（正德《大名府志》卷四《祠祀》）

大雪，祈祀北嶽。（順治《渾源州志》附《恒岳志》卷上）

大水，民大饑。（順治《易水志》卷上《災異》）

順寧地震。（康熙《雲南通志》卷二八《災祥》）

至夏五月不雨。（康熙《平山縣志》卷一《事紀》）

二月

癸丑，昏刻，月犯井宿東扇北第二星。（《明憲宗實録》卷八八，第1710頁）

乙卯，以水災免福建福安、連江、龍巖三縣税糧一萬五百餘石。（《明憲宗實録》卷八八，第1710頁）

丁卯，曉刻，月犯羅堰星。（《明憲宗實録》卷八八，第1715頁）

戊辰，夜，南方流星如盞大，青白色，自軫宿西南行至近濁。（《明憲宗實録》卷八八，第1717頁）

庚午，夜，南方流星如盞大，自角宿南行至庫樓。（《明憲宗實録》卷八八，第1718頁）

十六日，大風晝晦，雨土盈尺。（康熙《陳留縣志》卷三八《灾祥》）

三月

丁丑，昏刻，木星退入太微垣，犯左執法。（《明憲宗實録》卷八九，第1723頁）

庚寅，昏刻，北方流星如盞大，光明燭地，自紫微東藩西北行至近濁，尾跡炸散。夜，月犯心宿西星。（《明憲宗實録》卷八九，第1732頁）

壬辰，夜，月犯南斗杓。（《明憲宗實録》卷八九，第1737頁）

壬寅，免滁州全椒、來安縣秋糧一千二百三十五石有奇，滁州衛屯糧七百六十一石有奇，以旱災故也。（《明憲宗實録》卷八九，第1742頁）

十六日，晦不見掌，鷄犬皆鳴，人持兵刃，上有火光，抹之即無，摇之復有。雨土没足，凡四日止。（嘉靖《通許縣志》卷上《祥異》）

雨雹。（康熙《南海縣志》卷三《災祥》）

雨雹，狀如牛頭。（康熙《順德縣志》卷一三《紀異》）

四月

丁未，昏刻，月犯井宿。（《明憲宗實録》卷九〇，第1747頁）

乙卯，免長蘆運司水没鹽課六萬四百六十七引有奇。（《明憲宗實録》卷九〇，第1749頁）

乙卯，雨，土霾。（《明憲宗實録》卷九〇，第1750頁）

乙卯，夜，木星入太微垣，留守端門。（《明憲宗實録》卷九〇，第1750頁）

丙辰，未時，雨黑沙如黍。（《明憲宗實録》卷九〇，第1751頁）

丙寅，禮部奏："南京江東門外江水泛溢，崩頹北岸，損壞民居，請遣南京守備成國公朱儀祭告江神。"從之。（《明憲宗實録》卷九〇，第1755頁）

丁卯，湖廣襄陽府地一日再震，次日復震。（《明憲宗實録》卷九〇，第1755頁）

丁卯，夜，流（廣本、抱本"流"上有"有"字）星大如盞，自郎將旁西北行至近濁。（《明憲宗實録》卷九〇，第1755頁）

己巳，以天氣炎熱，命兩法司并錦衣衛見監徒流以下囚減等發落，重囚情可矜疑并枷項示衆者，具實以聞。（《明憲宗實録》卷九〇，第1756頁）

乙巳，潁州大風，雨雹傷稼。（《國榷》卷三六，第2299頁）

冀州、曲陽、平山、臨城、井陘等處大旱，民饑流移。時大旱，又雨雹，二麥傷槁，斗米百錢，民多流殍四方，不可勝計。（嘉靖《真定府志》卷九《事紀》）

雨雹，二麥傷槁，復大旱，斗粟百文錢，民多流殍。（乾隆《贊皇縣志》卷一〇《祥異》）

曲陽等處大旱，又雨雹，二麥傷槁。（光緒《曲陽縣志》卷五上《大事記》）

五月

辛巳，詔京城外置漏澤園，時荒旱之餘，大疫流行，軍民死者枕藉於路。上聞而憐之，特詔順天府五城兵馬司于京城崇文、宣武、安定、東直、西直、阜城六門郭外，各置漏澤園一所，收瘞遺屍。（《明憲宗實録》卷九

一，第 1761 頁）

己丑，夜，月犯牛宿下西星。（《明憲宗實録》卷九一，第 1765 頁）

六月

戊申，修築蘆溝橋東西堤岸之被水衝決坍塌者。（《明憲宗實録》卷九二，第 1773 頁）

甲寅，酉刻，日生背氣，青赤色鮮明，良久散。昏刻，木星犯左執法。夜，北方流星如大碗，青白色，光明燭地，自正北雲中東北行至近濁。（《明憲宗實録》卷九二，第 1777 頁）

丙寅，夜，流星如盞大，赤色，光燭地，自危宿東南行至羽林軍。（《明憲宗實録》卷九二，第 1779 頁）

庚午，免陝西所屬州縣官明年朝覲，以巡撫都御史馬文升奏陝西旱傷，且邊事未靖故也。（《明憲宗實録》卷九二，第 1779～1780 頁）

保定等府大水，遣户部侍郎原傑賑恤之。（民國《清苑縣志》卷六《大事記》）

遣户部侍郎原傑賑卹永平等府水災。（民國《盧龍縣志》卷二三《史事》）

真定等府大水，賑恤之。（嘉靖《真定府志》卷九《事紀》）

大水，漂没沿河鄉村廬室千餘區。（萬曆《靈石縣志》卷三《祥異》）

大水，賑恤。（光緒《曲陽縣志》卷五上《大事記》）

七月

庚子，昏刻，金、木星合於井宿。（《明憲宗實録》卷九二，第 1795 頁）

初三日及九月初一日，海溢。（光緒《平湖縣志》卷二五《祥異》）

大風雨，江海湧溢。（乾隆《杭州府志》卷五六《祥異》）

初三日，颶風大作，海潮泛溢，自雅山東至楊樹林，俱為衝浸，縣令郝文傑計量修築圮壞者五百一十丈。九月初一日風濤復作，内塘古岸修完者，

自周家涇東至獨山等塘皆为衝圮，其害視前尤甚。（天啟《平湖縣志》卷二《海塘》）

初三日，颶風大作，海潮泛溢，自雅山寺至楊樹林俱為衝浸。九月初一，風濤復作，其害視前尤甚。（康熙《嘉興府志》卷八《海塘》）

六年秋至七年春，大旱，河竭。七月，大雨，海潮漲壞各場鹽倉及軍民垣屋。（雍正《泰州志》卷一《水旱祥異》）

十七日，大雷雹，有物騰起西滆湖，東至太湖馬蹟山，拔木，壞民居百餘所，被災之家屋柱倒植而瓦甓不毁。（嘉慶《宜興縣志》卷末《祥異》）

八月

癸卯，金星晝見於未。（《明憲宗實録》卷九四，第1797頁）

甲辰，户科給事中李森等奏："山東七府并浙江嘉、湖、杭、紹四府自夏苦雨驟降，海潮大發，渰没禾稼，損壞屋舍，漂溺人畜，不可數計。臣惟山東密邇京畿，浙江才〔財〕賦所出，今重罹水患，不可不慮。稽諸唐德宗時，關中諸道遭水，陸贄上言分道，命使明敕吊災，寬恤征徭，省察冤濫，應家有溺死父子不存濟者，各賜粟帛，損壞廬舍田苗者，悉與蠲免租税。……伏望皇上以天下為念，以生民為重，遣廉幹名望大臣二員，敕令分投踏勘被災之處。凡該徵糧草悉為蠲免，缺食之民，賑以官糧，其有支過賑濟糧并一應不急之徵，俱暫停止，則人民得所，而無意外之虞，和氣可召而享平康之福矣。"户部議令二處巡撫巡按官覆勘，果有被災缺食，悉如奏行，若所在無糧，則借撥於有糧之處，凡牛具、種子，亦措置賑貸。從之。（《明憲宗實録》卷九四，第1797～1798頁）

戊午，免兩淮富安等二十三場鹽課司折鹽夏秋税二萬八千二百五十二石有奇，草四萬四千五十六包有奇，計折小引鹽六萬五千三百九十五引有奇，以去年夏秋水旱故也。（《明憲宗實録》卷九四，第1806頁）

癸亥，東方流星如盞大，色青白，光明燭地。（《明憲宗實録》卷九四，第1810頁）

己巳，昂等又言："畿内州縣并山東屬境淫雨為災，秋成失望，軍民鮮

食，艱苦可憐。其各衛輪番京操軍士，乞暫放還本地，既得少蘇困弊，亦可節省京儲。”（《明憲宗實録》卷九四，第1813頁）

甲辰，振水災。（乾隆《諸城縣志》卷二《總紀上》）

水災。（光緒《歸安縣志》卷二七《祥異》）

水，蠲租賑濟，貸以半種。（道光《武康縣志》卷一《邑紀》）

賑山東水災。（民國《山東通志》卷一〇《通紀》）

大水。（乾隆《曲阜縣志》卷二九《通編》；民國《濰縣志稿》卷二《通紀》）

嘉、湖、杭、紹四府水，蠲租賑濟，貸以牛種。（雍正《浙江通志》卷七五《蠲恤》）

雨雹。（康熙《平山縣志》卷一《事紀》）

九月

丁丑，陝西凉州鎮番衛地震，有聲如雷。（《明憲宗實録》卷九五，第1820頁）

辛巳，昏刻，南方流星青白色，光明燭地，自牛宿東南行至游氣，後三小星隨之。（《明憲宗實録》卷九五，第1819～1820頁）

壬午，昏刻，金星犯房宿北第二星。（《明憲宗實録》卷九五，第1820頁）

戊子，夜，月犯昴宿月星。（《明憲宗實録》卷九五，第1826頁）

辛未，大風雨，山東及杭、湖、嘉興、紹興海溢，淹田宅、人畜無算。（《國榷》卷三六，第2303頁）

海溢。（光緒《餘姚縣志》卷七《祥異》；民國《無棣縣志》卷一六《祥異》）

大水，海溢，溺男女甚衆，大饑，種稑幾絶。（嘉靖《臨山衛志》卷二《紀異》）

（龍口）大風雨，海水溢，淹田宅人畜。（同治《黄縣志》卷五《祥異》）

餘姚大風海溢，溺男女七百餘口。（萬曆《紹興府志》卷一三《災祥》）

二日，風潮决錢塘江岸十餘丈，近江居民房屋、田産皆為淪没。（乾隆

《杭州府志》卷三八《海塘》）

海潮衝激，海堰復壞。（嘉慶《如皋縣志》卷三《建置》）

漢水驟至。（正德《光化縣志》卷四《祠宇》）

閏九月

癸卯，免直隸鳳陽、廬州、淮安、揚州四府并滁、徐、和三州及所屬州縣官明年朝覲，以地方被災也。（《明憲宗實録》卷九六，第1829～1830頁）

丙午，夜，月犯羅堰上星。（《明憲宗實録》卷九六，第1830頁）

丁未，陝西凉州地震，有聲如雷。（《明憲宗實録》卷九六，第1830頁）

乙卯，夜，北方流星大如盞，赤色，有光，自參宿東行至近濁。（《明憲宗實録》卷九六，第1832頁）

丙辰，夜，月犯六諸王星。（《明憲宗實録》卷九六，第1832頁）

戊午，昏刻，金星犯南斗魁第三星。又，月入井宿犯西扇北第一星。（《明憲宗實録》卷九六，第1833頁）

己未，命工部右侍郎李顒往浙江祭海神，修江岸。是年九月初二日，風潮洶湧，衝決錢塘江岸千餘丈，近江居民，房屋田産皆為渰没。山陰、會稽、蕭山、上虞四縣，乍浦、瀝海二所，錢清等諸場災亦如之。守臣以聞，事下工部尚書王復等覆奏："永樂年間，浙江堤岸為潮（廣本、抱本'潮'下有'水'字）衝塌，嘗遣官齎香祝祭江神，及命大臣治水築堤，以除民害，乞如永樂事例，遣大臣往祭海神，修江岸。"上以命顒。（《明憲宗實録》卷九六，第1833頁）

辛酉，曉刻，土星犯天高星。（《明憲宗實録》卷九六，第1834頁）

山東海溢。（民國《增修膠志》卷五三《祥異》；民國《山東通志》卷一〇《通紀》）

海溢，淹田宅人畜無算。（光緒《嘉善縣志》卷三四《祥眚》）

海溢，渰田宅人畜無算。（乾隆《杭州府志》卷五六《祥異》）

杭、嘉、湖、紹四府俱海溢，渰田宅人蓄〔畜〕無筭。（乾隆《紹興府

志》卷八〇《祥異》）

杭、嘉、湖、紹四府俱海溢，渰田宅人畜無算。（光緒《嘉興府志》卷三五《祥異》）

十月

庚午，浙江、山東，并南北直隸等處水旱相仍，人民艱窘，税糧雖免，賦役如舊。宜通行巡撫巡按官於災傷府縣，從宜處置，以盡安養之道。俟豐稔之年，仍依前例。（《明憲宗實録》卷九七，第 1838 頁）

乙亥，及至通州雨水淫潦，僦車費力，出息稱貸，勞苦萬狀，皆以河道阻礙所致，因循既久，日壞一日，殊非經國利便。（《明憲宗實録》卷九七，第 1844 頁）

戊寅，免軍士採辦黄穰苗、馬躪根、藒楷十分之四，以水患渰没葦場也。（《明憲宗實録》卷九七，第 1847 頁）

辛巳，宣府又報：瞭見外境達賊人馬出没不時，今冬寒河凍……不可不預爲防備。（《明憲宗實録》卷九七，第 1847 頁）

辛巳，直隸真定府知府田濟等奏："本府所屬州縣該追馬二千五百九十餘匹，係遇例蠲免之數，今以為例。有隱匿不報，逼令追買還官，緣連年旱澇，人民艱難，請乞照例免追。"（《明憲宗實録》卷九七，第 1848 頁）

甲申，夜，望月食。是夜，南方有流星大如盞，赤色，有光，自天倉東北行至參旂，後二小星隨之。（《明憲宗實録》卷九七，第 1849 頁）

乙酉，夜，西方有星如盞大，青白色，有光，自天津西南行至近濁。（《明憲宗實録》卷九七，第 1850 頁）

丙戌，夜，月犯井宿。（《明憲宗實録》卷九七，第 1856 頁）

癸巳，巡撫北直隸右副都御史楊璿奏："順天、保定、河間、真定四府所屬霸州、固安、東安、大城、香河、寶坻、新安、任丘、河間、肅寧、饒陽諸縣累被水患，盖由地勢平坦，水易瀦積，而唐河、滹沱河、白溝河上源隄岸不修，或修而低薄，每天雨連綿，即泛溢漫流，為此數處之患……"（《明憲宗實録》卷九七，第 1857～1858 頁）

十一月

己亥，曉刻，木星犯亢宿南第一星。（《明憲宗實録》卷九八，第1861頁）

甲辰，夜，西方流星如盞大，青白色，有光，自天津西南行近濁，南行至昴宿。（《明憲宗實録》卷九八，第1863頁）

丙午，以水災免直隸鳳陽府泗州、天長、盱眙、宿州，徐州蕭、沛、碭山、豐諸縣夏税麥九萬二千一百餘石，絲五萬九千二百餘兩。（《明憲宗實録》卷九八，第1863頁）

十二月

辛未，蠲應天府浦子口官房税三分之一。洪武間浦子口盖房九十四間，及水磨二所、油榨釀具二付，軍民僦居，歲納鈔六千七百一十餘貫。至是，房多被江水衝塌，地基荒棄。（《明憲宗實録》卷九九，第1885頁）

辛未，十三道監察御史奏："順天府地方雨水為患，人民缺食。"（《明憲宗實録》卷九九，第1886頁）

甲戌，勅諭文武群臣曰："乃者彗見天田，光芒西指。"（《明憲宗實録》卷九九，第1888頁）

乙亥，夜，彗星北行，光芒漸著，犯右攝提，掃太微垣上将及幸臣、太子、從官。（《明憲宗實録》卷九九，第1889頁）

丁丑，夜，彗星北行五度，餘尾指正西，其光益著，横掃太微垣郎位星。（《明憲宗實録》卷九九，第1891頁）

己卯，夜，彗星光明長大，東西竟天，自十一日北行二十八度餘，犯天槍〔倉〕，尾掃北斗、三公、太陽。（《明憲宗實録》卷九九，第1892頁）

庚辰，彗星北行入紫微垣内，正晝猶見，厝（當作"歷"）犯帝星、北斗魁第二星、庶子、勾陳下星、北斗魁第一星、勾陳第三星、天樞、三師、天牢、中台、天皇太帝、上衛星。夜，月犯井宿鉞星及西扇北第一星。（《明憲宗實録》卷九九，第1896頁）

辛巳，蘇、松、嘉、湖水災，所遣中官織造蟒龍等段匹者，乞取回其絲料，以充歲造之弊。(《明憲宗實録》卷九九，第1902頁)

辛巳，昏刻，彗星入紫微垣，歷犯閣道、文昌、上台星。(《明憲宗實録》卷九九，第1905頁)

丙戌，昏刻，彗星犯天河星。(《明憲宗實録》卷九九，第1908頁)

乙酉，昏刻，彗星南行犯婁宿。(《明憲宗實録》卷九九，第1909頁)

己丑，昏刻，彗星犯天陰星。是夜，西方流星如盞大，青白色，光明燭地，自大将軍西北行近濁，後一小星隨之。(《明憲宗實録》卷九九，第1913頁)

癸巳，昏刻，彗星犯外屏星。(《明憲宗實録》卷九九，第1923頁)

乙未，曉刻，金星犯牛宿及羅堰星。昏刻，彗星犯天困星。夜，東方流星如盞大，青白色，光明燭地，自大角傍東北行至七公，尾跡炸散。(《明憲宗實録》卷九九，第1924～1925頁)

乙未，巡撫淮陽左僉都御史張鵬奏："淮陽近歲水旱薦臻，人民缺食，而各倉所儲有限。"(《明憲宗實録》卷九九，第1925頁)

彗星見紫微，光長竟天，正晝猶見。(道光《永州府志》卷一七《事紀畧》)

是年

春，大水，民大饑。(康熙《定興縣志》卷一《機祥》；光緒《定興縣志》卷一九《災祥》；民國《新城縣志》卷二二《災禍》)

春，揚州大旱，運河竭。(雍正《揚州府志》卷三《祥異》)

夏，旱。秋，潮，歲祲。(光緒《靖江縣志》卷八《祲祥》)

夏，霖雨。(嘉慶《餘杭縣志》卷三七《祥異》)

秋，大風，海溢。(民國《川沙縣志》卷一《大事年表》)

淮水成災。(光緒《五河縣志》卷一九《祥異》)

伊、洛漲水入城。(乾隆《偃師縣志》卷二九《祥異》)

湘鄉、寧鄉大旱，瀏陽蝗。(乾隆《長沙府志》卷三七《災祥》)

徐、蕭、沛、碭、豐諸縣水。(同治《徐州府志》卷五下《祥異》；民國《銅山縣志》卷四《紀事表》)

水旱兩災，免麥五千八十二石，粮三萬七千八百六十三石。（道光《江陰縣志》卷八《祥異》）

雨，木冰。（同治《南康府志》卷二三《祥異》；同治《建昌縣志》卷一二《祥異》）

樂平大水，漂没數百户。（同治《饒州府志》卷三一《祥異》）

水災。（同治《湖州府志》卷四四《祥異》）

夏，霖雨，餘杭縣大水。（民國《杭州府志》卷八四《祥異》）

風潮大作，新林塘壞。（民國《蕭山縣志稿》卷五《水旱祥異》）

蕭山風潮大作，新林塘復壞。（萬曆《紹興府志》卷一三《災祥》）

夏秋，諸暨大雨水害稼。（萬曆《紹興府志》卷一三《災祥》）

春，大雪。（光緒《曲陽縣志》卷五《大事記》）

春，雨，大水。（乾隆《武寧縣志》卷一《祥異》）

夏，旱。秋，潮，減田租。（嘉靖《靖江縣志》卷四《編年》）

夏，霖雨，本縣大水決化灣塘，淹没田禾，災及旁邑，人民死亡無筭。（康熙《餘杭縣志》卷八《災祥》）

大旱。（嘉靖《固始縣志》卷九《災異》；萬曆《通州志》卷二《禨祥》；萬曆《霍邱縣志》卷一〇《災異》；嘉慶《安化縣志》卷一八《災異》；同治《益陽縣志》卷二五《祥異》）

大水，遣户部侍郎原傑以賑。（天啟《高陽縣志》卷四《卹政》）

旱。（民國《湖北通志》卷七五《災異》；道光《安陸縣志》卷一四《祥異》；民國《武安縣志》卷一三《金石》）

天旱。（光緒《肥城縣志》卷九《人物》）

風霾，晝晦如夜。（光緒《泗水縣志》卷一四《災祥》）

水。（嘉靖《漢陽府志》卷二《方域》；崇禎《吴縣志》卷一一《祥異》；乾隆《吴江縣志》卷四〇《災變》）

歲旱，知府龍晉禱雨克應。（成化《重修毗陵志》卷二七《祠廟》）

大旱，運河竭。（嘉慶《如皋縣志》卷二三《祥祲》）

潮發，死者二百餘人。（民國《如皋縣志》卷一《堤堰》）

旱，蝗食苗稼。（萬曆《鹽城縣志》卷一《祥異》）

泗州旱，饑。（萬曆《帝鄉紀略》卷六《災患》）

以水災免鳳陽府泗州、天長、盱眙、宿州諸縣夏税。（光緒《安徽通志》卷八〇《物產》）

以水災免夏税。（道光《定遠縣志》卷四《蠲賑》）

水，衝塌（寶慶橋）。（乾隆《玉山縣志》卷三《津梁》）

大水，漂没數百户。（康熙《樂平縣志》卷一三《祥異》）

大水，漂流房屋人畜甚衆。（康熙《奉新縣志》卷一四《祥異》）

河自南徙北，民被其害。（嘉靖《儀封縣志》卷下《災祥》）

沁、衛河溢，滰城郭，壞民廬舍。（成化《河南總志》卷二《祥異》）

大水。（同治《漢川縣志》卷一四《祥祲》）

（水）決縣治。（康熙《潛江縣志》卷一〇《河防》）

不雨。（嘉靖《随志》卷上）

蜀旱災，餓殍蔽野。（民國《内江縣志》卷四《人物》）

秋，大雨。（康熙《慶雲縣志》卷一一《災祥》）

秋，大風海溢，漂人畜，没禾稼。（正德《松江府志》卷三《水利》）

秋，大雨水害稼。（光緒《諸暨縣志》卷一八《災異》）

成化八年（壬辰，一四七二）

正月

壬寅，夜，北方流星大如盞，青白色，有光，自七公東北行至近濁。（《明憲宗實録》卷一〇〇，第1932頁）

丙午，夜，彗星行奎宿外屏星下，形見消小。（《明憲宗實録》卷一〇〇，第1938頁）

辛亥，夜，月犯軒轅左角星。（《明憲宗實録》卷一〇〇，第1939頁）

乙卯，辰刻，金星晝見巳、午，與日争明。（《明憲宗實録》卷一〇〇，

第 1940 頁）

丁巳，兵部言：“日者四川盜起，燒燬縣治，敵殺官兵，而江西、河南、山東俱有草寇竊發。南北直隸水旱相仍，淮河淤塞，湖水耗竭，所在多轉徙之民，行舟被劫掠之害。浙江自去年以来，旱潦為患，江潮溢漲，礦賊竊起，矧兩廣流賊未寧，陝西虜寇未息，荆襄流民未定，此皆目前可慮之事。”（《明憲宗實録》卷一〇〇，第 1943 頁）

丁巳，夜，北方流星大如盞，青白色，光燭地，自紫微西藩西北行至近濁。（《明憲宗實録》卷一〇〇，第 1944 頁）

戊午，工部以監察御史夏璣奏：“西城頻年雨潦為害，議以京城壕塹，自正統間修城之後三十餘年未經疏濬，及城内河漕溝渠，尤多烟塞，每天雨，連日流洩不及，致壞軍民廬舍，乞勅内外大臣總督疏濬。”從之。（《明憲宗實録》卷一〇〇，第 1945 頁）

己未，夜，月犯天江星。（《明憲宗實録》卷一〇〇，第 1947 頁）

癸亥，曉刻，月犯金星。（《明憲宗實録》卷一〇〇，第 1949 頁）

陽曲雨雹，傷禾。歲大饑，人相食。（乾隆《太原府志》卷四九《祥異》）

旱。（嘉靖《廣州志》卷四《事紀》；康熙《南海縣志》卷三《災祥》；乾隆《香山縣志》卷八《祥異》；咸豐《順德縣志》卷三一《前事畧》）

二月

戊辰，夜，東方流星如盞大，自天津東南行至瓠瓜，尾跡後散。（《明憲宗實録》卷一〇一，第 1955 頁）

壬午，鎮守密雲等處内外守臣各奏：“古北口南北城垣，并三門月城及潮、白二河隄壩俱被水衝塌，請興工修築。”已得旨。（《明憲宗實録》卷一〇一，第 1964 頁）

甲申，曉刻，金星犯壘壁陣東第五星。（《明憲宗實録》卷一〇一，第 1965 頁）

辛卯，襄王瞻墡及巡撫右僉都御史吴琛，并湖廣守臣各奏：“襄陽府江岸石橋被水衝坍，俱合修築。”事下工部，以為其事已經勘議，但今彼處民

困未蘇，合俟秋成之後斟酌修築，以圖經久。從之。（《明憲宗實録》卷一〇一，第1973頁）

至四月不雨，運河水涸。（康熙《通州志》卷一一《災異》）

三月

庚子，山東臨清縣至德州，晝晦有黑氣，自西北来，移時方散。（《明憲宗實録》卷一〇二，第1980~1981頁）

癸丑，南京大風雨，太廟、社稷壇、孝陵木為所壞者三十株。（《明憲宗實録》卷一〇二，第1987頁）

丙寅，卯時，日暈，生左右珥及承氣，俱赤黄色鮮明，申時漸散。（《明憲宗實録》卷一〇二，第2005頁）

四月

壬申，夜，有流星大如盞，赤色，光燭地，自軒轅正西行至近濁。（《明憲宗實録》卷一〇三，第2009頁）

癸酉，京畿自二月至於是月不雨，大風竟日，運河水涸。（《明憲宗實録》卷一〇三，第2009頁）

乙亥，命南京兵部右侍郎馬顯巡視淮、揚等處。吏部奏："淮、揚、鳳陽諸府水旱相仍，人多死徙，且河道枯涸，糧運稽滯。雖有都御史張鵬總督漕運，兼理巡撫，恐不能遍歷州縣，乞令鵬專理漕事，而别選一員巡視江北諸州縣。"故有是命。（《明憲宗實録》卷一〇三，第2010頁）

丙子，是月初四日申時，雷始發聲。（《明憲宗實録》卷一〇三，第2010頁）

庚辰，夜，月犯房宿北第二星。（《明憲宗實録》卷一〇三，第2017頁）

辛巳，夜，月食。（《明憲宗實録》卷一〇三，第2017頁）

辛未，始雷。（《明史·五行志》，第434頁）

五月

甲寅，巡按直隷監察御史聶友良奏："直隷崇明、嘉定、上海、丹徒四縣，并金山守禦千户所去年水泛，及海潮泛漲。”覆實如詔，蠲其秋糧十二萬五千七百石有奇，馬草六萬四千四百包有奇，及賑濟過饑民以户計者四萬八千五百，稻糧以石計者三萬二千二百。(《明憲宗實録》卷一〇四，第 2044 頁)

初四日，暴雨，平地水漲三十丈，全邑災。（民國《閩清縣志》卷一《大事》)

初六日，雨雹，大如雞卵。(光緒《遼州志》卷三下《祥異》)

初六日，潞、遼、沁雨雹，大如雞卵，傷稼。（弘治《潞州志》卷三《災祥》)

旱。（乾隆《行唐縣新志》卷一六《事紀》；光緒《正定縣志》卷八《災祥》)

漢水泛漲，廟廡漂毀，存大成殿戟門。(康熙《興安州志》卷二《学校》)

六月

丁卯，是夜，北方流星如盞（廣本、抱本“盞”下有“大”字)，青白色，光明燭地，自奚仲東北行至紫微東藩，後二小星隨之。(《明憲宗實録》卷一〇五，第 2051 頁)

庚午，曉刻，金星入井宿，犯西扇北第一星。(《明憲宗實録》卷一〇五，第 2052 頁)

初三日，儋州大雨。初四日巳時，水漲，城没七尺，軍民房屋財畜盡為漂流，死者無算。(民國《儋縣志》卷一八《雜志》)

至六月始雨。(萬曆《冠縣志》卷五《祥祲》)

七月

丙午，陝西隴州大風雨，雹大如鵞卵，或如雞子，中有如牛者五，長七八尺，厚三四尺，六日方銷。(《明憲宗實録》卷一〇六，第 2067 頁)

丙午，工科给事中王诏等言：“……陞〔陛〕下紹承鴻業，動法祖宗，于兹九載，宜乎天地，位萬物育，時和歲豐，家給人足，兵革不試，四方無虞也。奈何頻年天變於上，而星妖示見；地變於下，而江海泛溢。或炎夏霜降，或平地阜出，或猛虎食人，或雨雹傷稼。夷狄侵擾邊疆，師久暴露於外，加以水旱相仍，瘟疫流行，各處軍民疾苦，日甚一日……”（《明憲宗實録》卷一〇六，第2068頁）

庚戌，太子少保吏部尚書兼文淵閣大學士彭時等言：“今天下水旱相仍，人民缺食，山西、河南、陝西三處急於軍餉，而民愈苦……順天等八府夏麥旱傷，秋成未卜。乞敕户部早将夏税勘實蠲免，勿令有司摧逼。其他賦役，有重難者，許有司申達，暫行減免。”（《明憲宗實録》卷一〇六，第2070～2073頁）

癸丑，南直隸、浙江大風雨，海水暴溢，南京天地壇、孝陵廟宇，中都皇陵垣墻多頹損。揚州、蘇州、松江、杭州、紹興、嘉興、寧波、湖州諸府州縣渰没田禾，漂毁官民廬舍、畜産無算，溺死者二萬八千四百七十餘人。（《明憲宗實録》卷一〇六，第2074頁）

壬戌，陝西寧夏地震。（《明憲宗實録》卷一〇六，第2078頁）

壬申，大風雨，海溢，漂没死者萬餘人。（光緒《青浦縣志》卷二九《祥異》）

壬子，大風雨，如正統九年。（弘治《重修無錫縣志》卷二七《祥異》；光緒《無錫金匱縣志》卷三一《祥異》）

壬子，風災。（光緒《武進縣志》卷二九《雜事》）

十七日，大風雨，海溢，死者萬餘人，鹹潮害稼。（同治《上海縣志》卷三〇《祥異》）

十七日，大風雨，海溢，漂没死者萬餘人，鹹潮所經，禾稼立槁。（嘉慶《松江府志》卷八〇《祥異》；光緒《重修華亭縣志》卷二三《祥異》）

十七日，大風雨，海溢。（光緒《川沙廳志》卷一四《祥異》）

十七日，大風雨，海溢，漂没死者萬餘人，鹹潮所經，禾稼並槁死。（正德《松江府志》卷三二《祥異》）

大風雨，海溢。（乾隆《婁縣志》卷一五《祥異》；光緒《奉賢縣志》卷二〇《灾祥》）

十七日，颶風大作，海水溢入，死者無算，鹹潮所經，禾稼並槁。（乾

隆《金山縣志》卷一八《祥異》）

十七日，海大溢，平地水丈餘，溺死無算。（《乍浦九山補志》卷九《石塘》；光緒《平湖縣志》卷二五《祥異》）

十七日，海大溢，平地水丈餘，溺死男女萬餘人。（光緒《海鹽縣志》卷一三《祥異考》）

十七日夜，會稽大風海溢，男女死者甚衆。（乾隆《紹興府志》卷八〇《祥異》）

十七日夜，會稽大風雨拔木，海溢，漂廬舍，傷苗，瀕海男女溺死者甚衆。（萬曆《紹興府志》卷一三《災祥》）

十七日夜，大風雨拔木，海溢，漂廬舍，傷苗，瀕海男女溺死者甚衆。（萬曆《會稽縣志》卷八《災異》）

十七日，大風，雷雨，拔木傾屋宇。（崇禎《吴縣志》卷一一《祥異》）

大水冒城而入，漂民廬舍。（民國《尤溪縣志》卷八《祥異》）

大雨水。（康熙《南海縣志》卷三《災祥》；咸豐《順德縣志》卷三一《前事畧》；光緒《廣州府志》卷七八《前事》）

南京大風雨，壞天地壇、孝陵殿宇，江水溢。（光緒《金陵通紀》卷一〇中）

大雨海溢，壞鹽倉軍民廬舍，不可勝計。（光緒《通州直隸州志》卷末《祥異》）

大風雨，江溢。（道光《上元縣志》卷一《庶徵》）

雨雹，大饑，人相食。（光緒《壽陽縣志》卷一三《祥異》）

隴州大風雨雹。（乾隆《鳳翔府志》卷一二《祥異》）

隴州雨雹，大如鵝卵，或如鷄子。（乾隆《隴州續志》卷一《災祥》）

海溢。（康熙《海寧縣志》卷一二上《祥異》）

太原又震。榆次、太谷、壽陽、祁縣雨雹傷禾，人相食。沁州、沁源、武鄉大旱，民饑。（雍正《山西通志》卷一六三《祥異》）

雨雹，傷禾稼，人相食。（萬曆《榆次縣志》卷八《災祥》）

雨雹傷禾，人相食。（光緒《祁縣志》卷一六《祥異》）

大風雨，江溢，議恤之。（萬曆《江浦縣志》卷一《縣紀》）

大水，湖海漲溢，漂没田廬。（道光《璜涇志稿》卷七《災祥》）

春，大旱。七月大雨，海漲，浸没鹽倉及民竈田産。（嘉慶《東臺縣志》卷七《祥異》）

大水冒城而入，漂民廬屋。（崇禎《尤溪縣志》卷四《災祥》）

南京大風雨，壞天地壇、孝陵殿宇，江溢。（民國《首都志》卷一六《歷代大事表》）

大風雨，江海湧溢。（民國《杭州府志》卷八四《祥異》）

八月

戊辰，革漕運理刑主事，以揚州府知府周源奏歲旱民艱，官多政紊故也。（《明憲宗實録》卷一〇七，第2081頁）

乙亥，兵科都給事中梁璟奏："近以延綏有事，預徵山西粮草及儹運邊儲，已經數次。今又行摧預徵草豆，起解秋青草束，每夫科銀多或至二十兩。歲旱民飢，計無所出。"（《明憲宗實録》卷一〇七，第2083頁）

戊寅，兵部尚書兼翰林院學士商輅等奏："今歲旱傷之處較之上年尤多，而山東飢饉之民，比之他處尤甚。"（《明憲宗實録》卷一〇七，第2085頁）

辛巳，陝西寧夏地震。（《明憲宗實録》卷一〇七，第2087頁）

乙酉，陝西榆林城地震，有聲如風濤。（《明憲宗實録》卷一〇七，第2089頁）

辛卯，命守備南京成國公朱儀祭告太廟，駙馬都尉趙輝祭告孝陵，南京工部左侍郎李春祭后土，以南京天地壇及陵廟嘗為風雨所壞，將興工修葺也。（《明憲宗實録》卷一〇七，第2091頁）

漢水漲溢，高數十丈，城郭民舍俱渰没。（康熙《陝西通志》卷三〇《祥異》）

風潮。（嘉靖《靖江縣志》卷四《編年》）

江潮水溢，衝擊塘岸。（民國《杭州府志》卷八四《祥異》）

漢水漲溢。（光緒《洵陽縣志》卷一四《祥異》）

九月

丙申，命中都署正留守徐顯隆祭皇陵，署副留守李謙祭后土之神，以風雨壞陵垣，將興工修葺也。（《明憲宗實録》卷一〇八，第 2095 頁）

丁酉，遣駙馬都尉石璟往南京祭社稷、山川等壇，以風雨壞壇垣，將興工修葺也。（《明憲宗實録》卷一〇八，第 2096 頁）

丁未，禮部言："邇者太原地震（廣本、抱本'震'下有'岢嵐復震'四字），有聲如雷。"（《明憲宗實録》卷一〇八，第 2101 頁）

戊申，夜，北方流星大如盞，赤色，有光，自勾陳北行衝文昌，後四小星隨之。（《明憲宗實録》卷一〇八，第 2104 頁）

己酉，太子少保兼吏部尚書姚夔言："南京及浙江等處守臣各奏，今年七月狂風、大雷雨，江湧海溢，環數千里，林木盡拔，城廓多頽，廬舍漂流，人民（廣本、抱本作'畜'）溺死，田禾垂成，亦皆淹損。夫南京根本之地，鳳陽王業所基，淮浙財賦所出，災不虚發。况自前歲妖彗示變，四方多故，水旱蟲傷，流移餓殍，山東、河南、湖廣尤甚。"（《明憲宗實録》卷一〇八，第 2104 頁）

壬子，夜，月犯天關星。（《明憲宗實録》卷一〇八，第 2108 頁）

戊午，命宣城伯衛穎守備鳳陽，賜之敕曰："朕惟鳳陽乃祖宗陵寢所在，其地至重。近来水旱災傷，人民飢饉，慮有他虞，今特命爾守備地方，防禦賊寇。"（《明憲宗實録》卷一〇八，第 2116 頁）

江潮大溢，塘崩特甚。（嘉靖《仁和縣志》卷六《水利》）

十月

甲戌，以順天府旱，減五府所屬并親軍等衛採取秋青十分之三。（《明憲宗實録》卷一〇九，第 2123 頁）

丁丑，平虜將軍總兵官武靖侯趙輔復奏："比傳聞虜寇知我軍馬大集移營近河，潛謀北渡，迨今兩月不来入寇，意者其不戰自屈乎？但大軍所至，芻糧缺供，况山陝荒旱，衆庶流移，邊地早寒，凍餒死亡相繼。"（《明憲宗

實録》卷一〇九，第2123～2124頁）

戊寅，夜，月食。（《明憲宗實録》卷一〇九，第2125頁）

丁亥，廣西等道監察御史楊守隨等以災異邊警上言九事：一，京師城隍溝渠久淤不浚，夏秋雨澇，公私廬舍多（抱本作“俱”）壞，□（原字漫漶，疑為“請”字）明春調軍浚隍，而令居民自治溝渠……（《明憲宗實録》卷一〇九，第2128～2129頁）

戊子，夜，西方流星大如盞，赤色，有光，自參宿西南行至狼星旁，尾跡炸散，後三小星随之。（《明憲宗實録》卷一〇九，第2131頁）

己丑，夜，東方流星大如盞，青白色，光明燭地，自女床行至天市垣東。（《明憲宗實録》卷一〇九，第2132頁）

十一月

辛亥，曉刻，木星入房宿，犯北第一星。（《明憲宗實録》卷一一〇，第2150頁）

辛亥，巡視淮揚等處南京兵部右侍郎馬顯奏：“一，淮揚府、衛、州、縣地方間有水旱災傷，宜令該徵税糧半收雜糧，以蘇其困。”（《明憲宗實録》卷一一〇，第2150頁）

癸丑，曉刻，木星犯鈎鈐。（《明憲宗實録》卷一一〇，第2151頁）

癸丑，免直隷順德府邢臺等九縣秋糧二萬四百四十餘石，草五十四萬五千四百四十餘束，以旱傷故也。（《明憲宗實録》卷一一〇，第2151～2152頁）

戊午，命減光禄寺成化九年分供應魚果等物共十一萬一千五百斤。光禄寺奏：“歲計魚果等物一百三十五萬八千餘斤，近已嘗量減十三萬。今收積尚多，恐久而浥壞，而比歲水旱饑饉，民力不堪，乞再減其数。”從之。（《明憲宗實録》卷一一〇，第2154頁）

十二月

庚午，以旱災免直隷真定府所屬并河間衛粳粟米七萬七千一百九十餘石，穀草一百二十九萬三千四百七十餘束，綿花五十二萬八千二百一十餘

兩。(《明憲宗實録》卷一一一，第2157頁)

癸酉，夜，西南赤氣一道如槍形，名曰天鋒。(《明憲宗實録》卷一一一，第2160~2161頁)

乙酉，曉刻，月犯氐宿東南星。(《明憲宗實録》卷一一一，第2166頁)

丙戌，曉刻，月犯（抱本“犯”下有“東”字）咸下星。昏刻，金星犯壘壁陣東第六星。(《明憲宗實録》卷一一一，第2166頁)

是年

春夏，旱，至芒種無秧。秋，淫雨浹旬，山水猝發，民舍漂蕩，西橋衝圮。(同治《廣豐縣志》卷一〇《祥異》)

永豐春夏旱，至芒種無秧，水。秋，霪雨浹旬，山水猝發，漂蕩民居，西橋衝圮。(同治《廣信府志》卷一《星野》)

大旱。(康熙《興化縣志》卷一《祥異》；同治《蒼梧縣志》卷一七《記事》；民國《歙縣志》卷一六《祥異》)

六邑旱。(道光《徽州府志》卷一六《祥異》)

大水。(嘉靖《邵武府志》卷一《應候》；康熙《丹徒縣志》卷一〇《祥異》；康熙《鹽山縣志》卷九《災祥》；康熙《新修醴陵縣志》卷六《災異》；道光《大姚縣志》卷四《祥異》；光緒《金壇縣志》卷一五《祥異》；光緒《邵武府志》卷三〇《祥異》；光緒《丹徒縣志》卷五八《祥異》；民國《鹽山新志》卷二九《祥異表》)

京畿連月不雨，運河水涸。(乾隆《滄州志》卷一二《紀事》)

醴陵大水。(乾隆《長沙府志》卷三七《災祥》)

水，免米二萬三千五百六十三石。(道光《江陰縣志》卷八《祥異》)

大旱，民多餓死。(雍正《沁源縣志》卷九《災祥》；民國《沁源縣志》卷六《大事考》)

冬，雪深數尺，民死於饑寒者甚多。(道光《泌陽縣志》卷三《災祥》)

大饑，疫。(乾隆《平原縣志》卷九《災祥》)

姚安大水，無秋。（康熙《雲南通志》卷二八《災祥》）

春，揚州大旱，命工部侍郎王恕祭禱于山川等神。（萬曆《揚州府志》卷二二《異攷》）

春，旱。秋，大雨水。（乾隆《番禺縣志》卷一八《事紀》）

春，旱。（康熙《平樂縣志》卷六《災祥》；嘉慶《永安州志》卷四《祥異》）

旱荒，人相食。（崇禎《内邱縣志》卷六《變紀》）

旱，运河水涸。（道光《濟甯直隸州志》卷一《五行》）

雨雹損禾，大饑，人相食。（民國《太谷縣志》卷一《年紀》）

有大蛛自綿山為大雷所驅，至東周村曹家墳，天日晦冥，風雨大作，墳木盡拔。須臾有火一塊如碗大，自西南飛，大霹靂一聲，其物擊碎。明日視之，皮肉滿川，可載十餘車，其乾皮可貼瘡。（乾隆《襄垣縣志》卷八《雜紀》）

大水塞川而下，橋毀而遺石尚存。（乾隆《鳳臺縣志》卷三《津梁》）

大旱，民饑。（乾隆《沁州志》卷九《災異》；乾隆《武鄉縣志》卷二《災祥》）

蝗，澇。（萬曆《寧津縣志》卷四《祥異》）

旱，運河水涸。（乾隆《濟甯直隸州志》卷一《紀年》；道光《鉅野縣志》卷二《編年》）

大旱，人多饑死。（康熙《朝城縣志》卷一〇《災祥》）

旱。（嘉靖《湖廣圖經志書》卷二；康熙《婺源縣志》卷一二《禨祥》；乾隆《上海縣志》卷七《官署》；光緒《武昌縣志》卷一〇《祥異》）

大雨雹，其大如拳，屋瓦皆碎。（同治《高安縣志》卷二八《祥異》）

巡檢司，縣西之嵩口。成化八年洪水，漂流其署，乃借用於民房。（萬曆《永福縣志》卷二《政紀》）

天道乾旱，河水消乏。（順治《潁州志》卷一八《郡縣表》）

歙、休寧、祁門、婺源、績溪旱。（弘治《徽州府志》卷一〇《祥異》）

海大溢，堤盡圮，民溺死者無算。時参政邢简、僉事趙銘令府同知楊冠補葺，不堅，連歲海溢，塘又盡圮。（康熙《嘉興府志》卷八《海塘》）

旱潦頻仍，邑民大饑。（道光《海門縣志》卷二《人物》）

三像庭有古檜七株，成化八年秋為大風所仆，祠屋亦摧。（弘治《吴江志》卷四《祀典》）

大旱，又江溢。（康熙《泰興縣志》卷一《祥異》）

淮揚饑，巡撫張鵬請鬻度牒一萬以振。（宣統《泰興縣志補》卷三上《蠲恤》）

本縣舊城在縣北五里許，明成化八年被河塌没。（順治《滎澤縣志》卷一《城池》）

大旱，蝗。饑。（嘉慶《澧志舉要》卷一）

北門堤决復。（嘉靖《潮州府志》卷一《地理》）

颶風作，岸崩。（康熙《雷州府志》卷一《堤岸》）

颶風壞堤。（道光《遂溪縣志》卷二《紀事》）

大水，無秋。（隆慶《雲南通志》卷一七《災祥》）

秋，大旱。（光緒《菏澤縣志》卷一八《雜記》）

秋，霪雨彌旬，吴越諸州多被災。（康熙《吴縣志》卷二一《祥異》）

成化九年（癸巳，一四七三）

正月

庚子，夜，月犯天街下星。（《明憲宗實録》卷一一二，第2172頁）

戊申，山西太原府地震，有聲如雷。（《明憲宗實録》卷一一二，第2174頁）

癸丑，免湖廣武昌等府秋粮三十一萬八千六百餘石，直隸廣平府秋糧三萬一千六百餘石，草六十萬五千六百餘束，綿花一十八萬二千七百餘斤，俱以旱災故也。（《明憲宗實録》卷一一二，第2176頁）

丙辰，免廣東海康等縣秋糧三千（抱本作“十”）石有奇，以海溢故也。（《明憲宗實録》卷一一二，第2179頁）

戊午，守備鳳陽宣城伯衛穎等奏：“鳳陽新城密邇陵寢，舊皆土築，城門損壞，守鋪倒塌，皆由土性鹻鹵，隨修隨壞，徒費工力。其舊城亦臨淮河，連年為泥沙壅積，反高於城，一遇淫雨，水無所洩。今議東西門外原有護城土壩，歲久陵夷，未經修築。成化八年，淮水暴至，衝開東壩，渰没城内居民，至今城外淤沙未除，城中積水如故。乞包砌新城，以護陵寢，修築土壩，以備水患。”（《明憲宗實録》卷一一二，第2179～2180頁）

辛酉，命順天府分官賑濟貧民，督勸農桑。時府尹李裕奏：“本府所屬州縣以去歲旱災，秋麥未種（抱本作‘熟’），即今民乏農具種子，田地益荒。本府欲委通判等官設法措置，或借官銀易買，分給耕種，其逃移者招撫復業。”（《明憲宗實録》卷一一二，第2183～2184頁）

元旦雪。大水。（崇禎《吴縣志》卷一一《祥異》）

二月

壬戌，免山西太原、大同二府所屬州縣税糧二十八萬四千餘石，大同等十三衛屯田子粒六萬二千餘石，宣府等二十衛所屯田子粒五萬九千三百餘石，以災傷故也。（《明憲宗實録》卷一一三，第2185頁）

戊辰，夜，月與金星光芒相並。（《明憲宗實録》卷一一三，第2186頁）

辛未，以水旱災免順天、河間、保定三府所屬州縣秋糧六萬八千七百餘石，草二百萬餘（廣本作“餘萬”）束，及在京并大寧都司、直隸等處凡三十五衛所屯田子粒六萬六百餘石，草二萬七千五百餘束。（《明憲宗實録》卷一一三，第2193頁）

戊寅，以旱災免山西平陽府并澤、潞、遼、沁等州縣税糧三十萬二千五百餘石，草三十一萬五千六百餘束，及太原、寧化等九衛所屯田子粒一萬八千六百餘石。（《明憲宗實録》卷一一三，第2197頁）

辛巳，免湖廣荆襄等十三衛所屯田子粒五萬八千餘石，以旱災故也。（《明憲宗實録》卷一一三，第2198～2199頁）

辛巳，鎮守鳳陽太監高廡奏："白塔墳殿宇、廊廡、神厨為淮水淹浸（廣本作'渰没'），墻外壅以泥沙，墳内積水，無由消洩。"（《明憲宗實録》卷一一三，第2199頁）

癸未，以旱災免直隸真定、定州、神武三衛所屯田子粒一萬四千五百餘石。（《明憲宗實録》卷一一三，第2199頁）

三月

癸巳，陝西是日寧夏地震。（《明憲宗實録》卷一一四，第2207頁）

甲午，山東濟南等府狂風晝晦，咫尺莫辨，復有雷聲起於東南。已而紅光燭地，良久乃散。（《明憲宗實録》卷一一四，第2207~2208頁）

丙申，總理河道刑部左侍郎王恕言："淮安南抵儀真瓜州湖河隄岸，被水衝决者一十五處，其餘坍塌者二百餘里，及儀真三壩衝倒，修理物料俱（廣本'俱'下有'於'字）揚州出辦。"（《明憲宗實録》卷一一四，第2208~2209頁）

癸卯，免淮安府諸州縣夏税一十八萬七千八百五十餘石，鳳陽府宿、亳、虹、靈璧四縣州（舊校改"縣州"作"州縣"）一萬九千七百九十餘石，徐州諸縣六萬七千一百五十餘石，絲六萬四百六十（廣本無"六十"二字）餘兩，徐州、高郵、邳州、武平、宿州、大河、淮安等衛并海州千户所三萬七千（抱本作"百"）餘石，以災傷故也。（《明憲宗實録》卷一一四，第2212~2213頁）

甲辰，禮部奏，今年四月初一日日食。（《明憲宗實録》卷一一四，第2213頁）

乙巳，夜，南京大風雨，拔太廟、社稷壇樹。（《明憲宗實録》卷一一四，第2213頁）

甲寅，詔停徵順天府諸州縣成化七年糧草，并八年絹鈔（抱本作"紗"）綿花，逋負在民者，候今歲秋成徵之，以連年水旱故也。（《明憲宗實録》卷一一四，第2217頁）

丙辰，曉刻，木星犯東歲星。（《明憲宗實録》卷一一四，第2217頁）

丙辰，禮科右給事中張鐸等言：“今春（廣本‘春’下有‘将’字）盡不雨，穀麥無望。乞勑文武羣臣齋沐修省，仍簡命大臣祭告在京應祀神祇，以祈雨澤。”上是其言。（《明憲宗實録》卷一一四，第2218頁）

丁巳，以湖廣長沙、岳州、荆州、常德、辰州府并所屬州縣去年旱災，免徵秋糧豆六十萬二千九百四十石有奇。（《明憲宗實録》卷一一四，第2219頁）

四日，風霾晝晦，燈燭無光，大旱，蝗，洊饑，骼無餘胔。（乾隆《平原縣志》卷九《災祥》）

四日未時，晝晦。是年，風雨害稼，饑。（嘉慶《長山縣志》卷四《災祥》）

四日，晝晦，自申至酉末方霽。是歲大饥，知府李昂發粟賑濟。（嘉靖《青州府志》卷五《災祥》）

四日，大風晝晦，自申至酉方霽。是歲大饑，賑免租。（嘉慶《昌樂縣志》卷一《總紀》）

初四日，地方晝晦如夜。大水。（萬曆《東昌府志》卷一七《祥異》）

初四日，晝晦如夜。（雍正《邱縣志》卷七《災祥》；乾隆《夏津縣志》卷九《災祥》）

十六日，晝晦，雞犬昏鳴，人持兵刃，摇之有光。（乾隆《通許縣舊志》卷一《祥異》）

大風晝晦。（萬曆《安邱縣志》卷一下《總紀》；康熙《杞紀》卷五《繫年》）

風霾晝晦，大饑。（光緒《霑化縣志》卷一四《祥異》；民國《陽信縣志》第二册卷二《祥異》）

風霾晝晦。（民國《無棣縣志》卷一六《祥異》）

大風，歲饑，知府李昂發粟賑濟。（民國《壽光縣志》卷一五《大事記》）

風霾，晝晦如夜。（嘉慶《禹城縣志》卷一一《灾祥》）

復饑。三月，晝晦自申至戌。（嘉靖《淄川縣志》卷二《灾祥》）

旱。大風，紅光燭地，有頃晝晦如夜，踰二時乃霽。（道光《鉅野縣

志》卷二《編年》）

南京大風雨，拔太廟、社稷壇樹。（光緒《金陵通紀》卷一〇中；民國《首都志》卷一六《歷代大事表》）

晝晦，踰二時乃霽。（萬曆《兖州府志》卷一五《災祥》）

四月

丁卯，山東大風，空中紅光燭地。有頃，昏黑如夜，移時漸復。（《明憲宗實録》卷一一五，第2225頁）

戊辰，總理河道刑部左侍郎王恕奏："去年自京師直抵揚州，南北三千餘里，水旱災傷，民甚艱食。今歲雨雪少降，狂風彌月，土乾麥稿（舊校改'稿'作'槁'），民不聊生。迺三月初四日，山東地方忽黑（廣本、抱本'黑'下有'暗'字）如夜，乞詔廷臣講究所以弭災恤患之策，并祭告各處山川之神。"（《明憲宗實録》卷一一五，第2225頁）

乙亥，京師雨土。（《明憲宗實録》卷一一五，第2229頁）

己卯，夜，金星犯五諸侯。（《明憲宗實録》卷一一五，第2232頁）

朔，日食。（乾隆《銅陵縣志》卷一三《祥異》）

嘉興、湖州水災。（光緒《嘉興府志》卷三五《祥異》）

亦水災。（光緒《歸安縣志》卷二七《祥異》）

水災，蠲免税糧。（道光《武康縣志》卷一《邑紀》）

旱。（嘉慶《長寧縣志》卷九《藝文》）

水灾。（同治《湖州府志》卷四四《祥異》）

南京雨。（民國《首都志》卷一六《歷代大事表》）

五月

辛卯朔，監察御史聶友良以早朝（廣本"朝"下有"遇"字）雨，糾朝參官少。上命錦衣衛鴻臚寺按門籍點閲，朝退，雨不止，復降旨免之。（《明憲宗實録》卷一一六，第2241頁）

壬辰，都察院司務顧祥奏："山東地方人民饑荒之甚，有掃草子、剥樹

皮、割死屍以充食者。又有黑風之異，思患豫防，不可或緩。”（《明憲宗實録》卷一一六，第2242頁）

壬辰，以旱災免直隸鳳陽府所屬定遠等七縣并高郵、儀真、揚州、壽州、武平（廣本作“州”）五衛去年秋糧四萬一千七百八十餘石，穀草二（廣本作“一”）萬九千七十餘包。（《明憲宗實録》卷一一六，第2243頁）

丁酉，免湖廣辰、沅、岳、安陸、長寧、夷陵六衛所屯田子粒一萬七千四百七十餘石，以旱災故也。（《明憲宗實録》卷一一六，第2244頁）

戊戌，户部奏：“直隸河間府所屬滄、景等州縣旱災，已奉旨發德州倉糧二萬五千石。”（《明憲宗實録》卷一一六，第2244頁）

庚子，南京司禮監等監監奏：“三月十五日夜風雨，拔太廟、社稷壇樹，禮部以去秋風雨摧損各壇廟樹及垣宇，已令有司修理，事尚未完，乞令各官通行修理。”從之。（《明憲宗實録》卷一一六，第2245頁）

癸卯，改派直隸真定府額辦供祀牛犢十五隻於應天府江浦縣，并直隸和州二（廣本作“等”）處，免山東額辦供祀山羊七十隻，以旱災故也。（《明憲宗實録》卷一一六，第2246頁）

己酉，免貴州等一十三衛糧二萬一千九百餘石，貴州宣慰司并金築、安撫、普安等司州及新添衛新添等長官司糧一萬二千六十餘石，以旱傷（廣本“傷”作“災”）故也。（《明憲宗實録》卷一一六，第2251頁）

己酉，夜，木星犯鈎鈐。（《明憲宗實録》卷一一六，第2251頁）

辛亥，陝西宁夏地震有聲。（《明憲宗實録》卷一一六，第2251頁）

癸丑，以災伤免南京豹韬等衛去年屯田子粒一萬一百三十餘石。（《明憲宗實録》卷一一六，第2251頁）

丁巳，申刻，京師雨雹如拳。（《明憲宗實録》卷一一六，第2252頁）

六月

甲子，鎮守臨清都督僉事王信等奏：“臨清路當要衝，四方之人雜居於此。比年旱澇相仍，饑民窮迫，恐變生不虞，欲將本衛京操次撥官軍放回本

虜，暫且操守，預為之備。”事下兵部，請如其議。從之。（《明憲宗實録》卷一一七，第 2256 頁）

乙丑，昏刻，木星犯房宿第一星。（《明憲宗實録》卷一一七，第 2256 頁）

丙寅，禮部左侍郎劉吉奉命祭告海嶽，還自山東言：“臣自成化九年四月初十日受命，暨十六日陛辭。仰體聖意，沿途齋心致敬，罔敢怠忽。臣所過濟南等府，委因（舊校改‘因’作‘困’字）連年亢旱不收，人民艱難，死亡流離困苦之状，不可勝言。田地乾燥，多未耕種，河水淺涸，船隻少行，災患之臻，誠可憂憫。仰惟皇上矜恤民瘼，特降詔書減免租税，并發官銀錢米賑濟，民間欣然，不勝感戴。及臣於本月二十六日至東嶽廟下，擇以五月朔（廣本‘朔’下有‘日’字）祭告。未祭之先，炎風毒日，酷旱如舊，及省牲之夕，忽有雲起西南，至夜一更，雷雨大作，直至四更方止，雨止隨祭。祭畢，次日復大雨。自未至酉方止，溝壑水溢，遠近霑足。越七日，祭告東鎮；十三日，祭告東海，俱各得雨，連日不止。事畢回還，所過地方間有苗者，悉皆長茂，未佈種者亦皆種有青苗，運河亦因此水長，官民船隻通行無阻。天意漸回，人心稍安，此皆皇上盛德之所感也。”（《明憲宗實録》卷一一七，第 2256～2257 頁）

己巳，况連年荒災，及今數月不雨，而延綏、寧夏等處累報虜情，殆無虚日，虜或覘我無備，後患叵測。王璽已充寧夏副將，難以輒易，大同官軍於灰溝營朔州屯駐，相去動千百里，卒有警急，亦恐調度不前。（《明憲宗實録》卷一一七，第 2260 頁）

壬申，廵撫山西右副都御史雷復奏：“太原府屬縣民言預徵糧草，改運陝西榆林，山路崎嶇，俱齎銀往買。但草價既高，不免借貸，秋成償還，多至破産，比之大同、宣府價增數倍。况今雨雪愆期，米價騰踴，饑民瘟疫流離，其苦萬狀，而粮草綾絹藥菓等物該納者，不下萬計。”（《明憲宗實録》卷一一七，第 2261 頁）

癸酉，月犯建星。（《明憲宗實録》卷一一七，第 2262 頁）

戊子，廵撫寧夏右副都御史徐廷章奏：“寧夏地方自五月以来凡三次地震，皆有聲自西北而来。今寧夏城西北一帶乃賀蘭山，距寧夏城僅一舍許，山之外即胡虜畜牧之地。夫地道宜静，今乃數震，且起自西北，安知非天先示我，以虜將入寇之兆乎？况今天久不雨，秋禾被霜，夏麥無收，人多疫死，軍士饑疲殊甚。災異示警，殆必有在。”（《明憲宗實録》卷一一七，第2267頁）

己丑，是月，直隸河間府蝗，廣平、順德、大名、真定、保定，并河南懷慶府大雨水。（《明憲宗實録》卷一一七，第2268頁）

甲戌，蘭谷大水。（《國榷》卷三六，第2329頁）

十二日，河決百畆崗，官民舍盡没，城内水丈餘，惟隅頭地高，存數十家。自是年至二十三年，民饑，災無虚歲。是年十月十七日，河有聲如雷，聞數里。二十八夜，風雷大作，徙於汴城西北。（嘉靖《通許縣志》卷上《祥異》）

十二日，河決百畝崗，民舍盡没，城内水深丈餘。（乾隆《通許縣舊志》卷一《祥異》）

十九日，大風海潮，渰没舟廬。（萬曆《福寧州志》卷一六《時事》；光緒《福寧府志》卷四三《祥異》）

大水，詔發倉賑之。（光緒《南樂縣志》卷七《祥異》）

大水。七月，蝗。（光緒《正定縣志》卷八《災祥》）

至七月，不雨，禾苗枯萎，（洪景）相行閉陽從陰之術。遂雨如注，田疇霑足。（康熙《歙志》卷一〇《人物》）

大水。（道光《河内縣志》卷一一《祥異》）

府屬大水。（民國《大名縣志》卷二六《祥異》）

七月

辛卯，南京盗因風雨，夜入都察院獄，刼死囚三人。（《明憲宗實録》卷一一八，第2269頁）

乙未，山西太原府地震，有聲如雷。（《明憲宗實録》卷一一八，第2272頁）

丙申，直隸真定、河間等處蝗。（《明憲宗實録》卷一一八，第2272頁）

庚戌，以水旱災免應天、池州、安慶、徽州四府所屬上元、休寧等十九縣去年秋糧九萬四千八百餘石。（《明憲宗實録》卷一一八，第2277頁）

甲寅，免河南彰德、衛輝二府所屬州縣去年税糧十六萬六千八百餘石，以旱災故也。（《明憲宗實録》卷一一八，第2292頁）

榆次、太谷、壽陽、祁縣雨雹傷禾稼，人相食。（萬曆《山西通志》卷二六《災祥》）

河決，没禾。（嘉靖《武城縣志》卷九《祥異》）

以水災，免去年秋糧。（萬曆《江浦縣志》卷一《縣紀》）

河决，饑甚，人相食。（嘉慶《東昌府志》卷三《五行》）

以水旱災免上元等縣秋糧。（光緒《金陵通紀》卷一〇中）

八月

乙丑，宣府總兵官都督同知顔彪、巡撫左僉都御史鄭寧等修獨石馬營等處城垣、墩臺、仄長城、崖塹之被雨衝壞者，具數以聞。（《明憲宗實録》卷一一九，第2291頁）

丙寅，時山東大水、旱蝗（廣本“蝗”下有“相繼”二字）。（《明憲宗實録》卷一一九，第2291頁）

己巳，陕西西安府奏：“所屬州縣自去冬至今春久旱，兼以連年用兵，財力困竭，更加賦役繁重，恐患出不虞。”（《明憲宗實録》卷一一九，第2293頁）

癸酉，直隸清豐縣知縣湯滌奏：“本府地方連年荒歉，今又大水，時疫盛行，死者無筭，而預備倉粮放支已盡，救荒無策，莫甚此時。”（《明憲宗實録》卷一一九，第2296頁）

甲戌，南京、山西等道監察御史戴佑（廣本、抱本作“祐”）等言：“天道之災祥，由人事之得失。南京今（廣本‘今’上有‘自’字）歲四月以来，陰霾連旬，淒風彌月，兼以霪雨繼作，渰（廣本作‘淹’）没田禾。蘇、松、嘉、湖諸處亦被水患，秋成未可全望。又聞滄州飛蝗蔽天，嚴州青蟲遍地，德州直抵淮安一路大水，房屋田苗多為漂没，咎徵若斯，何以

消弭？”（《明憲宗實録》卷一一九，第2297頁）

丙子，刑部、都察院各奏：“天下都、布、按三司并直隸府衛等衙門奏繫死囚總二百六十八人。今霜降在邇，請差刑部官會同巡按御史詳審，無冤就彼處決，間有翻異原招、稱訴冤枉及情可矜疑者，會鞫其實以聞。”從之。（《明憲宗實録》卷一一九，第2299頁）

丁丑，巡撫山東左僉都御史牟俸奏：“山東雨水、蟲蝗甚於往歲。”（《明憲宗實録》卷一一九，第2300頁）

己卯，監察御史阮玘奏：“國家比年旱澇，民窮財盡。”（《明憲宗實録》卷一一九，第2303頁）

旱蝗，旋大水。（民國《增修膠志》卷五三《祥異》）

大水。（乾隆《曲阜縣志》卷二九《通編》）

浙江巡撫劉敷奏：“奉化、山陰、蕭山、上虞、餘姚、諸暨、臨海七縣被水……”（雍正《浙江通志》卷七五《蠲恤》）

海溢。（民國《餘姚六倉志》卷一九《災異》）

旱蝗，繼水。大饑，人相食。（嘉慶《禹城縣志》卷一一《灾祥》）

九月

癸巳，禮部奏：“巡撫山東右僉都御史牟俸以山東旱災，奏乞給空名牒十萬度僧道取銀，以助賑濟。”（《明憲宗實録》卷一二〇，第2310頁）

己酉，曉刻，東方流（廣本“流”上有“有”字）星大如盞，赤色，有光，自正東中天行至近濁。（《明憲宗實録》卷一二〇，第2320頁）

壬子，夜，西方流（廣本“流”上有“有”字）星大如盞，青白色，光燭地，自奎宿西北行至近濁。（《明憲宗實録》卷一二〇，第2325頁）

壬子，河南光州地震（廣本“震”下有“有聲”二字）。（《明憲宗實録》卷一二〇，第2325頁）

癸丑，夜，南方流（廣本“流”上有“有”字）星大如盞，赤色，光燭地，自參旂東北行至北河。（《明憲宗實録》卷一二〇，第2327頁）

甲寅，夜，西方流（廣本“流”上有“有”字）星大如盞，赤色，光

燭地，自螣蛇西北行至近濁，尾跡炸散。（《明憲宗實録》卷一二〇，第2327頁）

丙辰，免直隸大名府麥四萬四千九十六石，人丁絲折絹六千七百一十八疋，桑絲折絹八百一十疋，從監察御史孫敬言其地被災也。（《明憲宗實録》卷一二〇，第2328頁）

十月

甲子，夜，金星犯左執法。（《明憲宗實録》卷一二一，第2335頁）

癸酉，曉刻，月食。夜，月犯畢宿右股星。（《明憲宗實録》卷一二一，第2340~2341頁）

甲戌，巳刻，日生赤黄雲鮮明。（《明憲宗實録》卷一二一，第2341頁）

壬午，免山西平陽府所屬三十五州縣夏麥二十五萬八千八百四十餘石，以山西按察司副使胡謐奏旱災故也。（《明憲宗實録》卷一二一，第2343頁）

十一月

甲寅，免直隸河間府秋糧二萬九千三百餘石，草四十三萬五千九百餘束，以水災故也。（《明憲宗實録》卷一二二，第2356頁）

十二月

庚午，免天津等八衛軍士採運秋青草八十萬束，以水災故也。（《明憲宗實録》卷一二三，第2360~2361頁）

戊寅，命暫停徵民間馬。時兵部言："北直隸、山東、河南等處水旱，馬宜停徵。"（《明憲宗實録》卷一二三，第2365頁）

癸未，詔免雲南各衛官司及裁減州縣明年朝覲，時有水旱災（廣本"災"下有"傷"字），從守臣等奏請也。（《明憲宗實録》卷一二三，第2368頁）

癸未，免直隸大名、順德、真定、廣平、永平五府所屬州縣秋糧一十萬六千餘石（抱本作“十一萬六千石”），草二百萬束，綿花二萬三千餘斤，以水災故也。（《明憲宗實録》卷一二三，第2368～2369頁）

甲申，免山西忻、澤、潞等十一州，繁峙、高平等三十九縣夏税二十六萬八千四百餘石，以旱災故也。（《明憲宗實録》卷一二三，第2369頁）

是年

沁、衛河水溢。（乾隆《新鄉縣志》卷二八《祥異》）

大水，縣前河西徙圮，東禪寺破泮池。（民國《麻城縣志前編》卷一五《災異》）

大水。（康熙《開州志》卷四《災祥》；乾隆《吴江縣志》卷四〇《災變》；乾隆《震澤縣志》卷二七《災祥》；同治《麗水縣志》卷一四《災祥附》；光緒《麻城縣志》卷一《大事》；民國《龍游縣志》卷一《通紀》）

自冬至明春，南京恒燠，無冰雪。（光緒《金陵通紀》卷一〇中）

水，旱。（道光《上元縣志》卷一《庶徵》）

水，免米一千九百七十一石。（道光《江陰縣志》卷八《祥異》）

黄風自西來，晦冥，咫尺不辨，自未至申始明，俄而紅沙降。是歲，大飢，人相食。（民國《青城縣志》卷一《祥異》）

旱。（康熙《遂昌縣志》卷一〇《災眚》；康熙《堂邑縣志》卷七《災祥》；乾隆《新修曲沃縣志》卷三七《祥異》；光緒《松陽縣志》卷一二《祥異》；光緒《堂邑縣志》卷七《災祥》）

濮州大旱。（乾隆《曹州府志》卷一〇《災祥》；道光《觀城縣志》卷一〇《祥異》）

大雨踰月，平地水深數尺，沈竈産蛙。是年，先蝗後水，民茹草木。（光緒《德平縣志》卷一〇《災祥》）

夏，大水。（同治《江山縣志》卷一二《祥異》）

餘姚、雙鴈鄉水溢，壞田廬。（萬曆《紹興府志》卷一三《災祥》）

大水，舟可入市，壞民田廬。（民國《衢縣志》卷一《五行》）

大饑饉，人相食。（民國《臨沂縣志》卷一《通紀》）

大飢。（民國《德縣志》卷二《紀事》）

蝗。（康熙《大城縣志》卷八《災祥》）

旱，免田租之半。（康熙《文安縣志》卷一《災祥》）

水。（民國《武安縣志》卷一三《金石》）

大旱。（乾隆《鳳臺縣志》卷一二《紀事》；同治《蒲圻縣志》卷一《疆域》；光緒《荆州府志》卷七六《災異》）

旱，大饑。（光緒《陵縣志》卷一五《祥異》）

大雨逾月，平地水深數尺……是年先蝗後水，民茹草木。（光緒《德平縣志》卷一〇《祥異》）

天又旱。（光緒《肥城縣志》卷九《人物》）

晝晦。（民國《萊蕪縣志》卷二二《大事記》）

旱，大饑。大風，紅光燭地，有頃，晝晦如夜。（康熙《濟寧州志》卷二《灾祥》）

旱。畿南、山東大饑，人相食。大風，紅光燭天，旋黑晝如夜。（咸豐《金鄉縣志略》卷一〇下《事紀》）

大旱，民多流離饑死。（正德《博平縣志》卷二《災祥》）

風潮。（嘉靖《靖江縣志》卷四《編年》）

（臨安縣）大旱，歲荒，貧户流亡。（光緒《於潛縣志》卷二〇《事異》）

饑。（民國《建德縣志》卷一《災異》）

海溢。（《乍浦九山補志》卷九《石塘》）

海決，民流。（崇禎《寧志備考》卷九《義俠》）

大水，時舟可入市，壞民田廬。（天啟《衢州府志》卷六《禮典》）

水，七分災。本府知府陳浩奏准免粮四分。（嘉靖《臨江府志》卷四《歲眚》）

水，知府陳浩申奏，免税糧十分之四。（道光《新喻縣志》卷六《蠲免》）

水，知府陳浩申詳奏，免税糧十分之四。（同治《新淦縣志》卷一〇《祥異》）

嵩溪橋，成化九年悉圮於水。（嘉靖《清流縣志》卷三《橋樑》）

彰德、衛輝、平陽旱。（《明史・五行志》，第483頁）

諸州縣大水，發倉賑之。（康熙《南樂縣志》卷九《紀年》）

大旱，五穀不登，人多饑死。（嘉靖《濮州志》卷八《災異》）

諸州縣大水，而黄為甚。（萬曆《内黄縣志》卷六《編年》）

九年、十年，海俱溢。（光緒《平湖縣志》卷二五《祥異》）

九年、十年，海連溢。（光緒《海鹽縣志》卷一三《祥異考》）

成化十年（甲午，一四七四）

正月

癸巳，福建福州府地震，有聲如雷。（《明憲宗實録》卷一二四，第2374頁）

乙巳，巡撫河南右副都御史楊璿奏："獲嘉等縣連年薄收，去歲（廣本作'年'）夏秋（廣本'秋'下有'間'字）雨潦，饑饉特甚，民多流移，賑濟無備。請行納米冠帶中塩之議。"（《明憲宗實録》卷一二四，第2376頁）

乙巳，免宣府萬全、懷安、保安等衛并興和守禦千户所去年子粒一萬一百四十石有奇，草二萬一千六百五十束，以氷雹雨水災也。（《明憲宗實録》卷一二四，第2376頁）

己酉，總督漕運左副都御史李裕奏："山東原派兑運糧，并河南、鳳陽、蘇松改兑糧共六十六萬三千七十餘石。今各處被災無兑，欲以淮安、徐州二倉所儲補支。今二倉見存者僅有五十三萬八千四百五十二石，以該補之數計之，尚欠一十二萬四千六百二十餘石，請為區處。"（《明憲宗實録》卷一二四，第2378頁）

甲寅，南京大風，雨震雷（廣本作"雷震"）。（《明憲宗實録》卷一二四，第2381頁）

二月

己未，南京大雨雪，傷麥。（《明憲宗實録》卷一二五，第2384頁）

壬戌，免真定神武右衛、平定（廣本、抱本“定”下有“守”字）禦千户所去年子粒八千六百石有奇，以水災故也。（《明憲宗實録》卷一二五，第2385頁）

甲子，大雨雪。（《明憲宗實録》卷一二五，第2386頁）

丁卯，直隸滄州及興濟縣皆奏堤岸被水衝決，淹没民居田地，乞興工修築。事下工部覆實，從之。（《明憲宗實録》卷一二五，第2387頁）

南京奏：“冬春恒燠，無氷雪。”（民國《首都志》卷一六《歷代大事表》）

三月

丙戌，免淮安鳳陽府及徐州所屬去年夏税六萬三千石有奇，絲二萬一千三百餘兩，以水旱灾也。（《明憲宗實録》卷一二六，第2398頁）

乙巳，以水灾免潼關寧山衛，并蒲州守禦千户所去年子粒二萬三千四百餘石。（《明憲宗實録》卷一二六，第2408頁）

丁未，免南京旗手等衛成化九年分子粒三萬二千七百餘石，以水災故也。（《明憲宗實録》卷一二六，第2409頁）

己酉，四川大風雨，震雷（廣本作“雷震”）。（《明憲宗實録》卷一二六，第2410頁）

壬子，以水灾免直隸壽、泗、和三州，霍丘等八縣成化九年秋糧三萬七千三百五十餘石，鳳陽留守左（廣本“左”下有“屯”字）等七衛并洪塘湖千户子粒七千五百餘石。（《明憲宗實録》卷一二六，第2411~2412頁）

甲寅，免湖廣武昌、漢陽、黄州、常德、辰州、衡州、長沙七府成化九年秋糧五十三萬五百餘石，武昌、衡州、常德、靖州、沅州、五開、茶陵、黄州、長沙、銅鼓、辰州十一衛子粒二萬九千六百餘石，以旱灾故也。（《明憲宗實録》卷一二六，第2412頁）

大風拔木，治南棟椽有飄飛郊外者，壓死無筭。次日，樹間掛巨鱗長鬣，或疑為龍。方伯陳煒蒞縣賑恤。（嘉靖《豐乘》卷一《邑紀》）

免南畿被災秋糧。（光緒《金陵通紀》卷一〇中）

四月

丙寅，以去年旱災免山西太原、平陽二府無徵秋糧八十二萬五百七十七石，馬草一百六十四萬一千六百三十八束。（《明憲宗實録》卷一二七，第2421頁）

庚午，南京六科給事中言："南京去冬燠而無氷，今春寒而多雨，乃正月震雷，二月連大雨雪。凡有知識，莫不憂驚，其為大臣於此者，尤當檢身修省，自訟其所以致災之由，顧乃恬不為恠，而欲消伏變異，不亦難哉？"事下禮部覆奏，宜勑南京內外重臣，恪遵成憲，痛加修省。從之。（《明憲宗實録》卷一二七，第2411～2422頁）

丁丑，免鳳陽、淮安、揚州、盧州四府所屬州縣，及兩淮運司安豊等場，邳、壽、廬、揚四衛秋糧子粒米豆，共一十九萬五千一百六十餘石，馬草三十萬五千四百四十餘包，以去秋水災也。（《明憲宗實録》卷一二七，第2426～2427頁）

壬午，雲南鶴慶軍民府地震。（《明憲宗實録》卷一二七，第2430頁）

順寧嚴霜成凍。（康熙《雲南通志》卷二八《災祥》；光緒《順甯府志》卷二《祥異》）

五月

丙戌，夜，西方流（廣本"流"上有"有"字）星大如盞，青白色，光燭地，自北河西北行至近濁。（《明憲宗實録》卷一二八，第2434頁）

壬寅，免陝西西安、平凉、慶陽、鳳翔、延安五府所屬州縣去年夏税四十五萬三千二百六十三石有奇，以旱傷故也。（《明憲宗實録》卷一二八，第2441頁）

丁未，貴州鎮遠府大水。（《明憲宗實録》卷一二八，第2442頁）

丁未，鎮遠府大水。（《國榷》卷三七，第2341頁）

東山産蛟，水暴漲，法海寺金剛漂出谷口。（民國《吴縣志》卷五五《祥異考》）

大水。五月至九月，人皆乘舟入市，海錯随水登于江岸，蛇虺入室。（康熙《安慶府志》卷六《祥異》）

夏，大水，害稼。五月至九月，海錯随水登於江岍，蛇虺入室，而北風連月，浪打南岍，故北岍得免衝激。（道光《桐城續修縣志》卷二三《祥異》）

夏秋，大水。五月至九月，城市行舟，海蠟随水登江岸，蛇魚入人室。（順治《新修望江縣志》卷九《災異》）

大水。五月至九月，市皆舟行。海物随水登江岸，蛇虺入室。（道光《宿松縣志》卷二八《祥異》）

六月

丙寅，巡撫浙江右副都御史劉敷奏："嚴州府屬縣春多雨雪，蠶桑無收，其夏税絹乞每疋折收銀七錢，解送太倉。"户（廣本"户"上有"事下"二字）部覆奏，從之。（《明憲宗實録》卷一二九，第2450頁）

癸酉，免浙江湖州府烏程等六縣成化九年分秋糧十一萬二千二百五十石，馬草八萬八千六百五十餘包，以是年夏水災故也。（《明憲宗實録》卷一二九，第2453頁）

甲戌，南京監察御史任英言："近聞欲循故事給度僧道，竊謂比年旱澇相仍，災異迭見，内地荐饑，邊塞多警，京城内外米價騰踊，民食孔艱。"（《明憲宗實録》卷一二九，第2454頁）

水災。（光緒《歸安縣志》卷二七《祥異》）

以湖州府六縣水災，免成化九年秋糧。（同治《湖州府志》卷四二《賑邺》）

大水害稼。（康熙《安慶府潛山縣志》卷一《祥異》）

閏六月

癸巳，免在京濟州、神武後、義勇左、永清右、燕山前，及直隸涿州、涿鹿左、東勝右、興州後屯、營州後屯、保定中右前後十四衛，直隸保定府所屬高陽、新安二縣秋糧子粒共一萬二千一百七十七（抱本作“六”）石有奇，馬草二萬三千一百三十五束，以去年水災故也。（《明憲宗實録》卷一三〇，第2464頁）

癸巳，夜，月犯房宿。（《明憲宗實録》卷一三〇，第2464頁）

壬辰，衡州安仁縣大霖雨，壞人畜。（《國榷》卷三七，第2342頁）

初九日，安仁霖潦三日，水溢，城内皆汎舟以濟，廬舍漂流，人畜淹没。（康熙《衡州府志》卷二二《水旱》）

七月

甲寅，免江西南昌等府秋糧八十六萬四千一百七十餘石，九江等衛子粒二萬一千七百八十餘石，以旱傷故也。（《明憲宗實録》卷一三一，第2471頁）

辛酉，福建漳州府大水。（《明憲宗實録》卷一三一，第2474頁）

乙丑，以旱災免山東運司永利等一十二場鹽課（廣本“課”下有“鈔”字）本色，并折色共三萬五千四百九十餘引。（《明憲宗實録》卷一三一，第2476頁）

庚午，免山西大同府所屬應、朔二州，大同、懷仁、山陰三縣成化九年夏（廣本“夏”下有“税”字）麥二萬六千三十餘石，以水旱災故也。（《明憲宗實録》卷一三一，第2477頁）

壬午，免在京武功中衛并直隸武清等十一衛成化九年子粒一萬五千七百七十石有奇，以水灾故也。（《明憲宗實録》卷一三一，第2483～2484頁）

戊午夜，暴雨不止，水驟至，山崩，城垣幾没，浮屍蔽江，南門石橋二間圮，廬舍壞者不可勝計。（乾隆《龍溪縣志》卷二〇《祥異》）

戊午夜，暴雨不止，山崩，洪潦奄至，城垣幾没，人物漂蕩，浮屍蔽江，南門石橋二間圮，軍民廬舍壞者不可勝計。（萬曆《漳州府志》卷一二《災祥》）

十七日夜半，雷雹。（成化《重修毗陵志》卷三二《祥異》）

十七日，境内大雷雹，有物騰起西滆湖，東至太湖馬蹟山。（萬曆《宜興縣志》卷一〇《異聞》）

十七日，夜，迅雷大雨，有肅殺聲來自西北，抵馬跡山雁門灣東去，壞民屋幾三百，壓死者五六人，千斛巨舟攝於山麓，宿鳥多斃。（康熙《具區志》卷一四《災異》）

大水，壞官民廬舍。（光緒《德慶州志》卷一五《紀事》）

大雨。（嘉慶《高郵州志》卷一二《災祥》）

大水。（天啟《封川縣志》卷四《事紀》；道光《高要縣志》卷一〇《前事》）

大雨水。（嘉靖《廣東通志初稿》卷三七《祥異》；康熙《南海縣志》卷三《災祥》；乾隆《香山縣志》卷八《祥異》；民國《龍山鄉志》卷二《災祥》）

大水，壞官民房屋、禾苗。（嘉靖《德慶州志》卷一《事紀》）

九月

癸丑朔，日食。（《明憲宗實録》卷一三三，第 2503 頁）

乙卯，免直隸蘇、松、常、鎮四府所屬吴江等一十四縣并蘇州衛秋糧子粒共四十三萬四千六百石，馬草一十六萬九千八百九十餘包，以水災故也。（《明憲宗實録》卷一三三，第 2503 頁）

己巳，雲南鶴慶軍民府自寅至申地震十五次，有聲如雷，壞廨舍民居，傷人畜。（《明憲宗實録》卷一三三，第 2509 頁）

朔，日食。（乾隆《銅陵縣志》卷一三《祥異》）

十一月

甲寅，靈州大沙井驛地震。先是十月十五日地震，有聲如雷，自後晝夜屢震。至是一日凡十一震，城堞房垣多傾圮者。（《明憲宗實録》卷一三五，第 2529 頁）

壬戌，免浙江杭州衛嚴、湖二所成化九年屯田子粒共九千一百五十石有奇，嘉興府嘉善縣秋粮（廣本“糧”下有“共”字）一萬六千三百石有奇，馬草六千四百餘包，俱以水旱（廣本“旱”下有“災傷”二字）故也。（《明憲宗實録》卷一三五，第2532頁）

丁卯，免長蘆都轉運塩使司利民等一十八場塩課本色一萬八千四百餘引，折色布六千餘疋，以被水故也。（《明憲宗實録》卷一三五，第2534頁）

壬申，禮部尚書鄒榦等奏：“今秋少雨，至冬無雪。”（《明憲宗實録》卷一三五，第2538頁）

丙子，免河南開封等府夏税麥三十四萬一千餘石，絲一十九萬九千餘兩，秋粮六十萬二千餘石，馬草七十二萬餘束，以水旱災故也。（《明憲宗實録》卷一三五，第2539頁）

丁丑，太僕寺少卿李綱（廣本作“剛”）言：“順天府所屬州縣寄養備用馬，凡亡失者八千六百九十有奇。蓋由州縣管馬官輕視馬政，提調正官坐觀廢弛，分管寺丞及管馬通判不能提督稽覈，俱合究問。然馬之不完，亦以諸州縣地方災旱（廣本‘旱’下有‘頻仍’二字），又遇例停追之故。”（《明憲宗實録》卷一三五，第2540頁）

免杭州衛屯田子粒，以水旱故。（乾隆《杭州府志》卷五一《郵政》）

杭州府大雷雨，虹見。（康熙《仁和縣志》卷二五《祥異》）

十二月

己丑，罷湖廣寶慶等府縣淘金。時内費日侈，帑金漸乏，乃命湖廣寶慶等府、武陵等縣開原額金場，淘煎以進。巡撫等官命所屬十二縣開二十一場，歲役民夫五十五萬有奇，而武陵之民傷於蛇虎、死于大水者無筭，僅得金三十五兩而已。（《明憲宗實録》卷一三六，第2547頁）

甲辰，免直隷各衛分成化九年屯田子粒，東勝左衛三千九百石，永平衛一千九百石，盧龍衛一千九百石，興州右屯衛六千三百石各有奇，以是年水災故也。（《明憲宗實録》卷一三六，第2561~2562頁）

是年

春，多雨，蚕麥無收。（光緒《淳安縣志》卷一六《祥異》）

夏，大水害稼。（道光《桐城續修縣志》卷二三《祥異》）

大旱，飢。（康熙《滑縣志》卷四《祥異》；咸豐《大名府志》卷四《年紀》；民國《重修滑縣志》卷二〇《祥異》）

夏，安陸大水。（道光《安陸縣志》卷一四《祥異》）

瀏陽大水。（康熙《長沙府志》卷八《祥異》；乾隆《長沙府志》卷三七《災祥》）

旱，運河竭。（嘉慶《高郵州志》卷一二《災祥》）

大水，舟行樹杪。（康熙《宜黄縣志》卷一《禨祥》；道光《宜黄縣志》卷二七《祥異》）

大水。（嘉靖《進賢縣志》卷一《災祥》；崇禎《撫州府志》卷二《災祥》；康熙《餘干縣志》卷三《災祥》；雍正《瑞昌縣志》卷一《祥異》；乾隆《金谿縣志》卷三《祥異》；嘉慶《沅江縣志》卷二二《祥異》；同治《餘干縣志》卷二〇《祥異》）

又大水。（光緒《新續畧陽縣志·災異》）

永平縣大水，淹没民居數百家。（光緒《永昌府志》卷三《祥異》）

水災。（同治《湖州府志》卷四四《祥異》）

海决。（康熙《海寧縣志》卷一二上《祥異》）

夏，大水，壞通濟橋。（萬曆《金華府志》卷二五《祥異》）

大旱。（嘉慶《太平縣志》卷八《祥異》）

水災，免成化九年秋糧。（同治《長興縣志》卷九《災祥》）

秋，蝗食禾及草木俱盡，民饑。（乾隆《白水縣志》卷一《祥異》）

秋，旱，稼穡不成。（光緒《邵武府志》卷三〇《祥異》）

冬，恒燠無雪。（乾隆《平原縣志》卷九《災祥》）

冬，大雪，人民牛馬凍死。（光緒《光化縣志》卷八《祥異》）

春初，不雨，至秋二日乃雨，民始種黍。大熟，每穀二粒。（光緒《清

源鄉志》卷一六《祥異》）

春，多雨，蚕麥無收。（乾隆《淳安縣志》卷一六《祥異》）

水，壞通濟橋。（康熙《金華縣志》卷三《祥異》）

夏，恩江水發，衝決民居，男婦漂流。（道光《吉水縣志》卷二一《名宦》）

夏，旱。（乾隆《林縣志》卷二《營建》）

夏，大水，城内乘舟。（嘉靖《沔陽志》卷一《郡紀》；康熙《景陵縣志》卷二《災祥》）

蘭若寺黑風起，晝晦，所過樹盡拔。（光緒《盂縣志》卷五《災異》）

衛學遭水患。（嘉慶《續修潼關廳志》卷中《人物》）

漢江泛漲，堂宇傾圮。（雍正《洵陽縣志》卷四《公署》）

黑風晝晦，燈燭無光。（康熙《陵縣志》卷三《災祥》）

高郵等處水。（萬曆《揚州府志》卷二二《異攷》）

海寧縣海決，至城下。（乾隆《杭州府志》卷五六《祥異》）

海連溢。（天啟《海鹽縣圖經》卷一六《災祥》）

海溢。（道光《乍浦備志》卷一〇《祥異》）

府屬旱，免秋糧。（康熙《南昌郡乘》卷五四《祥異》）

大水，街市可通舟楫。（嘉靖《九江府志》卷一《祥異》）

大水，舟通街市。（嘉慶《湖口縣志》卷一七《祥異》；同治《都昌縣志》卷一六《祥異》）

（横浦橋）毁於潦。（嘉靖《南安府志》卷二一《利澤志》）

是年旱，稼穡不成。（康熙《光澤縣志》附卷《祥異》）

旱荒。（康熙《上杭縣志》卷一一《祲祥》）

大旱，禾不登。（康熙《泰寧縣志》卷三《祥異》）

黄河溢，城圮東北。（康熙《鹿邑縣志》卷八《災祥》）

大水，舟入市。饑。（康熙《鼎修德安府全志》卷二《祥異》）

朱家橋，成化甲午水衝廢。（嘉靖《蘄水縣志》卷一《橋樑》）

荆州大水。（同治《監利縣志》卷一二《豐歉》）

江汉决。（康熙《潛江縣志》卷一〇《河防》）

鎮遠府舊學，成化十年鎮陽江溢漂没。（民國《貴州通志·學校》）

永平縣大水，渰没居民數百家。（康熙《永昌府志》卷二三《災祥》）

秋，大水，民皆乘船入城。（光緒《興國州志》卷三一《祥異》）

雨雹，秋無禾。（道光《壺關縣志》卷二《紀事》）

十年甲午、十一年乙未、十二年丙申，漢川皆大水。（同治《漢川縣志》卷一四《祥祲》）

成化十一年（乙未，一四七五）

正月

丙寅，夜，五色雲氣鮮明，暈月，竟夜漸散。（《明憲宗實録》卷一三七，第2572頁）

二月

丙戌，免陝西延安、綏德、慶陽三衛成化九年屯田子粒三萬一千一百餘石，以旱災故也。（《明憲宗實録》卷一三八，第2582頁）

壬辰，夜，東方流星大如盞，青白色，尾跡有光，東南行至尾宿，後二小星隨之。（《明憲宗實録》卷一三八，第2586~2587頁）

乙未，夜，月食。（《明憲宗實録》卷一三八，第2588頁）

己亥，酉刻，日色赤如赭。（《明憲宗實録》卷一三八，第2590頁）

辛丑，順天府府尹邢簡奏："京畿自去歲三秋不雨，一冬少雪，今春仍不雨，夏麥既不暢茂，秋禾尤難佈種，請率僚屬及（抱本作'并'）京縣官齋禱于都城隍廟。"從之。（《明憲宗實録》卷一三八，第2590頁）

癸卯，曉刻，月犯牛宿大星。（《明憲宗實録》卷一三八，第2591頁）

十一日酉時，暴風怒發，揚沙折木。（民國《莘縣志》卷一二《禨異》）

三月

乙卯，昏刻，月犯井宿東扇南（廣本無“南”字）第一星。（《明憲宗實録》卷一三九，第2598頁）

戊午，免鳳陽、廬州二府并徐州所屬成化十年税粮四萬六千餘石，馬草六萬二千餘包，以水災故也。（《明憲宗實録》卷一三九，第2599頁）

癸亥，詔順天等府州縣歲欠税粮，待秋成輸納。時水旱相仍，頻年逋欠。（《明憲宗實録》卷一三九，第2601頁）

己巳，免順天、保定、真定三府所屬秋粮一萬四千餘石，穀草五十餘（抱本作“一”）萬束，并在京濟州、直隸營州等衛屯田子粒二萬三千六百餘石，以水災故也。（《明憲宗實録》卷一三九，第2602~2603頁）

辛未，命工部員外郎張敏督工，脩砌京城至張家灣粮運道路。先是漕運總兵官陳鋭言：“每歲漕運京粮至張家灣，陸運至京，遇夏雨連綿，道途泥濘，車輛難行，脚價增倍，皆運軍辦給，艱苦不勝。”（《明憲宗實録》卷一三九，第2603頁）

甲戌，曉刻，金星犯外屏星西第二星。（《明憲宗實録》卷一三九，第2606頁）

丙子，昏刻，北方流星大如盞，青白色，有光，自（廣本“自”上有“出”字）紫微東藩東北行至近濁。（《明憲宗實録》卷一三九，第2607~2608頁）

四月

辛卯，卯刻，日色變赤，至酉刻，色如赭。（《明憲宗實録》卷一四〇，第2615頁）

戊戌，夜，西方流星大如盞，青白色，光明燭地，自軒轅行至五諸侯。（《明憲宗實録》卷一四〇，第2617頁）

嚴霜成凍。（隆慶《雲南通志》卷一七《災祥》）

蝗，民掘草根以食。（光緒《台州府志》卷二九《大事》）

至於十二月，不雨，赤地彌望，人民艱食。（嘉靖《延平府志》卷一三《祥異》）

地大震，生白毛。（乾隆《婁縣志》卷一五《祥異》；嘉慶《松江府志》卷八〇《祥異》）

地震，生白毛。（光緒《奉賢縣志》卷二〇《灾祥》；光緒《青浦縣志》卷二九《祥異》）

地大震，徧地生白毛。（光緒《重修華亭縣志》卷二三《祥異》）

地大震，旦視之，徧地生白毛。（乾隆《華亭縣志》卷一六《祥異》；光緒《川沙廳志》卷一四《祥異》）

五月

己酉，免直隸鎮江府秋糧五萬四千八百餘石，鎮江衛屯田子粒五千二百餘石，以水災故也。（《明憲宗實録》卷一四一，第2621頁）

壬子，免福建漳州府龍溪、南靖、漳浦、長泰四縣秋糧二萬三百餘石，漳州衛屯田子粒一千三百餘石，以水災故也。（《明憲宗實録》卷一四一，第2622頁）

乙卯，昏刻，月犯明堂中星。（《明憲宗實録》卷一四一，第2625頁）

丁巳，免蒲州千户所去年屯田子粒七百四十石有奇，以旱災故也。（《明憲宗實録》卷一四一，第2626頁）

己未，辰時，金星晝見於巳。（《明憲宗實録》卷一四一，第2627頁）

戊辰，夜，流星大如盞，青白色，有光，自閣道旁東北行至雲中。（《明憲宗實録》卷一四一，第2631頁）

辛未，免應天府之上元、江寧、句容、江浦、六合縣，安慶府之懷寧、桐城、潛山、太湖、宿松、望江縣，池州府之貴池、銅陵、建德、東流縣去歲秋糧六萬三千七百餘石，安慶、建陽、九江衛去歲屯田子粒一萬四千一百石有奇，以水災故也。（《明憲宗實録》卷一四一，第2632頁）

癸酉，免武昌、漢陽、黄州、岳州、德安、常德、荆州、沔陽八府州，武昌、武昌左、長沙、常德、荆州、荆州左右、沔陽、蘄州、辰州、岳州、黄州十二衛秋糧子粒二十萬九千七百石有奇，以水災故也。(《明憲宗實録》卷一四一，第2632頁)

湖廣大水，免被災秋糧。(道光《永州府志》卷一七《事紀畧》)

免秋糧子粒，以水災故。(康熙《孝感縣志》卷一三《蠲賑》；康熙《孝感縣志》卷一三《蠲賑》)

免湖廣被災秋糧。(《明史·憲宗紀》，第1700頁)

田州旱。自五月不雨至八月。明年復旱。(雍正《廣西通志》卷三《機祥》)

六月

壬午，陝西蘭州地震有聲。(《明憲宗實録》卷一四二，第2636頁)

乙酉，卯時，日生左右珥、重半暈、背氣，皆青赤色鮮明。(《明憲宗實録》卷一四二，第2637頁)

壬辰，免廬州府之六安州，舒城、合肥縣；鳳陽府之五河、太和縣；揚州府之通州、高郵州，如皋、興化、泰興、儀真、江都縣及和州秋糧豆共十一萬四千七百餘石，高郵、揚州、儀真、鳳陽中右、留守中左、懷遠、鳳陽、長淮、皇陵等衛屯田子粒共二萬九千一百石，以水災故也。(《明憲宗實録》卷一四二，第2639頁)

庚子，鴻臚寺卿楊宣，右少卿施純，左寺丞李璿、孫軏因天雨陰晦，奏事失序，自陳請罪。上以宣等職典朝儀，不行敬謹，命錦衣衛於午門前各杖二十。(《明憲宗實録》卷一四二，第2642頁)

甲辰，免山西平陽府諸州縣去歲被災税糧二十八萬一千二百石有奇。(《明憲宗實録》卷一四二，第2643頁)

水，至民居陷没。(康熙《五河縣志》卷一《祥異》)

水災，免泰興田租。(宣統《泰興縣志補》卷三《蠲恤》)

水，至民居陷没。(光緒《五河縣志》卷一九《祥異》)

七月

庚戌，曉刻，金星犯天罇（抱本作“罇”）。（《明憲宗實録》卷一四三，第2649頁）

己未，午時，日暈，赤黄色鮮明。（《明憲宗實録》卷一四三，第2650頁）

戊辰，曉刻，金星犯土星。（《明憲宗實録》卷一四三，第2652～2653頁）

己巳，曉刻，北斗西北三尺許，有星如雞卵大，赤赤（舊校删一“赤”字）色，有光，行至斗杓開陽邊，入於近濁。……童軒等入朝時見之。及靈臺郎劉紳等報稱北方有星如雞卵大，青白色，有光，起自北斗魁中，東北行至近濁，後有二小星随之。（《明憲宗實録》卷一四三，第2653頁）

庚午，夜，東方流星大如盞，青白色，光明燭地，自大陵北行八穀，尾跡炸散，後二小星隨之。（《明憲宗實録》卷一四三，第2653頁）

辛未，免南京錦衣等十三衛屯田子粒四萬二千五百七十餘石，以去年水旱故也。（《明憲宗實録》卷一四三，第2653～2654頁）

甲戌，曉刻，火星犯積薪。（《明憲宗實録》卷一四三，第2654頁）

八月

壬午，免山西太原府所屬二州八縣并潞、沁、遼三州所屬六縣夏税四千九十六石，秋糧三萬二千七百六十七石，馬草六萬五千五百三十餘束，以去年災傷也。（《明憲宗實録》卷一四四，第2656頁）

癸未，曉刻，火星入鬼宿。（《明憲宗實録》卷一四四，第2656頁）

甲申，曉刻，火星犯積尸氣。（《明憲宗實録》卷一四四，第2656頁）

己丑，夜，東方流星大如盞，青白色，有光，自室宿東南行至雲中，後二小星隨之。（《明憲宗實録》卷一四四，第2658頁）

甲午，曉刻，火星與土星同度。（《明憲宗實録》卷一四四，第2659頁）

甲午，夜，雷電雨雪。（《明憲宗實録》卷一四四，第2659頁）

丙申，曉刻，月犯天高星。（《明憲宗實録》卷一四四，第2659頁）

丁酉，曉刻，金星犯雲（疑當作“靈”）臺。（《明憲宗實録》卷一四

四，第2659頁）

己亥，申時，日生背氣及左右珥，俱赤黄色鮮明。（《明憲宗實録》卷一四四，第2660頁）

庚子，曉刻，金星犯太微垣上將。（《明憲宗實録》卷一四四，第2660頁）

癸卯，曉刻，月犯靈臺下星。（《明憲宗實録》卷一四四，第2662頁）

大水。（民國《吴縣志》卷五五《祥異考》）

大旱，至八月十三日雨。（萬曆《儋州志》地集《祥異》）

朔，日食。（乾隆《銅陵縣志》卷一三《祥異》）

九月

丁未朔，日食（廣本"日食"作"日有食之"）。（《明憲宗實録》卷一四五，第2663頁）

己酉，巡撫山東左僉都御史牟俸奏："山東舊有小清河，上接濟南趵突等泉，下通樂安沿海高家港等鹽場。大清河上接東平坎河等泉，下通濱州、海豐、利津、沿海富國等鹽場，後因淤塞衝決，舟楫不通，民苦般（疑當作'盤'）剥，兼雨水渰没，其患尤甚。近勸農參政唐濵為之修濬造閘，水利始通。繼今非得人提督，恐久而或廢。令（廣本'令'上有'祈'字）濵兼治水利，後繼任者亦如之。"詔可。（《明憲宗實録》卷一四五，第2663頁）

癸丑，金星犯左執法。（《明憲宗實録》卷一四五，第2665頁）

丁巳，鎮守密雲古北口等處都指揮同知王榮奏："今歲夏雨連綿，山水泛溢，衝塌古北口及密雲一帶關隘城垣。"命巡按直隸監察御史張玉等覈實，督工修繕之。（《明憲宗實録》卷一四五，第2672頁）

癸亥，月犯畢宿右股北第三星。（《明憲宗實録》卷一四五，第2673頁）

十月

辛巳，月犯建星東第二星。（《明憲宗實録》卷一四六，第2683頁）

壬午，月犯牛宿大星。（《明憲宗實録》卷一四六，第2683～2684頁）

辛卯，月犯天高東星。（《明憲宗實録》卷一四六，第2685頁）

壬辰，月犯司恠南二星。（《明憲宗實録》卷一四六，第2686頁）

癸巳，月犯井宿東南第一星。（《明憲宗實録》卷一四六，第2686頁）

乙未，火星犯靈臺。（《明憲宗實録》卷一四六，第2687頁）

壬寅，火星犯太微垣上將。（《明憲宗實録》卷一四六，第2688頁）

癸卯，免順天府所屬霸、薊、通、涿四州，宛平等二十三縣秋糧三萬三千九百餘石，馬草一百四十二萬八千一百六十餘束，以水災故也。（《明憲宗實録》卷一四六，第2688～2689頁）

辛巳，月犯牛宿大星。（嘉慶《西安縣志》卷二二《祥異》）

十一月

戊午，月犯畢宿左股星。（《明憲宗實録》卷一四七，第2704頁）

免兩廣水灾田租。（嘉靖《廣東通志初稿》卷三《政紀》）

十二月

壬午，以是冬無雪，命禁屠宰，及文武官致齋各三日，遣英國公張懋、襄城侯李瑾、豐城侯李勇祭告天地、社稷、山川。（《明憲宗實録》卷一四八，第2710～2711頁）

癸未，鳳陽衛城為淮水衝壞，勅守備鳳陽宣城伯衛穎等督中都留守司、鳳陽府官，發軍民修葺之。（《明憲宗實録》卷一四八，第2711頁）

乙酉，月犯畢宿左股星。西方流星大如盞，赤光燭地，自五車行丈餘，發光如碗，東南行至張宿，後五小星随之。（《明憲宗實録》卷一四八，第2711頁）

癸巳，月犯明堂上星。（《明憲宗實録》卷一四八，第2716頁）

免水災田租。（崇禎《廉州府志》卷一《歷年紀》；雍正《欽州志》卷一《歷年紀》）

是年

旱。（康熙《興寧縣志》卷八《災祥》）

大旱。（乾隆《潮州府志》卷一一《災祥》）

颶風。（咸豐《順德縣志》卷三一《前事畧》）

大水，民饑，命户部郎中谷琰賑之。（嘉慶《高郵州志》卷一二《災祥》）

潤德泉涸。（民國《重修岐山縣志》卷一〇《災祥》）

蝗食苗。（光緒《仙居志》卷二四《災變》）

蝗。（光緒《黄巖縣志》卷三八《變異》）

夏，大旱。（嘉靖《武平志》卷六《祥異》）

夏，旱，百姓嗷嗷。（同知陳翰英）躬齋沐徃禱，雨如注，歲大稔。（康熙《廣東通志》卷一四《名宦中》）

自夏徂冬不雨。其年菽粟無獲，災疫荐臻，人民困瘁，莫此為甚。（萬曆《將樂縣志》卷一二《災祥》）

大水，河暴漲，北城圮。（乾隆《鳳臺縣志》卷一二《紀事》）

連歲饑荒，民多逃亡，土地荒廢。（康熙《屯留縣志》卷一《貢賦》）

水。（乾隆《吴江縣志》卷四〇《災變》）

大水。（嘉靖《漢陽府志》卷二《方域》；嘉慶《臨武縣志》卷四五《祥異》；民國《續修興化縣志》卷一《祥異》）

海潮嚙江岸為患。（乾隆《杭州府志》卷七七《名宦》）

邑之東南患水。侯命識水勢者，相其原隰，而率民築堤以禦之，水勢漸殺。（嘉靖《長垣縣志》卷九《碑記》）

黄河决王招□。（康熙《鹿邑縣志》卷八《災祥》）

大水浹旬，沿江居民蕩盡。（乾隆《龍南縣志》卷二一《祥異》）

水，免秋糧。（光緒《黄州府志》卷八《蠲卹》）

颶風，水溢傷稼。（萬曆《順德縣志》卷一四《雜志》）

秋，颶風，鹽水上田，禾半壞。（光緒《廣州府志》卷七八《前事》）

颶風，鹽水上田，禾半壞。（康熙《南海縣志》卷三《災祥》）

地震，生白毛。（道光《徽州府志》卷一六《祥異》）

成化十二年（丙申，一四七六）

正月

庚戌，命福建布政司官祭境内山川等神。時福建奏："自去秋（廣本作'歲'）八月以来，諸郡縣疫氣蔓延，死者相継。加之水旱盗賊，斗米百錢，民困特甚。"（《明憲宗實録》卷一四九，第2725頁）

辛亥，南京地震有聲。（《明憲宗實録》卷一四九，第2725頁）

癸丑，夜，月犯天高星。（《明憲宗實録》卷一四九，第2727頁）

甲寅，夜，月犯司恠星。（《明憲宗實録》卷一四九，第2727頁）

丁巳，夜，大風。（《明憲宗實録》卷一四九，第2727頁）

甲子，巳刻，日生交暈，青赤色鮮明，未時漸散。（《明憲宗實録》卷一四九，第2728頁）

丁卯，夜，月犯東咸星。（《明憲宗實録》卷一四九，第2729頁）

辛亥，南京地震有聲。（光緒《金陵通紀》卷一〇中）

南京地震有聲。（民國《首都志》卷一六《歷代大事表》）

二月

乙亥朔，日食。（《明憲宗實録》卷一五〇，第2733頁）

壬午，夜，月犯井宿。（《明憲宗實録》卷一五〇，第2735頁）

丁亥，申時，日生背氣，赤黄色鮮明。（《明憲宗實録》卷一五〇，第2735頁）

己丑，夜，月食。（《明憲宗實録》卷一五〇，第2738頁）

辛卯，免河南南陽、彰德二府及潁川衛成化十年税糧子粒一萬二千四百餘石；夏税絲一千九百餘兩，草五千一百餘束，以災傷故也。（《明憲宗實

録》卷一五〇，第2738頁）

癸巳，申時，日生背氣，青赤色鮮明。（《明憲宗實録》卷一五〇，第2738頁）

甲午，南京六科十三道各以南京正月陰霾蔽日、地震有聲。上言："地動不于他時，而於歲首，不於他所，而于根本之地，此天心仁愛，著陰盛之戒，陰霾之蔽日也亦然。"（《明憲宗實録》卷一五〇，第2739頁）

戊戌，禮科都給事中張謙等以南京災異，奉旨脩省。上言："自去年以来，四川地道失寧，福建瘟疫盛作，茲者南京又有地震，陰霾之變，必不虚生，而應天者必舉其實。"（《明憲宗實録》卷一五〇，第2741～2742頁）

戊戌，福建、江西水旱癘疫，民物凋耗已極，死者不可勝計，兼以地震有聲，宜加意撫卹，蠲其今年秋夏二税。（《明憲宗實録》卷一五〇，第2743頁）

戊戌，監察御史馮貫等亦以脩省上言："伏覩去冬天道愆陽無雪，今春郊禋，狂風大作。"（《明憲宗實録》卷一五〇，第2744頁）

己亥，五府六部等衙門、英國公張懋、吏部尚書尹旻等以南京災異奉旨修省上言："臣等伏念皇上踐阼以来，十有三（抱本作'二'）年，勵精政務，宵旰靡遑，孝敬仁誠，歆於郊廟，宜乎四時順序，諸福畢臻。奈自去年以来，當寒而燠，天不雪，河不氷。福建大疫，延及江西，死者無筭。今春應暖而寒，川澤復凍，當三陽交陽，而南京地震，當南郊將事，而晝夜烈風，仲春朔望，日月皆食，陰陽戾而災變頻，茲豈無因？惟天人一理，君臣一體。"（《明憲宗實録》卷一五〇，第2747頁）

朔，日食。（乾隆《銅陵縣志》卷一三《祥異》）

三月

丁巳，曉刻，木星犯壘壁陣。（《明憲宗實録》卷一五一，第2762頁）

壬戌，昏刻，水星犯昴宿。（《明憲宗實録》卷一五一，第2765頁）

庚午，昏刻，金星犯昴宿月星。（《明憲宗實録》卷一五一，第2768頁）

四月

丙子，監察御史薛為學等言："近者虜酋滿都魯自稱可汗，乩加思蘭亦自稱太師，逆謀已著。竊慮一旦大舉入寇，倉卒之間，難於制馭。况今災異屢見，南京地震陰霾，榆林天鳴如砲，流星隕于城中有聲，大抵皆兵象也。"（《明憲宗實録》卷一五二，第2769頁）

庚寅，夜，山西太原府地震有聲。（《明憲宗實録》卷一五二，第2778頁）

壬辰，昏刻，火星犯上將，夜，犯建星東第二星。（《明憲宗實録》卷一五二，第2779頁）

甲午，昏刻，金星犯井宿東扇北第一星。（《明憲宗實録》卷一五二，第2779頁）

乙未，陝西涇陽、朝邑及金縣、蘭縣雨雹，水漲河决，漂溺人畜無筭。（《明憲宗實録》卷一五二，第2780頁）

不雨，至十二月原田坼裂，南深丈餘，闊一二尺者，禾稼無收。（嘉慶《順昌縣志》卷九《祥異》）

京師旱。（《罪惟録·帝紀九》）

大旱，饑。大水。（民國《臨海縣志稿》卷四一《祥異》）

五月

己酉，免貴州、威清等衛，新化等長官司成化九年税糧二千餘石，以旱災故也。（《明憲宗實録》卷一五三，第2785頁）

庚申，以久旱命順天府官禱於都城隍之神，從禮部尚書鄒榦等奏也。（《明憲宗實録》卷一五三，第2793頁）

夏五、六月，不雨，穀價騰躍，互相攘奪。（民國《萬載縣志》卷一之三《祥異》）

七月

大雨，水害稼。（光緒《餘姚縣志》卷七《祥異》）

諸暨、餘姚大雨害稼，餘姚水，陷没石堰場官鹽數十萬引。（萬曆《紹興府志》卷一三《災祥》）

大雨害稼。（乾隆《諸暨縣志》卷七《祥異》）

黑眚見。（康熙《龍門縣志》卷二《災祥》；乾隆《蔚縣志》卷二九《祥異》）

八月

丁亥，月食。（《明憲宗實録》卷一五六，第 2855 頁）

辛巳，武義縣大水。（《國榷》卷三七，第 2368 頁）

淮、鳳俱大水。（光緒《盱眙縣志稿》卷一四《祥祲》）

大旱，自春至於八月不雨。（康熙《漳浦縣志》卷四《災祥》）

水。（同治《徐州府志》卷五下《祥異》；民國《吴縣志》卷五五《祥異考》）

大水。冬，大雪，大寒，冰厚數尺，河路累月不通。（乾隆《震澤縣志》卷二七《災祥》）

浙江風潮，大水。（乾隆《杭州府志》卷五六《祥異》；同治《湖州府志》卷四四《祥異》）

十一日，武義水災。（萬曆《金華府志》卷二五《祥異》）

十一日，山水暴漲，入城市。（嘉慶《武義縣志》卷一三《祥異》）

十一日，水入城外民居，高五六尺。（光緒《金華縣志》卷一六《五行》）

大水。冬大雪，大寒，冰厚數尺，河路累月不通。二十一都有黑氣一道，從東北去。次年大疫，人畜死者無算。（乾隆《吴江縣志》卷四〇《災變》）

淮、鳳、揚、徐亦俱大水。（《明史・五行志》，第 450 頁）

大旱，自春至于八月不雨。（光緒《漳浦縣志》卷四《災祥》）

大旱，至八月中旬。（萬曆《漳州府志》卷二〇《災祥》）

淮、鳳、揚、徐俱大水。（咸豐《邳州志》卷六《民賦下》）

九月

癸卯，山東三司以水災請免本處府衛税糧子粒。（《明憲宗實録》卷一五七，第2863頁）

丙午，雲南鶴慶軍民府雨雪雹，其色青紅，大者（廣本、抱本“者”下有“如”字）雞鵝卵。（《明憲宗實録》卷一五七，第2865頁）

己酉，昏，月犯建東第二星。（《明憲宗實録》卷一五七，第2869頁）

庚戌，户部會官議巡撫漕運官所陳事宜：一，鳳陽、揚州田地瀕江淮者一千五百餘頃，計税糧一萬餘石。近皆以風濤坍没，欲為蠲免。然稽之《諸司職掌》，鳳陽田土，比舊以減十分之八，而税額如舊。（《明憲宗實録》卷一五七，第2869頁）

乙卯，巡撫河南右副都御史張瑄以河南水旱相仍，賑濟無備，奏乞募人納米，給冠帶散官有差。（《明憲宗實録》卷一五七，第2875頁）

辛酉，遼東遼陽城地震有聲。（《明憲宗實録》卷一五七，第2879頁）

辛酉，夜，月犯井宿東房南第一星。（《明憲宗實録》卷一五七，第2879頁）

戊辰，夜，東方流星大如盞，青白色，光燭地，自五車東行至軒轅，尾跡後散，有三小星随之。（《明憲宗實録》卷一五七，第2882頁）

二十九日，地震。（光緒《嘉興府志》卷三五《祥異》）

十月

壬申，夜，南方流星大如盞，色青白，光燭地，自參宿西南行至天（抱本作“南”）園〔囷〕，後二小星随之。（《明憲宗實録》卷一五八，第2886頁）

甲戌，夜，南方流星大如盞，赤色，有光燭地，自天苑西南行至近濁，尾跡炸散。（《明憲宗實録》卷一五八，第2887頁）

庚辰，巡按山東監察御史沈浩以山東六府旱災相仍，請暫停止清軍。（《明憲宗實録》卷一五八，第2892頁）

辛巳，京師地震，薊州等處亦震有聲。(《明憲宗實録》卷一五八，第2893～2894頁)

辛巳，夜，南方流星大如盞，青白色，光燭地，自玉井西南行至天園〔囷〕，尾跡炸散。(《明憲宗實録》卷一五八，第2894頁)

癸未，夜，月犯外屏東第四星。(《明憲宗實録》卷一五八，第2895頁)

丙戌，金星晝見於巳。夜，月掩畢大(抱本作“火”)星。(《明憲宗實録》卷一五八，第2895頁)

辛卯，曉，土星守軒轅大星。(《明憲宗實録》卷一五八，第2897頁)

辛巳，通州地震有聲。(康熙《通州志》卷一一《災異》)

十一月

辛丑，夜，北方流星大如盞，青白色，光燭地，自華蓋西北行至近濁，尾跡炸散。(《明憲宗實録》卷一五九，第2904頁)

戊申，昏，月與木星同度，相犯於室宿。(《明憲宗實録》卷一五九，第2906頁)

己未，夜，月犯軒御女星。(《明憲宗實録》卷一五九，第2913頁)

癸亥，南京大雷。(《明憲宗實録》卷一五九，第2915頁)

甲子，夜，東方流星大如盞，青白色，光燭地，自常陳東北行至天市西垣，尾跡炸散。西方復有流星，自虚宿西行至近濁。(《明憲宗實録》卷一五九，第2916頁)

乙丑，延綏波羅堡有星二，形如轆軸，一墜樊家溝，一墜本堡倉，紅光燭天。(《明憲宗實録》卷一五九，第2916頁)

戊辰，辰時，日生背氣，青赤色，左右有珥，黄色鮮明。(《明憲宗實録》卷一五九，第2916～2917頁)

十二月

乙亥，以冬無雪，命英國公張懋、撫寧侯朱永、襄城侯李瑾祭禱天地、

社稷、山川之神。（《明憲宗實録》卷一六〇，第2920頁）

己卯，夜，西北方赤氣一道衝天，長五丈許，狀如矛鋒。（《明憲宗實録》卷一六〇，第2920頁）

戊子，曉，月犯明堂上星。（《明憲宗實録》卷一六〇，第2924頁）

己丑，南京六科給事中言："南京雷震非時，京師黑眚傷人，天心譴告，甚為昭著。"（《明憲宗實録》卷一六〇，第2930頁）

己丑，夜，月犯左執法。（《明憲宗實録》卷一六〇，第2933頁）

庚寅，夜，月犯進賢星。（《明憲宗實録》卷一六〇，第2934頁）

辛卯，山西臨汾縣天鼓鳴，其聲如砲。（《明憲宗實録》卷一六〇，第2934頁）

冰凝踰月，舟楫不通。（光緒《嘉興府志》卷三五《祥異》）

太湖冰，舟楫不通者逾月。（同治《湖州府志》卷四四《祥異》；同治《長興縣志》卷九《災祥》）

恒寒，冰凝踰月，舟楫不通。（康熙《秀水縣志》卷七《祥異》；光緒《嘉善縣志》卷三四《祥眚》）

恒寒，冰凝。（光緒《平湖縣志》卷二五《祥異》）

是年

春，大風雨雹，大饑。（萬曆《會稽縣志》卷八《災異》）

夏秋大旱。（光緒《邵武府志》卷三〇《祥異》）

大旱，飢。（乾隆《晉江縣志》卷一五《祥異》）

大旱。（乾隆《湯谿縣志》卷一〇《禨祥》；光緒《普安直隸廳志》卷一《災祥》；光緒《海陽縣志》卷二四《前事略》；民國《湯溪縣志》卷一《編年》）

大水。（光緒《黄巖縣志》卷三八《變異》；民國《嵊縣志》卷三一《祥異》）

諸暨、餘姚大雨害稼，餘姚水，陷没石堰場鹽數十萬引。（乾隆《紹興府志》卷八〇《祥異》）

夏秋，旱，知府陳某表疏聞，税糧免十之三。（乾隆《僊遊縣志》卷五二《祥異》）

冬，恒寒，水澤腹堅。（光緒《桐鄉縣志》卷二〇《祥異》）

冬，大雪，大寒。（光緒《歸安縣志》卷二七《祥異》）

夏，旱。（民國《同安縣志》卷二四《壇廟》）

有年，夜雨晝晴。（康熙《晉州志》卷一〇《事紀》）

水。（康熙《錢塘縣志》卷一二《災祥》；康熙《建昌縣志》卷九《祥異》；嘉慶《太平縣志》卷一《蠲賑》）

大雨害稼，水陷没官鹽數十萬引。（民國《餘姚六倉志》卷一九《災異》）

府屬水，免秋糧及南昌衛子粒。（康熙《南昌郡乘》卷五四《祥異》）

大旱，饑。（嘉慶《惠安縣志》卷三五《祥異》；道光《晉江縣志》卷七四《祥異》）

容駟橋成化十二年圮于水。（嘉靖《建寧縣志》卷二《建置》）

河決衝城，舊堤傾圮。（光緒《睢州志》卷二《城池》）

旱。（嘉靖《貴州通志》卷一〇《祥異》；雍正《廣西通志》卷三《禨祥》）

夏秋，大旱。（嘉靖《邵武府志》卷一《應候》）

夏秋，大旱，原田同坼，晚禾不成。（乾隆《莆田縣志》卷三四《祥異》）

大水，地震有聲，烈風拔木。（民國《霍邱縣志》卷一六《祥異》）

成化十三年（丁酉，一四七七）

正月

丙午，以水災免浙江紹興、寧波、台州、杭州四府，杭州前等衛所成化十二年秋糧子粒共四十一萬三千八百四十石有奇，馬草三萬一千二百七十包有奇。（《明憲宗實録》卷一六一，第2947頁）

戊申，夜，月犯畢宿。(《明憲宗實録》卷一六一，第2948頁)

甲子，以旱災蠲直隸潼関衛、蒲州守禦千户所成化十二年子粒一千一百二十餘石。(《明憲宗實録》卷一六一，第2952頁)

甲子，山西代州無雲而雷。(《明憲宗實録》卷一六一，第2952頁)

乙丑，夜，月犯建星。(《明憲宗實録》卷一六一，第2952頁)

己巳，直隸鳳陽、臨淮二縣晝晦，地震有聲。(《明憲宗實録》卷一六一，第2954頁)

五日，大雪。(光緒《石門縣志》卷一一《祥異》)

五日，大雪，時復雷震。(道光《石門縣志》卷二三《祥異》)

震雷，大雪。海鹽海溢，溺居民。(光緒《嘉興府志》卷三五《祥異》)

震雷，大雪。(萬曆《秀水縣志》卷一〇《祥異》；光緒《嘉善縣志》卷三四《祥告》；光緒《海鹽縣志》卷一三《祥異考》)

震雷，大雪，海溢。(光緒《桐鄉縣志》卷二〇《祥異》)

雷，大雪。海溢，溺民居。(《乍浦九山補志》卷九《石塘》；光緒《平湖縣志》卷二五《祥異》)

命免去年秋糧籽粒馬草，以上年水災故也。(康熙《錢塘縣志》卷一一《恤政》)

以水免寧波十二年秋粮。(乾隆《鎮海縣志》卷四《蠲恤》)

二月

甲戌，直隸安慶府大雪，既而雷電交作。次日，大雨，江水暴漲。(《明憲宗實録》卷一六二，第2956頁)

戊寅，夜，月犯井宿。(《明憲宗實録》卷一六二，第2959頁)

海寧潮水横濫，衝圮隄塘，逼盪城邑。(乾隆《杭州府志》卷五六《祥異》)

潮水横溢，衝圮隄塘。(嘉靖《海寧縣志》卷九《祥異》)

閏二月

壬子，夜，月犯進賢星。(《明憲宗實録》卷一六三，第2967頁)

丙辰，以水災免山西平陽、大同二府，霍、隰、吉三州，平陽等五衛所成化十二年稅糧子粒共六萬三千六百四十石有奇，草一十二萬三百八十束有奇。（《明憲宗實録》卷一六三，第2967～2968頁）

戊午，夜，有流星大如盞，赤色，光燭地，自中台東北行北斗杓，後三小星隨之。（《明憲宗實録》卷一六三，第2969頁）

己未，夜，木星犯外屏。（《明憲宗實録》卷一六三，第2969頁）

辛酉，免山東所屬府州縣衛所成化十二年秋糧子粒共四十一萬六千五百一十餘石，馬草七十九萬八千九十餘束，綿花一萬二百五十餘斤，以水災蟲傷故也。（《明憲宗實録》卷一六三，第2969頁）

癸亥，巡撫南直隸右副都御史牟俸奏："臣所巡地方，去冬十一月，南京大雷，今春二月，安慶府復有大雪雷電之異。臣惟電者，陽氣之發，雪者，陰氣之凝。十一月，一陽初復，窮陰正寒，而震雷早發。二月，四陽已盛，而恒雪不已，既非陰陽之常，而雨雪之際，雷電復作，尤為變異之大。"（《明憲宗實録》卷一六三，第2969～2970頁）

乙丑，户科左給事中張海等言："廣西、福建、江西、河南水旱頻仍，瘟疫大作，餓莩盈途，流逋載道。"（《明憲宗實録》卷一六三，第2970～2971頁）

乙丑，河南大水。（《明憲宗實録》卷一六三，第2971頁）

地震。（光緒《通渭縣志》卷四《災祥》）

三月

庚午，山東諸城縣地震有聲，房屋動摇。（《明憲宗實録》卷一六四，第2974頁）

壬申，酉時，日色變白，無光。（《明憲宗實録》卷一六四，第2974頁）

庚辰，夜，有流星大如盞，赤色，光燭地，自貫索西北行至勾陳。（《明憲宗實録》卷一六四，第2975頁）

壬午，陝西河州地大震，聲如雷，二十九日、三十日連震。（《明憲宗

實録》卷一六四，第 2976 頁）

甲申，辰時，日暈，隨生承氣，赤黄色鮮明。（《明憲宗實録》卷一六四，第 2977 頁）

戊子，以水災免河南開封等五府、陳州等五州、大〔太〕康等四十縣，并宣武等八衛所成化十二年夏麥三萬八千一百九十餘石，秋糧子粒共三十九萬八千二十餘石，草四十一萬四千八十餘束。（《明憲宗實録》卷一六四，第 2979 頁）

四月

戊戌，陝西甘肅天鼓鳴，地震有聲，生白毛，地裂水，突出高四五尺，有青、紅、黄、黑四色沙。寧夏地震，聲如雷，城垣崩壞者八十三處。甘州、鞏昌、榆林、凉州及山東沂州，郯城、滕、費、嶧等縣地同日俱震。（《明憲宗實録》卷一六五，第 2981 頁）

己亥，夜，流星大如盞，青白色，光燭地，自正東雲中西北行入雲中。（《明憲宗實録》卷一六五，第 2981 頁）

癸卯，南京十三道監察御史任英等建言："南京去年九月、十月，二次夜大雷電。十一月初旬，天即陰晦，雨雪連綿。至新年正月以来，大雪風雨間作，前後凡五。越月，軍民生理艱難，饑凍者十八九。迄今春暮，陰寒未除，閭巷怨咨，識者懷懼。福建、浙江以至蘇、松、淮、泗、蒙、亳并河南，自去年至今，或疫癘流行，或水潮漲溢，或雨雪交加，民物被災，尤為苦楚，此皆臣等親所見聞。至於耳目不逮之處，災異尚多。豈天道幽深未易格歟？抑天心仁愛之至？"（《明憲宗實録》卷一六五，第 2984～2985 頁）

癸卯，免山西平陽府成化十二年夏税麥七萬八千三百餘石，以其年旱霜故也。（《明憲宗實録》卷一六五，第 2987 頁）

丁未，工部奏："南京十三道御史因災異陳言，謂今歲雨雪，蠶絲必貴，欲節省一切賞賜，以甦民困。而南京給事中亦言南京并蘇、浙等處織造買辦，宜暫停免。"（《明憲宗實録》卷一六五，第 2989 頁）

己酉，以京師旱，命順天府府尹邢簡禱于都城隍之神。（《明憲宗實録》卷一六五，第 2990 頁）

辛亥，月犯罰星。（《明憲宗實録》卷一六五，第 2991 頁）

乙卯，巡撫河南右副都御史張瑄奏："今歲首黄河水溢，渰没民居，瀰漫田野，不得播種。乞將王府禄米改派，及賑恤被災軍民。"上命户部知之。（《明憲宗實録》卷一六五，第 2991 頁）

壬戌，遼東開原大風雨雪，天大寒，畜多凍死。（《明憲宗實録》卷一六五，第 2993 頁）

癸亥，免河南開封府所屬遇災州縣及新設縣治官朝覲，從巡撫都御史張瑄奏請也。（《明憲宗實録》卷一六五，第 2993～2994 頁）

甲子，巡撫湖廣左副都御史劉敷奏："去歲夏秋亢旱，田禾損傷，人染疫癘，死者甚衆。今春大雨冰雹，牛死什八九，乞暫免上年拖欠税糧，以蘇民困。"從之。（《明憲宗實録》卷一六五，第 2994 頁）

戊戌，陝西甘肅冰厚五尺，間以雜沙，有青、紅、黄、黑四色。（《明史·五行志》，第 512 頁）

雨雪。（嘉靖《真定府志》卷九《事紀》；光緒《曲陽縣志》卷五《大事記》）

旱。（乾隆《行唐縣新志》卷一六《事紀》）

雨雪。祈祀北嶽。（順治《渾源州志》附《恒岳志》卷上）

不雨，公禱於城隍，雨。（民國《漢南續修郡志》卷二六《藝文中》）

大雨雹。（嘉靖《豐乘》卷一《邑紀》）

京師旱。（《明史·五行志》，第 483 頁）

至八月不雨，米價騰湧，每斗銀壹錢。成化十八年旱，亦如之。（嘉靖《宣平縣志》卷二《災眚》）

五月

丁卯朔，免鳳陽、淮安、揚州、徐州成化十二年夏税麥八萬九千（抱本作"十"）餘石，秋糧十一萬五千四百餘石，絲二萬五千餘兩，草十七萬

一千六百餘包，鳳陽等十八衛所屯田子粒十七萬四千二百餘石，以是年大水故也。（《明憲宗實録》卷一六六，第 2997 頁）

癸酉，以黄河水災，免河南睢州夏税小麥二千五百石，秋糧七千二百餘石，絲一千五百餘兩，草九千二百束，睢陽衛屯種子粒二萬石有奇；以渭河水災及雨雹，免陝西鞏昌、臨洮等府衛税糧子粒共三萬三千餘石，馬草四萬六百束。（《明憲宗實録》卷一六六，第 3001 頁）

癸酉，山東定陶縣地震有聲。（《明憲宗實録》卷一六六，第 3001 頁）

丙子，巡撫河南右副都御史張瑄奏："今邊方寧謐，而内地倉廩空虚，又多水旱。"（《明憲宗實録》卷一六六，第 3002 頁）

壬午，山西隰州，并永和、猗氏二縣大雨雹。（《明憲宗實録》卷一六六，第 3012 頁）

丙戌，日生背氣，青赤色。（《明憲宗實録》卷一六六，第 3012 頁）

丁亥，兵部尚書項忠等以各處鎮守巡撫、巡按等官屢奏災異，陝西甘肅、寧夏、延綏三邊同日地震，而甘肅尤甚。（《明憲宗實録》卷一六六，第 3013 頁）

夏，大旱，民饑殍。是歲五、六月不雨，穀價騰踴，民無所食，富者閉糴，貧者攘奪，殘賊不勝，填委溝壑，哭聲震原野。後有監巡坐賑，立刖足之法，民稍甦定。（康熙《萬載縣志》卷一二《災祥》）

六月

丙申，夜，南方流星大如盞，自滕蛇西南行至左旗，尾跡炸散。（《明憲宗實録》卷一六七，第 3023 頁）

己亥，山東沂州地震有聲。（《明憲宗實録》卷一六七，第 3023 頁）

丁巳，順天府官以天久雨妨農，奏乞祈晴。禮部議宜於二十六日遣官祭告天地、社稷、山川之神。（《明憲宗實録》卷一六七，第 3031 頁）

大水。（嘉靖《廣西通志》卷四〇《祥異》；康熙《平樂縣志》卷六《災祥》；嘉慶《永安州志》卷四《祥異》；同治《蒼梧縣志》卷一七《紀事》；民國《來賓縣志》下篇《禨祥》）

山陰、會稽大風，海水溢，害稼穡。（萬曆《紹興府志》卷一三《災祥》）

水災。（康熙《濟寧州志》卷二《灾祥》）

郡城大水，尋又大水。（雍正《太平府志》卷三六《禨祥》）

大旱，苗就槁，洪齋宿虔禱，雨降苗蘇。願修橋路以答神貺，次日甘霖大沛，禾立起。（同治《巴縣志》卷二《政蹟》）

七月

壬申，賑卹京都民之被水患者。京城霖雨連旬，壞民居室。（《明憲宗實録》卷一六八，第 3037 頁）

癸酉，定遼東軍士冬衣布花折色則例。時户部奏："遼東三萬倉糧被雨浥爛，所司請以折軍士冬衣之賜。"（《明憲宗實録》卷一六八，第 3037 頁）

癸酉，夜，月犯罰星。（《明憲宗實録》卷一六八，第 3041 頁）

辛巳，夜望，月食。（《明憲宗實録》卷一六八，第 3046 頁）

乙酉，免江西各府衛成化十二年分秋糧四十三萬二千餘石，子粒七千餘石，以水旱災故也。（《明憲宗實録》卷一六八，第 3048 頁）

丁亥，大水。龍王二峪，古北、劉家、義院三口邊關近因久雨衝圮，亦宜令鎮守官督工修築，若工力不給，奏徵五軍等營秋班官軍協助。（《明憲宗實録》卷一六八，第 3050 頁）

戊子，管理河道工部郎中楊恭奏："六月以来久雨，水溢運河東西兩岸，衝决甚多，有妨糧運。"（《明憲宗實録》卷一六八，第 3052 頁）

甲午，以旱災免福建成化十二年秋糧等米十五萬九千九百餘石。（《明憲宗實録》卷一六八，第 3054 頁）

甲午，是月，陝西鞏昌、平涼府諸州縣隕霜傷稼。（《明憲宗實録》卷一六八，第 3054 頁）

隕霜殺稼。（道光《會寧縣志》卷一二《祥異》；光緒《通渭縣志》卷四《災祥》）

鞏昌、平涼府諸州縣隕霜殺稼。（康熙《陝西通志》卷三〇《祥異》）

八月

丙申，夜，南方流星大如盞，青白色，尾跡有光，自壘壁陣旁東南行至天倉。（《明憲宗實録》卷一六九，第3055頁）

辛亥，詔免淮、揚、鳳陽等府州縣正官明年朝覲。從巡撫都御史李裕言："民被水災，宜留正官賑濟招撫之也。"（《明憲宗實録》卷一六九，第3063頁）

辛亥，夜，月犯外屏西星。（《明憲宗實録》卷一六九，第3063頁）

壬子，夜，月犯天囷西第二星。（《明憲宗實録》卷一六九，第3064頁）

癸丑，夜，東方流星大如盞，青白色，有光，自柳宿東行星宿，尾跡後散。（《明憲宗實録》卷一六九，第3064頁）

甲寅，上詔户部臣曰："山東兖州及南直隸諸府州雨水為災，民甚饑窘，朕實愍之。爾等其推擇郎中、員外郎廉能可任者五員，分往賑濟，其有合行事，宜斟酌以聞。"（《明憲宗實録》卷一六九，第3064頁）

乙卯，免陝西成化十二年税糧二萬六千餘石，馬草二萬三百餘束，布二千四百三十疋，以水災故也。（《明憲宗實録》卷一六九，第3066頁）

乙卯，曉刻，月犯司恠南第二星。（《明憲宗實録》卷一六九，第3066頁）

丁巳，詔免浙江寧、紹、台三府知府明年朝覲，以巡按御史侣鐘（廣本作"鍾"）言三府水旱相繼，歲穀不登，請各留知府賑卹也。（《明憲宗實録》卷一六九，第3067頁）

庚申，夜，月犯軒轅左角星。（《明憲宗實録》卷一六九，第3069頁）

壬戌，月犯左執法。（《明憲宗實録》卷一六九，第3070頁）

乙巳，武義縣大水。（《國榷》卷三七，第2387頁）

山東兖州水潦傷稼，民大饑。命刑部郎中張文往賑之。（民國《山東通志》卷一〇《通紀》）

揚州等水災，遣户部郎中谷琰馳往發倉粟振之。（宣統《泰興縣志補》卷三上《蠲恤》）

大水。（隆慶《豐縣志》卷下《祥異》）

九月

乙丑，夜，木星光芒炫耀而有五色。（《明憲宗實録》卷一七〇，第3073頁）

丙寅，淮水溢淮安府所屬諸州縣，壞官民屋舍，渰没人畜甚眾。（《明憲宗實録》卷一七〇，第3073頁）

丙寅，夜，火星犯土星。（《明憲宗實録》卷一七〇，第3073頁）

戊辰，夜，南方流星大如盞，赤色，光燭地，自墳墓西南行至近濁。（《明憲宗實録》卷一七〇，第3074頁）

庚午，免河間府所屬州縣夏税一萬一千五百八十餘石，以旱災故也。（《明憲宗實録》卷一七〇，第3076頁）

辛未，夜，月犯建星東第三星。（《明憲宗實録》卷一七〇，第3077頁）

甲戌，夜，京师地震三次。（《明憲宗實録》卷一七〇，第3078頁）

癸未，夜，火星犯上将。（《明憲宗實録》卷一七〇，第3086頁）

乙酉，夜，月犯鬼宿西南星。（《明憲宗實録》卷一七〇，第3087頁）

淮水溢。（光緒《盱眙縣志稿》卷一四《祥祲》）

十月

乙未，申時，日生抱氣，青赤色鮮明。（《明憲宗實録》卷一七一，第3093頁）

庚子，月犯羅堰中星。（《明憲宗實録》卷一七一，第3095頁）

丙午，月犯外屏東第三星。（《明憲宗實録》卷一七一，第3096頁）

戊申，夜，北方流星大如盞，青白色，有光，自螣蛇西北行，尾跡炸散。（《明憲宗實録》卷一七一，第3096頁）

己酉，辰時，日生背氣。（《明憲宗實録》卷一七一，第3096頁）

甲寅，夜，月犯軒轅御女星。（《明憲宗實録》卷一七一，第3097頁）

乙卯，夜，月犯土星。（《明憲宗實録》卷一七一，第3099頁）

丙辰，夜，西方流星大如盞，青白色，光燭地，自井宿西北行天廩，尾跡後散。夜，月犯右執法。（《明憲宗實録》卷一七一，第3099頁）

丁巳，夜，月犯上將。（《明憲宗實録》卷一七一，第3099頁）

己未，月犯元星南第二星。（《明憲宗實録》卷一七一，第3100頁）

十一月

丁卯，免湖廣長沙府長沙、善化、茶陵、湘陰、醴陵、攸六縣去年秋糧十萬五千八百石有奇，以旱災故也。（《明憲宗實録》卷一七二，第3105頁）

辛未，浙江杭州府大雷雨，既而虹見。巡按浙江監察御史侣鍾言："按月令，八月雷始收聲，二月雷乃發聲。今十一月初旬，一陽始生，正閉藏之時，而乃雷電交作，虹霓出見，皆為非時。乞加修省。"事下禮部覆奏："近年杭湖等府旱澇相仍，今又值此災變，惑恐地方不寧，不可不預為警備，宜移文鎮守、巡按及都布按三司等官痛加修省，伸寬抑捕強横，撫恤軍民，操練士馬。"從之。（《明憲宗實録》卷一七二，第3106頁）

甲戌，山西永和縣有紅雲，狀如火，自東南隕于西北，繼自東北，震聲如砲，鳥獸皆驚。（《明憲宗實録》卷一七二，第3107頁）

丙子，夜，月犯畢宿南第二星。（《明憲宗實録》卷一七二，第3108頁）

戊寅，湖廣荆門州大雷電，雨雪。（《明憲宗實録》卷一七二，第3108頁）

庚辰，夜，火星犯進賢。（《明憲宗實録》卷一七二，第3109頁）

辛巳，夜，北方流星大如盞，青白色，有光，自文昌西北行近濁，後二小星随之。（《明憲宗實録》卷一七二，第3109頁）

癸未，夜，月犯上將。（《明憲宗實録》卷一七二，第3110頁）

甲申，夜，月犯左執法。（《明憲宗實録》卷一七二，第3110頁）

丙戌，以旱災免真定府諸州縣夏税一萬四千一百石有奇。（《明憲宗實録》卷一七二，第3111頁）

癸亥，南京大風雨……是年，南畿饑，振之。（光緒《金陵通紀》卷一〇中；民國《首都志》卷一六《歷代大事表》）

九日，大雷雨。(光緒《石門縣志》卷一一《祥異》)

九日，大雷。(道光《石門縣志》卷二三《祥異》)

大雷雨，虹見。(崇禎《吴縣志》卷一一《祥異》)

十二月

甲午，夜，金星犯壘壁陣。(《明憲宗實録》卷一七三，第3119頁)

乙未，申時，金星晝見於未。(《明憲宗實録》卷一七三，第3119頁)

丙申，户部郎中李烱然奏："鳳陽諸府州民被水災，官無儲蓄。今鳳陽府廣濟關、壽州正陽鎮及亳縣俱濱河，客商聚集，舟行不絶。"(《明憲宗實録》卷一七三，第3119頁)

丁酉，夜，月犯金星。(《明憲宗實録》卷一七三，第3121頁)

辛丑，更定京軍月支京通二倉糧例。舊例，每歲官軍俸糧間月於二處支給。至是，太監汪直以春夏雨水泥濘，而官軍又多差役，往通州支不便，宜更定其例。户部遂議自三月至八月支於京倉，餘於通州。從之。(《明憲宗實録》卷一七三，第3123頁)

甲辰，以水災免順天府諸州縣秋糧二萬三百餘石，草九十八萬五百束有奇。(《明憲宗實録》卷一七三，第3123頁)

甲辰，夜，南方流星大如盞，赤色，光燭地，自翼宿東南行近濁，後三小星隨之。(《明憲宗實録》卷一七三，第3124頁)

乙巳，夜，月犯司恠。(《明憲宗實録》卷一七三，第3125頁)

丙午，詔減天津等衛秋青草。初京操馬，多草束不足。以天津等八衛原運糧官軍内兑出三千五百員名，每歲八月於草場採草，給以行糧，分為七運，運草二十萬束。至是，以水災故減其七分之四，而行糧亦如運停之。(《明憲宗實録》卷一七三，第3125頁)

丙午，以水災免隆慶衛所子粒七百九十餘石，保定府諸州縣秋粮一萬六千四百石有奇，草三十六萬二百餘束，綿花茸(廣本無"茸"字)一千一百餘斤。(《明憲宗實録》卷一七三，第3125~3126頁)

戊申，夜望，月食。(《明憲宗實録》卷一七三，第3126頁)

庚戌，夜，月犯靈臺中星。（《明憲宗實録》卷一七三，第3127頁）

辛亥，四川茂州地震。（《明憲宗實録》卷一七三，第3129頁）

辛亥，夜，月犯右執法。（《明憲宗實録》卷一七三，第3129頁）

壬子，月犯上相。（《明憲宗實録》卷一七三，第3129頁）

丙辰，況今山東、河南淫雨為災，湖廣、四川盜賊竊發，陝西、浙江災異迭見，直隸等處旱澇相仍，流移餓莩，比比而是，諸司官廉能者雖有之，而卓越者亦未見。（《明憲宗實録》卷一七三，第3130～3131頁）

丁巳，以水災免直隸蘇、松、常、鎮四府，并蘇州、鎮江二衛夏税子粒二十三萬一千石有奇。（《明憲宗實録》卷一七三，第3132頁）

己未，以水災免兖州府所屬州縣夏税一十二萬七千七百餘石，絲綿農桑絲折絹一萬二千六百六十餘疋，秋糧二十九萬八千六百餘石，草六十九萬二千一百餘束，綿花茸一萬六千餘斤。（《明憲宗實録》卷一七三，第3134頁）

是年

春，紹興府瓜山裂，會稽大風雨雹，大饑。（乾隆《紹興府志》卷八〇《祥異》）

春，大旱，秋大潦，漂流民屋。（民國《儋縣志》卷一八《事紀》）

春，大雨冰雹，牛死無算。（道光《永州府志》卷一七《事紀畧》）

春，水，無麥，蚜蝣生。（乾隆《吴江縣志》卷四〇《災變》；乾隆《震澤縣志》卷二七《災祥》；同治《湖州府志》卷四四《祥異》；光緒《烏程縣志》卷二七《祥異》）

春，雨。（同治《廣豐縣志》卷一〇《祥異》）

夏，旱。（嘉慶《長沙縣志》卷二六《祥異》）

徐州大水傷稼，壞民居，遣郎中國泰賑卹。（嘉靖《徐州志》卷三《災祥》；民國《銅山縣志》卷四《紀事表》）

水，免麥一萬六千七百二十七石。（道光《江陰縣志》卷八《祥異》）

旱澇為災。（民國《萊陽縣志》卷首《大事記》）

大水，舟可入市，壞民田盧。（嘉慶《西安縣志》卷二二《祥異》）

水旱相繼。（光緒《慈谿縣志》卷五五《祥異》；民國《台州府志》卷一三四《大事略》）

不雨，米價騰踴。（乾隆《宣平縣志》卷一一《紀異》）

大旱。（嘉靖《普安州志》卷一〇《祥異》；同治《麗水縣志》卷一四《災祥附》；同治《都昌縣志》卷一六《祥異》；光緒《縉雲縣志》卷一五《災祥》）

大水。（雍正《舒城縣志》卷二〇《卓行》；乾隆《魚臺縣志》卷三《災祥》；同治《嵊縣志》卷二六《祥異》；同治《餘干縣志》卷二〇《祥異》）

大水，宣平不雨，米價騰踴。縉雲秋大旱。（光緒《處州府志》卷二五《祥異》）

海寧潮水橫溢。（乾隆《寧志餘聞》卷八《灾祥》）

大水傷稼，壞民居。（同治《徐州府志》卷五下《祥異》）

沂州、郯城地震。（乾隆《沂州府志》卷一五《記事》）

饑。（民國《淮陽縣志》卷八《災異》）

春，大雨冰雹，牛死無算。（光緒《湘陰縣圖志》卷二九《災祥》）

春，多雨，山林多生紫芝，土人不識，皆以為菌云。（嘉靖《永豐縣志》卷四《雜志》）

絳水衝北城。（光緒《屯留縣志》卷二《城池》）

先旱後潦，傷禾。（乾隆《海陽縣志》卷三《災祥》）

先旱後澇，傷禾。（光緒《增修登州府志》卷二三《水旱豐饑》；民國《福山縣志稿》卷八《災祥》）

遣官賑南直諸府州水灾。（光緒《通州直隸州志》卷四《蠲卹》）

風潮。（嘉靖《靖江縣志》卷四《編年》）

大水没禾稼。（萬曆《鹽城縣志》卷一《祥異》）

寧波、紹興、台州水旱相繼。（雍正《浙江通志》卷一〇九《祥異》）

大旱，餓死者枕藉，樹皮皆空。（嘉靖《武寧縣志》卷六《雜異》）

大旱。穀價騰踴，民大饑。（同治《袁州府志》卷一《祥異》）

官田橋，成化十五年圮於水。（崇禎《海澄縣志》卷一二《橋梁》）

大水，陸地乘桴。（嘉靖《延津志・祥異》）

河決杞，過睢，衝入城垣，官廨、民舍蕩析無餘。水退，城淤。（光緒《睢州志》卷二《城池》）

雨冰雹，牛死無算。（嘉慶《巴陵縣志》卷二九《事紀表》）

真定、河間、長沙皆旱。（《明史・五行志》，第 483 頁）

南畿、山東饑。（《明史・五行志》，第 509 頁）

成化十四年（戊戌，一四七八）

正月

乙丑，夜，火星犯亢宿南第二星。（《明憲宗實録》卷一七四，第 3137 頁）

辛未，夜，月掩畢宿大星。（《明憲宗實録》卷一七四，第 3140 頁）

丁丑，昏刻，月犯軒轅左角星。（《明憲宗實録》卷一七四，第 3142 頁）

癸未，以水災免直隸蘇州府嘉定縣成化十三年秋糧七萬七千六百八十餘石，草二萬五千五百二十餘包，從巡撫右副都御史牟俸請也。（《明憲宗實録》卷一七四，第 3143 頁）

癸未，夜，月犯西咸南第一星。（《明憲宗實録》卷一七四，第 3143 頁）

壬辰，以水災免直隸河間府滄州慶雲等十一（廣本作“三”）州縣無徵秋粮七千六百餘石，穀草一十一萬四千七百九十餘束。（《明憲宗實録》卷一七四，第 3151 頁）

朔，五色雲見東南方。（道光《永州府志》卷一七《事紀畧》）

二月

庚子，免直隸真定府所屬二州十縣，并真定等五衛所秋糧一萬八百九十八石，穀草一十五萬八千三百五十餘束，子粒九千六百七十二石有奇，以去年水災也。（《明憲宗實録》卷一七五，第 3154 頁）

癸卯，夜，北方流星大如盞，青白色，尾跡有光，自紫微西蕃東北行至近濁。(《明憲宗實録》卷一七五，第3156~3157頁)

甲辰，夜，火星犯亢宿第二星。(《明憲宗實録》卷一七五，第3157頁)

庚戌，免直隸鳳陽府并中都留守司所屬州縣衛所，及直隸壽州等衛夏秋税糧子粒十七萬一千七百二十七石有奇，草十萬七百二十一包，以去年大水故也。(《明憲宗實録》卷一七五，第3159~3160頁)

壬子，夜，北方流星大如盞，青白色，有光，自紫微東藩北行至近濁。(《明憲宗實録》卷一七五，第3160頁)

丙辰，夜，月犯羅堰星。(《明憲宗實録》卷一七五，第3161頁)

丁巳，免直隸徐州并屬縣夏税小麥六萬七千一百五十八石，税絲折絹三千二十五匹，秋糧七萬九千八百五十八石，并徐州兩衛夏麥五千四百七十四石，秋糧豆二千七百三十六石有奇，以去年水災故也。(《明憲宗實録》卷一七五，第3162頁)

辛酉，未刻，雨，土霾。(《明憲宗實録》卷一七五，第3164頁)

不雨，公禱之，又雨；比秋八月苦雨，公禱之，則止而不雨。（民國《漢南續修郡志》卷二六《藝文》)

三月

丙寅，夜，東方流星大如盞，青白色，有光，自織女東南行至近濁。月犯天高東南星。(《明憲宗實録》卷一七六，第3170~3171頁)

戊辰，以水災免河南開封、南陽、衛輝三府，汝州屬縣成化十三年無徵夏麥二萬七千七百一十餘石，税絲一萬六千四十九兩，秋糧十九萬二千一百九十五石，草二十五萬八千一百八十五束，宣武、潁川、睢陽、陳州四衛子粒六萬一千六百五十餘石，山東濟南等府州縣衛所小麥四十二萬七千四百八十二石，絲綿并農桑絲折絹共四千二百四十五匹，浙江杭州等府縣衛所秋糧子粒二十三萬七千八百二十五石，草八千六百六十五包。(《明憲宗實録》卷一七六，第3171頁)

庚午，卯刻，日色變白，無光。(《明憲宗實録》卷一七六，第3173頁)

壬午，免大寧都司并直隸天津等四十四衛無徵子粒三萬四千四百餘石，草一萬八百餘束，山西平陽、大同二府，吉州、鄉寧、大同三縣秋糧一萬九千一百八石，草三萬四百六十五束，以去年水災故也。(《明憲宗實録》卷一七六，第3181頁)

丁亥，免浙江府縣收買花木。先是，巡按監察御史張鋭等言："浙江為東南大藩，朝廷供需，較之他處，實為繁劇。况連年水旱相仍，饑饉荐至，寧、紹、台等府災疫流行，盗賊滋蔓。乞暫停收買花木，以蘇民困。"事下禮部覆奏，故有是命。(《明憲宗實録》卷一七六，第3184頁)

辛卯，辰刻，日色變白，無光。(《明憲宗實録》卷一七六，第3186頁)

辛卯，太監汪直言："高郵、邵伯、寶應、白馬四湖每遇西北風作，則糧運官民等船多彼〔被〕隄石樁木衝破漂没，宜築重隄於隄之東，積水行舟，以避風浪。"工部議合行漕運總兵巡撫等官相度增築。從之。(《明憲宗實録》卷一七六，第3186頁)

二十三日，黄風大作。(民國《萊陽縣志》卷首《大事記》)

二十九日，黄風大作。(康熙《萊陽縣志》卷九《災祥》)

四月

丁酉，以水災蠲山東所屬府州縣衛所鹽課司，并遼東都司定遼左等衛及直隸揚州府衛所去年夏麥四萬四千一百餘石，秋糧一百四十六萬五百五十餘石，草二百五十一萬九千四百三十餘束，綿花一萬六千七百二十餘斤，鹽五萬四千六百餘引。(《明憲宗實録》卷一七七，第3188頁)

丁酉，夜，東方流（廣本、抱本"流"下有"星"字）大如盞，赤色，光燭地，自左旗東南行至虚宿。(《明憲宗實録》卷一七七，第3188頁)

丁未，夜，月犯天江上星。(《明憲宗實録》卷一七七，第3197頁)

庚戌，免直隸廬州、淮安二府所屬十四州縣并六安、淮安等七衛所成化十三年夏麥二十五萬七百七十餘石，秋糧一十四萬九千四百三十餘石，草三十萬六千六百七十餘包，以水災故也。(《明憲宗實録》卷一七七，第3198頁)

丙午，襄陽大雨水，江溢，壞屋舍城郭。(《國榷》卷三八，第2401頁)

十六日，大水。（正德《袁州府志》卷九《祥異》）

十六日，大水，雙虹橋圮。（民國《萬載縣志》卷一之三《祥異》）

丁酉，以水災蠲定遼左等衛糧。（民國《奉天通志》卷一五《大事》）

大水，饑。（光緒《烏程縣志》卷二七《祥異》）

大水，漂没民舍。（正德《瑞州府志》卷一一《災祥》）

五月

壬戌朔，以雹災免山西隰州永和、猗氏二縣去年夏税三百餘石，秋糧三萬三千二百餘石，草六萬六千四百餘束。（《明憲宗實録》卷一七八，第3203頁）

癸酉，西方流星大如盞，赤白色，有光，自正西東行入雲中。（《明憲宗實録》卷一七八，第3207頁）

甲申，錦衣衛帶俸指揮吴儼奏："遼東軍士冬衣布花出自山東民間，每粮一石折布一疋，歲由海道以達遼東，多為風波漂没，民被其害，而軍不沾實惠。"（《明憲宗實録》卷一七八，第3211頁）

丙戌，陝西商州大水，人多渰死者。（《明憲宗實録》卷一七八，第3211頁）

庚寅，夜，南方流星大如盞，青白色，光明燭地，自天市東垣西南行至氐宿。（《明憲宗實録》卷一七八，第3213頁）

大水。（民國《吴縣志》卷五五《祥異考》）

縣東北鄉蛤蟆鳴於樹，人異之。（康熙《保定府祁州束鹿縣志》卷九《災祥》）

六月

丙申，免直隸鎮江、蘇州、太平、池州四府，太倉、鎮江二衛去歲夏税三千一百六十餘石，秋粮子粒共五十五萬三百六十餘石，草一十九萬二千二十（廣本、抱本作"百"）餘包，以水旱雹災故也。（《明憲宗實録》卷一七九，第3216頁）

庚子，金木二星俱晝見。（《明憲宗實録》卷一七九，第3220頁）

辛亥，山西臨晉縣天鳴，隕石于縣東南三十餘里，有聲，入地三尺，大如升，其色黑。（《明憲宗實録》卷一七九，第3225頁）

丁巳，襄世子祁鏞奏："今年四月中旬，久雨江漲，漂流居室，衝决堤岸，水幾入城，驚惶無地。"（《明憲宗實録》卷一七九，第3229頁）

大水，圮南宫縣治。（民國《南宫縣志》卷二五《雜志》）

十三日，大雨，河水驟溢。（乾隆《海陽縣志》卷三《災祥》；民國《萊陽縣志》卷首《大事記》）

連日大雨，田禾淹没，永清、大有二門俱傾圮，舟楫出入城中。（民國《莘縣志》卷一二《機異》）

新安大水，城幾陷。（康熙《安州志》卷八《祥異》）

大水。（乾隆《饒陽縣志》卷下《事紀》）

霪雨，海河溢，南宫縣大水，壞城，官舍民居盡没。（嘉靖《冀州志》卷七《災祥》）

大水圮南宫縣治。時真定府所屬武强、饒陽、柏鄉等縣俱大水，惟南宫尤甚，城至傾倒，遂成巨浸，民甚苦之。（嘉靖《真定府志》卷九《事紀》）

蓬萊大雨，河水驟溢。（光緒《增修登州府志》卷二三《水旱豐饑》）

連宵暴雨不止，房屋傾圮，田禾淹没，永清、大有二門俱為淹倒，舟楫出入城中，往張秋、臨清者亦乘舟而去。此亘古所無之事，人所罕見者也。故是歲大饑，民甚苦焉。（正德《莘縣志》卷六《雜志》）

漢水溢入城，漂溺田廬。漢陽大旱，饑。（同治《續輯漢陽縣志》卷四《祥異》）

旱，饑。（嘉靖《興國州志》卷七《祥異》；同治《崇陽縣志》卷一二《災祥》）

漢水溢入城，漂溺田廬。（乾隆《鍾祥縣志》卷一《星野》）

七月

癸亥，詔以久雨停修繕圓通寺工役，俟八月再舉。（《明憲宗實録》卷

一八〇，第3233頁）

丙子，四川鹽井衛地震，至二十日復震，廨宇傾覆，人畜多死。（《明憲宗實録》卷一八〇，第3238頁）

丁丑，户部以北直隸、山東水災奏："請勅遣本部郎中林孟喬、員外郎袁江往山東兖州、濟南、東昌、青州四府，署郎中事員外郎劉道、王臣往直隸真定、保定、河間、大名、廣平、順德六府，勘實賑濟。"從之。（《明憲宗實録》卷一八〇，第3239頁）

丙戌，十三道監察御史以災異上言："南北直隸、山東、河南等處，今年四月以前亢陽不雨。五月以後，驟雨連綿，水勢泛溢，平陸成川，禾稼淹没，人畜漂流，廬舍沉于深淵，桴筏棲于木杪，老弱流離，妻奴（當作"孥"）分散，覆溺而死者，不可勝紀，人心驚惶。"（《明憲宗實録》卷一八〇，第3247頁）

己丑，古北口邊關為水所衝城垣五千五十丈，敵樓鋪舍二十三間，墩臺三座。（《明憲宗實録》卷一八〇，第3248頁）

水。（光緒《永年縣志》卷一九《祥異》）

大水，洊饑。（乾隆《平原縣志》卷九《災祥》）

玉泉鄉大水，壞州治學宫，蕩廬舍。（咸豐《鄧川州志》卷五《災祥》）

縣大水，圮城，渰没人畜。時河水泛濫，城郭通衢水深丈餘，壞民居。（萬曆《臨城縣志》卷七《事紀》）

水，免被災秋糧。（道光《濟南府志》卷二〇《災祥》）

河决延津西幂村，渰没七十餘里。（成化《河南總志》卷二《祥異》）

二十五夜，河西縣大雪雨，山崩水溢，衝没田廬無計，淺葬者盡漂。（隆慶《雲南通志》卷七《災祥》）

偶值山水泛漲，沙石洶湧，市民室廬十蕩二三，而州治學校盡皆衝塌。（咸豐《鄧川州志》卷一三《藝文》）

八月

癸巳，上諭六部臣曰："山東、北直隸各府軍民災傷甚重，爾等其以該徵追粮草馬匹等項并一應差役，當停止分豁者具奏。”未聞，再選差各衙門能幹官與勑分往賑濟，巡撫直隷都御史汪霖速令回任。江西亦被水災，令南京刑部右侍郎金紳奉勑往被（廣本作“彼”）巡視。（《明憲宗實録》卷一八一，第3251～3252頁）

庚子，六科給事中張海等以災異上言：“今年自春徂秋，水旱之災，殆遍天下。江西、湖廣、河南、山東、北直隷皆傷于水，陝西、山西皆傷于旱。往年江西有災，民多就食湖廣，山東有災就食河南。今湖廣、河南皆水，欲逃無所，欲留無地，加以官租私債之催徵，貪官污吏之科擾，艱難至此，何以聊生?”（《明憲宗實録》卷一八一，第3258頁）

壬寅，巡按直隷監察御史范珠奏：“江北水災，損傷苗稼，其間徐州尤甚，夏麥一空，秋禾失望，城垣坍塌，廬舍傾頽。”（《明憲宗實録》卷一八一，第3263～3264頁）

壬寅，巡撫直隷右副都御史牟俸奏：“近見浙西各府地方頻年旱澇，田穀不登，人民出常賦輸官之外，室如懸磬，日不聊生。盖各府地環太湖，乃東南最下之區，而蘇松當下流之衝，每遇積雨，衆水奔潰，遂致湖泖漲漫，橫流溢出，渰没田稼，為害滋甚。”（《明憲宗實録》卷一八一，第3265頁）

乙巳，廣西太平府地震，自六月至是凡七震。（《明憲宗實録》卷一八一，第3267頁）

丁未，詔停徵順天府民借支倉粮。先是，府尹胡睿奏：“成化十二年因地方災傷，人民饑窘，放過賑濟雜糧種子尚有三萬三千九百餘石，徵收未足。今歲所屬州縣通被水患，民業蕩盡，田禾無成，所欠倉粮，伏乞暫免追徵，以甦民困。”事下户部，議如所奏，從之。（《明憲宗實録》卷一八一，第3268頁）

丁未，南京大風，拔太廟樹。（《明憲宗實録》卷一八一，第3268頁）

庚戌，免湖廣成化十三年秋糧米一十六萬一千七百八十石有奇，以旱災故也。（《明憲宗實録》卷一八一，第3270頁）

辛亥，四川威州地震，至二十三日復震，皆有聲。（《明憲宗實録》卷一八一，第3271頁）

戊午，直隸鳳陽府大雨，城内水高二丈，没民居千餘。（《明憲宗實録》卷一八一，第 3277 頁）

大水灌城，傾民廬舍。（嘉慶《東鹿縣志》卷九《風土》）

吴越間淫雨不止。（乾隆《杭州府志》卷五六《祥異》）

二十日夜，嘉興南方有聲如運磨，達旦。（光緒《嘉興府志》卷三五《祥異》）

丁未，南京大風，拔太廟樹。（民國《首都志》卷一六《歷代大事表》）

九月

己未，都察院奏遣監察御史三員往良鄉、固安、通州三路迤南捕盗，從之。舊例每歲河凍時，始遣御史、錦衣衛官各三員分投捕盗，迨春而還。至是兵部以直隸、山東等處水災，恐民窮盗起，欲先兩月差遣，故有是奏。（《明憲宗實録》卷一八二，第 3279 頁）

辛酉，免南京横海等十六衛屯田子粒四千三百六十石有奇，以大水故也。（《明憲宗實録》卷一八二，第 3280 頁）

癸亥，黄河水溢，衝决開封府護城隄五十丈，居民被災者五百餘家。（《明憲宗實録》卷一八二，第 3282 頁）

乙丑，詔修居庸等關處隘（廣本、抱本“居庸等關處隘”作“居庸關等處關隘”）城垣、墩鋪、橋道、券門為水衝塌者。（《明憲宗實録》卷一八二，第 3285 頁）

丁卯，順天府府尹胡睿奏：“畿内雨多水漲，渰傷黍穀，衝倒房屋，小民甚困。”（《明憲宗實録》卷一八二，第 3285 頁）

甲戌，陝西階州地震有声。（《明憲宗實録》卷一八二，第 3288 頁）

己卯，巡按直隸監察御史王億言：“真定等處俱被水災，軍民缺食，乞免囚犯納紙，以蘇困苦。”都察院議：“億所奏亦救荒之一端，但今天下如順天、保定、河間、淮安、鳳陽、徐州、山東、河南、湖廣、江西亦皆被災，宜通行寬免。”……從之。（《明憲宗實録》卷一八二，3291 頁）

丁亥，户部奏：“開中廣東、海北二提舉司官塩一十四萬引，廣東一引米三斗二升，海北二斗八升，行巡撫等官召商於廣西倉分上納，有願折銀者聽。先是，湖廣每歲撥糧三萬石，石折銀三錢五分，齎送廣西備用。至是，湖廣水旱為災，故請留以濟急，而中納塩糧，以足廣西之数。”從之。（《明憲宗實録》卷一八二，第 3293 頁）

春，河决祥符縣杏花營。九月，黄水衝决開封府護城堤，居民被災者五百餘家。（雍正《河南通志》卷一四《河防》）

十月

庚子，總兵官英國公張懋等奏：“密雲古北口、居庸關等處邊關營堡被水衝塌，欵調外衛秋班京操軍士二千人協助修理。（《明憲宗實録》卷一八三，第 3297 ~ 3298 頁）

十一月

癸亥，巡撫河南右副都御史李衍等奏：“河南地方累有河患，皆由下流壅塞，以致衝决散漫，渰没民居。”（《明憲宗實録》卷一八四，第 3308 頁）

壬午，免順天府所屬州縣并涿鹿等四十六衛秋糧子粒共七（廣本作“一”）萬一千四百五十餘石，陝西州縣夏税子粒共八萬九千七百餘石，以是年水旱災故也。（《明憲宗實録》卷一八四，第 33313 頁）

十二月

壬辰，命河南是歲轉運德州、臨清二處粮米二十三萬石，每石折銀八錢，以其地頻年水旱，省民轉運也。（《明憲宗實録》卷一八五，第 3318 頁）

甲午，上諭户部臣曰：“今歲北直隸水災殊甚，聞説紫荆關水門被水衝，其門扇至涿州，則吾民之渰没，禾稼漂流，人畜災困甚矣，其田税應免者可悉免之。於是，免直隸河間府所屬州縣并瀋陽等四衛是歲秋糧子粒三萬三千六百餘石，及大名、廣平、順德、保定四府，大寧都司屬衛秋糧子粒共十六萬九千餘石。”（《明憲宗實録》卷一八五，第 3319 ~ 3320 頁）

癸卯，夜，月食。（《明憲宗實録》卷一八五，第3322頁）

乙巳，免直隸永平府衛所屬秋糧子粒一萬八千餘石，以水災故也。（《明憲宗實録》卷一八五，第3322頁）

己酉，以水災免直隸真定府并定州等五衛秋糧子粒七萬六千三百餘石。（《明憲宗實録》卷一八五，第3324頁）

是年

夏初，霪雨澇溢。（光緒《虞城縣志》卷一〇《災祥》）

大旱，民多流殍。（康熙《安慶府志》卷六《祥異》；康熙《安慶府太湖縣志》卷二九《祥異》；道光《桐城續修縣志》卷二三《祥異》；民國《潛山縣志》卷二九《祥異》）

大旱，無禾稼。（乾隆《銅陵縣志》卷一三《祥異》）

大水，溺人畜。（光緒《吴川縣志》卷一〇《事略》）

漳泛溢，南宫舊城淪陷，水溢，武邑城圮。（民國《冀縣志》卷三《河流》）

大水。（萬曆《新昌縣志》卷一三《災異》；康熙《武强縣新志》卷七《災祥》；康熙《寧晉縣志》卷一《災祥》；乾隆《衡水縣志》卷一一《機祥》；乾隆《震澤縣志》卷二七《災祥》；乾隆《吴江縣志》卷四〇《災變》；嘉慶《高郵州志》卷一二《災祥》；道光《武强縣新志》卷一〇《機祥》；同治《湖州府志》卷四四《祥異》）

雹大如拳。（民國《中牟縣志·祥異》）

峽州大水，人多淹死。（同治《宜昌府志》卷一《祥異》；同治《續修東湖縣志》卷二《機祥》）

大水，夏麥一空。（同治《徐州府志》卷五下《祥異》）

海復溢。（光緒《平湖縣志》卷二五《祥異》）

象山縣潮溢，海圩盡壞。（嘉靖《寧波府志》卷一四《機祥》）

海復溢，民居多没者。（光緒《海鹽縣志》卷一三《祥異考》）

新昌大水。（萬曆《紹興府志》卷一三《災祥》）

夏秋，旱。（康熙《婺源縣志》卷一二《禨祥》；民國《歙縣志》卷一六《祥異》）

夏秋，六邑旱。（道光《徽州府志》卷一六《祥異》）

秋，大水。（乾隆《騰越州志》卷一一《災祥》；光緒《騰越廳志稿》卷一《祥異》）

秋，永昌、騰衝大水，壞民廬舍，人畜死者以百數計。（光緒《永昌府志》卷三《祥異》）

夏初，蝌蚪遍水陸，多聚至數石，蟇則上樹沿墻，人咸不知所以。未幾霪雨滂溢，平途可以運舟，如是者數歲，始知為水兆也。（乾隆《虞城縣志》卷一〇《災祥》）

夏，不雨，無稻禾。（乾隆《東流縣志》卷六《祥異》）

夏，不雨，無禾稼。（正德《池州府志》卷六《祥異》；萬曆《青陽縣志》卷三《祥異》）

夏，大水，饑。免秋糧。（乾隆《曲阜縣志》卷二九《通編》）

大水，大雨，民有桴木者。來春大饑。（康熙《晉州志》卷一〇《事紀》）

雨，决河。歲未豐登。（咸豐《固安縣志》卷四《故實》）

水災，肥鄉尤甚。（雍正《肥鄉縣志》卷二《災祥》）

大旱。（順治《新修望江縣志》卷九《災異》）

旱災，免糧米。（嘉慶《黟縣志》卷一一《祥異》）

江西大旱。（康熙《江寧縣志》卷一〇《人物》）

臨江府水，八分災。本府知府薛世暄奏，准免糧五分。（嘉靖《臨江府志》卷四《歲眚》）

水。知府薛世暄申奏免税糧十分之五。（康熙《新喻縣志》卷六《歲眚》）

旱。（同治《靖安縣志》卷一六《祥異》；同治《奉新縣志》卷一六《祥異》；光緒《羅田縣志》卷八《祥異》）

水，知府薛世暄申祥奏免税糧十分之五。（道光《新淦縣志》卷一

○《祥異》）

成化戊己之間，連歲薦饑，民多菜色，（楊廷訓）出粟千石，煮粥施食於衢途，全活甚眾。（民國《南安縣志》卷三三《義行》）

河決祥符東，本縣被害。（嘉靖《儀封縣志》卷下《災祥》）

天忽陰霾，暴風大作，雹大如拳，禾木尽傷。（正德《中牟縣志》卷一《祥異》）

河決大樑，邑大水。（乾隆《扶溝縣志》卷七《災祥》）

河溢。成化十四年被患。（嘉靖《太康縣志》卷四《五行》）

大旱，饑，民多流。（康熙《孝感縣志》卷一四《災異》）

大旱，奏免田租三分之二。（咸豐《蘄州志》卷五《蠲恤》）

江漲，吴公堤圮。（民國《湖北通志》卷四〇《隄防》）

夏秋水漲……湖澤之利漶漫不可稽。（光緒《沔陽州志》卷三《建置》）

夏秋，大水。（萬曆《和州志》卷八《祥異》）

秋，旱。（乾隆《績溪縣志》卷一《祥異》）

十四、五年，大旱，饑民多流。（光緒《孝感縣志》卷七《災祥》）

十四、十五年，大旱，饑。（康熙《孝感縣志》卷一四《祥異》）

至十六年，旱，餓莩載道。（康熙《廣濟縣志》卷二《灾祥》）

成化十五年（己亥，一四七九）

正月

癸酉，夜，月犯上將。（《明憲宗實録》卷一八六，第3335頁）

己卯，賑濟官刑部郎中張錦奏："真定等府水災，朝廷雖遣官賑恤，然民間倒失官畜，逋負税糧者仍舊追徵。"（《明憲宗實録》卷一八六，第3336頁）

己卯，以水災免直隸鳳陽府潁州，潁上、太和二縣去年麥四千二百

石有奇，歸德衛屯田麥八千四百石。（《明憲宗實録》卷一八六，第3337頁）

庚辰，巡視江西、南京刑部右侍郎金紳上言江西救荒事宜：一，南昌等十三府該徵户口鹽鈔共九百十六萬餘貫，半解南京，半留本處。今歲歉民貧，不堪徵解，而布政司所積自足支用。乞以上中户如舊徵解，而下户則概免之。一，九江、南康二府并九江衛水災尤甚，而儲蓄有限，請以九江鈔關，暫如臨清、淮揚事例。（《明憲宗實録》卷一八六，第3338頁）

庚辰，以山東去歲水災，免秋糧六十八萬九千七百石有奇，草一百六十九萬一千五百餘束。（《明憲宗實録》卷一八六，第3339頁）

辛巳，大理寺評事彭銓以差賑濟奏："臨清并德州各衛倉糧俱以水災減免，故各官軍俸糧有一年未關者。近雖奏請借支於附近倉糧，而各倉亦無儲蓄。"（《明憲宗實録》卷一八六，第3340頁）

癸未，以去歲旱災免安慶池州府所屬縣秋糧十三萬一千八百餘石，草二十一萬七千七百餘包。（《明憲宗實録》卷一八六，第3341～3342頁）

賑山東饑，免秋糧。是歲濟南旱，山東無雪。（民國《山東通志》卷一〇《通紀》）

二月

庚寅，以湖廣去歲旱災，免秋糧、米、麻豆七十九萬二百石有奇。（《明憲宗實録》卷一八七，第3343頁）

丙申，夜，月犯井宿。（《明憲宗實録》卷一八七，第3345頁）

己亥，以遼東各衛所水災，免折細糧一十二萬六千一百石有奇。（《明憲宗實録》卷一八七，第3346頁）

己亥，詔運兩淮鹽給湖廣官軍俸糧。時巡撫左副都御史劉敷以湖廣水災，請免所派南京、貴州、廣西、廬州、安慶、京庫本色、折色糧，以甦民困。（《明憲宗實録》卷一八七，第3346頁）

乙巳，以去歲湖廣荆襄、德安府衛所屬水災，免夏秋税二十二萬三千石

有奇。(《明憲宗實録》卷一八七，第3348頁)

乙巳，夜，月犯氐宿。(《明憲宗實録》卷一八七，第3348頁)

戊申，夜，月犯南斗杓。(《明憲宗實録》卷一八七，第3349頁)

壬子，夜，月犯壘壁陣。(《明憲宗實録》卷一八七，第3349頁)

乙卯，免瀋陽中護衛及寧山衛沁州、平定州千户所屯田子粒一萬六千四百石有奇，以去歲水災也。(《明憲宗實録》卷一八七，第3351頁)

丙辰，夜，東方流星大如杯，青白色，光燭地，自正東雲中西南行至近濁。(《明憲宗實録》卷一八七，第3351頁)

以去歲旱災，免秋粮米麻豆。(康熙《孝感縣志》卷一三《蠲賑》)

三月

甲子，夜，木星犯天街。(《明憲宗實録》卷一八八，第3354頁)

丙寅，免貴州都司所屬衛所屯田子粒七千七百石有奇，以去歲旱災也。(《明憲宗實録》卷一八八，第3354頁)

戊辰，夜，月犯上將及土星。又西方流星大如盞，青白色（廣本、抱本“色”下有“有光”二字），自井宿西北行至五車，尾跡炸散。(《明憲宗實録》卷一八八，第3354頁)

庚午，兩浙巡鹽御史李延壽奏：“運司餘鹽，舊例皆逐歲放支，緣江南旱潦，兼夏秋陰雨，多致虧折，請按季變易時價為便。”(《明憲宗實録》卷一八八，第3354～3355頁)

辛未，夜，月犯亢宿。(《明憲宗實録》卷一八八，第3355頁)

甲戌，廣東廣州、韶州二府地震有聲。(《明憲宗實録》卷一八八，第3355頁)

壬午，免萬全都司所屬衛所細糧一千五百餘石，并山西都司衛所子粒五千二百石有奇，以去歲水災也。(《明憲宗實録》卷一八八，第3359頁)

癸未，免江西秋糧子粒一百三十二萬三千九百石有奇，以去年水災也。(《明憲宗實録》卷一八八，第3359頁)

四月

己丑，夜，土星犯上將。（《明憲宗實録》卷一八九，第3363頁）

戊戌，免應天、寧國、徽州三府秋糧米五萬九千六百二十餘石，草六萬八百四十餘包，以去年水災故也。（《明憲宗實録》卷一八九，第3366頁）

丙午，免直隸鳳陽、淮安、揚州、廬州四府，并滁、徐、和三州無徵夏税小麥一十三萬三千（廣本作“百”）二十餘石，税（廣本作“秋”）糧米豆二十八萬六千七百七十三石，税絲四萬九百三十餘兩，草五十二萬七千六百餘包，并免中都留守司所屬衛所及廬州、六安、滁州、壽州、武平、宿州、徐州、徐州左、大河、淮安、高郵十一衛子粒七萬七千四百一十八石有奇，以去年水旱故也。（《明憲宗實録》卷一八九，第3370～3371頁）

大水。（康熙《通州志》卷一二《災異》）

五月

丙辰朔，山西太原府地震。（《明憲宗實録》卷一九〇，第3376頁）

戊午，日生背氣，青赤色鮮明。（《明憲宗實録》卷一九〇，第3376頁）

壬戌，免陝西固原、靖虜、蘭州、甘州四衛無徵子粒一萬三千五百二十八石有奇，以去年旱災故也。（《明憲宗實録》卷一九〇，第3376頁）

乙丑，直隸常州府地震，生白毛。（《明憲宗實録》卷一九〇，第3379頁）

戊辰，免陝西甘州左等五衛無徵屯糧粮九百三十二石有奇，以十三年六月冰雹災也。（《明憲宗實録》卷一九〇，第3380頁）

辛未，以旱災免直隸安慶、新安二衛成化十四年無徵子粒五千七百一十餘石。（《明憲宗實録》卷一九〇，第3383頁）

己卯，免湖廣常德、辰州、衡州三府，郴、靖二州無徵米豆十二萬二百二十三石，常德、辰州、靖州、九溪、永定、銅鼓、茶陵、沅州八衛，澧州、長寧、夷陵、枝江四所及永順等處軍民宣慰使司子粒四萬一千一百一十餘石，并免河南開封、南陽、汝寧、衛輝、彰德五府及汝州夏麥一十一萬二千二百一十五石，税絲六萬五千二百六十六兩，秋糧四十一萬三千二百三十二石，草五十五萬二千八百五十束，宣武、南陽、陳州、睢陽、潁川、彰德、洛陽、南陽中護衛并懷慶、潁上、鄧州三所子粒八萬四千五百六十九石有奇，以去年水旱也。（《明憲宗實録》卷一九〇，第3387～3388頁）

癸未，以旱災免直隸崇明縣去年秋糧一萬九千三百四十餘石，草二萬五千六百五十九包。（《明憲宗實録》卷一九〇，第3390頁）

大水。（崇禎《肇慶府志》卷一《郡事紀》；道光《封川縣志》卷一〇《前事》；光緒《德慶州志》卷一五《紀事》）

晦。（萬曆《崑山縣志》卷八《災異》）

不雨，旱田欲枯，（董）侯齋戒率民禱之，神昭靈貺，霖雨滂沱，四野沾沃，麥穀迭告有秋。（康熙《隰州志》卷二四《藝文》）

春，旱。五月，又大水。（同治《靖安縣志》卷一六《雜志》）

六月

丙戌朔，日生背氣，青（廣本無“青”字）赤色鮮明。（《明憲宗實録》卷一九一，第3393頁）

乙未，夜，月犯西咸南第一星。（《明憲宗實録》卷一九一，第3397頁）

庚子，夜，月犯牛宿南第一星。（《明憲宗實録》卷一九一，第3398～3399頁）

癸丑，四川茂州地震有聲。（《明憲宗實録》卷一九一，第3402頁）

又不雨。（民國《漢南續修郡志》卷二六《藝文》）

七月

戊午，寧夏地震。（《明憲宗實録》卷一九二，第3403頁）

壬戌，以旱災免山西太原等三府、潞州等十三州、陽曲等四十九縣并大同前等一十五衛所去年夏税子粒，共二十九萬六百五十餘石。（《明憲宗實録》卷一九二，第3404～3405頁）

甲子，免廣東雷州府遂溪、海康二縣成化十三年秋糧米一千九百六十餘石，從巡撫副都御史朱英奏，有水災故也。（《明憲宗實録》卷一九二，第

3405 頁）

癸酉，先是，暹羅國使臣坤禄群等奏：“入貢時船為海風所壞，乞賜更造。”（《明憲宗實録》卷一九二，第 3407 頁）

八月

丙戌，寧夏地震。（《明憲宗實録》卷一九三，第 3411 頁）

丙戌，日生背氣，青赤色鮮明。（《明憲宗實録》卷一九三，第 3411 頁）

癸未，南京大風，拔孝陵木。（《明憲宗實録》卷一九三，第 3412 頁）

甲午，金星晝見於未。（《明憲宗實録》卷一九三，第 3412 頁）

丙申，夜，北方流星如盞大，青白色，有光，自紫微西藩，東北行至近濁。（《明憲宗實録》卷一九三，第 3413 ~ 3414 頁）

丁酉，木星晝見於午。（《明憲宗實録》卷一九三，第 3414 頁）

九月

甲寅朔，户部奏：“江西府縣衛所地方累歲水旱災傷，人民饑窘，盜賊竊發，宜為之計。”上曰：“江西地方連年荒旱，民窮盜起，難保其無思患預防經國大計，鎮守巡視等官，其加意區畫賑濟，毋令失所。”（《明憲宗實録》卷一九四，第 3419 頁）

乙卯，夜，木星犯井宿東扇北第二星。（《明憲宗實録》卷一九四，第 3419 頁）

甲子，夜，月犯壘壁陣西第五星。（《明憲宗實録》卷一九四，第 3424 頁）

乙丑，夜，火星犯靈臺上星。（《明憲宗實録》卷一九四，第 3425 頁）

庚午，夜，月犯天囷南第二星。（《明憲宗實録》卷一九四，第 3426 頁）

辛未，户部議漕運巡撫等官所奏事宜：一，漕運船遭風失火，例應所司給料成造，近皆視為不急之務。（《明憲宗實録》卷一九四，第 3426 頁）

乙亥，夜，月犯天罇上星。（《明憲宗實録》卷一九四，第 3430 頁）

丙子，直隸無錫、常熟二縣地震有聲。（《明憲宗實録》卷一九四，第 3431 頁）

丙子，夜，西方流星如盞大，青白色，有光，自天囷西北行至近濁。（《明憲宗實録》卷一九四，第 3431 頁）

庚辰，夜，金星犯天江南第一星。（《明憲宗實録》卷一九四，第 3433 頁）

辛巳，夜，木星守井宿。（《明憲宗實録》卷一九四，第 3433 頁）

十月

癸未朔，以冰雹災免宣府前、左、右三衛并興和守禦千户所子粒細糧共一千四百四十餘石，穀草三千六百餘束。（《明憲宗實録》卷一九五，第 3435 頁）

乙酉，夜，西方流星如盞大，青白色，光燭地，自外屏西南行至近濁。（《明憲宗實録》卷一九五，第 3436 ~ 3437 頁）

戊子，户科都給事中張海等以災異上言五事：一，南北直隸、河南、山東、陝西、江西、湖廣、四川、福建等處水旱頻仍，軍民饑饉，管糧官迫於住俸，催徵轉急，民不堪命。乞勑該部凡災重地方軍衛有司，該徵并拖欠糧草子粒、諸色顔料及闕過賑濟，悉為寬免。江西之地被災尤甚，所造瓷器，宜暫停止，及凡無災地方宜通行。（《明憲宗實録》卷一九五，第 3438 ~ 3439 頁）

辛卯，夜，月犯壘壁陣西第四星。（《明憲宗實録》卷一九五，第 3441 頁）

己亥，夜，月犯畢宿。（《明憲宗實録》卷一九五，第 3444 頁）

庚子，夜，金星犯南斗魁第三星。月犯天高星。（《明憲宗實録》卷一九五，第 3444 頁）

丙午，陝西華陰縣學生父歿，寢苫食粥，負土成墳，露宿於側。夜，忽風雷大作，祈天而止。（《明憲宗實録》卷一九五，第 3446 頁）

辛亥，直隸永平府地震。（《明憲宗實録》卷一九五，第 3348 頁）

辛亥，夜，金星犯狗星。（《明憲宗實録》卷一九五，第 3449 頁）

閏十月

乙卯，以水災免山東兗州等府州縣衛所成化十五年夏税三千九百六十

石，草二十一萬四千三百四十餘束。（《明憲宗實録》卷一九六，第3451頁）

庚申，火（廣本、抱本“火”上有“夜”字）星犯進賢。（《明憲宗實録》卷一九六，第3453頁）

辛酉，直隸宜興縣水。（《明憲宗實録》卷一九六，第3453頁）

戊辰，夜，月犯鬼宿。（《明憲宗實録》卷一九六，第3455頁）

乙亥，夜，東方流星如盞大，青白色，有光，自畢宿行至天苑，後四小星隨之。（《明憲宗實録》卷一九六，第3458頁）

戊寅，巡視江西、南京刑部右侍郎金紳等言：“江西頻年水旱，民饑盜發。”（《明憲宗實録》卷一九六，第3459頁）

己卯，夜，月犯建閉星。（《明憲宗實録》卷一九六，第3459頁）

十一月

甲午，夜，月犯畢宿。（《明憲宗實録》卷一九七，第3465頁）

丁酉，夜，月犯天罇星。（《明憲宗實録》卷一九七，第3465頁）

戊戌，曉望，月食。先是，欽天監奏月未入見食一分，已入不見食八分。今至辰四刻食既。（《明憲宗實録》卷一九七，第3465~3466頁）

十二月

丁巳，以水旱災免成都等四府州縣，并叙州等三衛糧三十一萬六千五百四十餘石，綿花二千四百七十餘斤。（《明憲宗實録》卷一九八，第3477頁）

甲子，夜，月犯井宿。（《明憲宗實録》卷一九八，第3479頁）

壬申，以水災免（廣本、抱本“免”下有“直”字）隸蘇州府崇明縣夏税六千八百五十石有奇。（《明憲宗實録》卷一九八，第3484頁）

甲戌，以湖廣水旱災，詔免武昌、漢陽、黄州、岳州、長沙、衡州、辰州、常德等府州衛糧七十萬八千六百餘石，因罷南京、貴州、廣西、廬州、安慶、京庫歲辦本色、折色銀布花茸，仍存兑運行糧。耗糧每石折銀

五錢，以平米價，從户部議也。（《明憲宗實録》卷一九八，第 3484～3485 頁）

乙亥，以江西旱災免饒州等十三府、鄱陽等六十九縣、南昌前等五衛、饒州等九所税糧子粒一百八十萬八千九百九十餘石，仍留兑運糧三十萬石，每石止徵銀六錢，以平米價，從户部議也。（《明憲宗實録》卷一九八，第 3486 頁）

丙子，金星晝見於辰。（《明憲宗實録》卷一九八，第 3486 頁）

是年

春，大風拔木。（民國《重修滑縣志》卷二〇《祥異》）

大旱。（民國《順義縣志》卷一六《雜事記》）

旱。（同治《徐州府志》卷五下《祥異》；光緒《鳳陽縣志》卷一五《紀事》；民國《南昌縣志》卷五五《祥異》）

大水平崖。（同治《孝豐縣志》卷八《災歉》）

大水，壞田地。（光緒《松陽縣志》卷一二《祥異》）

夏，旱，（謝）寧齋沐素服，徒步禱于山川，雨隨如注。其秋水暴溢，壞民廬舍，民告饑，又發粟賑之。（嘉靖《惠安縣志》卷一三《人物》）

夏，大旱。（嘉靖《隨志》卷上）

滄州大旱。（民國《滄縣志》卷一六《事實》）

旱，賑饑，免秋糧。冬無雪。（道光《濟南府志》卷二〇《災祥》）

旱，蝗。（康熙《常州府志》卷三《祥異》）

旱，蝗食苗稼。（萬曆《鹽城縣志》卷一《祥異》）

大水入城。（嘉靖《安吉州志》卷一《災異》）

嘉興地震，縉雲大旱，松陽大水。（康熙《浙江通志》卷二《祥異附》）

以水旱免廬州米麥豆數萬石。（光緒《續修廬州府志》卷一五《邺政》）

章水嚙前岸東門，小江水衝（府儒）學。（同治《南安府志》卷五《廟學》）

官田橋成化十五年圮於水。（乾隆《海澄縣志》卷一六《坊里》）

秋，大水。（康熙《文安縣志》卷一《災祥》）

秋，雨逾月不止，有大水自鎮東北淹至，街市衝為溝澗。（民國《臨汾縣志》卷三《鄉賢録上》）

秋，大水，平地深尺餘，禾稼淹没殆盡。（宣統《聊城縣志》卷一一《通紀》）

秋，大水，平地深尺餘，禾稼淹没殆盡。次年民饑。（道光《冠縣志》卷一〇《祲祥》）

冬，無雪。（民國《新城縣志》卷二二《災禍》）

成化十六年（庚子，一四八〇）

正月

癸未，夜，火星犯房宿北第一星。（《明憲宗實録》卷一九九，第3491頁）

辛卯，曉刻，雨，木冰。（《明憲宗實録》卷一九九，第3493頁）

辛丑，曉刻，月犯罰星。（《明憲宗實録》卷一九九，第3496頁）

辛丑，免鳳陽等衛去年夏税麥六萬七千九百八十餘石，秋粮米四千九百三十三石，鳳陽等府夏税麥十九萬八百九十石，秋糧米十三萬九千九百一十餘石，豆二萬六千一十餘石，草三十一萬一千四百餘包，以是年水災故也。（《明憲宗實録》卷一九九，第3496頁）

己酉，免山東濟南府去年秋糧米一萬六千一百五十餘石，草二萬八千三百餘束，運司鹽課二萬六千八百六十餘引，濟南衛所秋糧米一千二百八十八石，以是年水災故也。（《明憲宗實録》卷一九九，第3499頁）

二月

丙辰，福建泉州府地震，有聲如雷，屋宇皆摇。（《明憲宗實録》卷二

〇〇，第 3506 頁）

戊午，免山西潞城縣去年税糧一千三百六十餘石，草二千四百八十餘束，以水災故也。（《明憲宗實録》卷二〇〇，第 3507 頁）

戊午，夜，月犯西咸星。（《明憲宗實録》卷二〇〇，第 3507 頁）

癸亥，寧夏地震有聲，屋宇皆搖。（《明憲宗實録》卷二〇〇，第 3511 頁）

庚午，夜，有流星大如盞，赤色，有光，自昴宿東北行至井宿，尾跡炸散。（《明憲宗實録》卷二〇〇，第 3512～3513 頁）

癸酉，免湖廣武昌等府衛去年秋糧子粒米豆總七十五萬二千餘石，以旱災故也。（《明憲宗實録》卷二〇〇，第 3514 頁）

戊寅，昏刻，有流星大如盞，赤色，光燭地，自天紀旁東南行至亢宿，尾跡炸散。（《明憲宗實録》卷二〇〇，第 3519 頁）

以旱災免去年秋粮。（康熙《孝感縣志》卷一三《蠲賑》）

以旱災免去年秋糧子粒豆。（康熙《孝感縣志》卷一三《蠲賑》）

又不雨，冬如之，自冬而辛丑春亦如之。是年秋則復如戊戌之秋，至若壬寅秋七月、癸卯夏四月、甲辰春二月又皆不雨。自己亥至甲辰不雨者七，公禱之皆雨；其間苦潦者二，公禱之即止。（民國《漢南續修郡志》卷二六《藝文》）

三月

乙酉，曉刻，火星犯天江東第一星。（《明憲宗實録》卷二〇一，第 3523 頁）

丙戌，監督軍務太監汪直、提督軍務太子太保兵部尚書兼都察院左都御史王越奏威寧海子之捷。云自二月二十二日，選調京營大同宣府官軍二萬一千，出自孤店關，夜行晝伏二十七日，至猫兒莊分為數道，值大風雨雪，天地昏暗，急趣前進，黎明去威寧海子不數里，虜猶不覺。（《明憲宗實録》卷二〇一，第 3523～3524 頁）

丙戌，日色慘白，無光。（《明憲宗實録》卷二〇一，第 3525 頁）

甲午，夜，有流星大如盞，青白色，尾跡光燭地，自紫微東藩北行至閣道。（《明憲宗實録》卷二〇一，第3530頁）

癸卯，以乆旱，命英國公張懋、襄城侯李瑾、定西侯蔣琬祭告天地、社稷、山川。從禮部奏請也。（《明憲宗實録》卷二〇一，第3533頁）

癸卯，廣西太平府地震有聲。（《明憲宗實録》卷二〇一，第3533頁）

丙午，河南郾城、臨穎〔潁〕二縣地震，有聲如雷，屋宇皆搖。（《明憲宗實録》卷二〇一，第3535頁）

庚戌，夜，有流星大如盞，赤色，光燭地，自氐宿南行至近濁。（《明憲宗實録》卷二〇一，第3536～3537頁）

戊戌，武義縣大風雹。（《國榷》卷三八，第2432頁）

四月

己未，以水災免直隸宿州等五衛屯田米麥七千二百餘石。（《明憲宗實録》卷二〇二，第3542頁）

壬戌，刑科都給事中王坦等言："今順天等八府并山東、河南、山西等處去冬無雪，今年至夏不雨，恐刑罰未平所致，謹條具五事以聞。"（《明憲宗實録》卷二〇二，第3545頁）

壬戌，北直隸并山東、河南等處連年旱災，民窮財盡，切恐盜賊生發，釀成大禍。（《明憲宗實録》卷二〇二，第3546頁）

己卯，免陝西慶陽等二（抱本作"三"）府、西安等四衛所去年秋糧八千五百六十餘石，以雹災故也。（《明憲宗實録》卷二〇二，第3549～3550頁）

泰寧大水，漂沿溪居民，死者無數。（萬曆《邵武府志》卷六二《祥異》）

五月

丙午，免河南税糧子粒十八萬七千餘石，以去年水災故也。（《明憲宗

實録》卷二〇三，第 3558 頁）

戊子，武義縣大水。（《國榷》卷三八，第 2434 頁）

安福大水，高十餘丈，漂没溺死無算。（光緒《吉安府志》卷五三《祥異》）

榆林大風雨，毀子城垣，移垣洞于其南。（道光《榆林府志》卷一〇《祥異》）

高要大水。（道光《肇慶府志》卷二二《事紀》）

大水，水高十餘丈，漂没田廬，溺死無算。尋大旱，饑。（康熙《安福縣志》卷一《祥異》）

六月

庚戌朔，免陝西隴西縣并鞏昌等衛税糧七千八百餘石，以去年雹災故也。（《明憲宗實録》卷二〇四，第 3561 頁）

甲子，夜，月犯牛宿。（《明憲宗實録》卷二〇四，第 3569 頁）

己巳，夜，東方流星如盞大，自昴宿東北行至井宿，尾跡炸散。（《明憲宗實録》卷二〇四，第 3572 頁）

壬申，曉刻，金木二星相犯。（《明憲宗實録》卷二〇四，第 3572 頁）

大雨，大小河水盡泛。（民國《中牟縣志・祥異》）

劍川州大雷雨，兩崖場水湧，衝没民田二百餘畝。（隆慶《雲南通志》卷一七《災祥》）

七月

丙戌，免山東濟南、青州府諸州縣衛所夏税子粒共六萬五千六百石有奇，以旱災故也。（《明憲宗實録》卷二〇五，第 3579 頁）

丙申，木星晝見於巳。（《明憲宗實録》卷二〇五，第 3584 頁）

己亥，免直隸望江縣秋糧三千九百四十石有奇，以旱災故也。（《明憲宗實録》卷二〇五，第 3585 頁）

庚子，户部員外郎林同奏："比因保定等府水旱，暫停催徵，命臣等分方賑濟。今諸處雨水匀調，米價漸平，民困稍蘇。但恐有司不體朝廷至意，凡諸物料應供納者，以歲時豐稔，一併催徵……"（《明憲宗實録》卷二〇五，第3586頁）

辛丑，曉刻，月犯天關星。（《明憲宗實録》卷二〇五，第3586頁）

乙巳，免順天等府州縣夏税九萬六千八百石有奇，以旱災故也。（《明憲宗實録》卷二〇五，第3587頁）

宜興湖汊、張渚山水暴漲，漂没廬舍，溺死者千餘人。（成化《重修毗陵志》卷三二《祥異》）

七、八月，越嶲雨雪交作，寒氣若冬。（《明史·五行志》，第426頁）

八月

庚戌，免直隸淮、鳳、揚、廬四府并徐州等州縣官朝覲，以水災故也。（《明憲宗實録》卷二〇六，第3591頁）

辛亥，免雲南府衛成化十四年秋糧子粒共二萬三千八百石有奇，以是歲水災故也。（《明憲宗實録》卷二〇六，第3591頁）

乙卯，免福建福州、興化、泉州、漳州府去歲秋糧十萬一千四百石有奇，鎮東等衛所子粒一萬四千八百餘石，以旱災故也。（《明憲宗實録》卷二〇六，第3593頁）

乙卯，夜，流星如盞大，赤色，有光，自正南中天西南行至近濁。（《明憲宗實録》卷二〇六，第3594頁）

丁巳，四川越嶲衛地震，有聲如雷，日七次，自是日至十五日連震二十餘次。（《明憲宗實録》卷二〇六，第3594頁）

壬戌，免陝西甘州等一十四衛去歲屯糧七萬五千五百五十餘石，以是歲冰雹及蟲災也。（《明憲宗實録》卷二〇六，第3596～3597頁）

丁卯，夜，月犯畢宿。（《明憲宗實録》卷二〇六，第3600頁）

丙子，曉刻，月當晦不晦。（《明憲宗實録》卷二〇六，第3604頁）

丙子，廣西鬱林州地震有聲。同日，廣東瓊山縣地亦震，屋宇皆摇。（《明憲宗實録》卷二〇六，第 3604 頁）

越嶲雨雪交作，寒氣若冬。（光緒《越嶲廳全志》卷一一《祥異》）

颶風激浪，堤大崩。（乾隆《興化府莆田縣志》卷二《氣候》）

雨雪交作，寒氣若冬。（嘉靖《四川通志》卷二〇三《祥異》）

九月

己卯，昏刻，南方流星如盞大，青白色，光燭地，自牛宿西南行至斗宿，後七小星随之，尾跡炸散。（《明憲宗實録》卷二〇七，第 3605 頁）

壬午，免河南開封、懷慶、衛輝、彰德、河南府諸州縣夏税麥一十五萬四千五百餘石，絲八萬九千二百餘兩，懷慶、潁川、彰德、歸德衛子粒麥一萬八千餘石，以是歲夏旱故也。（《明憲宗實録》卷二〇七，第 3605 ~ 3606 頁）

丙戌，申時，福建建寧府有大星自西南流東北，有聲如雷。（《明憲宗實録》卷二〇七，第 3606 頁）

戊子，曉刻，南方流星如盞大，赤色，尾跡有光，自弧矢東南行至雲中。（《明憲宗實録》卷二〇七，第 3606 頁）

甲午，夜，北方流星如盞大，青白色，有光，自紫微西藩西北行至近濁。（《明憲宗實録》卷二〇七，第 3608 頁）

丁酉，月犯井宿。（《明憲宗實録》卷二〇七，第 3611 頁）

辛丑，四川威州地震有聲。（《明憲宗實録》卷二〇七，第 3617 頁）

癸卯，夜，西方流星如盞大，赤色，光燭地，自婁宿西北行至霹靂旁，尾跡炸散。（《明憲宗實録》卷二〇七，第 3617 頁）

十月

癸丑，昏刻，月犯壘壁陣。（《明憲宗實録》卷二〇八，第 3622 頁）

壬戌，曉刻，月犯六親〔諸〕王星。（《明憲宗實録》卷二〇八，第 3627 頁）

乙丑，月犯天罇星。(《明憲宗實録》卷二〇八，第 3628 頁)

戊辰，夜，火星犯壘壁陣。(《明憲宗實録》卷二〇八，第 3633 頁)

十一月

庚辰，昏刻，月犯秦星。(《明憲宗實録》卷二〇九，第 3639 頁)

己丑，夜，月犯畢宿。(《明憲宗實録》卷二〇九，第 3641 頁)

辛卯，户部言："巡撫大同左副都御史孫洪等奏，是歲天旱，及因邊報，各軍未能採草，間採一二及兑領者，亦飼馬不足。"(《明憲宗實録》卷二〇九，第 3641 頁)

壬辰，夜，月食。(《明憲宗實録》卷二〇九，第 3646 頁)

壬寅，月犯東咸星。(《明憲宗實録》卷二〇九，第 3651 頁)

癸卯，以旱災免直隸順德府所屬九縣秋粮一萬八百四十石有奇，草一十九萬四千六百餘束。(《明憲宗實録》卷二〇九，第 3651 ~ 3652 頁)

乙巳，陝西會寧縣地震。(《明憲宗實録》卷二〇九，第 3652 頁)

十二月

丙午朔，免直隸長垣縣秋糧五千九百二十餘石，以水災故也。(《明憲宗實録》卷二一〇，第 3653 頁)

壬子，免直隸廣平府所屬三縣無徵秋粮四千九百五十餘石，草九萬三千五百九十餘束，(疑脱"順")德府莊田秋粮子粒一千七百一十餘石，以水災故也。(《明憲宗實録》卷二一〇，第 3655 頁)

戊午，巡按福建監察御史徐鏞等奏："福建歲旱，星變、地震、海湧，災異非常，小民艱苦已甚。"(《明憲宗實録》卷二一〇，第 3656 頁)

壬申，巡按廣東監察御史袁禎等奏："是年七月以來，瓊山縣人畜多疫死。至八月二十九日地震。"(《明憲宗實録》卷二一〇，第 3670 頁)

是年

旱。(嘉靖《進賢縣志》卷一《災祥》；萬曆《沃史》卷二《今總紀》；

光緒《羅田縣志》卷八《祥異》；民國《婺源縣志》卷七〇《祥異》；民國《歙縣志》卷一六《祥異》）

六邑旱。（道光《徽州府志》卷一六《祥異》）

衛水泛溢，入清河，居民房舍陷溺幾盡，死者甚眾。（光緒《清河縣志》卷三《災異》）

大水。（康熙《滑縣志》卷四《祥異》；咸豐《大名府志》卷四《年紀》；民國《重修滑縣志》卷二〇《祥異》；民國《萬載縣志》卷一《祥異》）

揚州旱，有蝗從東北來，蔽空翳日。（乾隆《江都縣志》卷二《祥異》）

大旱，知縣張璉勸富民出粟振濟，全活甚眾。（光緒《臨朐縣志》卷一〇《大事表》）

秋，徐大水。（同治《徐州府志》卷五下《祥異》）

夏，大水，高要堤决。（崇禎《肇慶府志》卷一《郡事紀》）

夏，大水。（道光《高要縣志》卷一〇《前事》；道光《封川縣志》卷一〇《前事》）

衛水泛溢入清河，居民房舍陷溺幾盡，死者甚眾。（光緒《清河縣志》卷三《災異》）

大水，居民房屋陷溺幾盡，死者甚眾。（嘉靖《威縣志》卷一《祥異》）

崞縣大風折田，大饑，民多相食。（萬曆《太原府志》卷二六《災祥》）

旱雹災傷。（民國《奉天通志》卷一二《大事》）

漕河大决。（道光《博平縣志》卷一《禨祥考》）

江南大水，歲不登。（嘉靖《吴邑志》卷四《名宦》）

湖㳇、張渚水暴漲，漂没廬舍，溺死者千餘人。巡撫尚書王恕命府縣出粟賑之。（嘉慶《宜興縣志》卷末《祥異》）

旱，有蝗從東北來，蔽空翳日。（萬曆《揚州府志》卷二二《異攷》；嘉慶《東臺縣志》卷七《祥異》）

旱，散給穀九千三百五十八石五斗，銀一千三百七十七兩七錢；賑饑民二萬七千三十九丁。（同治《奉新縣志》卷六《蠲賑》）

大旱，沿街拜禱，得雨。（嘉靖《福寧州志》卷一〇《名宦》）

以旱災免湖廣去年秋粮米豆總七十五萬二千餘石。（康熙《瀏陽縣志》卷九《賑恤》）

免去年旱災秋糧。（光緒《黄州府志》卷八《蠲䘏》）

洪水，衝圮（富安橋）。（咸豐《興甯縣志》卷二《關梁》）

屢歲不登，無米上市，民食草根樹皮，半皆餓死。（乾隆《潼川府志》卷一二《雜記》）

屢歲不登，無米上市，民食草根樹皮，半皆餓斃。（乾隆《樂至縣志》卷八《祥異》）

秋，淋雨，穀粟無成，豆多腐爛。（順治《潁州志》卷一《郡紀》）

秋，霪雨，豆米腐。次年大疫。（同治《潁上縣志》卷一二《雜志》）

成化十七年（辛丑，一四八一）

正月

丁丑，平涼府開城縣地震。（《明憲宗實録》卷二一一，第3675頁）

己卯，夜，木星犯鬼宿積尸氣。（《明憲宗實録》卷二一一，第3675頁）

甲申，昏刻，月犯畢宿。（《明憲宗實録》卷二一一，第3676頁）

甲午，以水災免順天等府所屬州縣并鎮朔等衛成化十六年秋糧子粒一萬二千八百五十石有奇，穀草二十一萬五千八百三十束有奇。（《明憲宗實録》卷二一一，第3679頁）

甲午，免遼東遼海、三萬二衛成化十六年子粒三千餘石，以旱雹災傷故也。（《明憲宗實録》卷二一一，第3679頁）

乙未，四川守臣奏越嶲衛及威州災異，禮部覆奏："考之《傳》記，夷狄犯華，小人道長，陰盛民勞，則淫雨傷稼，寒不以時，地震有聲。蓋地道為陰雨雪寒，氣皆陰之屬，夷狄小人亦陰之類。四川乃坤維之首，越嶲衛為羌夷邊方。自成化十六年七月至八月初旬，雨雪交作，寒氣若冬，苗秀不實。是時，不當寒而寒。八月初十日，地震七次，聲響如雷。至十五日，晝夜不時，通震二十餘次，是地不當動而動。況又合衛軍民染患瘴厲，災異示戒，莫此為甚。其威州地方亦于本年九月二十四日地震二次有聲，揆厥所由，皆人事不修所致。乞行四川所司上謹天戒，下修人事，凡時政有害於軍民者即改革之，有利於軍民者即舉行之，仍廣儲蓄，飭邊備，撫綏夷民，以戒不虞。”從之。（《明憲宗實録》卷二一一，第3681頁）

甲辰，夜，東方流星如盞大，青白色，有光，自太微西垣東北行至角宿。（《明憲宗實録》卷二一一，第3684頁）

十九日，雨不止，至五月初九日。（同治《崇陽縣志》卷一二《災異》）

二月

庚戌，以水災免浙江杭州等五府、錢塘等十九縣并湖州守禦千户所成化十五年秋糧子粒二十四萬六千六百四十餘石，草六萬二千四百五十餘包。（《明憲宗實録》卷二一二，第3686頁）

甲寅，以水災免順天府薊州玉田縣并大寧都司營州中屯等十一衛所成化十五、十六年秋粮子粒共七千四百三十餘石，草六千四百四十餘束。（《明憲宗實録》卷二一二，第3688頁）

甲寅，應天府鳳陽、廬州、淮安、揚州、和州，山東兖州，河南開封等府州縣同時地震。（《明憲宗實録》卷二一二，第3688頁）

丁巳，免直隸鳳陽等三府、徐州等三十八州縣并中都留守司等二十三衛所、兩淮鹽運司吕肆等三十鹽課司成化十六年大小麥共二十一萬九千五百餘石，絲一萬九千八百餘兩，草九百五十餘包，以旱災故也。（《明憲宗實録》卷二一二，第3689頁）

己未，夜，土星犯進賢。（《明憲宗實録》卷二一二，第3690頁）

辛酉，免山西太原等三府、澤潞等五州并太原左等十二衛所去年夏税七萬三千四百餘石，秋糧子粒四十萬一千九百餘石，草八十六萬五千三百九十餘束，以水旱霜雹等災故也。（《明憲宗實録》卷二一二，第3691頁）

丁卯，昏刻，金星犯太陰上星。（《明憲宗實録》卷二一二，第3693頁）

丁卯，免應天并直隸徽州等五府，廣德、上元等三十五州縣去年夏税麥七萬七千二百九十餘石，以水災故也。（《明憲宗實録》卷二一二，第3693～3694頁）

三月

戊寅，遣英國公張懋、保國公朱永、襄城侯李瑾祭告天地、社稷、山川，祈禱雨澤，以久旱恒風，從禮部請也。（《明憲宗實録》卷二一三，第3697頁）

庚辰，昏刻，火星犯昴宿月星。（《明憲宗實録》卷二一三，第3698頁）

壬午，户部奏："今年正月以來，雨雪愆期，二麥未秀，米價踴貴，軍民艱食。"（《明憲宗實録》卷二一三，第3698頁）

癸未，酉刻，金星晝見於申。（《明憲宗實録》卷二一三，第3699頁）

丙戌，以水災免山東濟南等府六十六州縣、平山等二十衛所秋糧子粒共二十七萬九千一百餘石，草五十萬三千四百七十餘束，綿花三千四百八十餘斤。（《明憲宗實録》卷二一三，第3700頁）

甲午，昏刻，木星入鬼宿，犯西南星。（《明憲宗實録》卷二一三，第3705頁）

丁酉，申刻，日赤如赭。（《明憲宗實録》卷二一三，第3709頁）

庚子，以旱災免山西潞州及潞城縣，并直隸寧山衛去年秋糧子粒二萬九

千八十餘石，草四萬八千五百九十餘束。（《明憲宗實録》卷二一三，第3710頁）

庚子，昏刻，木星犯鬼宿積尸氣。（《明憲宗實録》卷二一三，第3710頁）

辛丑，免直隷鳳陽、徐州等府州縣，并淮安等衛所去年秋糧子粒共一十四萬九千二百四十石有奇，草二十四萬二千九百包有奇，以水災故也。（《明憲宗實録》卷二一三，第3710頁）

癸卯，禮部以二月初十日南京及江北四府、山東之兖州、河南之開封等府州縣俱同時地震有聲，房屋摇撼，人心驚懼。（《明憲宗實録》卷二一三，第3711頁）

隕霜。（咸豐《興甯縣志》卷一二《災祥》）

春夏大旱，秋，大水。是年縣令黄慶在任。三月至七月始雨，塘涇龜坼，蟲食禾，虎行野。（弘治《常熟縣志》卷一《灾祥》）

三、四月，大旱，蝗生食禾。（崇禎《吴縣志》卷一一《祥異》）

四月

丁未，兵部尚書陳鉞等奏："京官皂隷俱出畿内八府，及山西、河南、山東三布政司，今各處水旱頻仍，流殍相望……"（《明憲宗實録》卷二一四，第3713頁）

戊申，乞申明累朝榜例，奏行禁約，犯者置諸重法：一，北直、山東、河南等處連遭水旱，而差役僉解買辦，催徵無異常。……六科都給事中成實等亦言十一事：一，山東等處并順天等府連年水旱，民間力殫財盡……（《明憲宗實録》卷二一四，第3715～3717頁）

庚戌，南京十三道監察御史陳金等言："南京地震有聲，白毛頓長，猛虎近城，傷人害物，且當春陽和煦之時，而寒風凄雨，有類秋冬。臣惟根本重地，災異於此獨甚，皆大臣不職所致。"（《明憲宗實録》卷二一四，第3719頁）

丙辰，陝西同州地震有聲。（《明憲宗實録》卷二一四，第3721頁）

己未，夜，月犯東咸南第二星。（《明憲宗實録》卷二一四，第3722頁）

庚申，勅諭文武群臣曰：“朕嗣承祖宗大統，十有七年，恒宵旰圖治，求以上格穹蒼，下安黎庶，無負付託之重。奈自去冬以來，陰陽愆期，雨澤少降，朕心憂懼，已嘗齋心露禱，祭告神祇。又遣官清理刑獄，用弭旱沴。然而連日狂風大作，塵霾蔽空……”（《明憲宗實録》卷二一四，第3722～3723頁）

辛酉，辰刻，日生左右珥、半暈，赤黄色，随生背氣，青赤色，俱鮮明，燭地，良久漸散。（《明憲宗實録》卷二一四，第3724頁）

水，太平橋圮。（同治《南城縣志》卷一〇《雜志》）

水漲山崩，漂沿溪田宅，死者無數。（乾隆《泰寧縣志》卷一〇《祥異》）

五月

庚辰，南京工部員外郎吴珵言：“近御史何舜賓建議，乞疏濬南京河道，以便粮運。今天時亢旱，人心靡寧，乞暫為停止，以蘇民困。”事下工部覆奏，請如珵言，候豐年再陳區處。（《明憲宗實録》卷二一五，第3733頁）

庚寅，順天府薊州雨雹，大如鵞卵，損官民房屋及傷禾稼。（《明憲宗實録》卷二一五，第3735頁）

壬辰，山西太原府地震有聲。（《明憲宗實録》卷二一五，第3736頁）

丁酉，昏刻，金星犯軒轅大（抱本“大”作“火”，疑誤）星。（《明憲宗實録》卷二一五，第3737頁）

戊戌，順天府、薊州及遵化縣地震。（《明憲宗實録》卷二一五，第3737頁）

庚子，暫免陝西府州縣應輸物料，以巡撫都御史阮勤等言連年亢旱故也。（《明憲宗實録》卷二一五，第3741頁）

壬寅，陝西河州地震。（《明憲宗實録》卷二一五，第3742頁）

十二日午，風自西作，晝晦，舡多沉溺，夜分乃止。（順治《潁州志》卷一《郡紀》）

大旱。（乾隆《潁州府志》卷一〇《祥異》；同治《霍邱縣志》卷一六《祥異》）

大雨，潦水暴至。時端午日，潦至，溺壞居民廬舍及六畜之類，不可勝計。（嘉靖《增城縣志》卷一九《大事通志》）

增城大水。（嘉靖《廣東通志初稿》卷四《祥異》）

六月

甲辰朔，以旱災免陝西延安等府州縣并臨洮等衛共糧八萬一千五百四十餘石，草十二萬八百餘束。（《明憲宗實録》卷二一六，第 3747 頁）

甲辰朔，薊州及遵化縣地震有聲，日凡三次。同日，永平府及遼東寧遠衛地亦三震，俱有聲。（《明憲宗實録》卷二一六，第 3747 頁）

庚戌，户部議奏巡撫河南都御史孫洪等所言旱災寬恤事宜。（《明憲宗實録》卷二一六，第 3749 頁）

己未，鎮守山西太監劉忠等奏："山西平陽等府州、太原等衛所雨雪愆期，麥禾無望。乞暫停免該輸柴炭。"掌後府事襄城侯李瑾亦以為言。（《明憲宗實録》卷二一六，第 3754 頁）

壬戌，詔減免河南今年歲辦藥材之半，以巡撫都御史孫洪言其地比歲旱澇也。（《明憲宗實録》卷二一六，第 3755 頁）

戊辰，以水災免南京水軍左等七衛子粒共二千七百八十餘石。（《明憲宗實録》卷二一六，第 3756 頁）

大水，漂没南關及鄉村室廬三千餘區。（乾隆《孝義縣志·勝蹟祥異》卷一）

七月

甲戌朔，免蘇州府去年秋糧米十四萬九千九百五十餘石，草三萬三千七百包，松江府秋糧米八萬五千三百餘石，草一萬四千餘包，鎮江府夏税麥三萬二千九百七十餘石，蘇州衛屯田子粒一千七百九十石，鎮江衛一千四百三

十餘石，以水旱故也。（《明憲宗實録》卷二一七，第 3759 頁）

壬午，暫免山西府州應輸物料、歲辦藥材，及停徵户口鹽鈔十分之四，以巡撫都御史何喬新言連年霜旱，民多流移故也。（《明憲宗實録》卷二一七，第 3760～3761 頁）

丙戌，南京大風雨，社稷壇及太廟殿宇有損壞者，守備成國公朱儀請命有司修葺。從之。（《明憲宗實録》卷二一七，第 3761 頁）

己亥，雷震郊壇東天門脊獸。（《明憲宗實録》卷二一七，第 3766 頁）

己亥，雷震郊壇承天門脊獸。（《明史・五行志》，第 434 頁）

十三日，大風雨。（崇禎《吴縣志》卷一一《祥異》）

大風雨。（正德《松江府志》卷三二《祥異》；乾隆《婁縣志》卷一五《祥異》；嘉慶《松江府志》卷八〇《祥異》；同治《上海縣志》卷三〇《祥異》；光緒《重修華亭縣志》卷二三《祥異》；光緒《川沙廳志》卷一四《祥異》；光緒《南匯縣志》卷二二《祥異》）

雨，有颶風。（乾隆《震澤縣志》卷二七《災祥》；同治《湖州府志》卷四四《祥異》；光緒《歸安縣志》卷二七《祥異》）

丙戌，大風雨，膠山水驟漲，淹上福等鄉，壞民廬舍。（光緒《無錫金匱縣志》卷三一《祥異》）

大雨，水溢。（嘉慶《溧陽縣志》卷一六《雜類》）

霪雨。（光緒《霑化縣志》卷一四《祥異》）

霪雨害稼。（民國《陽信縣志》卷二《祥異》；民國《濟陽縣志》卷二〇《祥異》）

（劉魁）巡按南畿……時霪雨為沴，連郡田稼減没，莩死萬數。（康熙《江南通志》卷三八《名宦》）

春夏不雨。七月，雨，有颶風。八月連大雨，太湖水溢，平地深數尺。九月朔，大風雨，晝夜如注。至冬無日不雨，禾稼僅存者悉漂没。（光緒《烏程縣志》卷二七《祥異》）

春夏不雨。七月，雨，有颶風。（同治《長興縣志》卷九《災祥》）

八月

戊申，晚刻，西方流星大如盞，赤色，尾跡有光，自正西行至西南雲中。（《明憲宗實録》卷二一八，第3770頁）

癸亥，金星晝見於巳。夜，月犯六諸王星。（《明憲宗實録》卷二一八，第3781頁）

辛未，曉刻，月當晦不晦。（《明憲宗實録》卷二一八，第3783頁）

連大雨，太湖水溢，平地深數丈，蕩民廬舍。（乾隆《震澤縣志》卷二七《災祥》）

乙未，風雨又作。惠山、安陽山水漲尤甚，人多死者。歲大祲。（光緒《無錫金匱縣志》卷三一《祥異》）

連大雨，太湖水溢，平地深數丈。（同治《湖州府志》卷四四《祥異》；同治《長興縣志》卷九《災祥》；光緒《歸安縣志》卷二七《祥異》）

大水。（雍正《石樓縣志》卷三《祥異》）

十五日，蝗來自北，墮地食稼及草茅葦葉殆盡。是夕五更，大雨如傾，湖水溢，漂没廬舍禾稻不計其數。明年大饑。（康熙《具區志》卷一四《災異》）

春夏，旱。八月十五日，蝗自北而來，食草木幾盡。是日，大雨如注，漂没民居，人多溺死。是歲大祲，民饑。（光緒《武進陽湖縣志》卷二九《祥異》）

大雨潦，高田風秕，低田渰爛。官不賑災，民困莫甚拎此。（弘治《常熟縣志》卷一《灾祥》）

乙未，風雨復作，惠山、安陽山洪水亦大發，水尤甚，人多死者。歲大祲。（弘治《無錫縣志》卷二七《祥異》）

九月

壬申朔，滿剌加國使臣端亞媽剌的那查等奏："成化五年，本國使臣微者然那入貢，還至當洋，被風漂至安南國，微者然那與其傔從，俱為其國所

殺，其餘黥為官奴，而幼者皆為所害。”（《明憲宗實録》卷二一九，第3785頁）

江南雨連月，傷稼。（《國榷》卷三九，第2452頁）

丙子，户部奏：“長蘆運司官鹽為雨水所淹，及屢為人所盜，共一十三萬七千五百六十餘引，其鹽折大布三千九百七十疋，亦皆被災無徵，已經巡鹽御史林符勘實，俱合免追。”從之。（《明憲宗實録》卷二一九，第3786頁）

丁亥，户部尚書翁世資奏：“是歲天旱，河流淺澀，以致漕運違期。今欲如常例曬米上倉，恐歲暮河凍，有誤明年漕運。乞免湖廣、江西、浙江所運米攤曬，每石加米四升，以充折耗。”從之。（《明憲宗實録》卷二一九，第3789頁）

淫雨為沴，連郡田稼滅没，野多餓莩。巡撫劉魁奏請賑卹，會魁去，不果行。（光緒《崑新兩縣續修合志》卷五一《祥異》）

朔，大風雨，晝夜如注，至冬無日不雨，禾稼僅存者，悉漂没。明年，大饑，人相食，斗米百錢，田皆蕪穢。（乾隆《震澤縣志》卷二七《災祥》）

朔，雨，至於冬十月，禾不登。（乾隆《華亭縣志》卷一六《祥異》）

朔，大風雨，晝夜如注。至冬，無日不雨，禾稼僅存者，悉漂没。明年大饑，人相食。（同治《湖州府志》卷四四《祥異》；同治《長興縣志》卷九《災祥》）

朔，大風雨，晝夜如注。至冬，無日不雨，禾稼僅存者，悉漂没。明年大饑。（光緒《歸安縣志》卷二七《祥異》）

朔，雨。至十月，田中僅存之稼，皆渰爛。立冬日，大雷電，雨雪三閱月。明春大饑。（崇禎《吴縣志》卷一一《祥異》）

朔，雨。至於十月，禾不登。（正德《松江府志》卷三二《祥異》）

霪霖害稼。（光緒《南匯縣志》卷二二《祥異》）

朔，雨，至於冬十月，禾不登。（正德《松江府志》卷三二《祥異》；乾隆《婁縣志》卷一五《祥異》；嘉慶《松江府志》卷八〇《祥異》；光緒

《重修華亭縣志》卷二三《祥異》）

九月、十月，陰雨連綿，禾稼不登。（同治《上海縣志》卷三〇《祥異》；光緒《川沙廳志》卷一四《祥異》）

十月

乙巳，改河南兑運京儲及真定、保定、德州、易州等處倉糧之半為折徵。是歲河南額運糧六十五萬一千石，所司以頻年水旱，乞寬省。（《明憲宗實録》卷二二〇，第3803頁）

丙辰，夜，月食。（《明憲宗實録》卷二二〇，第3808頁）

乙丑，免河南去年秋糧子粒十八萬三千七百餘石，以水災故也。（《明憲宗實録》卷二二〇，第3811頁）

十一月

甲申，免直隸大名府等是歲夏税十二萬一千四百餘石，以旱災故也。（《明憲宗實録》卷二二一，第3817頁）

丙戌，免萬全都司所屬，并直隸隆慶州税糧子粒共六萬九千七百餘石，以是年旱災故也。（《明憲宗實録》卷二二一，第3817~3818頁）

丁酉，江南大雨雪。（同治《上江兩縣志》卷二下《大事下》）

冬至，大雷電，雨雪。（同治《上海縣志》卷三〇《祥異》）

冬至，大雷電。（光緒《南匯縣志》卷二二《祥異》）

冬至，大雷電，雨雪。明年饑。（正德《松江府志》卷三二《祥異》；乾隆《華亭縣志》卷一六《祥異》；乾隆《婁縣志》卷一五《祥異》；光緒《重修華亭縣志》卷二三《祥異》；光緒《川沙廳志》卷一四《祥異》；光緒《奉賢縣志》卷二〇《灾祥》）

冬至，夜，昏，大雷電雨，二皷盡乃止。（乾隆《香山縣志》卷八《祥異》）

雷。（嘉靖《廣東通志初稿》卷三七《祥異》）

十二月

戊申，以水災免陝西寧夏等四衛税糧五千二百餘石。（《明憲宗實録》卷二二二，第3825~3826頁）

乙丑，時巡撫南直隸兵部尚書王恕奏："蘇、松、常三府被水，禾稼不登，請以米一石五斗折徵銀一兩，以給俸禄。"從之。（《明憲宗實録》卷二二二，第3830頁）

乙丑，免南京水軍等十八衛成化十四年子粒二萬七千五百餘石，以旱災故也。（《明憲宗實録》卷二二二，第3830頁）

丁酉，南京大雪。（光緒《金陵通紀》卷一〇中）

是年

大旱。（乾隆《重修懷慶府志》卷三二《物異》）

春夏，旱。（正德《松江府志》卷三二《祥異》；乾隆《婁縣志》卷一五《祥異》；嘉慶《松江府志》卷八〇《祥異》；同治《上海縣志》卷三〇《祥異》；光緒《無錫金匱縣志》卷三一《祥異》；光緒《重修華亭縣志》卷二三《祥異》；光緒《川沙廳志》卷一四《祥異》）

春夏不雨，地坼川涸，禾槁及根。（乾隆《震澤縣志》卷二七《災祥》）

春夏不雨。（同治《湖州府志》卷四四《祥異》；同治《長興縣志》卷九《災祥》；光緒《歸安縣志》卷二七《祥異》）

春夏大旱。秋，大風雨潮，淹没田廬，人多溺死，歲大祲。（光緒《靖江縣志》卷八《祲祥》）

春夏大旱。（嘉慶《溧陽縣志》卷一六《雜類》）

春夏大旱。秋，大水，渰没田疇，壞民廬舍，人多溺死，免租四千六百五十三石。（道光《江陰縣志》卷八《祥異》）

春夏，旱。秋，大水。禾稼盡腐，饑。（光緒《嘉善縣志》卷三四《祥眚》）

春夏，旱。秋，大水。（康熙《桐鄉縣志》卷二《災祥》；光緒《桐鄉

縣志》卷二〇《祥異》）

夏，大水。（光緒《邵武府志》卷三〇《祥異》；光緒《邵武府志》卷三〇《祥異》）

夏，旱。秋，大水，害禾。（光緒《嘉興府志》卷三五《祥異》）

灤水溢，漂没廬舍禾稼，民大饑。（民國《遷安縣志》卷五《記事篇》）

先旱後潦，升米百錢。（光緒《丹徒縣志》卷五八《祥異》）

先旱後潦，斗米百錢。（康熙《丹徒縣志》卷一〇《祥異》；光緒《丹陽縣志》卷三〇《祥異》；民國《金壇縣志》卷一二《祥異》）

彭澤水，疫，民死甚眾。秋，德安大水，崩山改川。（同治《九江府志》卷五三《祥異》）

秋，霪雨傷稼，詔免田租之半。（民國《夏邑縣志》卷九《災異》）

秋，大雨，水害稼。（光緒《虞城縣志》卷一〇《災祥》）

春夏亢旱。秋，大雨，風潮渰没田廬，人多溺死。明年春賑濟。（嘉靖《靖江縣志》卷四《編年》）

春夏大旱，蝗食禾。秋，大水。（嘉慶《直隸太倉州志》卷五八《祥異》；民國《太倉州志》卷二六《祥異》）

常州春夏亢旱。秋，大水，平地汎溢，渰没田疇，壞民廬舍，人多溺死。是歲大祲，民困荐饑。明年春，官為賑濟。同時，宜興計山水湧出凡八十餘所，視諸縣特甚。（成化《重修毗陵志》卷三二《祥異》）

夏，遷安等縣大水，饑。（康熙《永平府志》卷三《災祥》）

夏，不雨，麥盡枯。秋霖潦，傷稼。免夏税十之七，秋糧十之五。（咸豐《慶雲縣志》卷三《災異》）

夏，大旱。太守率僚屬祈雨，至寺所，忽有青蛇從井中出，太守遣人供以大甕，昇寘壇上，是日大雨，四境霑足，蛇竟不知所之，人大以爲異。（光緒《增修甘泉縣志》卷二《橋渡》）

清水溢，漂没廬舍禾稼，民大饑。（光緒《永平府志》卷三〇《紀事》）

旱。（咸豐《太谷縣志》卷二《年紀》）

歲大水，民多流離。（光緒《金壇縣志》卷五《職官》）

山水湧出，凡十八所。（嘉慶《宜興縣志》卷末《祥異》）

大水，民饑。（崇禎《烏程縣志》卷四《災異》）

淮水漲溢，學圮。（乾隆《江南通志》卷八九《學校》）

大水，東廡壞，知府陳勉修。（道光《晉江縣志》卷一四《學校》）

胡宣《救荒疏》：臣欽蒙聖恩，除懷慶府温縣知縣。臣一入縣境，田野荒蕪，流民載道，煙火斷絶，鷄犬無聞，啼饑號寒，而哀聲動地，抛妻棄子，而怨氣冲天，積屍惟存其骨，林木盡去其皮。覩此災異，實爲可憐。臣（成化二十年）十一月二十六日到任，隨據本縣太平鄉里老朱福等連名狀，稱本邑地狹民貧，素無積蓄，先自成化十七年天時大旱，田種無收；十八年大水，人畜漂没；十九年虫蝻生發，食傷苗稼。累年被災，困苦無伸……不期自成化十九年來至二十年十一月，一向亢陽，二麥不收，秋田無種。况本縣倉廩空虚，無從賑濟，各行採食蓬蒿，宰烹禽畜，又將房屋拆壞變賣，且有鬻子女以易粟，割人肉以充腹者……臣就於次年正月初二日親詣各鄉，逐一踏勘，盡日不見人踪，沿村不聞煙火，瓦礫蕭然，屋廬傾圮，或饑餓不能出門户，或殭死無人埋瘞，途間不敢獨行，多被饑民打食，甚至同行至親，相爲割食救命，俱系窮極不畏明禁……本縣逃移者十有八九，見存者百無一二。（康熙《河南通志》卷三九《藝文》）

肇慶大雨雹。（嘉靖《廣東通志初稿》卷二七《祥異》）

秋，嘉興、湖州大水，民饑。（康熙《浙江通志》卷二《祥異附》）

秋，霪雨傷稼。（光緒《宿州志》卷三六《祥異》）

秋，大水崩山，改川。（乾隆《德安縣志》卷一四《祥祲》）

秋，霪雨，三月不止，菽粟無成。（天啟《鳳陽新書》卷四《星土》）

秋，霖雨傷稼。（乾隆《靈壁縣志略》卷四《災異》）

秋，霪雨，詔免田租之半。（光緒《永城縣志》卷一五《災異》）

冬，無雪。（民國《新城縣志》卷二二《災禍》）

春，饑。夏，不雨，麥盡槁枯。秋，霖潦傷禾稼。（咸豐《慶雲縣志》卷三《災異》）

十七年、十八年、十九年，餘姚俱大水。（萬曆《紹興府志》卷一三《災祥》）

成化十八年（壬寅，一四八二）

正月

乙亥，夜，月犯外屏星。（《明憲宗實録》卷二二三，第 3835 頁）

丁酉，曉刻，月犯天江。（《明憲宗實録》卷二二三，第 3844 頁）

二月

辛丑，夜，山東沂州地震有聲。（《明憲宗實録》卷二二四，第 3848 頁）

戊申，夜，月犯天街下星。（《明憲宗實録》卷二二四，第 3850 頁）

辛亥，巡撫大同右僉都御史郭鏜奏："大同頻年水旱，兼邊務方殷，而各城預備倉粮并官庫贓罸俱已傾竭。"（《明憲宗實録》卷二二四，第3851 頁）

戊午，夜，月犯土星。（《明憲宗實録》卷二二四，第 3853 頁）

戊辰，京師雨土霾。（《明憲宗實録》卷二二四，第 3855 ~ 3856 頁）

三月

丙子，上曰："水利有司急務，况雲南邊方蓄積甚寡，使田被水患，豈惟民食不給，而軍需亦無從出矣，用官物以預為隄防，有何不可？其亟行之。"（《明憲宗實録》卷二二五，第 3862 頁）

庚辰，以去年旱災，免潼關衛夏税四千四百石有奇。（《明憲宗實録》卷二二五，第 3863 ~ 3864 頁）

壬午，巡撫山西右副都御史何喬新奏："山西大旱，公私匱竭。今軍需庫原收折糧綿布三十六萬三千餘匹，太原等府，澤、潞等州縣，户口食鹽累

歲未闕。”（《明憲宗實録》卷二二五，第3864頁）

甲申，以水災免順天、永平（抱本“平”下有“二”字）府秋糧三萬六千三百餘石，草一百五萬三千四百餘束，武清、大寧、義勇前、營州後、金吾右、營州右屯、獻陵、天津等衛子粒五千八百餘石。（《明憲宗實録》卷二二五，第3865～3866頁）

甲申，工部議巡撫山西右副都御史何喬新所言内一事，欲以山西旱災暫免各衙門歲辦物料，因請并停各王府修造工役，禁各處有司不得指修造公廨為名，以困民力。從之。（《明憲宗實録》卷二二五，第3866頁）

塌毁城垣、公署、民舍無算。（乾隆《洛陽縣志》卷一〇《祥異》）

水亦入城市。（光緒《蘭谿縣志》卷八《祥異》）

四月

壬寅，卯時，日色赤，無光。（《明憲宗實録》卷二二六，第3871頁）

壬寅，免直隷河間府慶雲、鹽山二縣秋糧粟米一千二百八十九石有奇，穀草二萬三千六百四十六束，以去年水災也。（《明憲宗實録》卷二二六，第3871～3872頁）

丙午，禮部奏：“自二月来，雨澤不降，土脉不潤，恐夏麥不實，秋苗不生，三農失望。請誓戒百司，命大臣祭告天地、社稷、山川。”詔姑俟立夏後無雨以聞。（《明憲宗實録》卷二二六，第3875頁）

辛亥，免直隷永寧縣秋糧粟米四百四十八石有奇，穀草八千四百二十餘束，以去年水災（廣本、抱本作“旱”）也。（《明憲宗實録》卷二二六，第3876頁）

辛酉，上諭禮部臣曰：“前者爾等言一春無雨，恐夏麥不實，秋禾不生，請命官祈禱。朕以為立夏之後，氣候蒸潤，必有雨澤，而今亢旱愈甚，朕心憂遑，莫知所措。其命英國公張懋告天地，保國公朱永告社稷，襄城侯李瑾告山川。”（《明憲宗實録》卷二二六，第3880頁）

甲子，免山西太原等府州縣衛所夏税子粒共五十四萬五千二百二十八石有奇，以去年旱雹災也。（《明憲宗實録》卷二二六，第3882頁）

水災，至秋八月始退，歲飢。（咸豐《順德縣志》卷三一《前事畧》）

水泛，浸漫城市，人畜漂流。（萬曆《新寧縣志》卷二《祥異》）

大水，至八月始退。是年災傷。（光緒《吴川縣志》卷一〇《事略》）

五月

辛未，夜，西方流星如盞大，赤色，光燭地，自西南行西北雲中，後三小星随之。（《明憲宗實録》卷二二七，第 3885 頁）

甲戌，曉刻，火星犯壘壁陣。（《明憲宗實録》卷二二七，第 3885 頁）

乙亥，免直隸保安州税糧六百八十餘石，穀草八千九百三十八束有奇，以去年大風雨雹也。（《明憲宗實録》卷二二七，第 3885～3886 頁）

辛巳，陜西岐山縣地震。（《明憲宗實録》卷二二七，第 3888 頁）

甲申，免山東濟南等五府九十一州縣小麥十九萬九百餘石，粟米四十五萬九千一百六十八石，馬草九十二萬二千六百一十餘束，綿花一千餘斤，并濟南等二十一衛所小麥一萬四千一百七十餘石，粟米一萬四千八百四十餘石，以去年水災也。（《明憲宗實録》卷二二七，第 3891～3892 頁）

乙酉，以旱災免應天府江寧等七縣，并直隸當塗縣秋糧七萬四千三十餘石，馬草八萬六千一百七十餘包，甘州等五衛、山丹、永昌、涼州、鎮番、莊浪、西寧、古浪十二衛所屯糧八萬五百二十餘石，馬草二百五萬三千九百九十束。（《明憲宗實録》卷二二七，第 3892 頁）

甲申，夜，月犯南斗魁第三星。（《明憲宗實録》卷二二七，第 3892 頁）

丁酉，以水災免直隸蘇、松、常、鎮四府去年秋糧五十七萬九千六百九十餘石，草二十八萬二千九百餘包，并蘇州、太倉、鎮海、鎮江四衛子粒一萬四千四百一十餘石。（《明憲宗實録》卷二二七，第 3899 頁）

九日，武義山水暴漲，入城市。（萬曆《金華府志》卷二五《祥異》）

初九日，二次山水暴漲，入城市。（嘉靖《武義縣志》卷五《祥異》）

大水。（道光《高要縣志》卷一〇《前事》；道光《封川縣志》卷一

○《前事》；光緒《德慶州志》卷一五《紀事》）

不雨。至秋七月，苗盡槁。（乾隆《平定州志》卷五《禨祥》；乾隆《壽陽縣志》卷八《祥異》；光緒《壽陽縣志》卷一三《祥異》）

六月

己亥，以旱災免湖廣武昌、漢陽、黄州、德安、荆州、襄陽、常德、長沙八府，安陸、沔陽二州，并武昌、黄州、蘄州、安陸、沔陽、襄陽、瞿塘七衛，德安一所去年秋糧子粒共麥一萬五千四百一十餘石，米豆共一十九萬五千五百四十一石有奇。（《明憲宗實録》卷二二八，第3901～3902頁）

辛丑，以水災免直隸蘇州府秋糧折銀布米三十二萬七千八百三十餘石，存留軍儲倉米九千二百石。（《明憲宗實録》卷二二八，第3902頁）

甲辰，昏刻，月犯太微垣内屏星。（《明憲宗實録》卷二二八，第3905頁）

庚戌，昏，木星犯靈臺上星。（《明憲宗實録》卷二二八，第3906頁）

甲寅，巡撫山西右副都御史何喬新言：“山西内迫京畿，外控夷狄，實西北重地。比年旱澇相仍，師旅數動，倉廩多空，軍伍多缺，人民轉徙未歸，戰馬倒死未補，皆急務也，臣謹以撫民安邊事宜列上。”（《明憲宗實録》卷二二八，第3907頁）

乙卯，日暈，随生抱氣，俱赤黄色鮮明，良久始散。（《明憲宗實録》卷二二八，第3912頁）

雨傷稼，壞廬舍。（民國《翼城縣志》卷一四《祥異》）

饑，閉城門以禦水，水潰門入，衝陷民居，同知賀恕勘荒田，不以實聞。（光緒《德慶州志》卷一五《紀事》）

雨水大至，城自北門迤東至於南門，壞者一千二百餘丈。（嘉靖《真定府志》卷一六《兵防》）

霍州、靈石旱。（道光《直隸霍州志》卷一六《禨祥》）

漳河泛漲，水決堤防，城垣被水刷倒，四門淹没。知縣陳寧重修。（正德《臨漳縣志》卷一《城池》）

雨傷稼，壞廬舍。（民國《翼城縣志》卷一四《祥異》）

十九日，颶風作，廟宇傾頹。洲人吴叔和允美等鳩工重建。（同治《螺洲志》卷一《廟寺祠宇》）

二十三日，河南諸水并漲，漂壞田禾民舍，拂死人畜，開封、懷慶、衛輝尤甚。（成化《河南總志》卷二《祥異》）

二十三日，河溢，渰没田産，漂溺人畜甚衆。（乾隆《汲縣志》卷一《祥異》）

二十三日，衛河溢，漂壞田禾民舍，衛、淇境尤甚。（嘉靖《淇縣志》卷四《祥異》）

大水，平地一丈。（萬曆《寧津縣志》卷四《祥異》）

水溢。（乾隆《汜水縣志》卷一二《祥異》）

七月

庚辰，以旱災免直隸鳳陽等府州縣及中都留守司所屬，并直隸淮安等衛所去年夏税四十六萬五千四百餘石，秋糧子粒共四十八萬八千七（廣本作“四”）百餘石，草七十九萬五千八百餘包。（《明憲宗實録》卷二二九，第3926頁）

庚辰，夜，月犯壘壁陣。（《明憲宗實録》卷二二九，第3926頁）

乙酉，廣西太平府地震，聲如雷。（《明憲宗實録》卷二二九，第3928頁）

庚寅，昏，西方流星如盞大，赤色，有光，自西北雲中行至近濁，尾跡後散。（《明憲宗實録》卷二二九，第3929頁）

甲午，連江縣大風雨。至八月戊戌，洪水横溢，縣治、學舍、倉厫、壇壝俱壞，溺死者百二十人。（乾隆《福州府志》卷七四《祥異》）

甲午，大雨，至八月丁酉，永春民多溺死。（乾隆《永春州志》卷一五《祥異》）

甲午，大雨，至八月丁酉，民多溺死。（民國《永春縣志》卷三《災祥》）

十九夜，暴雨，各鄉山崩。（乾隆《福寧府志》卷四三《祥異》）

十九夜，暴雨，各鄉山崩。是年饑。（民國《霞浦縣志》卷三《大事》）

十九夜，暴雨，各鄉山崩。是年饑，至二十三年連饑，斗米百錢。（萬曆《福寧州志》卷一六《時事》）

十九日夜，暴雨，各鄉山崩，屋壞壓死者甚衆，水漲十餘日，田禾盡死。（嘉靖《寧德縣志》卷四《祥異》）

大水决居庸關。（光緒《昌平州志》卷六《大事表》）

益陽、醴陵大水，漂民廬舍。（乾隆《長沙府志》卷三七《災祥》）

昌平大水，決居庸關水門。（光緒《延慶州志》卷一二《祥異》）

昌平大水，決居庸關水門四十九，城垣、鋪樓、墩臺一百二。（《明史·五行志》，第450頁）

不雨，公禱之，皆雨。（嘉慶《漢南續修郡志》卷二六《藝文》）

大雨至八月朔，漂禾稼，壞公私屋宇。（民國《長樂縣志》卷三《災祥附》）

益陽、醴陵大水，漂民廬舍。（乾隆《長沙府志》卷三七《災祥》）

霖雨大作，沁河暴漲決堤，毁郡城，摧房垣，漂人畜不可勝紀。（道光《河内縣志》卷一一《祥異》）

八月

戊戌，夜，南方流星如盞大（抱本作“大如盞”），赤色，光明照地，自羽林軍東南行至雲中，後三小星随之，尾跡炸散。（《明憲宗實録》卷二三〇，第3931頁）

己亥，乆雨，衛、漳、滹沱等河漲溢，運河口岸多決，自清平縣至天津衛凡八十六處，大蒙等村屯凡九處。（《明憲宗實録》卷二三〇，第3931頁）

戊申，夜，月犯十二諸國周國上星。（《明憲宗實録》卷二三〇，第3936頁）

己酉，夜，月掩火星。（《明憲宗實録》卷二三〇，第3937頁）

乙卯，河南自六月以来，雨水大作，懷慶等府、宣武等衛所坍塌城垣共一千一百八十八丈，漂流軍衛有司衙門、壇廟、居民房屋共三十一萬四千二百五十四間，渰死軍民男婦一萬一千八百五十七，漂流馬騾等畜一十八萬五千四百六十九。（《明憲宗實録》卷二三〇，第 3939 頁）

丙辰，昏刻，火星犯壘壁陣。（《明憲宗實録》卷二三〇，第 3939 頁）

丁巳，夜，西方流星如盞大，青白色，光燭地，自漸臺行至近濁。（《明憲宗實録》卷二三〇，第 3940 頁）

己未，以旱災量免直隸九江衛去年子粒一萬一千四百五十餘石。（《明憲宗實録》卷二三〇，第 3940 頁）

辛酉，以旱災免河南開封等七府、宣武等十五衛所，并直隸汝寧千户所去年夏麥四十四萬一千六百五十餘石，絲二十五萬四千一百九十餘兩，秋粮子粒共三十四萬七千八百九十餘石，草三十三萬八千七百三十餘束。（《明憲宗實録》卷二三〇，第 3940 ~ 3941 頁）

丙寅，衡州大水。（《國榷》卷三九，第 2465 頁）

雨雹，禾盡落。是歲饑。（嘉靖《天長縣志》卷七《災祥》；嘉慶《備修天長縣志稿》卷九下《災異》）

衛、漳、滹沱並溢，自清平抵天津。（光緒《吴橋縣志》卷一〇《災祥》）

大水。（嘉靖《武城縣志》卷九《祥異》）

雨雹，木盡落，民饑。（萬曆《滁陽志》卷八《災祥》）

白晝晦暝，雷電交作，溪田江水大漲，二樟樹大數合抱，蔽江而下，植溪田江中，湧沙成堆，樹枝青鬱如舊。（嘉靖《衡州府志》卷七《祥異》）

閏八月

己巳，以水災免直隸鎮朔等三十三衛所去年子粒四萬一千六百餘石，草一萬九千六百餘束。（《明憲宗實録》卷二三一，第 3944 頁）

壬申，昏，月犯天江西第一星。（《明憲宗實録》卷二三一，第 3946 頁）

甲戌，免雲南左等十衛所去年米穀三千八百七十石有奇，以水災故也。（《明憲宗實録》卷二三一，第 3946 頁）

丙子，昏，月掩女宿代星。（《明憲宗實録》卷二三一，第 3947 頁）

甲申，曉，月犯天街上星。（《明憲宗實録》卷二三一，第 3949 頁）

乙酉，夜，月犯六諸王東第三星。（《明憲宗實録》卷二三一，第 3949 頁）

壬辰，曉刻，木星犯左執法。（《明憲宗實録》卷二三一，第 3953 頁）

甲午，陝西西安府及徽州地震，守臣以聞。（《明憲宗實録》卷二三一，第 3955 頁）

九月

辛丑，昏刻，月犯南斗魁第沐星。（《明憲宗實録》卷二三二，第 3960 頁）

丙午，以河南水患，改派是年兑軍粮十萬石，于江西、浙江、湖廣、山東、南直隸補納，每石加耗米一斗。（《明憲宗實録》卷二三二，第 3961 頁）

戊申，陝西鞏昌府地震。（《明憲宗實録》卷二三一，第 3961 頁）

戊申，夜，月犯外屏西第四星。（《明憲宗實録》卷二三二，第 3961 頁）

庚戌，以旱災免南京江陰等三（廣本作“二”）十七衛去年子粒七萬九千七百八十餘石十分之七。（《明憲宗實録》卷二三二，第 3962 頁）

庚戌，金星晝見於申。夜望，月食，免百官明日早朝。（《明憲宗實録》卷二三二，第 3962 頁）

壬子，夜，月犯六諸王西第一星。（《明憲宗實録》卷二三二，第 3963 頁）

戊午，曉刺，月犯軒轅中星。（《明憲宗實録》卷二三二，第 3964 頁）

庚申，曉，月犯内屏西南星。（《明憲宗實録》卷二三二，第 3964 頁）

癸亥，免直隸廣平府柴夫十分之五，以水災故也。（《明憲宗實録》卷二三二，第 3966 頁）

癸亥，木星晝見於未。（《明憲宗實録》卷二三二，第 3966 頁）

十三日，有風如火。（光緒《南匯縣志》卷二二《祥異》）

震雷。（乾隆《香山縣志》卷八《祥異》）

十月

丁卯，以水災免天津等八衛秋青草一百一十二萬餘束。（《明憲宗實録》

卷二三三，第 3969 頁）

戊辰，昏刻，火星犯壘壁陣。（《明憲宗實録》卷二三三，第 3969 頁）

己卯，夜，月犯天街星。（《明憲宗實録》卷二三三，第 3971 頁）

甲申，以水災免直隸隆慶州并永寧縣粮三千三百九十餘石，草四萬四千一百二十餘束。（《明憲宗實録》卷二三三，第 3973 頁）

癸巳，曉刻，月當晦不晦。（《明憲宗實録》卷二三三，第 3975 頁）

十一月

辛丑，以水災免陝西慶陽等六府十二衛所粮二十萬一千五百餘石，草二十八萬四千九百五十餘束，布一千七百三十餘疋。（《明憲宗實録》卷二三四，第 3978 頁）

辛丑，昏刻，月犯壘壁陣。（《明憲宗實録》卷二三四，第 3978 頁）

壬寅，以水旱災免保定、河間二府州縣粮六萬五千四十餘石，草一百一十五萬四千六百七十餘束。（《明憲宗實録》卷二三四，第 3978 頁）

甲辰，陝西臨洮府地震。（《明憲宗實録》卷二三四，第 3979 頁）

丁未，昏，月犯六諸王西第三星。（《明憲宗實録》卷二三四，第 3982 頁）

庚戌，夜，月犯五諸侯東第一星。（《明憲宗實録》卷二三四，第 3983 頁）

丙辰，夜，月掩上相星。（《明憲宗實録》卷二三四，第 3985 頁）

丁巳，以水災免山西潞州及孝義等十二州縣共粮六萬八千一百九十餘石，草十三萬六千三百八十餘束，其澤州及曲沃等十六州縣衛所粮三萬六千四百餘石，草六萬七千九百六十餘束。（《明憲宗實録》卷二三四，第 3985 頁）

戊午，曉刻，月犯亢宿。（《明憲宗實録》卷二三四，第 3985 頁）

庚申，以水災免直隸真定、順德二府所屬三十八州縣，并真定等七衛所粮七萬三千七百六十餘石，草一百四萬二千六百餘束，綿花一萬四千一百餘斤。（《明憲宗實録》卷二三四，第 3986 頁）

辛酉，以水災免保定、河間等十四衛所，并静海縣粮二萬八百九十餘石，草一萬六千一百一十餘束。（《明憲宗實録》卷二三四，第 3986 頁）

辛酉，以水災免遼東定遼左等二十五衛屯粮共六萬七千二百四十餘石。

（《明憲宗實録》卷二三四，第 3986 頁）

壬戌，以水災免山西太原府壽陽縣粮一萬三千二百一十餘石，草一萬八千七百五十餘束。（《明憲宗實録》卷二三四，第 3987 頁）

癸亥，以水災免直隸大名、廣平二府所屬，開州等十九州縣粮十萬四千二百六十餘石，草一百六十八萬一千九百餘束；永平府州縣粮一萬三千五百餘石，草十一萬三千八百餘束。（《明憲宗實録》卷二三四，第 3988 頁）

南京旱，饑。（光緒《金陵通紀》卷一〇中）

十二月

丁卯，以水災免順天府薊州等州、香河等縣共粮三萬七千一十餘石，草一百三十七萬四千四百餘束。（《明憲宗實録》卷二三五，第 3991 頁）

壬申，以水災免山東東昌等三府所屬州縣，并直隸德州等四衛所粮十六萬七千八十餘石，草三十一萬六千一百九十餘束，棉花三千五百九十餘斤。（《明憲宗實録》卷二三五，第 4004 頁）

癸酉，日赤如赭。（《明憲宗實録》卷二三五，第 4004 頁）

乙亥，四川瀘州及長寧等縣地震，有聲如雷。（《明憲宗實録》卷二三五，第 4005 頁）

丙子，以水災免萬全都司所屬懷安等九衛所粮七千一百四十餘石，草一萬三千三百餘束。（《明憲宗實録》卷二三五，第 4005 頁）

丁丑，夜，月犯五諸侯東第二星。（《明憲宗實録》卷二三五，第 4005 頁）

甲申，夜，月犯進賢星。（《明憲宗實録》卷二三五，第 4010 頁）

是年

大水。（康熙《獻縣志》卷八《祥異》；乾隆《沂州府志》卷一五《記事》；乾隆《隆平縣志》卷九《災祥》；嘉慶《沅江縣志》卷二二《祥異》；道光《内邱縣志》卷三《水旱》；同治《武邑縣志》卷一〇《雜事》；同治《武岡州志》卷三二《五行》；同治《醴陵縣志》卷一一《災祥》；光緒《日照縣志》卷七《祥異》；光緒《邢臺縣志》卷三《前事》；光緒《鉅鹿縣志》卷七《事異》；光緒《邵陽縣志》卷一〇《祥異》；光緒《開州志》卷一《祥異》；民國《新河縣志》第一册《災異》；民國《廣宗縣志》卷一《大事紀》；民國《任縣志》卷七《紀事》；民國《德縣志》卷二《紀事》；民國《沙河縣志》卷一一《祥異》；民國《臨沂縣志》卷一《通紀》）

大水，民饑。（光緒《嘉興府志》卷三五《祥異》）

春夏大饑。秋，大水。（光緒《嘉善縣志》卷三四《祥眚》）

夏，霪雨連月，田疇成浸，斗米百錢。（光緒《桐鄉縣志》卷二〇《祥異》）

夏，大雨水，禾盡傷。（康熙《安肅縣志》卷三《災異》；民國《徐水縣新志》卷一〇《大事記》）

大旱，民饑且疫。（康熙《五河縣志》卷一《祥異》；光緒《五河縣志》卷一九《祥異》）

大旱，歲飢。（民國《尤溪縣志》卷八《祥異》）

大旱，歲饑。（崇禎《尤溪縣志》卷四《災祥》）

滹沱潰溢，挾漳南注，冀城圮壞。（民國《冀縣志》卷三《河流》）

又水，淫雨不止，滹沱溢，傾城郭，舟楫入縣，魚行人路。（道光《重修武强縣志》卷一〇《禨祥》）

河溢，漂没田禾，溺死人畜甚衆。（乾隆《新鄉縣志》卷二八《祥異》）

沁河溢。（乾隆《濟源縣志》卷一《祥異》）

旱，免麥八千三百四十二石。（道光《江陰縣志》卷八《祥異》）

貴溪水暴漲入城，漫縣治，壞民居數百，溺死無算。（同治《廣信府志》卷一《星野》）

武康大水，民多漂溺。（同治《湖州府志》卷四四《祥異》）

不雨。（乾隆《宣平縣志》卷一一《紀異》）

宣平不雨。（光緒《處州府志》卷二五《祥異》）

諸暨江潮，至楓溪。（萬曆《紹興府志》卷一三《災祥》）

大水，民多漂溺。（乾隆《武康縣志》卷一《星野》；道光《武康縣

志》卷一《地域》）

春，大雨水，民饑，斗米百錢（萬曆《秀水縣志》卷一〇《祥異》）

春，大水，壞民房産。（民國《陽朔縣志》第五編《前事》）

春，賑濟。秋旱，减租。（嘉靖《靖江縣志》卷四《編年》）

歲大旱。春盡，種未入土。（康熙《新會縣志》卷六《人物》）

春夏霪水連月，田疇成浸，斗米百錢。（康熙《桐鄉縣志》卷二《災祥》）

春夏淫雨，田熟倍收。（崇禎《吴縣志》卷一一《祥異》）

春夏霪雨復潦。是年舊潦不消，低田仍不耕，熟者倍收。（弘治《常熟縣志》卷一《灾祥》）

净土寺在縣北一里許，明成化十八年被滹水湮没。（康熙《藁城縣志》卷二《營建》）

大旱，斗米價銀一錢。（嘉靖《固安縣志》卷九《災異》）

天旱，斗米價銀一錢，盗賊蜂起。（嘉靖《固始縣志》卷九《災異》）

大旱，繼一瘟疫。觀禱於中嶽，願以身贖，移时大雨如注，病者以起，歲亦大熟。（光緒《雄縣鄉土志》卷四《耆舊》）

夏，大水。（民國《泰寧縣志》卷三《祥異》）

大水圮城，舟楫入縣治，官民房屋傾頹殆盡，食惟魚鼈。（乾隆《衡水縣志》卷一一《禨祥》）

大水，漂民廬舍。（康熙《重修阜志》卷下《祥異》）

大水，城不没者三四版，幾圮。（嘉靖《冀州志》卷七《災異》）

大水，乘筏入市。（康熙《武邑縣志》卷一《祥異》）

漳河決，郡屬皆大水，漂没田廬。（咸豐《大名府志》卷四《年紀》）

漳河決圮魏縣城，漂没田廬無算。詔發廩賑之。（民國《大名縣志》卷二六《祥異》）

漳水入城。（同治《肥鄉縣志》卷三二《災祥》）

九縣大水。（嘉靖《順德直隸志》卷一七《災祥》）

大水入城。（乾隆《平鄉縣志》卷一《災祥》）

大風折〔坼〕田。大饑，民多相食，浮莩者半。（乾隆《崞縣志》卷五《祥異》）

大旱，歲饑。邑宰徐公壽懇禱，是夜雨足。（光緒《續修崞縣志》卷七《藝文》）

旱，大饑，道殣相望。（民國《太谷縣志》卷二《年紀》）

高平西山有角而羊者，鬭於金峯之麓，水忽暴漲，損傷田禾廬舍無算。（雍正《澤州府志》卷五〇）

霍州、汾西大旱。（萬曆《平陽府志》卷一〇《災祥》）

雙山堡大雷雨，壞城。（道光《榆林縣志》卷一〇《祥異》）

大水，民傷殆盡。（康熙《朝城縣志》卷一〇《災祥》）

大旱，疫，饑。（乾隆《盱眙縣志》卷一四《菑祥》）

大水，饑。（萬曆《新修餘姚縣志》卷二三《禨祥》）

江潮至楓溪。（乾隆《諸暨縣志》卷七《祥異》）

旱。（嘉靖《壽州志》卷八《災祥》；嘉靖《商城縣志》卷八《祥異》）

大旱，民疫且飢。（嘉靖《宿州志》卷八《災祥》）

大旱，民疫且饑。（嘉靖《泗志備遺》卷中《災患》）

大水瀑漲，壞縣治，破民居數百家，溺死者無算。秋又澇傷。（乾隆《貴溪縣志》卷五《祥異》）

夏，雹大如拳，屋瓦皆碎。大水。（正德《瑞州府志》卷一一《災祥》）

連江縣亦於七月甲午風雨惡甚，至八月戊戌洪水橫溢，縣治、學舍、倉廒、壇壝及民舍田禾俱為所壞，溺死者百二十人，牛畜穀粟漂没不可勝計。（正德《福州府志》卷三三《祥異》）

蝗，食禾稼盡，飛積民舍。（乾隆《通許縣舊志》卷一《祥異》）

雨霪河溢，漂蕩殆盡。（嘉靖《通許縣志》卷之上《城池》）

大水，大賑。（嘉靖《内黄縣志》卷八《祥異》）

大水，詔賑。（同治《清豐縣志》卷二《編年》）

自壬寅迄甲辰，累歲大旱，民苦飢饉，而鄢城為甚，食盡至噉草根木

皮，以延旦暮，餒死者道路相枕。（嘉靖《鄖城縣志》卷一〇《文集》）

大旱，饑。（嘉慶《息縣志》卷八《災異》）

大旱，蝗食禾，人皆饑，亡者大半。（乾隆《澠池縣志》卷中《災祥》）

衡州、寶慶、益陽、醴陵大水，漂民廬舍。（乾隆《湖南通志》卷一四二《祥異》）

洪水。（弘治《衡山縣志》卷三《祠廟》）

資江大水。（同治《安化縣志》卷三四《五行》）

水，河清圍潰。（康熙《南海縣志》卷三《災祥》）

肇慶大水堤崩，田稼盡没。（嘉靖《廣東通志初稿》卷三七《祥異》）

大旱。（光緒《内江縣志》卷一五《祥異》）

蝗。（嘉靖《馬湖府志》卷七《雜志》）

蝗，食粟。（道光《遵義府志》卷二一《祥異》）

夏秋，大旱。（同治《鄖縣志》卷一《祥異》）

秋，旱，歲祲。（光緒《靖江縣志》卷八《祲祥》）

秋，蝗蔽天，自東入境。知縣柳澤齋沐禱神，蝗遂越境去。（光緒《虞城縣志》卷一〇《災祥》）

秋，潞州大雨連旬，高河水漲，漂流民舍數百間，溺死頭畜甚眾。（弘治《潞州志》卷三《災異》）

壬寅、癸卯，馬平連旱。（嘉靖《廣西通志》卷四〇《祥異》）

成化十九年（癸卯，一四八三）

正月

丁巳，總督漕運兼巡撫鳳陽等處右副都御史徐英奏："淮、揚、鳳陽頻年旱澇，倉庫無積，人民饑窘，恐來春流民四集，釀成别患，乞將淮、揚兩處船料及各府商税課鈔每貫收米一升，兩季而止。其各府州縣考滿官役滿吏並照舊例納米備荒，准給田（舊校改'田'作'由'）辦事為便。"從之。

（《明憲宗實録》卷二三六，第 4020 頁）

辛酉，以水災免營州中屯等五十六衛所去年屯種子粒共七萬三千八百餘石，穀草七千六百七十餘束。（《明憲宗實録》卷二三六，第 4022 頁）

癸亥，免山西大同府衛去年税糧一萬八千一百六十餘石，草一萬二千九百餘束，以雨雹傷稼故也。（《明憲宗實録》卷二三六，第 4022 頁）

元旦，大雪，三日始霽，治平、楞伽、吴山一帶，樹枝凍結如瓔珞。一春陰，秋禾大稔。（民國《吴縣志》卷五五《祥異考》）

元旦，大雪。是年雪三日，深三尺，至六、七日異霜三朝，凝在樹枝者如垂露狀，其味甚甘。衆傳為甘露，收藏以療疾，歲則大熟。（弘治《常熟縣志》卷一《灾祥》）

七日凌晨，雨著木成冰，如瓔珞、葆幢，萬樹皆然。（光緒《崑新兩縣續修合志》卷五一《祥異》）

七日，雨，木冰，形如瓔珞。（民國《太倉州志》卷二六《祥異》）

七日凌晨，雨，木冰如纓絡、葆幢，萬樹皆然。（萬曆《崑山縣志》卷八《災異》）

七日，雨，木冰如瓔珞。（嘉慶《直隸太倉州志》卷五八《祥異》）

七日，夜，雨，木冰。（光緒《嘉定縣志》卷五《禨祥》）

七日，凌晨，雨，木冰，如瓔珞、葆幢，萬樹皆然。（萬曆《崑山縣志》卷八《災異》）

大雪七日，樹介。（嘉慶《溧陽縣志》卷一六《雜類》）

朔，大雪，越七日，林樹冰結成花，有氣如霧，而黑陰晦積日。（光緒《無錫金匱縣志》卷三一《祥異》）

朔，大雪，冰如花。（光緒《武進陽湖縣志》卷二九《祥異》）

二月

丁卯，夜，月犯天陰星。（《明憲宗實録》卷二三七，第 4023 頁）

己巳，免應天府上元等六縣去年夏税麥七千三百五十石有奇，以旱災故也。（《明憲宗實録》卷二三七，第 4023 頁）

甲戌，以水災免直隸盧龍衛成化十七年屯種子粒二千六百三十餘石。（《明憲宗實録》卷二三七，第4025頁）

甲戌，陝西伏羌縣地震。（《明憲宗實録》卷二三七，第4025頁）

乙亥，免山西（廣本、抱本作“陝西”）平凉府去年秋糧米四千二百四十餘石，草五千三百餘束，洮州衛屯糧四千三十餘石，草六千餘束，以是（疑當作“去”）年八月隕霜殺粟故也。（《明憲宗實録》卷二三七，第4025頁）

己卯，酉時，日無光。（《明憲宗實録》卷二三七，第4029頁）

庚辰，夜，月犯亢宿。（《明憲宗實録》卷二三七，第4029頁）

甲申，河南永寧縣是日昏刻，忽有火光化為白氣。已而天鳴如雷，聲震林谷，禽獸飛走，人民驚懼。（《明憲宗實録》卷二三七，第4030頁）

己丑，免鎮江府去年夏税麥四萬八百餘石，以水災故也。（《明憲宗實録》卷二三七，第4032頁）

壬辰，是月，陝西西安、鞏昌二府，岷州衛、靖寧州俱地震。（《明憲宗實録》卷二三七，第4034頁）

三月

壬寅，夜，月犯軒轅南二星。（《明憲宗實録》卷二三八，第4039頁）

己酉，曉刻，月食既，免朝。（《明憲宗實録》卷二三八，第4041頁）

甲寅，（章）綸即具疏言十四事……上留中不出，遂偕（鐘）同下錦衣衛獄考訊，備極捶楚。俄大風揚沙，天地晝晦，獄得稍緩。已而南京大理寺少卿廖莊疏至，亦言復儲事……（《明憲宗實録》卷二三八，第4045頁）

乙卯，先是欽天監天文生張陞奏：“臣見今三月十七日曉刻月食，以古法占則食一十一分八十八秒。月未入，見食八分四十一秒；月已入，不見食三分四十七秒。以臣新法占則食一十一分四十秒，與古法差四十秒。月未入，見食一十一分四十八秒；月已入，不見食四十秒，與古法差三分七秒。”（《明憲宗實録》卷二三八，第4045～4046頁）

丙辰，免湖廣武昌等府衛去年秋糧子粒總十四萬六千八百餘石，以水災

故也。（《明憲宗實録》卷二三八，第 4047 頁）

辛酉，陝西隕霜。（《明憲宗實録》卷二三八，第 4049 頁）

辛酉，隕霜。（乾隆《環縣志》卷一〇《紀事》）

七日，陰霾。秋至明年春，大飢，人相食。（乾隆《汲縣志》卷一《祥異》）

七日，陰霾。（道光《輝縣志》卷四《祥異》）

四月

癸亥，朔，金星晝見於辰。（《明憲宗實録》卷二三九，第 4051 頁）

丙寅，以水災免直隸彭城衛子粒四千八百餘石。（《明憲宗實録》卷二三九，第 4051 頁）

丙寅，陝西洮州、岷州地震。（《明憲宗實録》卷二三九，第 4051～4052 頁）

丁丑，免河南税粮子粒共六十六（廣本作“六千六百”）萬餘石，内十分之八以去年水災故也。（《明憲宗實録》卷二三九，第 4056 頁）

辛巳，山東郯城等縣地震。（《明憲宗實録》卷二三九，第 4057 頁）

丙戌，免陝西鎮番等衛税糧一萬七千八百餘石，以去年旱災故也。（《明憲宗實録》卷二三九，第 4058 頁）

自己亥至甲辰，不雨者七，公禱之，皆雨。（民國《漢南續修郡志》卷二三《祥異》）

五月

辛丑，以旱災免應天府六合、江浦二縣去年秋糧五千七百餘石。（《明憲宗實録》卷二四〇，第 4063 頁）

甲辰，廣西洛容縣地震。（《明憲宗實録》卷二四〇，第 4064 頁）

壬子，夜，月犯壘壁陣東第二星。（《明憲宗實録》卷二四〇，第 4067 頁）

癸丑，山東兖州府大雨水。（《明憲宗實録》卷二四〇，第 4067 頁）

己未，命南京守備成國公朱儀祭告大江之神，以江水泛漲也。（《明憲

宗實録》卷二四〇，第 4070 頁）

戊戌，大雨連日。庚子，雁塘里山水汎溢，高三丈餘，漂民廬百三十家，壞橋十三處，冲損民田三十八頃有奇，淹斃者四十八人。（光緒《浦城縣志》卷四二《祥異》）

祁門大水，至縣前。（道光《徽州府志》卷一六《祥異》）

積雨，水湧高三丈餘，山崩地坼，漂民舍一百三十餘家，民多溺死，田為砂淤者三十八頃有奇。（康熙《松溪縣志》卷一《災祥》）

不雨，縣尹馮公率二令趙君、判簿盧君齊宿外舍，厥明禱焉，應期而雨，如癸卯。又明年乙巳夏五月不雨，公禱焉，又如之。（道光《武寧縣志》卷三四《藝文》）

海潮溢，壞瀕海民居，傷稼。（乾隆《香山縣志》卷八《祥異》）

河南蝗。（《明史·五行志》，第 438 頁）

六月

丙寅，日生背氣，青赤色。（《明憲宗實録》卷二四一，第 4071 頁）

丁卯，四川茂州地震。（《明憲宗實録》卷二四一，第 4072 頁）

庚午，福建福州府大風雨，壞官民廬舍二千（抱本“千”作“十”）餘間。（《明憲宗實録》卷二四一，第 4074 頁）

乙亥，山西潞州雨雹，大者如碗。（《明憲宗實録》卷二四一，第 4074 頁）

乙亥，夜，北方流星如盞大，自西北雲中東北行至近濁。（《明憲宗實録》卷二四一，第 4077 頁）

丁亥，山西朔州雨雹，大如鷄卵。（《明憲宗實録》卷二四一，第 4081 頁）

庚辰，福州大風雨，拔木發屋，官署民廬盡壞，九縣濱注〔江〕屋宇蕩析尤甚，船隻漂没無算。（乾隆《福州府志》卷七四《祥異》）

庚辰，大風雨，拔木發屋，壞公署民廬不可勝計，濱江近溪屋宇夷蕩尤甚，田疇禾稼崩陷推流過半，官私舟船漂没萬數，民溺死尤不可勝計。（嘉

靖《羅川志》卷四《祥異》）

庚辰，大風雨，拔木發屋，壞公署民廬不可勝計，環城敵樓戰屋摧毀殆盡。閩、侯官、懷安、長樂、連江、福清、羅源、永福、閩清九縣濱江近溪屋宇移蕩尤甚，田疇禾稼崩陷推流過半，官私舟船漂没萬數，民溺死者千餘人。（正德《福州府志》卷三三《祥異》）

十九日，海嘯。（民國《霞浦縣志》卷三《大事》）

十九日，大水。（康熙《泰順縣志·祥異》）

十九日，大水。故老傳云："比永樂間水高六尺，壞田廬無數，民多溺死。"（萬曆《景寧縣志》卷六《災變》）

十九日，海嘯，鄉都塘田崩陷如海，可通舟楫。（乾隆《興化府莆田縣志》卷一二《祥異》）

十九日，大風雨，拔木發屋，濱海夷蕩尤甚。（民國《長樂縣志》卷三《災祥附》）

大風雨，拔木發屋，壞公署民居不可勝計。（乾隆《永福縣志》卷一〇《災祥》）

颶風大雨，拔木發屋，壞田禾，没人畜無算，九縣同日皆然。（民國《連江縣志》卷三《大事記》）

大風雨拔木，壞公署民居。（民國《永泰縣志》卷二《大事》）

武定府大旱，無秋。（民國《禄勸縣志》卷一《祥異》）

武定大旱，無秋。（隆慶《雲南通志》卷一七《災祥》）

蝗傷稼。（康熙《臨城縣志》卷八《禨祥》）

七月

丙申，夜，流星如盞大，尾跡有光，自奎宿東北行至大陵。（《明憲宗實録》卷二四二，第4085頁）

庚子，宣府地震凡六次。（《明憲宗實録》卷二四二，第4086頁）

壬子，禁收税糧餘價。先是，山西所屬起運宣府夏税，納户以夏旱無麥告納米豆，而督糧者令每石加十之四五，又勒收餘價，故納户皆借貸以償，或頻年逋負。巡按監察御史陳英上言其弊，上曰：“山西連年荒旱，夏麥無收，令（廣本、抱本作‘今’）以米豆抵納夏税，所以便民也。奈何有司不體朝廷寬恤之意，既加收數多而又勒收餘價，厲民甚矣。其令夏税無麥處止抵斗納米，并一應納完糧草，俱不得追收餘價。”（《明憲宗實録》卷二四二，第4089～4090頁）

大水，壞民居二百餘家，溺死者一百餘人。（成化《處州府志》卷一八《災眚》）

八月

丙寅，曉刻，金星犯軒轅。（《明憲宗實録》卷二四三，第4099頁）

戊子，巡按直隸監察御史魏璋奏：“勘鳳陽等府衛所州縣去歲水旱，應免糧豆三十萬九千九百餘石，草五十二萬五千餘包。”户部言：“各處奏災即行御史勘實，今浹歲方報，則一歲之間田已改種，其所勘者未知何據。”（《明憲宗實録》卷二四三，第4122頁）

九月

甲午，金星犯左執法。（《明憲宗實録》卷二四四，第4130頁）

乙巳，夜，月食。是夜，南方流星如盞大，青白色，尾跡有光，自天倉南行至近濁，後三小星随之。（《明憲宗實録》卷二四四，第4137頁）

丁巳，夜，西方流星如盞大，青白色，有光，自天市垣西行至近濁。（《明憲宗實録》卷二四四，第4147頁）

己未，夜，南方流星如盞大，青白色，光燭地，自天苑南行至近濁。（《明憲宗實録》卷二四四，第4147頁）

十一日，大水，北江漲，淹浸田禾。二十年正月布政司陳選行文，開倉賑濟。（民國《清遠縣志》卷二《紀年上》）

大水江漲，七鄉溪流無所洩，淹浸田禾，漂没民舍。開倉賑濟，借給籽種。（道光《佛岡直隸軍民廳志》卷三《庶徵》）

十月

庚辰，夜，月犯軒轅。火星犯氐宿。金星犯房宿。（《明憲宗實録》卷二四五，第 4157 頁）

十一月

庚子，夜，月犯天陰南第一星。（《明憲宗實録》卷二四六，第 4166 頁）

己酉，夜，月犯靈臺上星。火星犯鉤鈐下星。（《明憲宗實録》卷二四六，第 4168 頁）

壬子，火星犯東咸南第一星。（《明憲宗實録》卷二四六，第 4170 頁）

癸丑，夜，南方流星如盞大，青白色，尾跡有光，自柳宿正南行至天稷，後二小星随之。（《明憲宗實録》卷二四六，第 4172 頁）

丙辰，夜，北方流星如盞大，赤色，光燭地，自中天行西北至雲中炸散。（《明憲宗實録》卷二四六，第 4173～4174 頁）

十二月

戊辰，上以一冬無雪，命禮部以本（廣本、抱本“本”下有“月”字）初十日為始，致齋三日，仍禁屠宰。遣英國公張懋等告祭天地、社稷、山川，定西侯蔣琬等行香於各宫觀寺廟。（《明憲宗實録》卷二四七，第 4177 頁）

壬申，夜，月犯五諸侯東第二星。（《明憲宗實録》卷二四七，第 4177 頁）

癸酉，蠲直隸寧山衛去歲子粒一萬五千七百餘石，以水災故也。（《明憲宗實録》卷二四七，第 4177 頁）

乙亥，蠲山西太原平陽府諸州縣今年夏税九萬三千五百餘石，以旱災故也。（《明憲宗實録》卷二四七，第 4180 頁）

丁亥，户部議大同等處邊報方殷，糧儲不足，近邊各奏被虜蹂踐田禾，

而内地又有奏蝗旱災傷者。（《明憲宗實録》卷二四七，第4188頁）

戊子，夜，東方流星如盞大，赤色，光燭地，自氐宿東南行至近濁，尾跡炸散。（《明憲宗實録》卷二四七，第4192頁）

旱，無雪，詔出傳奉官十餘人，翌日大雪。（《罪惟録·帝紀九》）

是年

夏，旱。大饑，斗米五百錢。（道光《高要縣志》卷一〇《前事》）

伊、洛水入城。（順治《偃師縣志》卷二《災祥》；乾隆《偃師縣志》卷二九《祥異》）

大水，歲祲。（光緒《靖江縣志》卷八《祲祥》）

大雪一夜，深五尺餘。（光緒《縉雲縣志》卷一五《災祥》）

水入城市。（嘉慶《蘭谿縣志》卷一八《祥異》）

大水，壞民居二百餘家，溺死百餘人，牛畜以千計。（乾隆《宣平縣志》卷一一《紀異》）

青田水。宣平大水，壞民居三百餘家，溺死百餘人，牛畜以千計。（光緒《處州府志》卷二五《祥異》）

青田、遂昌、宣平、景寧大水，宣城尤甚，各壞民居二百餘家，溺死者甚衆。縉雲大雪一夜，深五尺餘。（雍正《處州府志》卷一六《雜事》）

大水，漂溺田廬，不可勝記。冬，大雪一夕，深五尺。（康熙《永康縣志》卷一五《祥異》）

冬，無雪，苦旱。（光緒《懷來縣志》卷四《災祥》）

冬，旱，無雪。（嘉靖《宣府鎮志》卷六《災祥考》；康熙《龍門縣志》卷二《災祥》；康熙《西寧縣志》卷一《災祥》；乾隆《蔚縣志》卷二九《祥異》；民國《懷安縣志》卷一〇《志餘》）

春夏大旱，民饑。（道光《冠縣志》卷一〇《祲祥》）

夏，颶風大作，海水汎溢，害田禾。穀價騰湧，斗米直百餘錢。（弘治《八閩通志》卷八一《祥異》）

蝗。（嘉靖《順德直隸志》卷一七《災祥》；乾隆《贊皇縣志》卷

一〇《事紀》；道光《内邱縣志》卷三《水旱》；民國《任縣志》卷七《祥異》）

虸蝻生發，食傷苗稼。（康熙《河南通志》卷三九《藝文》）

雷震聖殿，驪珠見於桂山。（康熙《河源縣志》卷八《災祥》）

大旱。（乾隆《孝義縣志·勝蹟祥異》卷一；宣統《濮州志》卷二《附災異》）

旱荒，人相食。（光緒《扶溝縣志》卷一五《災祥》）

大旱，十九年，人相食，死者蔽野。（嘉靖《太康縣志》卷四《五行》）

大旱，流移轉徙，人民相食。事聞，遣使轉輸京儲賑恤，始安。（康熙《長葛縣志》卷一《災祥》）

旱，明年大饑，斗米銀五錢。（乾隆《正寧縣志》卷一三《祥眚》）

旱。（康熙《寧州志》卷五《紀異》）

天道亢，百穀槁，人相食。（光緒《永濟縣志》卷一九《藝文》）

縣城數圮於水，知縣顏順續築成之。（民國《同官縣志》卷三《大事年表》）

大水。（康熙《濟寧州志》卷二《灾祥》；咸豐《金鄉縣志略》卷一〇下《事紀》）

大水，荒。（嘉靖《靖江縣志》卷四《編年》）

水。（正德《淮安府志》卷一五《災異》；光緒《青田縣志》卷一七《災祥》）

大水，饑。（萬曆《新修餘姚縣志》卷二三《禨祥》）

大旱，歷夏秋不雨，禾盡槁死，民逃徙及餓莩者甚衆。（萬曆《靈石縣志》卷三《祥異》）

秋，大水。（光緒《井研志》卷四一《紀年》）

秋，四望溪大水。（民國《犍為縣志》卷八《雜志》）

秋至冬，雨雪全無。（道光《衡山縣志》卷四九《藝文》）

冬，大雪，一夕深五尺。二十二年同。（道光《新修東陽縣志》卷一二《禨祥》；道光《東陽縣志》卷一二《禨祥》）

冬，京師、直隸無雪。（《明史·五行志》，第460頁）

癸卯至丁未，象州連年旱，民饑。（嘉靖《廣西通志》卷四〇《祥異》）

成化二十年（甲辰，一四八四）

正月

庚寅，京師地震。是日，永平等府及宣府、大同、遼東地皆震，有聲如雷。（《明憲宗實録》卷二四八，第4195頁）

壬寅，夜，月掩軒轅南第二星。（《明憲宗實録》卷二四八，第4201頁）

甲辰，夜，月犯上將星。（《明憲宗實録》卷二四八，第4201頁）

己酉，夜，月犯氐宿西南星。（《明憲宗實録》卷二四八，第4202頁）

甲寅，免順天府所屬二十七州縣并直隸、遵化等五衛所去年夏税小麥二萬二千二百餘石，以旱災故也。（《明憲宗實録》卷二四八，第4206頁）

乙卯，免萬全都司所屬衛所，及順聖川東西二城去年細粮六萬九千三百四十餘石，草十二萬五千四百五十餘束，以雹旱及虜賊殘（廣本、抱本作“踐”）傷也。（《明憲宗實録》卷二四八，第4207～4208頁）

二月

己未，巳刻，日生白虹，東北亘天，良久漸散。（《明憲宗實録》卷二四九，第4211頁）

辛酉，以雹災免山西大同後衛及大同縣潞州，并長子、襄垣縣去年夏税一千八百二十餘石。（《明憲宗實録》卷二四九，第4213頁）

庚午，以旱霜災免陝西延安、慶陽、平凉、臨洮、鞏昌五府，并延安、綏德、榆林、慶陽、臨洮、鞏昌、靖虜、洮、蘭、岷、秦、平凉、固原、安

東、甘州十五衛去年夏税二十七萬一千九百石有奇。（《明憲宗實録》卷二四九，第4217頁）

庚午，以蟲潦災免山西壽陽縣去年夏税二（抱本作“七”）千石有奇，秋粮二萬一千九百七十石有奇，草四萬三千九百四十束有奇。（《明憲宗實録》卷二四九，第4217～4218頁）

癸酉，酉刻，日赤如赭。（《明憲宗實録》卷二四九，第4220頁）

丙子，廣東清遠縣雨雹大如拳。（《明憲宗實録》卷二四九，第4222頁）

丙戌，廣東清遠縣大雷電雨雹。（《明憲宗實録》卷二四九，第4226頁）

不雨，禱之皆雨。（嘉慶《漢南續修郡志》卷二六《藝文》）

大雨雹成災。（道光《佛岡直隸軍民廳志》卷三《庶徵》）

三月

己丑，廣東南雄府大風，揚沙拔木。（《明憲宗實録》卷二五〇，第4229頁）

丙申，代府山陰王仕堸奏：“生母夫人林氏，及妃李氏卒，例該賜祭五壇，治葬銀三百五十兩。今乆旱民饑，乞免賜祭，其治葬銀亦乞止給二百兩。”命仍照舊例行。（《明憲宗實録》卷二五〇，第4231頁）

甲辰，江西新建、豐城、高安三縣大風雨，雷（廣本無“雷”字）雹壞民舍宇千餘間，民多壓死者。（《明憲宗實録》卷二五〇，第4232頁）

丁未，巡撫陝西右副都御史鄭時奏：“陝西連年亢旱，倉廩空虚，人民饑饉。鳳翔、平凉等府地震有聲如雷，百姓流移，父子離散，積尸暴野。臣會同守臣，并都布按三司招撫賑濟，將布政司見收贓罰等銀二萬八千八百五十兩，運送災重粮少之處，以備賑濟。奈今二月將半，亢旱如前，麥根乾死，粟穀未種，况地逼三邊，供億甚夥，若不預處，恐致誤事。”（《明憲宗實録》卷二五〇，第4233頁）

壬子，上曰：“時宣府、大同荒旱米貴，銀一錢止易米五升，而調大衆興大工，人頗難之。”（《明憲宗實録》卷二五〇，第4240頁）

大雨雷雹，壞民舍千餘家。（康熙《新建縣志》卷二《災祥》）

大雨雹。（道光《豐城縣志》卷五《祥異》）

以大旱及地震，遣右副都御史趙文博祭禱中嶽。（康熙《登封縣志》卷三《嶽祀》）

四月

戊午，上諭三法司曰："今天氣暄熱，兩法司錦衣衛見監囚，犯笞罪無干證者釋之，徒流以下減等處治，重囚情可矜疑并枷項示衆者，俱録獄辭以聞。"（《明憲宗實録》卷二五一，第 4241 頁）

甲子，夜，月犯軒轅南第五星。（《明憲宗實録》卷二五一，第 4247 頁）

乙丑，夜，南方流星如盞大，青白色，尾跡有光，自氐宿東南行至近濁。（《明憲宗實録》卷二五一，第 4248 頁）

辛未，以水災免直隸永平府灤州粮五千八百餘石，草四萬三千餘束。（《明憲宗實録》卷二五一，第 4251 頁）

丁丑，以水災免順天府薊州及玉田縣，并薊州等五衛粮八千八百三十餘石，草二萬三千四百餘束。（《明憲宗實録》卷二五一，第 4252 頁）

戊寅，南京吏科給事中周紘等言："今春初旬，自京師至于大同、宣府諸路同日地震，壞城廓，覆廬舍，裂地湧沙，傷人害物，誠可謂非常之變異也。"（《明憲宗實録》卷二五一，第 4252 頁）

庚辰，曉刻，月犯壘壁〔壁〕陣東第三星。（《明憲宗實録》卷二五一，第 4254 頁）

祁門雷擊石鐘裂。（道光《徽州府志》卷一六《祥異》）

大水傷稼。（弘治《撫州府志》卷二七《災異》；乾隆《金谿縣志》卷三《祥異》；同治《崇仁縣志》卷一三《祥異》）

五月

丙申，廣東番禺縣有大星墜東南，聲如雷，散為小星十餘，既而天地昏

晦，良久乃復。（《明憲宗實録》卷二五二，第4263頁）

乙巳，木星守亢宿。（《明憲宗實録》卷二五二，第4269頁）

乙卯，以水災免營州中屯、右屯二衛糧一千一百六十餘石，草三百五十餘束。（《明憲宗實録》卷二五二，第4273頁）

丙申，番禺天晦，良久乃復。（《明史·五行志》，第427頁）

山東大旱。（民國《無棣縣志》卷一六《祥異》）

積雨水溢，災如上年。（光緒《處州府志》卷二五《祥異》）

宣平水。（雍正《處州府志》卷一六《雜事》）

大旱。（萬曆《沃史》卷二《今總紀》；順治《淇縣志》卷一〇《災祥》；道光《輝縣志》卷四《祥異》）

春，旱，民間修築堤堰，開墾荒蕪，工甫畢，五月，積雨水溢，災如上年。（乾隆《宣平縣志》卷一一《紀異》）

旱。（乾隆《重修固始縣志》卷一五《大事表》）

五、六月，水。秋成大熟。（崇禎《吴縣志》卷一一《祥異》）

六月

庚申，詔天津等八衛十九年分秋青草三十三萬二千五百餘束，暫准折銀每分二束，以旱災故也。（《明憲宗實録》卷二五三，第4276頁）

壬戌，月犯左執法。（《明憲宗實録》卷二五三，第4276頁）

壬申，以水災免淮安府州縣，并淮安等九衛所糧十七萬四百（廣本作“千”）四十餘石。（《明憲宗實録》卷二五三，第4280頁）

壬申，月犯十二諸國代星。（《明憲宗實録》卷二五三，第4280頁）

乙亥，巡按山西監察御史周洪等奏：“山西平陽府等州縣自冬徂春，雨雪不降，風沙漫野，播種艮艱，軍民阻饑餓莩流移者甚多。”（《明憲宗實録》卷二五三，第4281頁）

己卯，以水災免陝西慶陽等五府所屬州縣，并延安等十六衛所糧六十一萬五千二百五十餘石，草八十三萬六千一百餘束。（《明憲宗實録》卷二五三，第4283頁）

壬午，金星犯右執法。(《明憲宗實録》卷二五三，第4285頁)

癸未，夜，北方流星大如盞，赤色，光燭地，自紫微東藩約行丈餘，發光益大婉（廣本、抱本作“碗”，“大”下有“如”字），東北行至天船，尾跡炸散。(《明憲宗實録》卷二五三，第4285頁)

甲申，雲南太和縣地震。(《明憲宗實録》卷二五三，第4285頁)

旱，饑。地震。(乾隆《白水縣志》卷一《祥異》)

蝗蟲大作，其頭面皆淡金色，頂有冠子，背翅正紫如鶴氅，絶類道士，禾稼殆盡。是年大饑，斗米銀二錢，人多掘地藜子充食。(萬曆《朔方新志》卷二《祥異》)

大水。(光緒《沔陽州志》卷一《祥異》)

七月

庚寅，巡撫陝西右副都御史鄭時等奏：“陝西連年亢旱，至今益甚，餓莩盈途，或氣尚未絶，已為人所割食，見者涕流，聞者心痛，日復一日，恐生他變，乞將歲物料暫為停止，以蘇民困。”事下工部覆奏。(《明憲宗實録》卷二五四，第4289頁)

辛卯，巡撫保定等府右副都御史侶鐘奏：“直隸保定府、真定、河間、廣平、順德、大名六府去冬無雪，今年春夏不雨，秋成未卜。”(《明憲宗實録》卷二五四，第4289頁)

甲午，雲南大理府佛澗水湧如雷，衝激巨石，傾覆屋宇，人畜多死傷。(《明憲宗實録》卷二五四，第4289頁)

乙未，以水災免山東成化十九年秋糧二十一萬五千餘石，草三十八萬三千五百餘束，綿花三千二石餘斤。(《明憲宗實録》卷二五四，第4292頁)

庚戌，月犯五諸侯南第二星。(《明憲宗實録》卷二五四，第4299頁)

癸未，夜，北方流星如盞大，青白色，光燭地，自天船西北行至近濁。(《明憲宗實録》卷二五四，第4302頁)

大旱。七月大饑，分遣大臣賑恤之。(乾隆《滿城縣志》卷八

《災祥》)

京畿大旱。七月，燕南大饑，分遣大臣賑恤之。(萬曆《保定府志》卷一五《祥異》)

大旱，饑。七月遣大臣賑之。(乾隆《平原縣志》卷九《災祥》)

旱，七月遣大臣賑濟。(嘉慶《長山縣志》卷四《災祥》)

八月

戊午，免差陝西清軍御史，以旱（抱本作“災”）荒故也。(《明憲宗實録》卷二五五，第4305頁)

壬戌，月犯星（舊校刪“星”字）心宿。(《明憲宗實録》卷二五五，第4306頁)

癸亥，以旱災免山西大同等府衛去年秋糧子粒二十三萬餘石，馬草四十三萬四千餘束。(《明憲宗實録》卷二五五，第4306頁)

甲子，山西大同府地震。(《明憲宗實録》卷二五五，第4307頁)

丁卯，月犯壘壁陣。(《明憲宗實録》卷二五五，第4308頁)

辛未，免直隸鳳陽等府、廬州等衛去年秋糧子粒米豆共十三萬二千八百餘石，馬草十九萬九千八百餘包，以水旱災（廣本、抱本作“故”）也。(《明憲宗實録》卷二五五，第4309頁)

辛未，月犯外屏西第三星。(《明憲宗實録》卷二五五，第4309頁)

壬申，金星、木星俱晝見於申。(《明憲宗實録》卷二五五，第4309～4310頁)

癸酉，廣東陽江縣地震有聲，凡四次。(《明憲宗實録》卷二五五，第4310頁)

癸酉，木星犯氐宿。月犯天陰星。(《明憲宗實録》卷二五五，第4310頁)

辛巳，詔湖廣運糧十萬石赴陝西，以備兵荒。先是，巡撫陝西右副都御史鄭時奏：“陝西各邊倉糧多不給（抱本作‘及’）一年，軍民饑窘，公私匱乏，且地逼三邊，虜情譎詐，不可不深思而預備也。况今春夏不雨，地震

日食，五星失次，天下示變，必不虚發。”（《明憲宗實録》卷二五五，第4313～4314頁）

河東大旱，人相食。（萬曆《安邑縣志》卷七《人物》）

九月

乙酉朔，日食。（《明憲宗實録》卷二五六，第4317頁）

戊子，太子太傅吏部尚書兼華蓋殿大學士萬安等以山西、陝西荒甚，上救荒策十事：“一，山陜不雨，人力既無所施，若至冬無雪，来年益無所望，乞遣大臣二人分詣二處，祭告西嶽、西鎮、西海，并中鎮、大河之神，庶或神有所感，雨露時降……”（《明憲宗實録》卷二五六，第4320頁）

戊子，時陜西連年荒旱，公私困竭，至人相食，無敢孤身旅行者。建議者凡蠲租、省役、勸貸等令，無不舉行，亦有請許生員入監者，始猶不允，至是，不得已亦行之，用濟一時之急云。（《明憲宗實録》卷二五六，第4322頁）

辛卯，以久旱遣吏部左侍郎耿裕、禮部左侍郎兼翰林院學士徐溥祭告西嶽、西鎮、西海，并中鎮大河之神。（《明憲宗實録》卷二五六，第4323頁）

丁酉，陝西西安府地震。（《明憲宗實録》卷二五六，第4326頁）

己亥，山西泽州星隕，聲如雷。夜，月食。（《明憲宗實録》卷二五六，第4330～4331頁）

庚戌，以旱災命山西、河南清軍御史還京，從兵部議也。（《明憲宗實録》卷二五六，第4334頁）

辛亥，免河間府及瀋陽中屯等衛税糧小麥一萬四千九百餘石，以旱災故也。（《明憲宗實録》卷二五六，第4334頁）

十月

丙辰，潼關衛奏：“境内旱甚，野無青草，旗軍饑死逃移者衆。”（《明憲宗實録》卷二五七，第4338頁）

辛酉，陝西西安府地震。（《明憲宗實録》卷二五七，第 4342 頁）

己卯，陝西開城縣地震。（《明憲宗實録》卷二五七，第 4350 頁）

己卯，巡撫河南右副都御史趙文博等奏："境内荒旱，流移載道，苟有嘯聚之患，民兵軍餘不足發調。"（《明憲宗實録》卷二五七，第 4350 頁）

己卯，巡撫河南右副都御史趙文博奏："河南旱災特甚，民多流亡，各王府請修府第、倉廒、壇廟、儀仗，乞暫為停止。又河南都司宣武等衛所逋負軍器，亦請暫免徵，以俟豐年。"俱從之。（《明憲宗實録》卷二五七，第 4351 頁）

十一月

戊子，免順天府州縣夏税一萬一千三百餘石，以旱災故也。（《明憲宗實録》卷二五八，第 4355 頁）

壬子，以旱災免山東府縣衛所税糧二十一萬一千四百餘石。（《明憲宗實録》卷二五八，第 4364 頁）

十二月

己未，守備儀真指揮僉事宋綱奏："今西北二邊兵務方殷，内帑告乏，而四方郡縣尚有贓罰、金銀、路引、錢鈔諸物宜括取，以充調度。"事下户部具言："諸庫儲積，前此已經覈取，比来水旱相仍，民不堪命，賑貸之費率皆仰給於官。"（《明憲宗實録》卷二五九，第 4370 ~ 4371 頁）

壬戌，免大寧都司所屬，并直隷神武等衛子粒二萬四千七百二十餘石，以旱災故也。（《明憲宗實録》卷二五九，第 4371 頁）

壬戌，陝西會寧縣地震，有聲如雷。（《明憲宗實録》卷二五九，第 4371 頁）

戊辰，户部尚書余子俊復奏："遼東、陝西、山西荒旱之餘，人民流徙，邊儲缺乏。邇者雖蒙朝廷多方賑貸，然財用有限，調度無窮，今須大為拯濟，庶可無虞。"（《明憲宗實録》卷二五九，第 4373 ~ 4374 頁）

辛未，以旱災免山西太原等府夏税四十八萬八千二百餘石。（《明憲宗

實録》卷二五九，第 4376 頁）

甲戌，免順天河間等府秋糧二萬七千三百餘石，以旱災故也。（《明憲宗實録》卷二五九，第 4378 頁）

乙亥，以旱災免河南夏税一百七十七萬五千一百餘石。（《明憲宗實録》卷二五九，第 4378 頁）

己卯，廣東陽江縣有大星墜西方，光焰燭天，有聲如雷。（《明憲宗實録》卷二五九，第 4381 頁）

癸巳，廣西太平府地震有聲。（《明憲宗實録》卷二五九，第 4421 頁）

遣真定府知府余瓚祈雪于北嶽恒山之神。（嘉靖《真定府志》卷九《事紀》）

是年

山東旱。（民國《齊河縣志》卷首《大事記》）

春，旱。（乾隆《宣平縣志》卷一一《紀異》）

春，宣平旱，民間修堤堰，墾荒蕪，工甫畢。（光緒《處州府志》卷二五《祥異》）

夏，大雨，山水驟溢，長、甯、清、歸、連、上、永七縣漂没民居無算，田苗淤沙，人畜多溺死者。（光緒《長汀縣志》卷三二《祥異》）

夏，大水。秋，大疫。（同治《鄞縣志》卷一一《祥異》）

夏，霪雨，溪水暴漲，民居多爲所壞。（民國《明溪縣志》卷一二《大事志》）

雷擊石鐘裂。（同治《祁門縣志》卷三六《祥異》）

府屬大旱，饑，人相食。（民國《大名縣志》卷二六《祥異》）

大旱。（乾隆《解州安邑縣運城志》卷一一《祥異》；乾隆《樂平縣志》卷二《祥異》；乾隆《平定州志》卷五《禨祥》；嘉慶《如皋縣志》卷二三《祥祲》；嘉慶《昌樂縣志》卷一《總紀》；道光《濟南府志》卷二〇《災祥》；光緒《故城縣志》卷一《紀事》；光緒《滎河縣志》卷一四《祥異》；光緒《盂縣志》卷五《災異》；民國《成安縣志》卷一五《故事》；民國《德縣志》卷二《紀事》；民國《增修膠志》卷五三《祥異》；民國《續修昔陽縣志》卷一《祥異》；民國《平民縣志》卷四《災祥》；民國《濰縣志稿》卷二《通紀》；民國《萊蕪縣志》卷二二《大事記》）

安陸大旱，民多殍。（康熙《湖廣通志》卷三《祥異》）

大旱，餓殍盈野。（乾隆《浮山縣志》卷三四《祥異》；民國《洪洞縣志》卷一八《祥異》；民國《浮山縣志》卷三七《災祥》）

大旱，饑莩盈野。（萬曆《洪洞縣志》卷八《祥異》；康熙《臨汾縣志》卷五《祥異》）

歲大旱，人饑相食。（乾隆《東明縣志》卷七《灾祥》）

歲大旱，民流亡。（乾隆《儀封縣志》卷一《祥異》）

湖廣大旱。（道光《永州府志》卷一七《事紀畧》）

水，大饑，斗米百錢。（乾隆《吴江縣志》卷四〇《災變》；乾隆《震澤縣志》卷二七《災祥》）

大旱，河竭，斗粟易子女。（光緒《通州直隸州志》卷末《祥異》）

以水災免淮安州府衛縣等處糧十九萬四百四十餘石。（光緒《安東縣志》卷五《民賦下》）

山東大旱，遣官賑濟。（民國《陽信縣志》卷二《祥異》）

旱，人相食。（康熙《堂邑縣志》卷七《災祥》；嘉慶《東昌府志》卷三《五行》）

大旱，饑。（乾隆《平原縣志》卷九《災祥》；光緒《永壽縣志》卷一〇《述異》）

大飢，命侍郎何喬新賑濟。（嘉靖《嵻縣志》卷八《災異》

旱。（康熙《堂邑縣志》卷七《災祥》；康熙《文安縣志》卷一《災祥》；嘉慶《長山縣志》卷四《災祥》；光緒《遂寧縣志》卷六《雜記》；民國《洛川縣志》卷一三《社會》；民國《潼南縣志》卷六《祥異》）

旱，大饑，人相食。（民國《鄉寧縣志》卷八《大事記》）

因久旱地震，命陝西巡撫鄭時祭西嶽。（光緒《華嶽志》卷七《紀事》）

雨苕子。（乾隆《直隸商州志》卷一四《災祥》；乾隆《商南縣志》卷一一《祥異》；民國《商南縣志》卷一一《祥異》）

水，大饑。（同治《湖州府志》卷四四《祥異》；光緒《歸安縣志》卷二七《祥異》）

湖州水，大饑。（同治《長興縣志》卷九《災祥》）

大旱，人相食。次年六月，始雨。（乾隆《平陸縣志》卷一一《祥異》）

大旱，人相食。（萬曆《安邑縣志》卷八《祥異》；民國《解縣志》卷一三《舊聞考》）

不雨。次年六月始雨，餓莩盈野，人相食。（民國《芮城縣志》卷一四《祥異考》）

春，不雨。夏，不雨，人食草木。（萬曆《代州志書》卷二《災祥》）

春夏之交，亢陽不雨，原隰璺坼焦燥，生意萎瘁，□𦶇枯槁，田畮難於耕布。（光緒《虞城縣志》卷八《藝文》）

夏，大水，星蹊橋衝决。（民國《政和縣志》卷三《大事》）

夏，大旱，饑，道殣相望。（乾隆《曲阜縣志》卷二九《通編》）

夏，淫雨，溪水暴漲，民居多爲所壞。（康熙《歸化縣志》卷一〇《災祥》）

復旱，勸發倉廩賑貸。（光緒《雄縣鄉土志》卷四《耆舊》）

滄州大旱，道殣相望。（民國《滄縣志》卷一六《事實》）

曲沃、洪洞、臨汾、臨晉、滎河、解州、平陸、夏縣、安邑、孝義、崞縣大旱，人相食。長子、寧鄉、澤州、高平、陽城饑疫，遣使賑恤。免通省田租之半。（雍正《山西通志》卷一六三《祥異》）

蒲州大旱，民多易子而食，死徙者不可勝數。（光緒《永濟縣志》卷二三《事紀》）

陝西連歲大旱，百姓流亡殆盡，人相食。（順治《扶風縣志》卷一《災祥》）

連歲大旱，百姓流亡，人相食。（康熙《涇陽縣志》卷一《祥異》）

關中大旱，山枯川竭，野無青草，民逃亡過半。父老咸以爲往昔未有此災者。（乾隆《隴州續志》卷八《藝文》）

大旱，多蟲。大饑，人相食。（萬曆《延綏鎮志》卷三《災異》）

静寧、靈臺、肅州等處大旱，饑，人相食。（光緒《甘肅新通志》卷二《祥異》）

大旱，日如流火，百草俱枯。（乾隆《静寧州志》卷八《祥異》）

歲大旱，人饑相食。（乾隆《東明縣志》卷七《灾祥》）

秋，不雨，次年六月始雨。饑殍盈野，人相食。（民國《臨汾縣志》卷六《雜記》）

秋，不雨，饑莩盈野，人相食，諸州縣皆然。次年六月始雨。（萬曆《平陽府志》卷一〇《災祥》）

水，大饑。（光緒《烏程縣志》卷二七《祥異》）

郡罹大水，繼以疫，璡竭力振濟，全活甚衆。（光緒《江西通志》卷一三三《宦績》）

大旱，民食樹皮、蒺莉、麻籽盡，有食人肉者。（正德《中牟縣志》卷一《祥異》）

大旱，民饑而死者十有七八。（嘉靖《延津志·祥異》）

大旱，賑。（嘉靖《内黄縣志》卷八《祥異》）

大旱，詔賑。（同治《清豐縣志》卷二《編年》）

大旱，歲荒，人相食。至二十一年大熟。（嘉靖《魯山縣志》卷一〇《災祥》）

山水入城，歲大饑。時山西、陝西、河南三年大祲，餓莩横途，加以瘟疫，朝廷特頒府帑。（乾隆《偃師縣志》卷二九《祥異》）

大旱，民食草木，殍者大半。（康熙《武昌府志》卷三《災異》）

大旱，民食草木葉，多殍。（民國《興國州志》卷三一《祥異》）

大雪，人民牛馬凍死。（萬曆《襄陽府志》卷三三《祥災》）

夏秋不雨，屬歲大祲。（嘉靖《陝西通志》卷三二《藝文》）

秋，大旱，人相食。次年六月始雨。（乾隆《解州平陸縣志》卷一一《祥異》）

冬，不雪。（光緒《曲陽縣志》卷五《大事記》）

秋至二十一年冬，大旱，河水盡涸，舟楫不通，車聲無間晝夜，斗粟可以易男女。（崇禎《泰州志》卷七《災祥》）

秋至二十一年冬，大旱，鹽河龜坼。民饑，斗粟易男女一人。（嘉慶《東臺縣志》卷七《祥異》）

秋至二十三年冬，揚州大旱。（萬曆《揚州府志》卷二二《異攷》）

二十年、二十一年，連歲大旱，百姓流亡，人相食。（宣統《涇陽縣志》卷二《祥異》）

成化二十一年（乙巳，一四八五）

正月

甲申，朔申刻，有火光自中天少西下墜，化白氣，復曲折上騰，聲如雷，踰時，西方復有流星大如椀，赤色，自中天西行近濁，尾跡化白氣，曲曲如蛇形，良久，正西轟轟如雷震地，須臾止。（《明憲宗實録》卷二六〇，第4387頁）

丙戌，廣東惠州酉刻，月下發光，前鋭而青，後大而紅，約長丈餘，兩旁有黄白氣，自西飛度東北，颷颷有聲，没入雲，響如雷，漸殺（廣本作“散”）。（《明憲宗實録》卷二六〇，第4388頁）

戊子，夜，火星犯天陰。（《明憲宗實録》卷二六〇，第4389頁）

己丑，陜西、山西、河南旱災尤甚，歷年逋欠藥材悉宜宥免。（《明憲宗實録》卷二六〇，第4393頁）

乙巳，巡按直隷監察御史鄧庠（廣本作“詳”）奏勘保定等府衛州縣去歲夏旱被災分數。户部請令災至八分以上者全免，七分以下者仍徵二分。從之。（《明憲宗實録》卷二六一，第4426頁）

丁未，京師陰霾蔽日，自辰至午，乃散。（《明憲宗實録》卷二六一，第4427頁）

己酉，夜，南方流星如盞大，青白色，光燭地，自太微垣外東南行至近濁。（《明憲宗實録》卷二六一，第4429頁）

庚戌，曉刻，土星犯罰（廣本無“罰”字，疑誤）星南第二星。（《明憲宗實録》卷二六一，第4429頁）

二月

癸丑朔，巡撫大同都御史左鈺奏：“近以山西、陜西荒旱，許舍餘軍官人等納粟補官。今大同倉廩空虚，兼山西本處軍舍亦迫于饑荒，少就募者。宜令凡在京、河南、北直隸、山東有能如例納米大同者聽，仍限以五百名，至七月而止。”户部覆奏，從之。（《明憲宗實録》卷二六二，第4433頁）

甲寅，昏刻，月犯昴宿。（《明憲宗實録》卷二六二，第4434頁）

乙卯，户部奏：“湖廣襄陽等府衛所州縣各奏去歲旱傷請災至八分以上者，蠲其常税，七分以下者仍徵其十之二。”制可。（《明憲宗實録》卷二六二，第4434頁）

丁巳，工部臣言：“鎮守福建御用監太監陳道奏，福建阻山帶海，易生不虞，其漳泉、建汀等衛所城垣，俱因風雨損壞，且倉廩空虚，救荒無備，不可不預為之圖。”（《明憲宗實録》卷二六二，第4434～4435頁）

戊午，巡按直隸監察御史董復覆勘真定、大名、廣平、順德等府州縣衛所去歲旱災，應免税糧二十萬八千餘石。户部請災至八分以上者如奏，其七分以下者仍徵其十之二。從之。（《明憲宗實録》卷二六二，第4435頁）

癸亥，巡按直隸監察御史鄧庠覆勘灤州等州縣，及永平等衛所去歲水旱分數應免常税。户部請災至三分以下者如舊，其四分以上者仍徵其十之三。從之。（《明憲宗實録》卷二六二，第4439頁）

丙寅，昏刻，月犯靈臺上星。夜，又犯上將。（《明憲宗實録》卷二六

二，第4440頁）

丁卯，欽天監奏，是夜，月當食不食。（《明憲宗實録》卷二六二，第4440頁）

庚午，夜，月犯角宿。（《明憲宗實録》卷二六二，第4441頁）

壬申，山東泰安州地震。（《明憲宗實録》卷二六二，第4445頁）

壬申，夜，順天府遵化縣地再震，有聲如雷。（《明憲宗實録》卷二六二，第4445頁）

癸酉，山西平陽府地震，聲如風。（《明憲宗實録》卷二六二，第4445頁）

癸酉，夜，月犯心（抱本作“星”，疑誤）宿。（《明憲宗實録》卷二六二，第4445頁）

丁丑，以陜西去歲旱災免夏税六十四萬四千六百餘石。（《明憲宗實録》卷二六二，第4447頁）

三月

壬午朔，泰安州地再震，聲如雷，泰山動摇，後四日復微震。（《明憲宗實録》卷二六三，第4449頁）

甲申，免萬全都司所屬衛所子粒細糧七萬一千石有奇，以去歲旱，并霜雹災傷也。（《明憲宗實録》卷二六三，第4449頁）

戊子，大名府大風霾。自辰至申，紅黄滿空。俄，晦黑如夜。已而，大風雨沙至，十六日方止。（《明憲宗實録》卷二六三，第4449頁）

己丑，昏刻，月犯五諸侯星。（《明憲宗實録》卷二六三，第4457頁）

己丑，是夜廣東番禺、南海二縣風雷大作，飛雹交下，壞民居廬舍萬餘間，死者千餘人。（《明憲宗實録》卷二六三，第4457頁）

癸巳，山東泰安州地震，至十四日、十九日連震。（《明憲宗實録》卷二六三，第4458頁）

乙未，今宣府歲旱，糧草缺乏……（《明憲宗實録》卷二六三，第4460頁）

丁酉，自正月至是，風霾不雨。（《明憲宗實録》卷二六三，第4463頁）

甲辰，山西太原、平陽二府，曲沃、榆次二縣俱地震有聲。沁州震聲如雷。郊州一日再震，翼日復（廣本作“再”）震，皆有聲。（《明憲宗實録》卷二六三，第4465頁）

雨，至閏四月不止，大水泛溢，民多溺死。（民國《永泰縣志》卷二《大事》）

大雷雨，雹如拳，壞民居。（咸豐《順德縣志》卷三一《前事畧》）

雨，至閏四月終不止，溪水泛溢，湧入城市，漂流官私廬舍，浸没倉糧、文牘，渰溺人畜，傷害田稼不可勝計。繼復大疫，死者相枕籍。（嘉靖《羅川志》卷四《祥異》）

雨，至閏四月，溪水漲溢，漂没官民廬舍，人多溺死，繼以大疫。（嘉慶《連江縣志》卷一〇《灾異》）

雨，至閏四月終不止，溪水泛溢，湧入城市，閩、侯、懷安、古田、閩清、連江、羅源、永福共八縣，漂流官私廬舍，浸没倉粮、文牘，渰溺人畜，傷害田稼不可勝計。繼復大疫，死者相枕藉。（正德《福州府志》卷三三《祥異》）

雨，至閏四月終不止，溪水泛溢入城。閩、侯、懷安、古田、閩清、連江、羅源、永福諸縣漂流官私廬舍，浸没倉糧，渰人畜，害田稼，繼復大疫，死者相枕藉。（乾隆《福州府志》卷七四《祥異》）

雨，至閏四月不止，大水。（民國《古田縣志》卷三《大事》）

雨，至閏四月不止，大水淩空，民多溺死。（萬曆《永福縣志》卷一《地記》）

雨，至閏四月，浸傷禾苗，繼復大疫。（民國《長樂縣志》卷三《災祥附》）

大雨，水漲十餘丈。五月復漲，勢逾於前。害田傷稼，壞民居無數。（嘉靖《沙縣志》卷一《災祥》）

雨，至閏四月不止，大水泛溢，民多溺死。（乾隆《永福縣志》卷一

○《災祥》）

雨，至夏閏四月，溪水漲溢，漂没官署民舍，人多溺死，繼以大疫。（民國《連江縣志》卷三《大事記》）

霪雨，自三月至閏四月。溪水泛湧，高十餘丈，舟楫由城上往來，經旬少退。五月初，水再作，視前加丈許，越五日漸退。損田稼，壞室廬，瀕溪民居、物産漂蕩尤甚。（康熙《南平縣志》卷四《祥異》）

四月

丁巳，以水災免雲南大理、曲靖二府衛秋糧八千五百二十餘石。（《明憲宗實録》卷二六四，第4474頁）

己未，免直隸潼關衛秋糧子粒共七千一百餘石，以去年旱災也。（《明憲宗實録》卷二六四，第4476頁）

戊辰，上以天氣炎熱，命兩京法司、錦衣衛見監問罪囚，自徒流以下遞減一等發遣，重囚情罪有可矜疑，及枷項示衆者，悉具奏以聞。（《明憲宗實録》卷二六四，第4479頁）

甲戌，免山東濟南、兖州、東昌三府，泰安等四十五州縣，并濟南等八衛所秋糧米三十七萬七千三百四十餘石，草八十萬五千六百七十束，花茸五千七百七十餘斤，以去年旱災故也。（《明憲宗實録》卷二六四，第4482頁）

甲戌，免直隸鳳、淮、徐三府州，邳、徐、宿、淮等衛所夏税小麥子粒二十萬一百四十餘石，以去年旱災故也。（《明憲宗實録》卷二六四，第4482頁）

一十六日，霪雨，洪水泛漲，冒城郭，約高一丈餘，衝塌橋梁，漂壞房屋，人民驚駭，流移逃難，邑中父老咸嗟罕見。（弘治《將樂縣志》卷九《祥異》）

積雨，江西大水，自虔達洪，衝冒城郭，降洞無涯，濱江郡邑公私廨宇頽毁殆盡，吉水縣廟學尤甚。（光緒《吉水縣志》卷二〇《學宫》）

福建大水，自三月雨不止，至於閏四月，福州、延平、建寧、邵武、

泉州、汀州六郡俱大水，延平尤甚，船舶由城上往來。（萬曆《閩大記》卷二）

大水。五月，復漲倍前，漂屋害稼。（嘉慶《順昌縣志》卷九《祥異》）

閏四月

壬午，陝西開城縣地震有聲。（《明憲宗實録》卷二六五，第4486頁）

壬午，（疑脱“陝”字）西蘭、河、洮、岷四州，鞏昌府，固原衛俱地震有聲。（《明憲宗實録》卷二六五，第4486頁）

壬辰，直隸大名府開州并清豊縣，山東兖州府金鄉縣并濮州，是日未申（廣本無“申”字）時，忽黑雲起自西北，至半天雜以五色。須臾，黑暗如夜，風雨雷電交作，仆屋拔木，雨雹傷禾稼。（《明憲宗實録》卷二六五，第4491頁）

癸巳，順天薊州遵化縣地震有聲，十四、十五日復震，城垣民居有頹仆者。（《明憲宗實録》卷二六五，第4491頁）

大水，較前加四尺，稍退。五月，復漲二尺，田廬崩没無算，五雲閣亦被冲塌，水退，繼以疫。（同治《萬安縣志》卷二〇《祥異》）

大水高於往歲，民居蕩析。饑。（道光《封川縣志》卷一〇《前事》）

大水，五月復漲倍前，漂屋害稼。（嘉慶《順昌縣志》卷九《祥異》）

五月

丁巳，上諭户部臣曰：“廣東近有風雹之變，壞民廬舍，死者甚多。”（《明憲宗實録》卷二六六，第4501頁）

己未，工部奏：“南京大風，吹損大祀殿及皇城各門獸吻，且拔太廟樹木。宜如守臣所奏，擇日祭告，興工修理。”從之。（《明憲宗實録》卷二六六，第4503頁）

辛酉，免直隸淮、揚、廬、鳳、徐五府州，暨淮、廬等六衛所秋粮米豆二十九萬三千三百九十六石，草五十七萬四千八百六十餘包，以去年水旱災傷也。（《明憲宗實録》卷二六六，第4503頁）

壬戌，萬全永寧衛、隆慶衛、龍門守禦千户所俱地震有聲。（《明憲宗實録》卷二六六，第4504頁）

壬戌，夜，京師地再震。（《明憲宗實録》卷二六六，第4504頁）

癸亥，廣東連年水旱，加以地震、星流，災變異常，民生不安，乞早賜停罷。章下禮部，以為宜令伴送通事省令使臣到廣速歸，毋得騷擾。從之。（《明憲宗實録》卷二六六，第4504頁）

丙子，太子少保都察院右都御史朱英奏："比者京師流移之民，聚集日多，宜令順天府縣并五城兵馬司月給大口米三斗，小口一斗五升，毋令失所。"上曰："京畿旱荒，民不自保，皆入城就食，情實可矜。若不有以賑卹之，彼進退無據，將死于溝壑矣。其如英議給與之。"（《明憲宗實録》卷二六六，第4510～4511頁）

己酉，晦，大水，饑。城中水高丈餘，漂没廬舍，布政使陳選不待報，輒發粟賑之。（光緒《德慶州志》卷一五《紀事》）

大水，饑。（崇禎《肇慶府志》卷一《郡事紀》；道光《高要縣志》卷一〇《前事》）

水。（咸豐《順德縣志》卷三一《前事畧》）

大水，漂没廬舍、人民甚眾，浸城門五日。（民國《南昌縣志》卷五五《祥異》）

大水，閉城門五日，漂流房屋人畜甚衆。（康熙《新建縣志》卷二《災祥》）

大水决堤，漂民居三十餘家。（嘉靖《豐乘》卷一《邑紀》）

洪水高十餘丈，漂没田廬，溺死者無算，耆老所罕見者。（光緒《吉安府志》卷五三《雜記》）

大水，高十餘丈，漂没田廬，溺死無算。（同治《龍泉縣志》卷一八《祥異》）

大水。（嘉靖《廣州志》卷四《事紀》）

大水，賑借有差。（道光《佛岡直隸軍民廳志》卷三《庶徵》）

雨水連旬，北江水尤甚，漂没田廬。次年，知縣黄諒開倉賑濟，給官錢

糴種子。二十三年熟，抵斗還官。（民國《清遠縣志》卷二《紀年上》）

大雨水。成化二十一年，蒼梧大水，漂流民居數萬，推移州岸，城埤幾没。（嘉靖《廣西通志》卷四〇《祥異》）

大雨。（嘉慶《永安州志》卷四《祥異》）

六月

旱，民饑。（民國《無極縣志》卷一八《大事表》）

始雨。（乾隆《解州平陸縣志》卷一一《祥異》）

沔陽大水。（康熙《安陸府志》卷一《郡紀》）

復大水。（嘉靖《長沙府志》卷六《物異記》）

七月

丁巳，夜，月犯心宿。（《明憲宗實録》卷二六八，第 4528 頁）

戊午，鎮守薊州等處總兵官署都督僉事李銘等以六月久雨，山水暴漲，鮎魚口一帶關口、墩塹、城垣衝决頹圮，請起倩各營軍士修治。從之。（《明憲宗實録》卷二六八，第 4529 頁）

乙丑，廣東電白縣地震，有聲如雷。（《明憲宗實録》卷二六八，第 4534 頁）

乙丑，夜，月犯壘壁陣。（《明憲宗實録》卷二六八，第 4534 頁）

丙寅，陝西布按二司以屬地連年旱荒，公私窘乏，條陳救荒備邊十事。内一事，請暫停各夷并鎮守等官年例貢獻，候歲豐舉行。（《明憲宗實録》卷二六八，第 4534 頁）

己巳，夜，月犯昴宿。（《明憲宗實録》卷二六八，第 4535 頁）

南康大水。（光緒《南安府志補正》卷一〇《祥異》）

大水，漂蕩民廬，鹿鳴鄉尤甚。（嘉靖《南康縣志》卷九《祥異》）

八月

己卯朔，日食。（《明憲宗實録》卷二六九，第 4541 頁）

癸巳，夜，西方流星如盞大，青白色（抱本作“色青白”），光燭地，自天津約行丈餘，發光如椀大，西北行至近濁，尾跡炸散。（《明憲宗實録》卷二六九，第4548頁）

丁酉，夜，西方流星如盞大，青白色，光燭地，自河鼓東北行至紫微垣北，尾跡炸散，後七小星随之。（《明憲宗實録》卷二六九，第4550頁）

壬寅，陝西岷州地震。（《明憲宗實録》卷二六九，第4551頁）

戊申，以旱災免直隸寧山衛，并湖廣鄖陽衛前千户所夏麥一萬四百五十餘石。（《明憲宗實録》卷二六九，第4554頁）

九月

丙辰，廣東廉州府、廣西梧州府俱地震有聲，以後連震，至十六日方止。（《明憲宗實録》卷二七〇，第4557頁）

辛酉，夜，犯外屏西第二星。（《明憲宗實録》卷二七〇，第4562頁）

辛未，夜，月犯靈臺中星。（《明憲宗實録》卷二七〇，第4569頁）

十月

丙戌，以水災免陝西西安等五府，并西安左等十衛所夏税子粒共六十四萬三千六百九十餘石。（《明憲宗實録》卷二七一，第4576頁）

丁亥，以旱災免四川成都等七府、漢州等六十州縣，并重慶等三衛二所、酉陽等五宣撫司十九年分夏税屯糧共五十一萬五千三百餘石，綿花九十餘斤。（《明憲宗實録》卷二七一，第4576頁）

癸巳，巳刻，日暈，左右珥赤黄色。未時復暈，青赤色，左右珥、抱背二氣赤黄色（抱本缺“色”以上十七字）。夜，月犯五車東南星。（《明憲宗實録》卷二七一，第4577～4578頁）

丙申，以旱災免山東濟南等府州縣、德州等衛所夏税四十五萬三千九百二十餘石。（《明憲宗實録》卷二七一，第4579頁）

己亥，免兩浙運司清泉場雨水折損課鹽二萬六千五百餘引，從監察御史賀霖請也。（《明憲宗實録》卷二七一，第4580頁）

甲辰，以水旱災免河南開封等五府、汝州等二州縣，并宣武等十三（抱本作“二”）衛所今年夏税子粒共五（抱本無“五”字）十七萬九千五百八十餘石，絲二十九萬八千八百三十餘兩。從工部右侍郎賈俊請也。（《明憲宗實録》卷二七一，第4582頁）

甲辰，以旱災免山西平陽府，并澤、潞、遼、沁四州所屬州縣今年税糧四十萬七千九百七十餘石，從刑部左侍郎何喬新請也。（《明憲宗實録》卷二七一，第4582～4583頁）

烈風迅雷。（嘉靖《通許縣志》卷上《祥異》）

十一月

癸丑，昏刻，月犯壘壁陣。（《明憲宗實録》卷二七二，第4586頁）

丙辰，金星晝見於未。（《明憲宗實録》卷二七二，第4587頁）

己未，昏，月犯昴宿。（《明憲宗實録》卷二七二，第4590頁）

壬戌，曉，火星犯天江南第二星。（《明憲宗實録》卷二七二，第4591頁）

丙寅，京師地震。（《明憲宗實録》卷二七二，第4592頁）

丁卯，夜，月犯太微垣右執法星。（《明憲宗實録》卷二七二，第4593頁）

癸酉，順天府遵化縣地震有聲。（《明憲宗實録》卷二七二，第4594頁）

癸酉，夜，月犯心宿。（《明憲宗實録》卷二七二，第4594頁）

甲戌，山東淄川縣地震。（《明憲宗實録》卷二七二，第4595頁）

十二月

戊寅，日暈，左右珥赤黄色。（《明憲宗實録》卷二七三，第4597頁）

庚辰，昏，金星犯壘壁陣。（《明憲宗實録》卷二七三，第4597頁）

癸未，昏，月犯外屏星。（《明憲宗實録》卷二七三，第4598頁）

戊子，湖廣荆門州地震。（《明憲宗實録》卷二七三，第4600頁）

辛卯，昏，月犯鬼宿。（《明憲宗實録》卷二七三，第4602頁）

癸巳，夜，月犯軒轅星左角。（《明憲宗實録》卷二七三，第4603頁）

乙未，以旱災免常州府所屬武進等五縣秋糧十七萬二（抱本作“一”）千一百餘石，草十六萬九千四百餘包，從户部尚書殷謙請也。（《明憲宗實録》卷二七三，第4604頁）

己亥，以旱災免蘇州府衛秋糧子粒共十五萬二千九百八十餘石，草四萬八千七百七十餘包，從監察御史王琰請也。（《明憲宗實録》卷二七三，第4605頁）

己亥，以水災免順天府薊州、遵化等六州縣，并薊州等六衛秋糧一萬六千六百四十餘石，草十三萬二千五十餘束，綿花二百十斤，從監察御史吴哲請也。（《明憲宗實録》卷二七三，第4605頁）

壬寅，以旱災免山西平陽府，并澤、潞等州縣秋糧九十五萬三千二百五十餘石，草一百九十萬六千五百餘束，從巡撫都御史葉淇請也。（《明憲宗實録》卷二七三，第4607頁）

癸卯，曉，月犯南斗魁第二星。（《明憲宗實録》卷二七三，第4608頁）

甲辰，詔巡撫南直隸都御史李嗣糴松江餘米九萬石，以平米價。時嗣上言應天等六府旱荒，來年米價必貴故也。（《明憲宗實録》卷二七三，第4608頁）

是年

春至秋，不雨，蝗災，人相食。（乾隆《沂州府志》卷一五《記事》）

春，夜，霪雨，田廬禾稼多壞。（乾隆《龍溪縣志》卷二〇《祥異》）

春夏霪雨，龍巖、漳平田廬禾稼壞。（道光《龍巖州志》卷二〇《雜記》）

自春至夏連雨，傷屋廬禾稼。（康熙《漳浦縣志》卷四《災祥》）

春夏積雨，永春田廬禾稼多壞。（乾隆《永春州志》卷一五《祥異》）

自春徂夏，積雨連月，田廬禾稼多為所壞。（乾隆《晉江縣志》卷一五《祥異》）

春夏亢旱，禾稼將槁。(光緒《虞城縣志》卷一〇《災祥》)

春至秋不雨，蝗蝻滿地，人相食。(康熙《陽穀縣志》卷四《災異》；光緒《陽穀縣志》卷九《災異》)

春至秋不雨，蝗災，人相食。(乾隆《沂州府志》卷一五《記事》)

夏，霪雨，山水溢，邵、泰、建民居多壞，瀕溪尤甚，田苗淤沙，人畜溺死無算。(光緒《邵武府志》卷三〇《祥異》)

夏，霔雨連旬，山漲暴發，蕩析民居，瀕溪村落尤甚，田苗壅淤，人畜死者無算，義民伊彦忠助賑。(康熙《寧化縣志》卷七《灾異》)

夏至，雨，山水驟溢，民舍多壞，瀕溪尤甚。(民國《建甌縣志》卷三《災祥附》)

夏，霪雨，山水驟溢，壞鄉廬舍。(民國《建寧縣志》卷二七《災異》)

夏，大水。(嘉慶《福鼎縣志》卷七《雜記》)

夏，久雨，聚落瀕溪者，蕩没無遺。(康熙《松溪縣志》卷一《災祥》)

夏，霪雨，山水驟溢，禾稼傷，廬舍多壞，人有溺死者。(民國《建陽縣志》卷二《大事》)

夏，淫雨，山水驟溢，鄉市民居多為所壞，屋宇漂流，田苗沙壓，人畜有溺死者。(民國《連城縣志》卷三《大事》)

夏，霪雨，山水驟溢，鄉中民居多爲所壞，濱溪村落漂蕩尤甚，田苗淤沙，人畜多溺死。(民國《上杭縣志》卷一《大事》)

夏，大水，渰浸數月，民饑，道殣相望。(宣統《高要縣志》卷二五《紀事》)

旱。(光緒《永年縣志》卷一九《祥異》)

益陽大水，縣治水深五尺。(康熙《長沙府志》卷八《災祥》；乾隆《長沙府志》卷三七《災祥》)

旱，免糧三萬二百五十石。(道光《江陰縣志》卷八《祥異》)

大旱，徧地赤野，禾麥無收，民間至有殺人而食者。(民國《莘縣志》

卷一二《禨異》）

大旱，餓莩盈野。（康熙《隰州志》卷二一《祥異》）

郿大旱，流亡殆盡。（乾隆《鳳翔府志》卷一二《祥異》）

連歲大旱。（嘉慶《中部縣志》卷二《祥異》）

大旱。（康熙《金華縣志》卷三《祥異》）

武義旱。（萬曆《金華府志》卷二五《祥異》）

夏秋，績溪大旱。（道光《徽州府志》卷一六《祥異》）

秋，甘露降于泮宫。（光緒《四會縣志》編一〇《災祥》）

秋，大旱，歲祲。（光緒《靖江縣志》卷八《祲祥》）

春至秋不雨，蝗災，人相食。（民國《臨沂縣志》卷一《通紀》）

夏，池州不雨。（乾隆《池州府志》卷二〇《祥異》）

雨雹，大者如杯盂，人畜多傷。（康熙《深澤縣志》卷一〇《祥異》）

不雨，人相食。（光緒《臨漳縣志》卷一《紀事沿革》）

蝗羣飛蔽日，禾穗樹葉食之殆盡，民不聊生，多轉溝壑。（光緒《太平縣志》卷一八《災祥》）

秋，大旱，人相食。（光緒《解州志》卷一一《祥異》）

大旱，蝗，人相食，命撫臣賑之。（光緒《垣曲縣志》卷一四《雜志》）

連歲大旱，百姓流亡殆盡，人相食。（嘉靖《陝西通志》卷四〇《災祥》）

連歲大旱，百姓流亡，人相食。（康熙《涇陽縣志》卷一《祥異》）

歲大旱，民多流亡。（乾隆《重修盩厔縣志》卷一三《祥異》；民國《盩厔縣志》卷八《祥異》）

關中連旱，百姓流亡殆盡。（康熙《淳化縣志》卷七《災異》）

歲連旱，大饑。（乾隆《雒南縣志》卷一〇《災祥》）

連歲大旱，流亡殆盡，人相食。（萬曆《郿志》卷六《事紀》）

旱，人相食，十亡八九。（嘉慶《洛川縣志》卷一《祥異》）

連歲大旱，百姓流亡殆盡，人相食，十亡八九，斗米萬錢。（嘉慶《中部縣志》卷二《祥異》）

平涼、鞏昌等處大旱，饑。（光緒《甘肅新通志》卷二《祥異》）

縣大旱，饑。（萬曆《寧遠縣志》卷四《災異》）

大旱，地赤，民饑相食。（萬曆《階州志》卷一二《災祥》）

大旱，大飢。（康熙《清水縣志》卷一〇《災祥》）

亢陽不雨，夏麥秋禾，徧地赤野，富者猶可庶幾，貧者何以存活。故是時民有殺人而食者，嗚呼！時之饑饉，事之怪異有如是哉。（正德《莘縣志》卷六《雜志》）

大水。（萬曆《江浦縣志》卷一《縣紀》；嘉慶《龍川縣志》第五《祥異》）

句容大邑自今年五月以来，雨澤不降，井泉枯涸，田禾旱傷，民有菜色。（弘治《句容縣志》卷一二《雜録》）

大旱，饑。（嘉靖《石埭縣志》卷二《祥異》）

旱災。（宣統《建德縣志》卷二〇《祥異》）

大水，淫雨水漲，四郊一壑，新淦懷山改塞川原。（同治《臨江府志》卷一五《祥異》）

大水，四郊一壑，巡按御史劉肅奏免税糧十分之七。（同治《新喻縣志》卷四《蠲緩》）

夏水，太平橋圮。（同治《南城縣志》卷一〇《雜志》）

大水，閉城五日，漂人畜甚多。（同治《進賢縣志》卷二二《禨祥》）

大水入城，智林寺塔傾，决天井垻為河。（同治《泰和縣志》卷三〇《祥異》）

大水，巡按御史劉蕭奏免税糧十分之七。（同治《新淦縣志》卷一〇《祥異》）

自春徂夏，積雨連月，田廬禾稼多壞。（民國《同安縣志》卷三《大事記》）

夏霪雨，山水驟溢，建安、甌寧、建陽三縣鄉市民居多為所壞，瀕溪聚落屋宇夷蕩尤甚，因苗淤沙，人畜有溺死者。（弘治《八閩通志》卷八一《祥異》）

夏久雨，山水驟溢，民舍多壞，瀕溪者尤甚。（康熙《建安縣志》卷一〇《祥異》）

夏久雨，聚落瀕溪者蕩没無遺。（康熙《松溪縣志》卷一《災祥》）

夏霪雨，山水驟溢，邵、泰、建民居多壞，瀕溪尤甚，田苗淤沙，人畜溺死無算。（光緒《邵武府志》卷三〇《祥異》）

霪雨連旬，洪潦泛溢，州境及福安縣田稼多為所傷。（弘治《八閩通志》卷八一《祥異》）

自春徂夏，大雨連月，莆田縣田廬禾稼多為所壞。（弘治《八閩通志》卷八一《祥異》）

自春徂夏，泉州積雨連月，晋江、南安、同安三縣田廬禾稼多壞。（乾隆《泉州府志》卷七三《祥異》）

春夏積雨，田廬禾稼多壞。（民國《永春縣志》卷三《大事》）

自春且（疑當作“徂”）夏，積雨連旬。（嘉靖《安溪縣志》卷八《災》）

春夏，亢旱，禾稼將槁。知縣柳澤食息不寧，洗滌身心，遵古法造五色草龍，虔禱於風雲雷雨壇。越三日，有二龍見於東南，遂大雨，合境霑足，後麥有五歧之瑞。（光緒《虞城縣志》卷一〇《災祥》）

春夏，霪雨，田廬禾屋悉壞。（康熙《漳平縣志》卷九《災祥》）

春夏霪雨，龍溪、漳浦、南靖三縣田廬禾稼多壞。（光緒《漳州府志》卷四七《災祥》）

夏，霪雨，山水驟溢，長汀、清流、歸化、寧化、上杭、永定、連城七縣鄉市民居多為所壞，瀕溪聚落屋宇夷蕩尤甚，田苗淤沙，人畜有溺死者。（弘治《八閩通志》卷八一《祥異》）

春夏，霪雨，田廬禾稼壞。（民國《龍巖縣志》卷三《大事》）

夏，霪雨，山水驟漲，市鄉田廬蕩析，人畜多溺死。同時，甯、歸、長、連、上、永六縣皆然。（民國《清流縣志》卷四《災祥》）

夏，霪雨連旬，山漲暴發，蕩析民居，瀕溪村落尤甚，田苗壅淤，人畜死者無算，義民伊彦忠助賑。（康熙《寧化縣志》卷七《灾異》）

夏，大水，霪雨浹旬，溪水暴漲衮城郛郭，舟入市，塌圮橋樑廬室，墊壞田稼物産不可勝計。（萬曆《將樂縣志》卷一二《災祥》）

夏，霪雨，山水驟溢，民居多壞，田苗淤沙，人畜溺死無數。（民國《泰寧縣志》卷三《祥異》）

夏，霪雨一月，蟲食禾節，歲歉。秋七月，饑。（同治《香山縣志》卷二二《祥異》）

夏，大水，渰浸數月，民饑，道殣相望。（宣統《高要縣志》卷二五《紀事》）

夏，霪雨連旬，山澗之水暴漲，城鄉民舍冲塌大半，頻溪村落尤甚，田苗壅淤，人畜死者無算，縣令勸富民助賑撫邺。（乾隆《樂至縣志》卷八《祥異》）

大水，壞田廬人畜，溺死無算。（民國《永定縣志》卷一《大事》）

蝗。（乾隆《新安縣志》卷七《禨祚》）

旱，民多莩死。（同治《荆門直隸州志》卷一之七《祥異》）

大旱，野多餓殍。（同治《鍾祥縣志》卷一七《祥異》）

大水，漂廬害稼。（嘉慶《沅江縣志》卷二二《祥異》）

資江大水。（同治《安化縣志》卷三四《五行》）

河源大水。（光緒《惠州府志》卷一七《郡事上》）

水，海州圍潰。（康熙《南海縣志》卷三《災祥》）

大水。水入城街，市民往來，取浮槎以濟。（嘉靖《南寧府志》卷一一《祥異》）

洪水薦至，（靈）渠堤大壞。（嘉靖《廣西通志》卷一六《溝洫》）

大雨。平樂、蒼梧大雨，漂流民居數萬，推移洲岸，城幾没。（同治《蒼梧縣志》卷一七《紀事》）

夏秋，大旱。（嘉慶《績溪縣志》卷一二《祥異》）

秋，大旱。（光緒《溧水縣志》卷一《庶徵》；民國《高淳縣志》卷一二《祥異》）

秋，旱。（崇禎《吴縣志》卷一一《祥異》）

秋，大旱，高鄉告災。（弘治《常熟縣志》卷一《災祥》）

冬，大旱，鹽河龜拆，民饑。（嘉慶《東臺縣志》卷七《祥異》）

二十一年、二十二年、二十三年，俱大旱。（民國《湯溪縣志》卷一《編年》）

至二十一年，關中連歲大旱，百姓流亡殆盡，人相食，十亡八九。（康熙《陝西通志》卷三〇《祥異》）

至二十三年，大旱，饑民大流散，户口十去六七。（嘉靖《平凉府志》卷三《祥異》）

至二十三年，連年旱饑。（乾隆《直隷秦州新志》卷六《災祥》；道光《兩當縣新志》卷六《災祥》）

成化二十二年（丙午，一四八六）

正月

丁巳，夜，月犯五諸侯東第二星。（《明憲宗實録》卷二七四，第4613頁）

辛酉，夜望，月食。（《明憲宗實録》卷二七四，第4613頁）

壬戌，南京守備成國公朱儀、兵部尚書王恕等奏："應天府及錦衣等衛屯種地方去年久旱，至十月以後，方得雨雪，然已過期，即今江北諸處流民四集，南京米價愈增。臣等議得南京常平倉見有糧五萬六千餘石，及各處每年起運，其數亦不下數百萬石，若暫行平糶預支，亦可以平米價。"（《明憲宗實録》卷二七四，第4613頁）

甲子，户部奏："比巡撫南直隷都御史李嗣以應天、太平等六府，并廣德州各縣去歲旱荒，欲分糶南京見在倉糧，賑濟本部，以為難行。"（《明憲宗實録》卷二七四，第4614頁）

乙丑，以水旱災免河南開封等府去年秋糧米一百二十五萬二千餘石，潼關等衛及蒲州千户所子粒五萬五千餘石。（《明憲宗實録》卷二七四，第

4615 頁）

丁卯，月犯房宿。（《明憲宗實録》卷二七四，第 4616 頁）

己巳，以旱災免直隸寧山衛去年秋糧子粒共九千八百餘石。（《明憲宗實録》卷二七四，第 4617 頁）

庚午，以水災免大寧營州右屯衛子粒一千八百餘石。（《明憲宗實録》卷二七四，第 4618 頁）

二月

壬午，減免直隸永平府去年秋糧米六千九百餘石，草九萬一千五百餘束，民壯屯地子粒豆四千三百餘石，及永平、盧龍、東勝、開平、興州、撫寧等六衛屯糧共一萬二千二百餘石，草一千九百餘束，以水災故也。（《明憲宗實録》卷二七五，第 4623 ~ 4624 頁）

甲申，兵部尚書馬文升等言："南直隸鳳陽、廬州、淮安、揚州四府，徐、滁、和三州俱腹心重地，比年荒旱，人民缺食，流離轉徙，村落成墟。"（《明憲宗實録》卷二七五，第 4624 ~ 4625 頁）

辛卯，免直隸潼關衛去年秋糧子粒七千一（抱本作"二"）百餘石，蒲州守禦千户所去年秋糧子粒一（抱本作"二"）千六百八十餘石，俱以災旱故也。（《明憲宗實録》卷二七五，第 4628 頁）

三月

庚戌，寧夏地震。（《明憲宗實録》卷二七六，第 4645 頁）

甲寅，河南南陽府雨雹，大如鵝卵。（《明憲宗實録》卷二七六，第 4647 ~ 4648 頁）

乙卯，月犯軒轅星。（《明憲宗實録》卷二七六，第 4648 頁）

乙丑，賜代府寧津王成鉖子女食米歲五十石。時王已薨逝，子女未封，兼以荒旱，日食不給，代王為請，故有是命。（《明憲宗實録》卷二七六，第 4656 頁）

十六日，甯德連數日大雨，水漲泛濫，山坑水如建瓴，鄉都山田推陷甚

衆。（乾隆《福寧府志》卷四三《祥異》）

十六日，連雨水漲，鄉都山田崩陷，鄉人死者衆。（嘉靖《福寧州志》卷一二《祥異》）

旱，無麥。（乾隆《晉江縣志》卷一五《祥異》；道光《晉江縣志》卷七四《祥異》）

大雨水，水漲十丈餘。五月復漲，勢□於前，害田傷稼，壞民居無數。（民國《沙縣志》卷三《大事》）

平陽蝗。（《明史·五行志》，第438頁）

旱。（嘉靖《安溪縣志》卷八《災》）

四月

戊寅，上以天氣暄熱，詔兩京法司并錦衣衛見問罪囚，情輕者减等發落，情重有可矜疑者，具録以聞。（《明憲宗實録》卷二七七，第4664頁）

庚辰，月生左珥，蒼白色。（《明憲宗實録》卷二七七，第4666頁）

甲申，上以天久不雨，特遣官祈禱，命文武群臣致齋三日，禁屠宰。（《明憲宗實録》卷二七七，第4668頁）

甲午，免南直隷江北鳳陽等府縣衛所去歲秋粮六十六萬三千七百餘石，以旱災故也。（《明憲宗實録》卷二七七，第4672頁）

癸卯，夜，南方流星大如盞，自牛宿行至近濁。（《明憲宗實録》卷二七七，第4679頁）

大有年，夜雨晝晴。（民國《清苑縣志》卷六《災祥表》）

有年，夜雨晝晴。（嘉靖《雄乘》卷下《祥異》）

不雨，至於秋十月，因疇龜坼。（嘉靖《南康縣志》卷九《祥異》）

有蝗大食穀苗，民甚恐。（乾隆《許州志》卷一三《藝文》）

南康四月不雨，至七月。（光緒《南安府志補正》卷一〇《祥異》）

五月

春，旱，五月以後大旱。（乾隆《福寧府志》卷四三《祥異》；民國

《長樂縣志》卷三《災祥附》）

春，旱。五月以後大旱，禾稼薄收。（正德《福州府志》卷三三《祥異》；嘉靖《羅川志》卷四《祥異》）

旱，大疫。（民國《連江縣志》卷三《大事記》）

大水，高十餘丈，漂没田廬，溺死者無算。（光緒《吉安府志》卷五三《祥異》）

不雨，至秋七月，大饑。（光緒《樂清縣志》卷一三《災祥》）

大水。（同治《蒼梧縣志》卷一七《紀事》）

夏，大旱。（民國《永春縣志》卷三《大事》）

五月、六月大旱，禾死。歲荒，民多流移他郡。（嘉靖《安溪縣志》卷八《災》）

夏五月、六月大旱，禾苗俱槁。秋復旱，民多流移。（乾隆《晉江縣志》卷一五《祥異》；道光《晉江縣志》卷七四《祥異》）

六月

戊寅，以旱災免直隸新安衛子粒四千二百九十餘石。（《明憲宗實録》卷二七九，第4695頁）

癸未，陝西旱，蟲鼠食苗稼凡九十五州縣。（《明憲宗實録》卷二七九，第4696～4697頁）

乙酉，免應天府并直隸寧國、徽、池、安慶等府縣秋粮三十萬八千八百餘石，以去歲旱故也。（《明憲宗實録》卷二七九，第4699頁）

己丑，辰時，金星見拎巳，未時，見于申。（《明憲宗實録》卷二七九，第4703～4704頁）

壬辰，陝西大雷雨，漢中府及寧羌衛地俱裂，長十餘丈，或六七丈，寶鷄縣長三里，闊丈餘，漂流民五十餘家。（《明憲宗實録》卷二七九，第4706頁）

丙申，以旱災免直隸太平府并建陽衛秋粮一萬四千四百餘石。（《明憲宗實録》卷二七九，第4709頁）

戊戌，申時，日生背氣及右珥，俱赤黄色鮮明。（《明憲宗實録》卷二七九，第4710頁）

庚子，夜，金星犯井宿。（《明憲宗實録》卷二七九，第4712頁）

旱，蟲食禾苗，民饑。（乾隆《白水縣志》卷一《祥異》）

七月

丁卯，雲南金齒衛地一日再震，二十六日復震，俱有聲如雷。（《明憲宗實録》卷二八〇，第4727頁）

不雨，大饑，斗米萬錢。（乾隆《臨潼縣志》卷九《祥異》；民國《臨潼縣志》卷九《志餘》）

不雨，西安大饑，斗米萬錢，死亡載道。（康熙《陝西通志》卷三〇《祥異》）

不雨，大饑，斗米萬錢，人多死。（雍正《武功縣後志》卷二〇《祥異》）

八月

壬午，夜，月犯南斗（抱本作"兆"）魁。（《明憲宗實録》卷二八一，第4738頁）

甲午，夜，金星犯軒轅。（《明憲宗實録》卷二八一，第4748頁）

己亥，免邳州、徐州並所屬縣去年夏税十萬四千二百餘石，邳州、徐州衛子粒八千七百餘石，以雨雹災也。（《明憲宗實録》卷二八一，第4751～4752頁）

庚子，以旱災免保定府諸州縣今年夏税一萬石有奇。（《明憲宗實録》卷二八一，第4752頁）

望，州大雨雪，深三四尺。（光緒《吉州全志》卷七《祥異》）

望日，吉州雨雪深三四尺，饑饉薦餘。（萬曆《平陽府志》卷一〇《災祥》）

北畿及江西三府旱。（《明史·五行志》，第483頁）

大疫，是年，復大旱。（民國《霞浦縣志》卷三《大事》）

大風折木。（康熙《定襄縣志》卷七《災祥》）

望州大雨，雪深三四尺。（光緒《吉縣志》卷七《祥異》）

大旱，饑，人相食。詔振邺。（咸豐《大名府志》卷四《年紀》）

榆次雨雹如鵝卵。（乾隆《太原府志》卷四九《祥異》）

榆次、五臺雨雹如鵞卵。（萬曆《山西通志》卷二《建置沿革》）

九月

甲辰，夜，北方流星如盞大，青白色，有光，自正北中天東北行至近濁。（《明憲宗實録》卷二八二，第 4754 頁）

乙巳，以雨雹災免河南諸府縣衛所今年夏税子粒共四十一萬九千九百餘石，絲二十二萬九千四百三十兩有奇。（《明憲宗實録》卷二八二，第 4754 頁）

庚戌，免廣東廣州等府衛所二十一年分夏麥秋糧共一十一萬六百餘石，以水災故也。（《明憲宗實録》卷二八二，第 4756 頁）

壬子，夜，月犯十二諸國代星。（《明憲宗實録》卷二八二，第 4760 頁）

癸丑，以旱災免順德（抱本作“天”）府屬縣今年夏税麥六千三十餘石，絹九百餘匹。（《明憲宗實録》卷二八二，第 4761 頁）

甲寅，陝西岷州地震，有聲如雷。（《明憲宗實録》卷二八二，第 4761 頁）

乙卯，免潼關衛并蒲州守禦千户所今年夏税子粒八千九百餘石，以旱災故也。（《明憲宗實録》卷二八二，第 4776 頁）

乙卯，巡按浙江監察御史荆茂等奏：“温、台二府自春徂秋大旱。”（《明憲宗實録》卷二八二，第 4776 頁）

丙辰，以夏旱免寧山衛子粒麥四千九百餘石。（《明憲宗實録》卷二八二，第 4777 頁）

旱。（光緒《永嘉縣志》卷三六《祥異》）

大旱，饑。（民國《台州府志》卷一三四《大事略》）

温、台大旱，長沙諸府亦旱。（《明史・五行志》，第 483 頁）

十月

乙亥，西方流星如盞大，青白色，光燭地，自大陵西行至壁宿，尾跡炸散。夜，金星犯進賢。（《明憲宗實録》卷二八三，第4786頁）

辛巳，夜，火星色王（抱本作“黄”）。（《明憲宗實録》卷二八三，第4788頁）

辛卯，夜，月入鬼宿，犯積尸氣。（《明憲宗實録》卷二八三，第4796頁）

癸巳，夜，月犯軒轅左角星。（《明憲宗實録》卷二八三，第4796頁）

己亥，山西平陽府地震有聲。（《明憲宗實録》卷二八三，第4799頁）

十一月

丁未，直隸龍門千户所地震有聲。（《明憲宗實録》卷二八四，第4802頁）

庚戌，夜，金星犯房宿。（《明憲宗實録》卷二八四，第4805頁）

庚申，月犯軒轅大星。（《明憲宗實録》卷二八四，第4809頁）

壬戌，夜，南方流星如盞大，赤光燭地，自天苑南行至近濁。（《明憲宗實録》卷二八四，第4810頁）

乙丑，以旱災免直隸保定府一州七縣糧二千八百三十餘石，草五萬五千三百六十餘束。（《明憲宗實録》卷二八四，第4810頁）

丁卯，夜，寧夏地震有聲。（《明憲宗實録》卷二八四，第4813頁）

己巳，以水災免直隸鳳陽、淮安二府，徐、和二州并淮安等衛所夏麥四十三萬六千二百二十餘石。（《明憲宗實録》卷二八四，第4814～4815頁）

十二月

丙子，夜，寧夏地震者三，皆有聲。（《明憲宗實録》卷二八四，第4819頁）

戊寅，以旱災免江西吉安等三府并贛州等七衛所秋糧子粒共三十一萬九千四十餘石。（《明憲宗實録》卷二八五，第4819頁）

丙戌，以水災免廣西梧州等三府，蒼、梧等七州縣夏秋税糧二萬三千五

百餘石。(《明憲宗實録》卷二八五，第4821頁)

丙戌，月犯鬼宿。(《明憲宗實録》卷二八五，第4821頁)

戊子，以旱災免直隸順德府所屬邢臺等九縣秋粮一萬八千七百三十餘石，草三十三萬五千五百二十餘束，綿花三千七十餘斤。(《明憲宗實録》卷二八五，第4822頁)

戊子，月犯軒轅左角星。(《明憲宗實録》卷二八五，第4822頁)

庚寅，以旱災免直隸廣平府所屬永年等九縣秋糧一萬四千九百三十餘石，草二十八萬五千六百九十餘束，綿花五千三百六十餘斤。(《明憲宗實録》卷二八五，第4823頁)

辛卯，以旱災免順天府所屬通州等州縣夏税七千九百餘石。(《明憲宗實録》卷二八五，第4823頁)

初一日，夜，大雪，平地高五尺餘。(嘉靖《武義縣志》卷五《祥異》)

是年

夏，大旱，饑。冬十二月，雷電作。(光緒《青陽縣志》卷二《祥異》)

春，旱。五月以後大旱，禾稼薄收，古田、連江二縣疫。(乾隆《福州府志》卷七四《祥異》)

夏，水傷麥。(民國《歙縣志》卷一六《祥異》)

夏，大旱。(民國《永春縣志》卷三《大事》)

夏，大旱。冬，雷電。(乾隆《銅陵縣志》卷一三《祥異》)

夏，永春大旱。(乾隆《永春州志》卷一五《祥異》)

夏，旱，通判周正疏聞不報。是年，寇起，壯士魏昇勦之，斬劉天佑、王廷鶚於文賢里。(乾隆《僊遊縣志》卷五二《祥異》)

大有，夜雨晝晴。(民國《青縣志》卷一三《祥異》)

大旱，饑，人相食，詔賑邺。(民國《大名縣志》卷二六《祥異》)

河決，水至城下。(乾隆《杞縣志》卷二《祥異》)

湖廣旱。(道光《永州府志》卷一七《事紀畧》)

大水。(康熙《建德縣志》卷九《災祥》；乾隆《奉化縣圖志》卷四

《機祥》；乾隆《吴江縣志》卷四〇《災變》；乾隆《震澤縣志》卷二七《災祥》；道光《建德縣志》卷二〇《祥異》；同治《湖州府志》卷四四《祥異》；同治《長興縣志》卷九《災祥》；光緒《嚴州府志》卷二二《祥異》；光緒《歸安縣志》卷二七《祥異》；光緒《奉化縣志》卷三九《祥異》；民國《建德縣志》卷一《災異》）

旱。（康熙《臨海縣志》卷一一《災變》；雍正《處州府志》卷一六《雜事》；乾隆《湖南通志》卷一四二《祥異》；民國《平陽縣志》卷五八《祥異》；民國《重修泰安縣志》卷二《壇廟》）

大旱。（乾隆《宣平縣志》卷一一《紀異》；同治《嵊縣志》卷二六《祥異》；光緒《仙居志》卷二四《災變》；光緒《宣平縣志》卷一九《災祥》；光緒《縉雲縣志》卷九《義行》；民國《嵊縣志》卷三一《祥異》）

宣平大旱。（光緒《處州府志》卷二五《祥異》）

大旱，饑。（萬曆《黄巖縣志》卷七《紀變》；萬曆《寧遠縣志》卷四《災異》；光緒《仙居志》卷二四《災變》；光緒《黄巖縣志》卷三八《變異》；光緒《太平縣志》卷一八《災祥》）

奉化縣大水。（嘉靖《寧波府志》卷一四《機祥》）

嵊大旱。（萬曆《紹興府志》卷一三《災祥》）

春，旱。夏，旱，禾苗俱槁。秋，復旱，民多流移。（乾隆《泉州府志》卷七三《祥異》）

春夏，旱。（乾隆《莆田縣志》卷三四《祥異》）

夏歉，水傷麥。（弘治《徽州府志》卷一〇《祥異》）

夏，旱，苗槁。復旱。（嘉慶《惠安縣志》卷三五《祥異》）

縣境大稔，夜雨晝晴。（光緒《東光縣志》卷一一《祥異》）

有年，夜雨晝晴。（嘉靖《興濟縣志書》卷上《祥異》；嘉靖《河間府志》卷七《祥異》；萬曆《任丘志集》卷八《祥異》；康熙《景州志》卷四《災變》；乾隆《肅寧縣志》卷一《祥異》）

大有年，夜雨晝晴。（民國《獻縣志》卷一九《附祥異表》）

大旱，饑，人相食。（光緒《岢嵐州志》卷一〇《祥異》）

大旱，禾盡槁，人相食。（康熙《潞城縣志》卷八《災祥》；乾隆《長治縣志》卷二一《祥異》）

移河南開封府存留米十二萬石於陜西賑饑。陜西旱，蟲鼠食苗稼。（乾隆《三原縣志》卷九《祥異》）

鞏昌等處大旱，饑。（光緒《甘肅新通志》卷二《祥異》）

大旱，大飢。（康熙《清水縣志》卷一〇《災祥》）

旱，民饑。（萬曆《江浦縣志》卷一《縣紀》）

水。（崇禎《吴縣志》卷一一《祥異》）

以水災免淮安等處夏麥有差。（光緒《安東縣志》卷五《民賦下》）

台、温二府自春徂夏不雨，民饑。（雍正《浙江通志》卷一〇九《祥異》）

風潮壞江口陡門。（民國《平陽縣志》卷五八《祥異》）

河決，水至城下。（萬曆《杞乘》卷二《總紀》）

大疫，死者相望，冬大雨雪，人多凍死。（光緒《扶溝縣志》卷一五《災祥》）

蝗。（民國《新安縣志》卷一五《祥異》）

以旱灾免湖廣各州縣秋糧五十餘萬三千餘石。（康熙《衡州府志》卷二二《賑恤》）

旱災，免秋糧。（嘉慶《安仁縣志》卷一三《災異》）

暑雨連綿，難於運糧。（乾隆《沅州府志》卷三二《兵記》）

二十二年、二十三年和州連旱。（嘉靖《含山邑乘》卷中《災異》）

成化二十三年（丁未，一四八七）

正月

己酉，山西太原府地震有聲。（《明憲宗實録》卷二八六，第4829～4830頁）

庚戌，大祀天地于南郊。畢，上還宫謁皇太后，出御奉天殿，文武群臣行慶成禮。是日早，大霧，咫尺不辨人，至行禮時始散。（《明憲宗實録》卷二八六，第4830頁）

庚申，湖廣荆州府地震。（《明憲宗實録》卷二八六，第4836頁）

癸亥，山東沂州地震，有聲如雷。（《明憲宗實録》卷二八六，第4838頁）

乙丑，以旱災（廣本、抱本作“災傷”）免直隸真定府所屬州縣并河間衛屯軍去年麥一萬三千八百六十餘石，絹六千二百餘匹。（《明憲宗實録》卷二八六，第4838～4839頁）

己巳，以旱災免陝西西安等八府、西安左等衛所去年夏税子粒五十六萬三千一百五十石有奇。（《明憲宗實録》卷二八六，第4841頁）

庚午，以旱災免湖廣所屬長沙等府州縣、岳州等衛所去年秋糧九十一萬九千三百餘石。（《明憲宗實録》卷二八六，第4843頁）

朔，白氣亘天，其色如練，漸升漸消，消盡復有聲如雷，頃之乃滅。（民國《龍山鄉志》卷二《災祥》）

元日，有白氣如練，漸升漸消，聲如雷。（光緒《吴川縣志》卷一〇《事略》）

二月

甲戌，以旱災免直隸鎮江府衛及丹徒等三縣成化二十一年秋糧子粒十一萬一千六百七十餘石，草一十萬五千九百八十餘包。（《明憲宗實録》卷二八七，第4846頁）

癸未，以雹災免萬全都司屬衛去年子粒二（廣本、抱本作“三”）萬三千七百三十餘石，草四萬四千一百四十餘束。（《明憲宗實録》卷二八七，第4851頁）

癸未，陝西洮州地震，有聲如雷。（《明憲宗實録》卷二八七，第4851頁）

乙酉，遼東廣寧地震有聲。（《明憲宗實録》卷二八七，第4852頁）

丁酉，火星犯井宿。（《明憲宗實録》卷二八七，第4860頁）

三月

庚申，曉刻，月犯南斗魁第二星。（《明憲宗實録》卷二八八，第4871頁）

庚申，鳳陽府靈壁縣地震，聲吼如風。（《明憲宗實録》卷二八八，第4871頁）

癸亥，以水旱災免山東所屬府衛州縣去年麥二千一百六十餘石，米一十萬七千五百三十餘石，草二十一萬二千三百七十餘束，綿花五百九十餘斤。（《明憲宗實録》卷二八八，第4873頁）

四月

庚午朔，巳時，日生抱氣，赤色鮮明。（《明憲宗實録》卷二八九，第4879頁）

乙亥，以旱災免浙江台州等三府所屬臨海等二十一縣并台、温二衛秋糧共一十六萬五千五十餘石。（《明憲宗實録》卷二八九，第4885～4886頁）

乙亥，夜，月掩火星。（《明憲宗實録》卷二八九，第4886頁）

庚辰，上以天時暄熱，命兩法司、錦衣衛將見監囚犯，笞罪無干證者即釋之，徒流以下減等發落，重囚情可矜疑并枷項者，具録以聞。（《明憲宗實録》卷二八九，第4887～4888頁）

乙酉，山西代州天鳴三次，其聲如砲。夜，月犯房宿南第二星。（《明憲宗實録》卷二八九，第4889頁）

丙戌，河南衛輝府地震有聲。（《明憲宗實録》卷二八九，第4889頁）

壬辰，上諭文武羣臣曰："今天時亢旱，朕甚憂惶，虔心祈禱。自二十五日為始，致齋三日。"（《明憲宗實録》卷二八九，第4895頁）

丁酉，以亢旱遣保國公朱永告天地，襄城侯李瑾告社稷，新寧伯譚祐告山川，仍分遣大臣行香於各寺觀祠廟。（《明憲宗實録》卷二八九，第4895頁）

不雨，至秋方雨。（康熙《德安縣志》卷八《災異》）

五月

壬寅，保定府東鹿縣昏刻天地昏黑，空中聲響如雷，尋有青氣墜地，掘之得黑石二，一大如碗，一大如雞卵。（《明憲宗實録》卷二九〇，第4897頁）

辛亥，以旱災免陝西鎮番衛去年秋糧一萬二千五百六十餘石，草二十萬束。（《明憲宗實録》卷二九〇，第4902頁）

乙卯，以亢旱遣廷臣齎香幣分禱天下山川，禮部尚書周洪謨天壽山，吏部侍郎劉宣（廣本、抱本作“瑄”）北嶽、北鎮，禮部侍郎黄景東嶽、東鎮，兵部侍郎吕雯中嶽、北海、濟瀆、淮瀆，太常寺少卿蒙以聰（抱本作“總”）中鎮、西海、河瀆，詹事府少詹事劉健西嶽、西鎮，掌太常寺侍郎丁永中大、小青龍。（《明憲宗實録》卷二九〇，第4903頁）

乙卯，山西代州天再鳴，聲如砲。（《明憲宗實録》卷二九〇，第4903頁）

丙辰，勅諭文武羣臣曰：“朕以涼德嗣守鴻圖，夙夜憂勤，期臻治理。奈上天示戒，亢旱踰時，田苗枯槁，民庶驚惶。朕甚憫焉，曾寬邮刑獄，徧禱神祇，而雨澤未降，豈冤抑未伸，財用未節，困苦未蘇而致？”（《明憲宗實録》卷二九〇，第4903頁）

丁巳，河南開封府州縣黄河水溢，渰没禾稼。（《明憲宗實録》卷二九〇，第4906頁）

戊午，月犯木星。（《明憲宗實録》卷二九〇，第4907~4908頁）

庚申，廣東番禺、新會等縣地震。（《明憲宗實録》卷二九〇，第4909頁）

祁門大水，平政橋圮。（道光《徽州府志》卷一六《祥異》）

大旱。（嘉靖《真定府志》卷九《事紀》）

天地昏暗，空中有聲如雷，尋有黑氣墜地，掘之得黑石二，一如碗，一如雞卵。（康熙《保定府祁州束鹿縣志》卷九《災祥》）

大旱，禱祀北嶽。（順治《渾源州志》附《恒岳志》卷上）

大水，縣治高阜，居民皆墊。(乾隆《桐廬縣志》卷一六《災異》)

六月

己巳，直隸徐州蝗。(《明憲宗實録》卷二九一，第4923頁)

癸未，以旱災免南京留守左等三十二衛屯糧共五萬二千八百三十餘石。(《明憲宗實録》卷二九一，第4930頁)

乙酉，夜，月犯木星。(《明憲宗實録》卷二九一，第4931頁)

己丑，以水旱災免直隸鳳陽等府所屬徐州等州縣、武平等衛所共糧三十七萬八千九百七十餘石，草六十五萬九千四十餘束。(《明憲宗實録》卷二九一，第4931~4932頁)

二十三日，大雨，水漲入城，漂蕩民舍田禾。(民國《儋縣志》卷一八《事紀》)

亢旱，河底生茂草，高低鄉大荒。(崇禎《吴縣志》卷一一《祥異》)

以旱遣兵部右侍郎吕雯祭禱中嶽。(康熙《登封縣志》卷三《嶽祀》)

七月

癸丑，以旱災免陝西綏德衛去年屯糧一萬三千一百餘石，草一萬七千一百餘束。(《明憲宗實録》卷二九二，第4949頁)

癸丑，夜，月食。(《明憲宗實録》卷二九二，第4949頁)

戊午，夜，疾風迅雷震預備倉，火繼發，燔米七百餘石。(乾隆《汀州府志》卷四五《祥異》)

戊午，夜，疾風迅雷震。(光緒《長汀縣志》卷三二《祥異》)

大水，淹軍營數百區。(光緒《靖州直隸州志》卷一二《祥異》)

二十七年（當作“二十三年”），秋七月，南康大水。(同治《南安府志》卷二九《祥異》)

八月

甲戌，夜，月犯心後星。北方流星如盞大，青白色，有光，自正北中天

東北行至近濁，尾跡炸散，後五小星隨之。(《明憲宗實録》卷二九三，第4972頁)

甲申，夜，金星犯亢宿。(《明憲宗實録》卷二九三，第4975頁)

九月

乙巳，夜，流星大如盞，色青白，光燭地，自五車東北行至近濁，尾炸散，二小星隨之。(《明孝宗實録》卷二，第25頁)

丁未，申刻，金星晝見於未位。(《明孝宗實録》卷二，第29頁)

甲寅，宣府龍門衛地震，夜，萬全都司地震，俱有聲。(《明孝宗實録》卷二，第44頁)

辛酉，夜，月犯御女星。(《明孝宗實録》卷三，第51頁)

癸亥，申刻，日生左珥，色赤黄。(《明孝宗實録》卷三，第52頁)

乙丑，以旱災免陝西臨洮衛夏税一萬四千四百三十五石有奇，鞏昌衛夏秋糧一萬八百六十八石有奇，草一萬六千三百束有奇。(《明孝宗實録》卷三，第53頁)

乙丑，山西汾州天鳴有聲。(《明孝宗實録》卷三，第54頁)

桃源、清河、盱眙、高郵、寶應、興化六縣淮水為患。(民國《泗陽縣志》卷三《大事》)

十月

甲戌，夜，月掩木星。(《明孝宗實録》卷四，第68頁)

乙亥，夜，西北流星大如盌，色青白，光燭地，自中天畢宿行，長丈餘，發光如盞，東行至河北，尾跡化白雲氣，曲曲如蛇行（抱本作“形”），良久漸散。(《明孝宗實録》卷四，第70頁)

己卯，户部言：“今歲天下衛府司（抱本作‘司府衛’）所州縣奏水旱災凡八百餘處，請下撫按等官嚴督所司覈實。”從之。(《明孝宗實録》卷四，第79頁)

壬午，夜，月犯昴宿西第二星。(《明孝宗實録》卷五，第83頁)

癸巳，夜，西北流星如彈，色青白，自卷舌行，長丈餘，發光如盞，燭地，西北行至奎宿，尾跡炸散。（《明孝宗實録》卷五，第96頁）

甲午，以旱災免直隸永平府所屬州縣夏稅麥五千一百四十八石有奇。（《明孝宗實録》卷五，第96頁）

甲午，旱，免永平夏稅麥。（民國《盧龍縣志》卷二三《史事》）

十一月

甲寅，是日，曉刻，大風揚塵蔽空，良久息。（《明孝宗實録》卷七，第120頁）

乙卯，夜，順聖川地震有聲。（《明孝宗實録》卷七，第122頁）

十二月

辛未，以江西旱災令軍民舍餘納銀粟，得授散官冠帶，立牌坊；吏典承差得減役，赴部聽選；陰陽、醫生、僧道得免考，照决選用，各以多寡為差，俱用為賑饑之備，至明年十二月終止。從巡撫都御史李昂奏也。（《明孝宗實録》卷八，第158～159頁）

戊寅，是日大風揚塵蔽空。（《明孝宗實録》卷八，第167頁）

壬午，未刻，大風揚塵四塞。（《明孝宗實録》卷八，第168頁）

己丑，今年湖貴（疑當作“廣”）夏秋旱暵，東南米價沸騰，不可不慮。乞勅所司行令災傷處所，凡一應稅糧未徵者，悉皆蠲免。（《明孝宗實録》卷八，第175～176頁）

辛卯，卯刻，大霧。（《明孝宗實録》卷八，第177頁）

癸巳，以旱災免湖廣黄州、武昌等府秋糧及衛所屯粮十之六，其原會該解京庫折銀米六萬石，貴州折銀米十萬二千四百石，廣西折銀米三萬石，山西折銀米七萬七千石，悉存留本處，充王府并官軍人等俸粮之用，而以四川布政司庫銀二萬五千兩借解貴州，廣東布政司庫銀七千五百兩借解廣西，以備邊用。（《明孝宗實録》卷八，第181頁）

癸巳，是日辰刻，日生暈及左右珥，色赤黄，復生背氣，及半暈，色青

赤，良久散。（《明孝宗實録》卷八，第182頁）

雷電。（乾隆《池州府志》卷二〇《祥異》；嘉慶《東流縣志》卷一五《五行》）

是年

旱，大疫。（民國《古田縣志》卷三《大事》）

大旱。（萬曆《建昌縣志》卷一〇《災祥》；康熙《滁州志》卷三《災祥》；康熙《京山縣志》卷一《祥異》；康熙《安陸府志》卷一《郡紀》；嘉慶《東臺縣志》卷七《祥異》；同治《都昌縣志》卷一六《祥異》；光緒《武昌縣志》卷一〇《祥異》；民國《全椒縣志》卷一六《祥異》）

成化五十三年（當作"成化二十三年"），大旱。（民國《續修東阿縣志》卷一五《祥異》）

春，旱，無麥。秋，大旱，無禾。（弘治《八閩通志》卷八〇《祥異》；正德《福州府志》卷三三《祥異》；乾隆《晉江縣志》卷一五《祥異》；嘉慶《惠安縣志》卷三五《祥異》；道光《晉江縣志》卷七四《祥異》）

春，旱，無麥。秋，大旱，無禾，得潮人運穀，民賴以濟。知府丁鏞申奏准税銀折色。（乾隆《僊遊縣志》卷五二《祥異》）

儋州旱，饑。（民國《儋縣志》卷一八《事紀》）

甯德旱。至次年，田禾不植，草木俱枯。（乾隆《福寧府志》卷四三《祥異》）

星隕，旱。（民國《順義縣志》卷一六《雜事記》）

大水。（嘉靖《霸州志》卷九《災異》；嘉靖《雄乘》卷下《祥異》；嘉靖《河間府志》卷七《祥異》；嘉靖《興濟縣志書》卷上《祥異》；萬曆《交河縣志》卷七《災祥》；萬曆《寧津縣志》卷四《祥異》；萬曆《任丘志集》卷八《祥異》；康熙《良鄉縣志》卷七《灾異》；民國《青縣志》卷一三《祥異》；民國《鹽山新志》卷二九《祥異表》）

大水。是年兒童多為孤。（天啟《東安縣志》卷一《禨祥》）

二十七年（當作"二十三年"），大水。（嘉慶《雲霄廳志》卷一九

《災祥》）

大水西來，經清滄二河入海，傷田禾民舍無數。（乾隆《滄州志》卷一二《紀事》）

大水，舟行木杪。先時，室中地生白毛，長數寸許。（民國《景縣志》卷一四《故實》）

祁陽大旱，道殣枕藉。（道光《永州府志》卷一七《事紀畧》）

旱。（嘉靖《靖江縣志》卷四《編年》；嘉靖《漢陽府志》卷二《方域》；嘉慶《如皋縣志》卷二三《祥祲》；同治《霍邱縣志》卷一六《祥異》；同治《崇陽縣志》卷一二《災異》；光緒《靖江縣志》卷八《祲祥》）

旱，免糧二萬三千八百五十三石。（道光《江陰縣志》卷八《祥異》）

諸暨、餘姚大旱。（萬曆《紹興府志》卷一三《災祥》）

成化四十七年（當作“成化二十三年”），旱。（民國《續修東阿縣志》卷一五《祥異》）

成化五十一年（當作“成化二十三年”），大風，自申至亥乃止。（民國《續修東阿縣志》卷一五《祥異》）

夏秋旱。（光緒《邵武府志》卷三〇《祥異》）

大旱，禾盡槁。（光緒《嘉興府志》卷三五《祥異》）

大水，無禾。（光緒《唐縣志》卷一一《祥異》）

秋，大水。（光緒《定興縣志》卷一九《災祥》；民國《新城縣志》卷二二《災禍》）

秋，大水，無苗。（萬曆《保定府志》卷一五《祥異》；雍正《高陽縣志》卷六《機祥》；乾隆《滿城縣志》卷八《災祥》；光緒《蠡縣志》卷八《災祥》；民國《清苑縣志》卷六《災祥表》）

秋，大旱。（康熙《海寧縣志》卷一二上《祥異》；乾隆《海寧縣志》卷一三《災祥》；光緒《嘉善縣志》卷三四《祥眚》）

秋，旱。（崇禎《義烏縣志》卷一八《災祥》；康熙《永康縣志》卷一五《祥異》；嘉慶《義烏縣志》卷一九《祥異》）

秋，大旱，河底龜坼。（康熙《桐鄉縣志》卷二《災祥》；光緒《桐鄉

縣志》卷二〇《祥異》）

秋，大旱，木盡槁。（光緒《海鹽縣志》卷一三《祥異考》）

秋，大旱，傷稼。（萬曆《秀水縣志》卷一〇《祥異》）

秋，義烏旱。（萬曆《金華府志》卷二五《祥異》）

秋，大旱，饑。（光緒《餘姚縣志》卷七《祥異》）

春，不雨。四月，疫。（同治《香山縣志》卷二二《祥異》）

春，福州、泉州、興化、延平、邵武、福寧旱，無麥。秋後俱大旱，無禾。福寧旱至踰年，草木並枯。（道光《重纂福建通志》卷二七一《祥異》）

春，旱，無麥。秋，旱，無禾，民大疫。（民國《長樂縣志》卷三《災祥附》）

夏，大旱，饑。（乾隆《池州府志》卷二〇《祥異》；嘉慶《東流縣志》卷一五《五行》）

夏，大旱。（光緒《曲陽縣志》卷五《大事記》）

夏，旱。（萬曆《將樂縣志》卷一二《災祥》）

大水西來，傷禾稼民舍無筭。（康熙《鹽山縣志》卷九《災祥》）

大水，舟行木杪。（康熙《景州志》卷四《災變》）

旱，饑。（康熙《清水縣志》卷一〇《災祥》）

大旱，饑。（萬曆《寧遠縣志》卷四《災異》；光緒《桃源縣志》卷一二《災祥》）

有黑氣自東北來，晝晦。（光緒《菏澤縣志》卷八《雜記》）

黑氣自東北來，彌天晝晦。（道光《城武縣志》卷一三《祥祲》）

淮水。（民國《續修興化縣志》卷一《祥異》）

甯德旱至次年，田禾不植，草木俱枯。（乾隆《福寧府志》卷四三《祥異》）

歲旱蝗，癘疫，民多死徙，遣官招撫賑貸。（光緒《柘城縣志》卷一〇《災祥》）

旱蝗，癘疫。（康熙《鹿邑縣志》卷八《災祥》）

歲大饑，人相食。越明年，麥秋始安堵。（嘉靖《固始縣志》卷九《災異》）

蝗，督民捕之易穀，倉廒皆滿。（乾隆《嵩縣志》卷六《祥異附》）

蝗。（道光《重修伊陽縣志》卷六《祥異》）

祁陽大旱，害稼。武昌大旱，人相食。常德大旱。（康熙《湖廣武昌府志》卷三《祥異》；乾隆《江夏縣志》卷一五《祥異》）

大水，漂民廬舍。（雍正《應城縣志》卷七《祥異》）

祁陽、常甯大旱，道殣枕藉。（同治《祁陽縣志》卷二四《雜譔》）

大旱，米穀甚貴，道殣枕藉。（嘉靖《常德府志》卷一《祥異》）

大旱。次年，米穀甚貴，道殣枕藉。（康熙《龍陽縣志》卷一《祥異》）

大旱，穀米騰貴，道殣相藉。（嘉慶《沅江縣志》卷二二《祥異》）

夏秋旱，虎傷人，踰百數。（光緒《邵武府志》卷三〇《祥異》）

夏秋泰寧旱，禾稼不成。（萬曆《邵武府志》卷六二《祥異》）

秋，大水，無禾。（順治《易水志》卷上《災異》）

秋，大旱，河底龜坼，禾盡槁。（光緒《嘉善縣志》卷三四《祥眚》）

大旱。冬，大寒，雨淋彌月。（萬曆《滁陽志》卷八《災祥》）

大水，歲饑。（嘉靖《商城縣志》卷八《祥異》）

成化間，比歲大雨，隄復潰，水勢逼城西南隅，壞民廬舍，闕城幾成巨浸。（光緒《正定縣志》卷五《山川》）